KB214259

이 책의 구성과 특징

1 | 단원 도입

단원을 시작할 때마다 도입 그림을 눈으로 확인하며 안내 글을 읽으면, 학습할 내용에 대해 흥미를 갖게 됩니다.

2 | 교과서 내용 학습

본격적인 학습을 시작하는 단계입니다. 자세한 개념 설명과 그림을 통해 핵심 개념을 분명하게 파악할 수 있습니다.

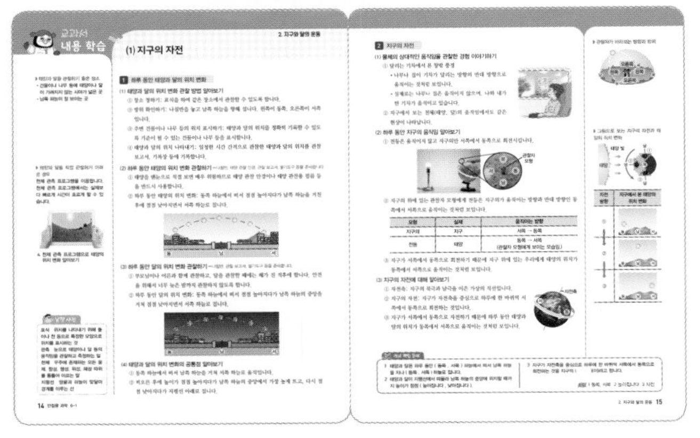

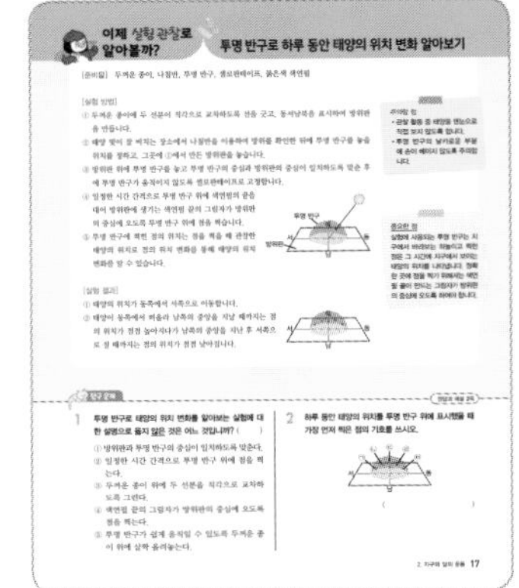

3 | 이제 실험 관찰로 알아볼까?

교과서 핵심을 적용한 실험·관찰을 집중 조명함으로써 학습 개념을 눈으로 확인하고 파악할 수 있습니다.

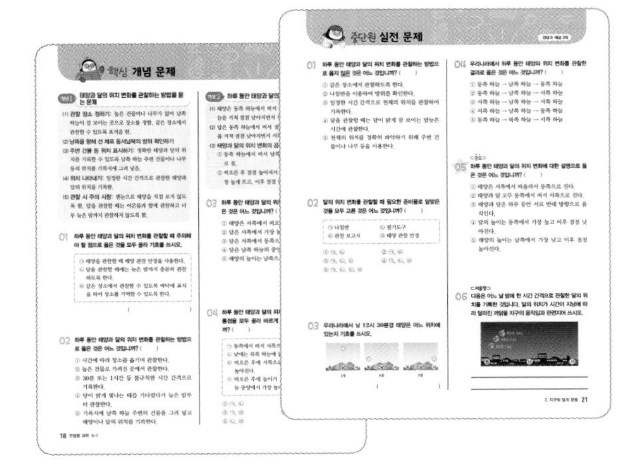

4 | 핵심 개념 + 실전 문제

[핵심 개념 문제 / 중단원 실전 문제]

개념별 문제, 실전 문제를 통해 교과서에 실린 내용을 하나하나 꼼꼼하게 살펴보며 빈틈없이 학습할 수 있습니다.

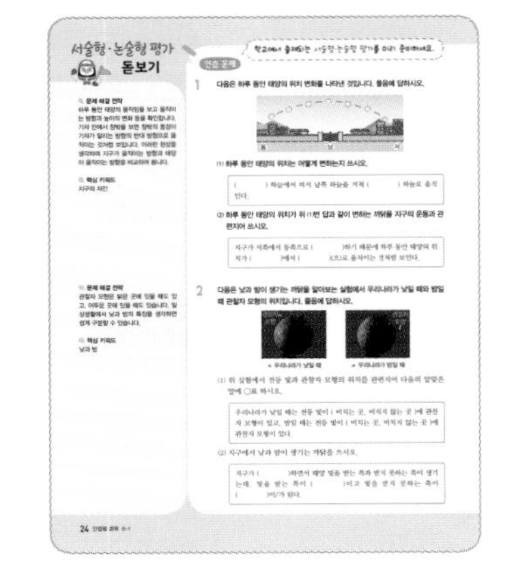

5 | 서술형·논술형 평가 돋보기

단원의 주요 개념과 관련된 서술형 문항을 심층적으로 학습하는 단계로, 강화될 서술형 평가에 대비할 수 있습니다.

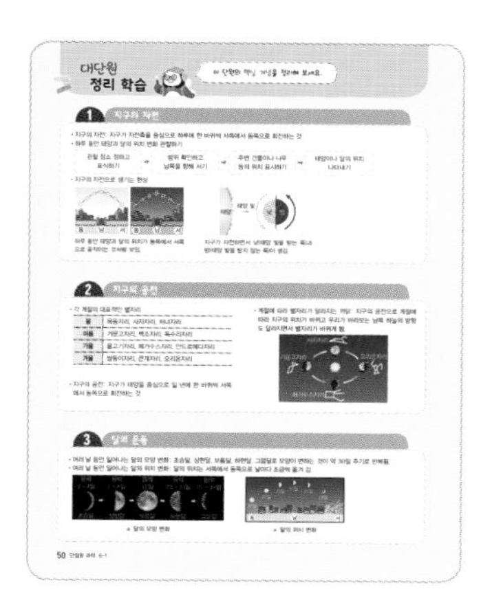

6 | 대단원 정리 학습

학습한 내용을 정리하는 단계입니다. 표를 통해 학습 내용을 보다 명확하게 정리할 수 있습니다.

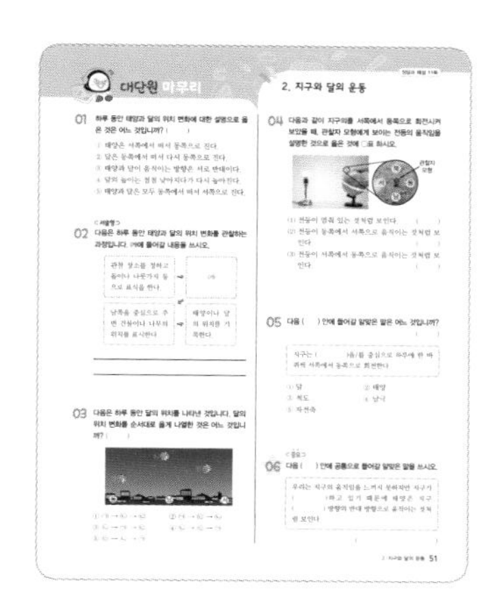

7 | 대단원 마무리

대단원 평가를 통해 단원 학습을 마무리하고, 자신이 보완해야 할 점을 파악할 수 있습니다.

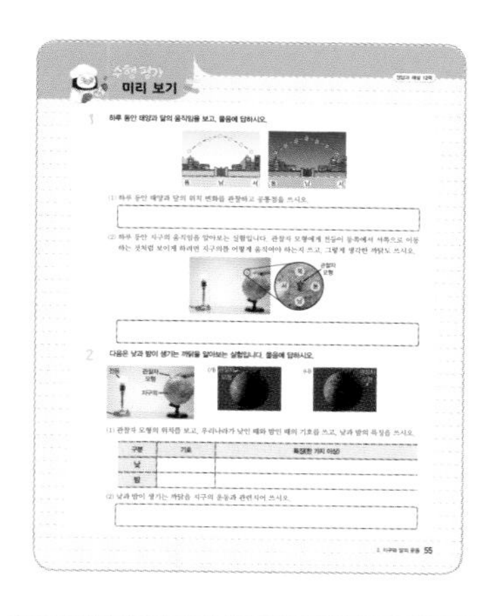

8 | 수행 평가 미리 보기

학생들이 고민하는 수행 평가를 대단원별로 구성하였습니다. 선생님께서 직접 출제하신 문제를 통해 수행 평가를 꼼꼼히 준비할 수 있습니다.

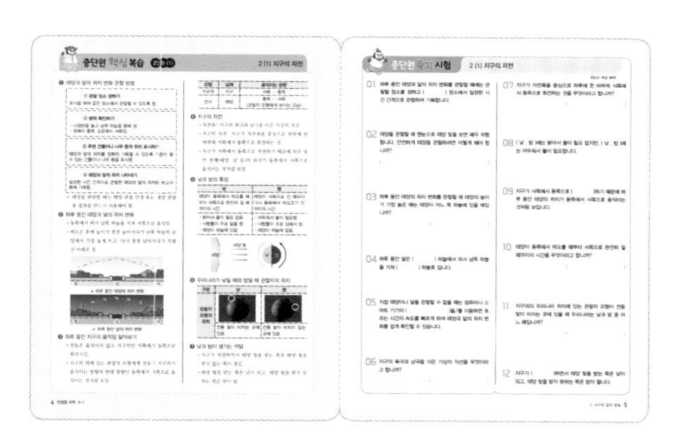

1 | 핵심 복습 + 쪽지 시험

핵심 정리를 통해 학습한 내용을 복습하고, 간단한 쪽지 시험을 통해 자신의 학습 상태를 확인할 수 있습니다.

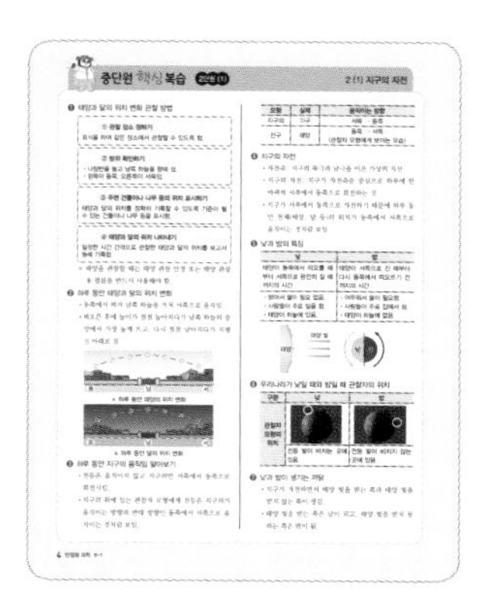

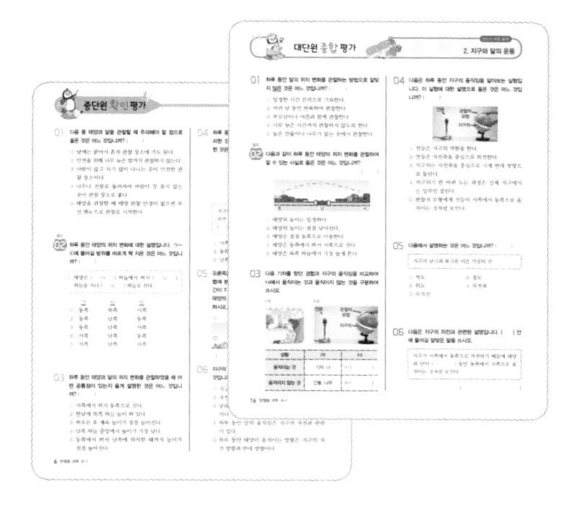

2 | 중단원 + 대단원 평가

[중단원 확인 평가 / 대단원 종합 평가]
앞서 학습한 내용을 바탕으로 보다 다양한 문제를 경험하여 단원별 평가를 대비할 수 있습니다.

3 | 서술형·논술형 평가

단원의 주요 개념과 관련된 서술형 문항을 심층적으로 학습하는 단계로, 강화될 서술형 평가에 대비할 수 있습니다.

넌 할 수 있어!

자기 주도 활용 방법

BOOK 1 개념책

평상 시 진도 공부는

교재(북1 개념책)로 공부하기

만점왕 북1 개념책으로 진도에 따라 공부해 보세요.
개념책에는 학습 개념이 자세히 설명되어 있어요.
따라서 학교 진도에 맞춰 만점왕을 풀어 보면
혼자서도 쉽게 공부할 수 있습니다.

TV(인터넷) 강의로 공부하기

개념책으로 혼자 공부했는데, 잘 모르는 부분이 있나요?
더 알고 싶은 부분도 있다고요?
만점왕 강의가 있으니 걱정 마세요.
만점왕 강의는 TV를 통해 방송됩니다.
방송 강의를 보지 못했거나 다시 듣고 싶은 부분이 있다면
인터넷(EBS 초등 사이트)을 이용하면 됩니다.

이 부분은
잘 모르겠으니
인터넷으로 다시
봐야겠어.

만점왕 방송 시간: EBS홈페이지 편성표 참조
EBS 초등 사이트: http://primary.ebs.co.kr

시험 대비 공부는 북2 실전책으로! (북2 2쪽 자기 주도 활용 방법을 읽어 보세요.)

이 책의 **차례**

BOOK 1 개념책

1 단원

과학자처럼 탐구해 볼까요?

우리 주변에서 일어나는 자연 현상을 관찰하면서 갖게 된 궁금증을 해결해 나가는 과정을 탐구라고 합니다. 탐구는 관찰이나 실험을 통해 과학 지식과 원리를 이해하는 활동이라고 할 수 있습니다. 궁금한 점을 가지고 탐구 문제를 정한 후 실험을 하면서 이것을 해결하는 과정을 통해 탐구하는 능력을 기를 수 있습니다.

이 단원에서는 탐구 문제를 찾아 가설을 세우고 실험을 계획해 봅니다. 그리고 변인을 통제하면서 실험을 하여 나타난 실험 결과를 특징이 드러나게 그래프로 나타내고 의미를 해석한 뒤 실험 결과에서 결론을 이끌어 내 봅니다.

단원 학습 목표

(1) 궁금증을 실험으로 해결해요.

- 가설 설정의 의미를 알아봅니다.
- 궁금한 현상을 설명할 수 있는 가설을 만들어 봅니다.
- 변인을 통제하며 탐구 문제를 해결할 수 있는 실험을 계획해 봅니다.
- 실험 계획에 따라 실험을 하여 실험 결과를 정확하게 측정하고 기록해 봅니다.
- 주어진 자료의 특징이 드러나게 그래프로 나타내고 의미를 해석해 봅니다.
- 실험 결과를 통해서 결론을 이끌어 냅니다.

단원 진도 체크

회차	학습 내용	진도 체크
1차 2차 3차	(1) 궁금증을 실험으로 해결해요.	✓
4차 5차 6차		✓

해당 부분을 공부한 후 ✓표를 하세요.

N
S

(1) 궁금증을 실험으로 해결해요

1 탐구 문제 정하고 가설 세우기

(1) 문제 상황 살펴보기

① 무엇을 궁금해하는지 정확하게 알아야 합니다.

② 재영이의 궁금증을 확인합니다.

> 궁금한 점: 왜 내가 만든 빵 반죽만 발효되지 않은 걸까?

③ 효모가 발효하는 데 필요한 조건을 생각해 봅니다. ➡ 효모의 양, 설탕의 양, 온도, 물의 양 등

(2) 탐구 문제 정하기

① 탐구 결과에 어떤 영향을 주는지 확인하고 싶은 조건을 하나 고릅니다.

② 선택한 조건을 이용하여 탐구 문제를 정합니다.

> 탐구 문제: 효모가 발효하는 데 온도가 영향을 미칠까?

③ 문제 인식: 자연을 관찰하고 문제를 파악하여 무엇을 어떻게 탐구할지를 분명하게 드러내는 과정입니다.

(3) 가설 세우기

① 가설 설정: 탐구할 문제를 정하고 탐구의 결과를 예상하는 것입니다.

② 가설을 세울 때 생각해야 할 점

- 탐구를 통해 알아보려는 내용이 분명하게 드러나야 합니다.
- 이해하기 쉽도록 간결하게 표현해야 합니다.
- 탐구하여 가설이 맞는지 확인할 수 있어야 합니다.

> 가설: 효모는 차가운 곳보다 따뜻한 곳에서 더 잘 발효할 것이다.

▶ 발효와 부패

발효와 부패 모두 세균이나 균류 등에 의해 분해가 일어나는 과정입니다. 하지만 분해 결과 우리 생활에 유용한 물질이 만들어지면 발효라고 하고, 몸에 나쁜 물질이 만들어지면 부패라고 합니다.

▶ 가설이 왜 필요할까?

우리는 실험을 통해 과학적으로 자연 현상을 설명하려고 합니다. 실험을 시작하기 전에 검증할 대상이 필요하기 때문에 임시의 답인 가설을 만들어 검증 과정을 거칩니다. 가설이 맞았다면 탐구 문제가 해결된 것이고, 틀렸다면 가설을 수정하거나 다른 가설을 세운 후 다시 탐구를 해야 합니다.

낱말 사전

효모 빵이나 술과 같은 식품을 만들 때 발효나 부풀리는 효과를 얻는 데 이용하는 균류

가설 어떤 사실을 설명하거나 어떤 결론을 이끌어 내기 위하여 설정한 가정

2 실험 계획하기

(1) 실험 방법 정하기

방법 1 효모와 설탕을 물에 녹여 만든 효모액을 시험관에 넣고, 시험관을 온도가 다른 물에 각각 담근 뒤 효모액의 부피가 달라지는지 측정하여 비교한다.

방법 2 효모액이 발효하면 기체가 발생하여 거품이 생기므로 거품의 높이를 측정해 발효한 정도를 확인한다.

(2) 변인 통제하기

① 다르게 해야 할 조건과 같게 해야 할 조건을 찾습니다.

② 실험을 수행하면서 조건을 유지하는 방법을 정합니다.

③ 실험하면서 관찰하거나 측정해야 할 것을 정합니다.

④ 변인 통제: 실험에서 다르게 해야 할 조건과 같게 해야 할 조건을 확인하고 통제하는 것을 말합니다.

(3) 그 밖의 실험 계획 항목 확인하기: 준비물, 실험 과정, 역할 분담 등

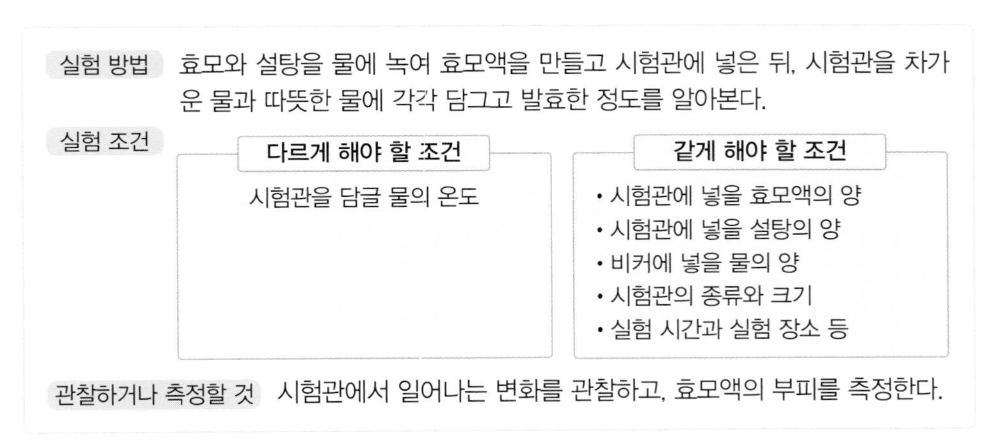

실험 방법 효모와 설탕을 물에 녹여 효모액을 만들고 시험관에 넣은 뒤, 시험관을 차가운 물과 따뜻한 물에 각각 담그고 발효한 정도를 알아본다.

실험 조건

다르게 해야 할 조건	같게 해야 할 조건
시험관을 담글 물의 온도	• 시험관에 넣을 효모액의 양 • 시험관에 넣을 설탕의 양 • 비커에 넣을 물의 양 • 시험관의 종류와 크기 • 실험 시간과 실험 장소 등

관찰하거나 측정할 것 시험관에서 일어나는 변화를 관찰하고, 효모액의 부피를 측정한다.

▶ 변인의 종류

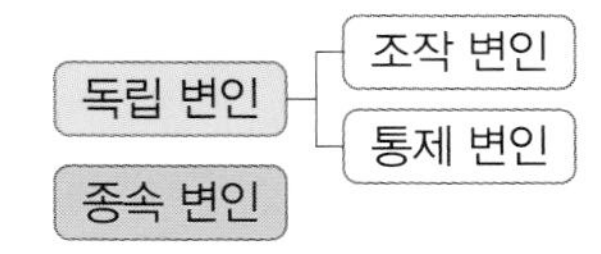

- 실험에 관련된 조건을 독립 변인이라고 하고, 독립 변인이 바뀜에 따라 변화가 일어나는 변인을 종속 변인이라고 합니다.
- 독립 변인 중에서 실험에서 다르게 해야 할 조건을 조작 변인이라고 하고, 같게 해야 할 조건을 통제 변인이라고 합니다.

3 실험하기

(1) 실험 방법 확인하기

① 실험 과정과 관찰해야 하는 것을 확인합니다.

② 실험할 때 주의할 점을 떠올립니다.

(2) 실험하기 — 반복하여 실험하면 더 정확한 결과를 얻을 수 있습니다.

① 비커에 같은 양의 물, 설탕, 효모를 넣고 섞어 효모액을 만듭니다.

② 스포이트를 이용해 시험관 두 개에 같은 양의 효모액을 넣습니다.

③ 각 비커에 차가운 물과 따뜻한 물을 같은 양씩 넣고, 가열용 시험관대를 걸칩니다.

④ 가열용 시험관대에 ②의 시험관을 각각 담그고, 변화를 관찰합니다.

⑤ 일정 시간이 지난 뒤, 시험관을 꺼내 효모액의 부피를 측정합니다.

(3) 실험 결과 정리하기

① 차가운 물에 담근 시험관: 거품이 없고, 아랫부분에 가라앉은 것이 있습니다.

② 따뜻한 물에 담근 시험관: 기포가 올라오며 거품이 생기고, 구수한 냄새가 납니다.

▶ 실험 시 주의할 점

- 변인 통제에 유의하며 계획한 과정에 따라 실험을 합니다.
- 관찰하거나 측정하려고 했던 내용을 빠짐없이 기록하고, 실험 결과를 있는 그대로 기록합니다.
- 안전 수칙을 지키면서 실험합니다.

4 실험 결과 변환하고 해석하기

(1) 자료 변환하기

① 자료 변환: 자료를 이해하기 쉽고 효과적으로 전달하기 위해 표나 그래프 등으로 자료의 형태를 변환하는 과정입니다.

〈시험관을 담근 물의 온도에 따른 효모액의 부피 변화〉

효모액의 부피(mL)	차가운 물	따뜻한 물
처음	5	5
15분 뒤	5	9

▶ 표 만들 때 유의할 점
- 행과 열에 무엇을 넣을지 먼저 생각하고 몇 칸으로 그릴지 정합니다.
- 행과 열의 형태로 간결하게 만들어야 합니다.

② 정리한 표에서 알 수 있는 사실: 실험에서 다르게 한 조건과 각 조건에 따른 측정 결과를 알 수 있습니다.

③ 자료 변환을 하는 까닭: 실험 결과로 얻은 자료의 특징을 한눈에 비교하기 쉽기 때문입니다.

④ 다양한 자료의 형태: 표, 그래프, 그림 등

막대그래프

〈한 시간 동안 여러 교통수단이 이동한 거리〉

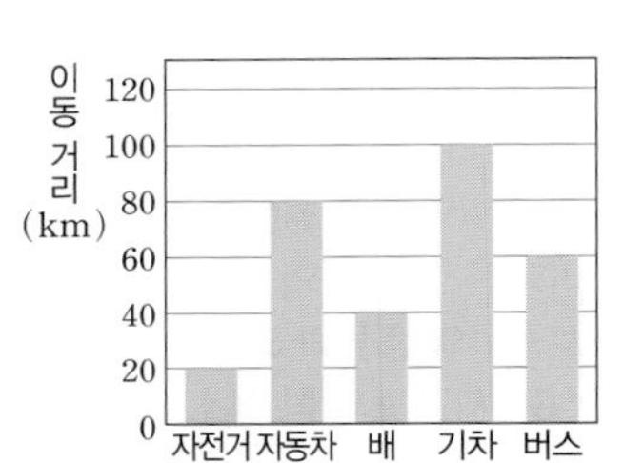

꺾은선그래프

〈하루 동안 지면과 수면의 온도 변화〉

지면 수면
온도 (°C)
35 30 25 20 15 10 5 0
6 8 10 12 14 16 18 20 22 0 2 4 6
시각(시)

그림

〈짚신벌레 영구 표본을 현미경으로 본 모습〉

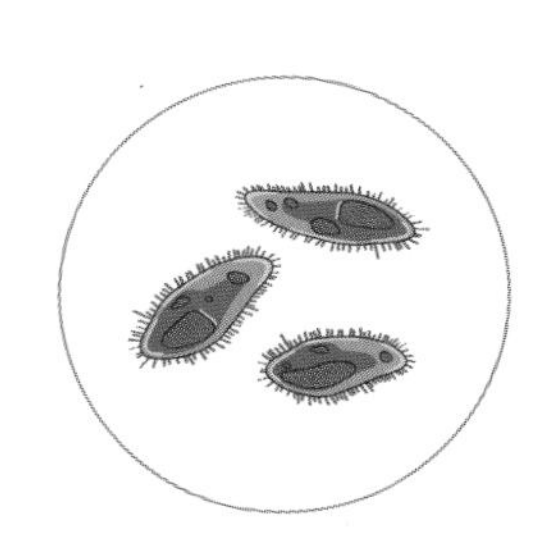

▶ 그래프 그리기
- 그래프 제목은 일반적으로 표의 제목과 같게 합니다.
- 그래프의 가로축에는 보통 실험에서 다르게 한 조건을 넣습니다.
- 그래프의 세로축에는 실험에서 측정한 값을 나타내는데, 측정한 값 중 최솟값과 최댓값을 모두 표시할 수 있는 범위로 눈금을 정합니다.

(2) 자료 해석하기

① 자료 해석: 수집한 자료를 분석하여 자료에 담긴 의미를 파악하고, 의미 있는 관계나 규칙(경향성)을 찾아내는 과정입니다.

② 자료 해석 방법
- 실험에서 다르게 한 조건과 실험 결과와의 관계에서 규칙을 발견합니다.
- 규칙에서 벗어난 경우, 그 까닭이 무엇인지를 분석합니다.

5 결론 내리기

(1) 실험 결과에서 결론 이끌어 내기

① 결론 도출: 수집된 자료를 바탕으로 자료를 해석하여 문제에 대한 해답을 얻거나 가설에 대해 옳고 그름을 판단하는 과정입니다.

② 실험 결과를 보고 가설이 맞는지 판단합니다.

(2) 새로운 탐구 문제를 정하고 가설 세우기

① 실험하면서 더 알고 싶은 것이 생겼다면 새로운 탐구 문제를 정할 수 있습니다.

② 새로운 탐구 문제에 대한 가설을 세웁니다.

낱말 사전

간결 모양이 간단하고 깔끔한 것을 이르는 말

경향성 어떤 생각이나 행동 등이 한쪽으로 기울어지거나 쏠리는 현상

이제 실험 관찰로 알아볼까?

효모의 발효 조건 알아보기

[준비물]

비커(50 mL), 물, 설탕, 효모, 약숟가락 두 개, 유리 막대, 스포이트, 눈금이 있는 시험관(30 mL) 두 개, 시험관대, 비커(500 mL) 두 개, 차가운 물(4 ℃), 따뜻한 물(40 ℃), 가열용 시험관대 두 개, 초시계, 실험용 장갑

주의할 점
유리 기구를 사용할 때는 깨지지 않도록 주의해야 합니다.

[실험 방법]

① 비커(50 mL)에 물 20 mL, 설탕 두 숟가락, 효모 두 숟가락을 넣고 유리 막대로 저어 효모액을 만듭니다.

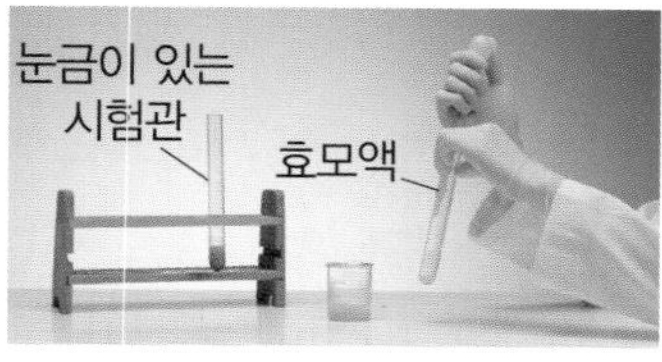

② 스포이트를 이용해 눈금이 있는 시험관 두 개에 효모액을 각각 5 mL씩 넣습니다.

③ 비커(500 mL) 두 개에 차가운 물과 따뜻한 물을 각각 400 mL씩 넣고, 가열용 시험관대를 걸칩니다.

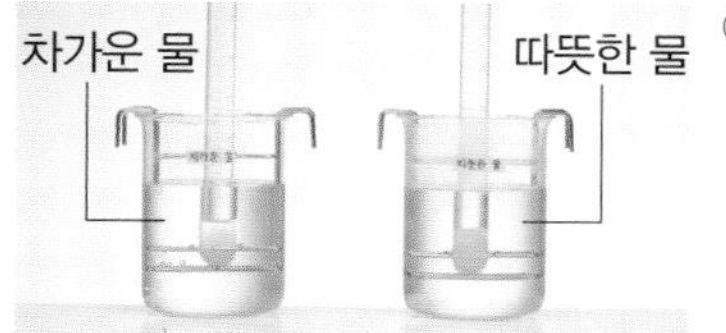

④ 가열용 시험관대에 ②의 시험관을 각각 담그고, 시험관에서 일어나는 변화를 관찰합니다. 15분 뒤에 시험관을 꺼내 효모액의 부피를 측정합니다.

[실험 결과]

① 시험관에서 일어나는 변화

글	그림
• 차가운 물에 담근 시험관: 거품이 생기지 않는다. 아랫부분에 가라앉은 것이 있다. • 따뜻한 물에 담근 시험관: 기포가 올라온다. 거품이 생긴다. 구수한 냄새가 난다.	차가운 물에 담근 시험관 / 따뜻한 물에 담근 시험관

② 효모액의 부피 측정하기

효모액의 부피(mL)	차가운 물	따뜻한 물
처음	5	5
15분 뒤	5	9

중요한 점
실험할 때 변인 통제에 유의합니다. 다르게 해야 할 조건을 제외한 나머지 조건은 같게 유지해야 정확한 실험 결과를 얻을 수 있습니다.

탐구 문제

정답과 해설 2쪽

1 효모액을 넣은 시험관을 차가운 물과 따뜻한 물에 각각 담근 뒤, 효모액의 부피 변화를 관찰하는 실험은 (　　　　　)이/가 효모의 발효에 미치는 영향을 알아보기 위한 것입니다.

2 효모의 발효 조건을 알아보는 실험 결과 따뜻한 물에 담근 시험관에서만 효모의 부피가 늘어났습니다. 이것으로 보아 효모는 ㉠(차가운 , 따뜻한) 곳보다 ㉡(차가운 , 따뜻한) 곳에서 더 잘 발효한다는 것을 알 수 있습니다.

2 단원

지구와 달의 운동

우리는 매일 낮과 밤이 번갈아 나타나고 태양과 달이 동쪽에서 떠서 서쪽으로 지는 것을 봅니다. 여러 날 동안 달은 모양과 위치가 달라지기도 합니다. 이처럼 낮과 밤이 생기고 태양과 달의 위치가 변하고 달의 모양이 변하는 까닭은 무엇일까요? 또, 밤에 보이는 별자리의 위치가 계절에 따라 달라지는 까닭은 무엇일까요? 모두 지구와 달의 운동에 의해 나타나는 현상입니다. 지구와 달이 어떤 운동을 하는지 알아봅시다.

단원 학습 목표

(1) 지구의 자전
- 지구의 자전을 알아봅니다.
- 하루 동안 태양과 달의 위치 변화, 낮과 밤이 생기는 까닭을 알아봅니다.

(2) 지구의 공전
- 지구의 공전을 알아봅니다.
- 계절에 따라 보이는 별자리가 달라지는 까닭을 알아봅니다.

(3) 달의 운동
- 여러 날 동안 달의 모양과 위치 변화를 알아봅니다.

단원 진도 체크

회차	학습 내용		진도 체크
1차	(1) 지구의 자전	교과서 내용 학습 + 핵심 개념 문제	✓
2차			✓
3차		중단원 실전 문제 + 서술형·논술형 평가 돋보기	✓
4차	(2) 지구의 공전	교과서 내용 학습 + 핵심 개념 문제	✓
5차		중단원 실전 문제 + 서술형·논술형 평가 돋보기	✓
6차	(3) 달의 운동	교과서 내용 학습 + 핵심 개념 문제	✓
7차		중단원 실전 문제 + 서술형·논술형 평가 돋보기	✓
8차	대단원 정리 학습 + 대단원 마무리 + 수행 평가 미리 보기		✓

해당 부분을 공부한 후 ✓표를 하세요.

(1) 지구의 자전

▶ 태양과 달을 관찰하기 좋은 장소
- 건물이나 나무 등에 태양이나 달이 가려지지 않는 시야가 넓은 곳
- 남쪽 하늘이 잘 보이는 곳

▶ 태양과 달을 직접 관찰하기 어려운 경우
천체 관측 프로그램을 이용합니다. 천체 관측 프로그램에서는 실제보다 빠르게 시간이 흐르게 할 수 있습니다.

▲ 천체 관측 프로그램으로 태양의 위치 변화 알아보기

낱말 사전

표식 위치를 나타내기 위해 돌이나 천 등으로 특정한 모양으로 위치를 표시하는 것
관측 눈으로 태양이나 달 등의 움직임을 관찰하고 측정하는 일
천체 우주에 존재하는 모든 물체. 항성, 행성, 위성, 혜성 따위를 통틀어 이르는 말
지평선 땅끝과 하늘이 맞닿아 경계를 이루는 선

1 하루 동안 태양과 달의 위치 변화

(1) 태양과 달의 위치 변화 관찰 방법 알아보기

① 장소 정하기: 표식을 하여 같은 장소에서 관찰할 수 있도록 합니다.

② 방위 확인하기: 나침반을 놓고 남쪽 하늘을 향해 섭니다. 왼쪽이 동쪽, 오른쪽이 서쪽입니다.

③ 주변 건물이나 나무 등의 위치 표시하기: 태양과 달의 위치를 정확히 기록할 수 있도록 기준이 될 수 있는 건물이나 나무 등을 표시합니다.

④ 태양과 달의 위치 나타내기: 일정한 시간 간격으로 관찰한 태양과 달의 위치를 관찰 보고서, 기록장 등에 기록합니다.

(2) 하루 동안 태양의 위치 변화 관찰하기 – 나침반, 태양 관찰 안경, 관찰 보고서, 필기도구 등을 준비합니다.

① 태양을 맨눈으로 직접 보면 매우 위험하므로 태양 관찰 안경이나 태양 관찰용 필름 등을 반드시 사용합니다.

② 하루 동안 태양의 위치 변화: 동쪽 하늘에서 떠서 점점 높아지다가 남쪽 하늘을 거친 후에 점점 낮아지면서 서쪽 하늘로 집니다.

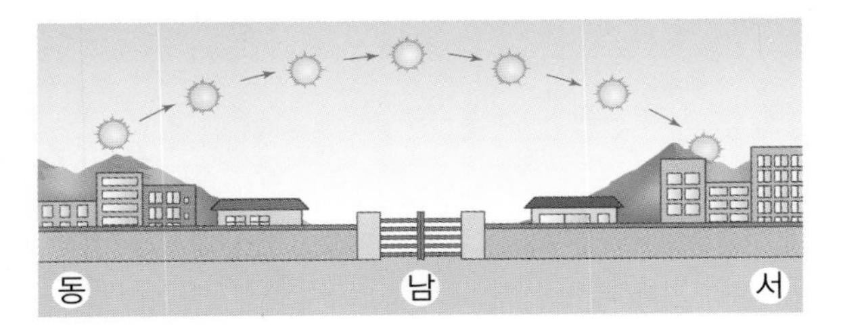

(3) 하루 동안 달의 위치 변화 관찰하기 – 나침반, 관찰 보고서, 필기도구 등을 준비합니다.

① 부모님이나 어른과 함께 관찰하고, 달을 관찰할 때에는 해가 진 직후에 합니다. 안전을 위해서 너무 늦은 밤까지 관찰하지 않도록 합니다.

② 하루 동안 달의 위치 변화: 동쪽 하늘에서 떠서 점점 높아지다가 남쪽 하늘의 중앙을 거쳐 점점 낮아지면서 서쪽 하늘로 집니다.

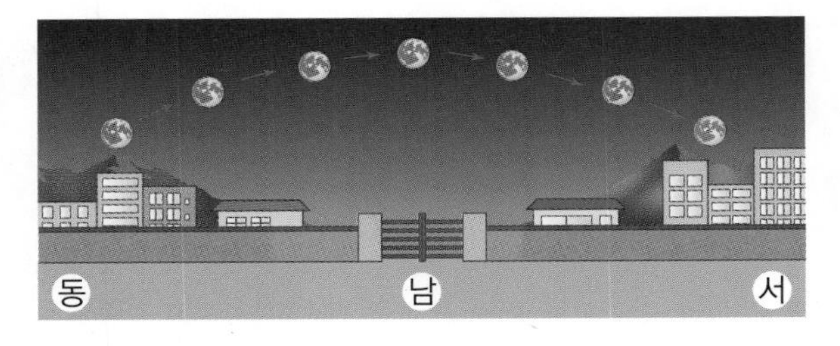

(4) 태양과 달의 위치 변화의 공통점 알아보기

① 동쪽 하늘에서 떠서 남쪽 하늘을 거쳐 서쪽 하늘로 움직입니다.

② 떠오른 후에 높이가 점점 높아지다가 남쪽 하늘의 중앙에서 가장 높게 뜨고, 다시 점점 낮아지다가 지평선 아래로 집니다.

2 지구의 자전

(1) 물체의 상대적인 움직임을 관찰한 경험 이야기하기

① 달리는 기차에서 본 창밖 풍경

- 나무나 집이 기차가 달리는 방향의 반대 방향으로 움직이는 것처럼 보입니다.
- 실제로는 나무나 집은 움직이지 않으며, 나와 내가 탄 기차가 움직이고 있습니다.

② 지구에서 보는 천체(태양, 달)의 움직임에서도 같은 현상이 나타납니다.

(2) 하루 동안 지구의 움직임 알아보기

① 전등은 움직이지 않고 지구의만 서쪽에서 동쪽으로 회전시킵니다.

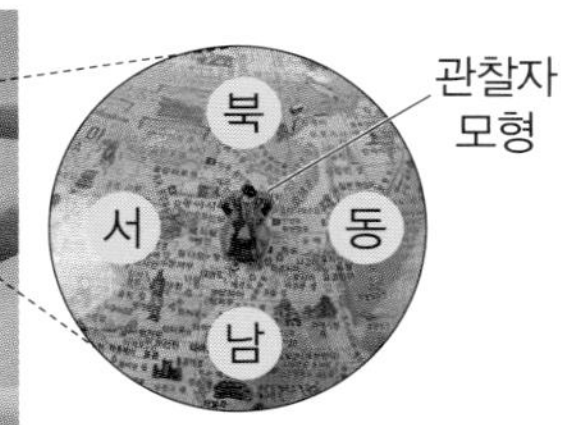

② 지구의 위에 있는 관찰자 모형에게 전등은 지구의가 움직이는 방향과 반대 방향인 동쪽에서 서쪽으로 움직이는 것처럼 보입니다.

모형	실제	움직이는 방향
지구의	지구	서쪽 → 동쪽
전등	태양	동쪽 → 서쪽 (관찰자 모형에게 보이는 모습임.)

③ 지구가 서쪽에서 동쪽으로 회전하기 때문에 지구 위에 있는 우리에게 태양의 위치가 동쪽에서 서쪽으로 움직이는 것처럼 보입니다.

(3) 지구의 자전에 대해 알아보기

① 자전축: 지구의 북극과 남극을 이은 가상의 직선입니다.

② 지구의 자전: 지구가 자전축을 중심으로 하루에 한 바퀴씩 서쪽에서 동쪽으로 회전하는 것입니다.

③ 지구가 서쪽에서 동쪽으로 자전하기 때문에 하루 동안 태양과 달의 위치가 동쪽에서 서쪽으로 움직이는 것처럼 보입니다.

▶ 관찰자가 바라보는 방향과 방위

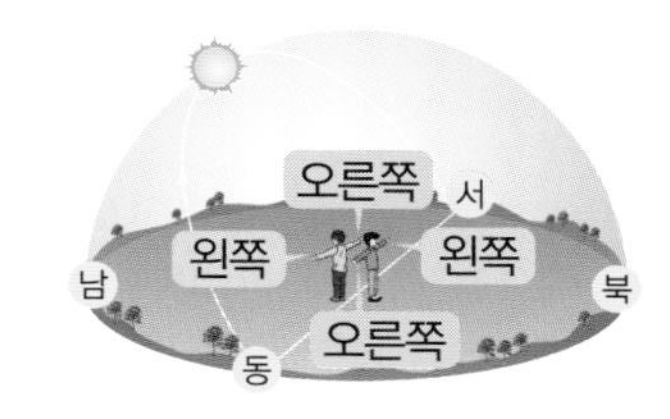

▶ 그림으로 보는 지구의 자전과 태양의 위치 변화

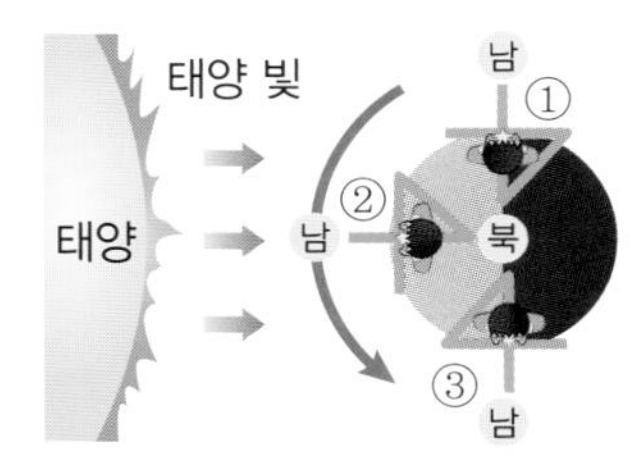

자전 방향	지구에서 본 태양의 위치 변화
①	동 남 서
②	동 남 서
③	동 남 서

개념 확인 문제

1 태양과 달은 하루 동안 (동쪽 , 서쪽) 하늘에서 떠서 남쪽 하늘을 지나 (동쪽 , 서쪽) 하늘로 집니다.

2 태양과 달이 지평선에서 떠올라 남쪽 하늘의 중앙에 위치할 때까지 높이가 점점 (높아집니다 , 낮아집니다).

3 지구가 자전축을 중심으로 하루에 한 바퀴씩 서쪽에서 동쪽으로 회전하는 것을 지구의 (   )(이)라고 합니다.

정답 1 동쪽, 서쪽 2 높아집니다 3 자전

▶ **지구의 낮과 밤**

지구는 자전축을 중심으로 서쪽에서 동쪽으로 하루에 한 바퀴씩 회전합니다. 이와 같은 자전으로 인해 낮과 밤이 하루에 한 번씩 번갈아 나타납니다.

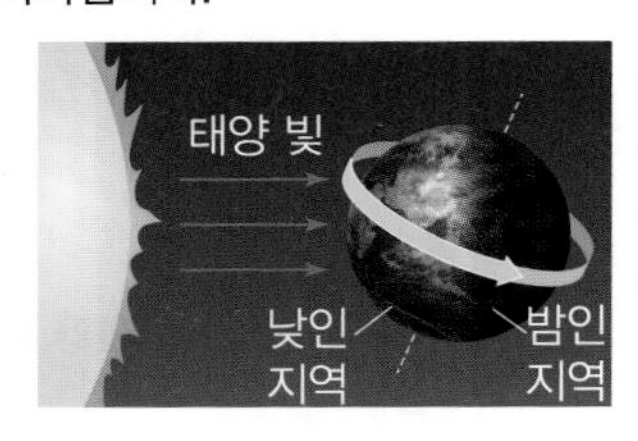

▶ **우리나라에서 가장 낮이 빨리 시작되는 곳**

태양이 동쪽에서 떠오르기 때문에 우리나라에서 가장 동쪽에 위치한 독도에서 가장 먼저 낮이 시작됩니다.

▲ 독도

3 낮과 밤

(1) 낮과 밤의 특징 알아보기

	낮	밤
특징	• 밝아서 불이 필요 없다. • 사람들이 주로 일을 한다. • 태양이 하늘에 있다.	• 어두워서 불이 필요하다. • 사람들이 주로 집에서 쉰다. • 태양이 하늘에 없다.
구분	태양이 동쪽에서 떠오를 때부터 서쪽으로 완전히 질 때까지의 시간	태양이 서쪽으로 진 때부터 다시 동쪽에서 떠오르기 전까지의 시간

4 낮과 밤이 생기는 까닭

(1) 낮과 밤이 생기는 까닭 알아보기

① 전등으로부터 30 cm 떨어진 곳에 지구의를 놓고, 우리나라를 찾아 관찰자 모형을 붙입니다.

② 전등을 켜고 지구의를 서쪽에서 동쪽으로 천천히 돌립니다.

③ 우리나라가 낮일 때와 밤일 때 관찰자 모형의 위치를 확인합니다.

모형	실제
지구의	지구
전등	태양
관찰자 모형	사람

(2) 우리나라가 낮일 때와 밤일 때 관찰자 모형의 위치 알아보기

구분	낮	밤
관찰자 모형 위치	• 전등 빛이 비치는 곳에 관찰자 모형이 있다.	• 전등 빛이 비치지 않는 곳에 관찰자 모형이 있다.

(3) 낮과 밤이 생기는 까닭

① 지구가 자전하면서 태양 빛을 받는 쪽과 받지 못하는 쪽이 생깁니다.

② 태양 빛을 받는 쪽은 낮이 되고, 태양 빛을 받지 못하는 쪽은 밤이 됩니다.

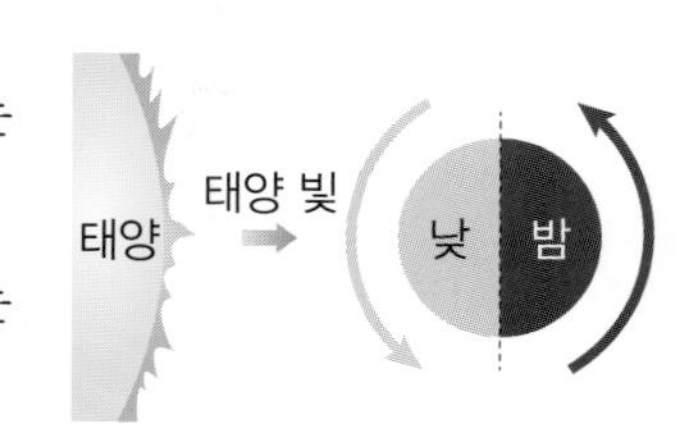

개념 확인 문제

1 (낮 , 밤)은 태양이 서쪽으로 진 때부터 다시 동쪽에서 떠오르기 전까지의 시간입니다.

2 지구가 (　　　)하면서 태양 빛을 받는 쪽은 낮이 되고, 태양 빛을 받지 못하는 쪽은 밤이 됩니다.

정답 1 밤 2 자전

이제 실험 관찰로 알아볼까?

투명 반구로 하루 동안 태양의 위치 변화 알아보기

[준비물] 두꺼운 종이, 나침반, 투명 반구, 셀로판테이프, 붉은색 색연필

[실험 방법]

① 두꺼운 종이에 두 선분이 직각으로 교차하도록 선을 긋고, 동서남북을 표시하여 방위판을 만듭니다.

② 태양 빛이 잘 비치는 장소에서 나침반을 이용하여 방위를 확인한 뒤에 투명 반구를 놓을 위치를 정하고, 그곳에 ①에서 만든 방위판을 놓습니다.

③ 방위판 위에 투명 반구를 놓고 투명 반구의 중심과 방위판의 중심이 일치하도록 맞춘 후에 투명 반구가 움직이지 않도록 셀로판테이프로 고정합니다.

④ 일정한 시간 간격으로 투명 반구 위에 색연필의 끝을 대어 방위판에 생기는 색연필 끝의 그림자가 방위판의 중심에 오도록 투명 반구 위에 점을 찍습니다.

⑤ 투명 반구에 찍힌 점의 위치는 점을 찍을 때 관찰한 태양의 위치로 점의 위치 변화를 통해 태양의 위치 변화를 알 수 있습니다.

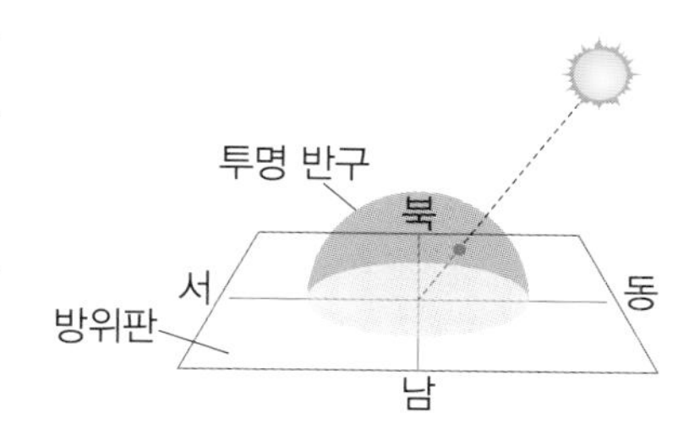

주의할 점
- 관찰 활동 중 태양을 맨눈으로 직접 보지 않도록 합니다.
- 투명 반구의 날카로운 부분에 손이 베이지 않도록 주의합니다.

중요한 점
실험에 사용되는 투명 반구는 지구에서 바라보는 하늘이고 찍힌 점은 그 시간에 지구에서 보이는 태양의 위치를 나타냅니다. 정확한 곳에 점을 찍기 위해서는 색연필 끝이 만드는 그림자가 방위판의 중심에 오도록 하여야 합니다.

[실험 결과]

① 태양의 위치가 동쪽에서 서쪽으로 이동합니다.

② 태양이 동쪽에서 떠올라 남쪽의 중앙을 지날 때까지는 점의 위치가 점점 높아지다가 남쪽의 중앙을 지난 후 서쪽으로 질 때까지는 점의 위치가 점점 낮아집니다.

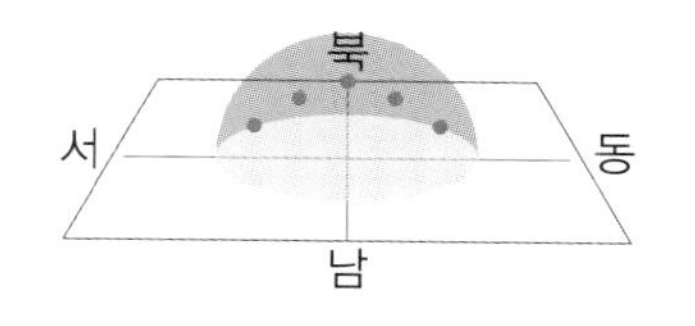

탐구 문제

정답과 해설 2쪽

1 투명 반구로 태양의 위치 변화를 알아보는 실험에 대한 설명으로 옳지 않은 것은 어느 것입니까? (　　　)

① 방위판과 투명 반구의 중심이 일치하도록 맞춘다.
② 일정한 시간 간격으로 투명 반구 위에 점을 찍는다.
③ 두꺼운 종이 위에 두 선분을 직각으로 교차하도록 그린다.
④ 색연필 끝의 그림자가 방위판의 중심에 오도록 점을 찍는다.
⑤ 투명 반구가 쉽게 움직일 수 있도록 두꺼운 종이 위에 살짝 올려놓는다.

2 하루 동안 태양의 위치를 투명 반구 위에 표시했을 때 가장 먼저 찍은 점의 기호를 쓰시오.

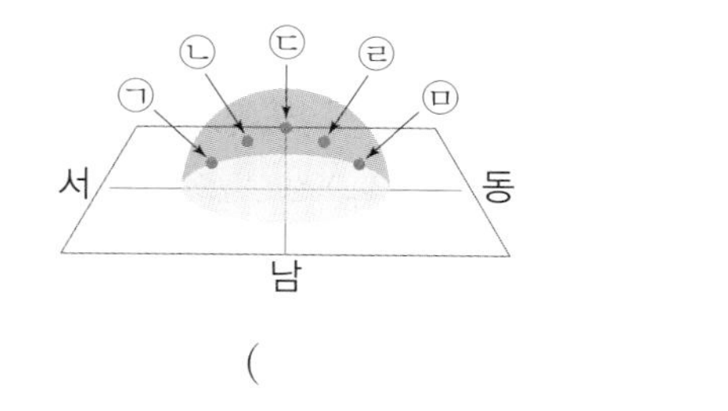

(　　　　　　　　　　　　)

핵심 개념 문제

개념 1 태양과 달의 위치 변화를 관찰하는 방법을 묻는 문제

(1) **관찰 장소 정하기:** 높은 건물이나 나무가 없어 남쪽 하늘이 잘 보이는 곳으로 장소를 정함. 같은 장소에서 관찰할 수 있도록 표식을 함.

(2) **남쪽을 향해 선 채로 동서남북의 방위 확인하기**

(3) **주변 건물 등 위치 표시하기:** 정확한 태양과 달의 위치를 기록할 수 있도록 남쪽 하늘 주변 건물이나 나무 등의 위치를 기록지에 그려 넣음.

(4) **위치 나타내기:** 일정한 시간 간격으로 관찰한 태양과 달의 위치를 기록함.

(5) **관찰 시 주의 사항:** 맨눈으로 태양을 직접 보지 않도록 함. 달을 관찰할 때는 어른들과 함께 관찰하고 너무 늦은 밤까지 관찰하지 않도록 함.

01 하루 동안 태양과 달의 위치 변화를 관찰할 때 주의해야 할 점으로 옳은 것을 모두 골라 기호를 쓰시오.

> ㉠ 태양을 관찰할 때 태양 관찰 안경을 사용한다.
> ㉡ 달을 관찰할 때에는 늦은 밤까지 충분히 관찰하도록 한다.
> ㉢ 같은 장소에서 관찰할 수 있도록 바닥에 표식을 하여 장소를 기억할 수 있도록 한다.

( )

02 하루 동안 태양과 달의 위치 변화를 관찰하는 방법으로 옳은 것은 어느 것입니까? ( )

① 시간에 따라 장소를 옮기며 관찰한다.
② 높은 건물로 가려진 곳에서 관찰한다.
③ 30분 또는 1시간 등 불규칙한 시간 간격으로 기록한다.
④ 달이 밝게 빛나는 때를 기다렸다가 늦은 밤부터 관찰한다.
⑤ 기록지에 남쪽 하늘 주변의 건물을 그려 넣고 태양이나 달의 위치를 기록한다.

개념 2 하루 동안 태양과 달의 위치 변화를 묻는 문제

(1) 태양은 동쪽 하늘에서 떠서 점점 높아지다가 남쪽 하늘을 거쳐 점점 낮아지면서 서쪽 하늘로 짐.

(2) 달은 동쪽 하늘에서 떠서 점점 높아지다가 남쪽 하늘을 거쳐 점점 낮아지면서 서쪽 하늘로 짐.

(3) 태양과 달의 위치 변화의 공통점

① 동쪽 하늘에서 떠서 남쪽 하늘을 거쳐 서쪽 하늘로 짐.
② 떠오른 후 점점 높아져서 남쪽 하늘의 중앙에서 가장 높게 뜨고, 이후 점점 낮아짐.

03 하루 동안 태양과 달의 위치 변화에 대한 설명으로 옳은 것은 어느 것입니까? ( )

① 태양은 서쪽에서 떠오른다.
② 달은 서쪽에서 가장 높게 떠 있다.
③ 달은 서쪽에서 동쪽으로 이동한다.
④ 달은 남쪽 하늘의 중앙에서 가장 높게 뜬다.
⑤ 태양의 높이는 남쪽으로 갈수록 점점 낮아진다.

04 하루 동안 태양과 달의 위치 변화를 관찰했을 때의 공통점을 모두 골라 바르게 짝 지은 것은 어느 것입니까? ( )

> ㉠ 동쪽에서 떠서 서쪽으로 진다.
> ㉡ 낮에는 북쪽 하늘에 높이 떠 있다.
> ㉢ 떠오른 후에 서쪽으로 질 때까지 높이가 점점 높아진다.
> ㉣ 떠오른 후에 높이가 점점 높아지다가 남쪽 하늘 중앙에서 가장 높다.

① ㉠, ㉡　② ㉠, ㉢
③ ㉠, ㉣　④ ㉡, ㉢
⑤ ㉡, ㉣

정답과 해설 2쪽

개념 3 하루 동안 지구의 움직임을 알아보는 실험에 대해 묻는 문제

(1) 지구에서 보는 천체는 지구가 움직이는 반대 방향으로 움직이는 것처럼 보임.

(2) 전등을 움직이지 않고 지구의만 서쪽에서 동쪽으로 회전시키면 관찰자 모형에게 전등이 동쪽에서 서쪽으로 움직이는 것처럼 보임.

모형	실제	움직이는 방향
지구의	지구	서쪽 → 동쪽
전등	태양	동쪽 → 서쪽 (관찰자 모형에게 보이는 모습)

(3) 지구가 서쪽에서 동쪽으로 회전하기 때문에 태양의 위치가 동쪽에서 서쪽으로 움직이는 것처럼 보임.

05 하루 동안 지구의 움직임을 알아보기 위해 다음과 같이 장치한 후 지구의를 서쪽에서 동쪽으로 회전시켜 보았습니다. 이 실험에서 전등과 지구의가 의미하는 것을 찾아 바르게 선으로 연결하시오.

(1) 전등 • • ㉠ 지구

(2) 지구의 • • ㉡ 태양

06 다음은 위 05번의 실험 결과 지구의가 회전하는 방향과 관찰자 모형이 본 전등이 움직이는 방향을 정리한 것입니다. ㉠과 ㉡에 들어갈 말을 각각 쓰시오.

지구의가 회전하는 방향	서쪽 → 동쪽
관찰자 모형이 본 전등이 움직이는 방향	(㉠) → (㉡)

㉠ (　　　　), ㉡ (　　　　)

개념 4 지구의 자전이 무엇인지 묻는 문제

(1) **자전축:** 지구의 북극과 남극을 이은 가상의 직선

(2) **지구의 자전:** 지구가 자전축을 중심으로 하루에 한 바퀴씩 서쪽에서 동쪽으로 회전하는 것

(3) 하루 동안 지구의 움직임으로 인해 태양과 달은 지구의 자전 방향과 반대 방향인 동쪽에서 서쪽으로 움직이는 것처럼 보임.

07 다음에서 설명하는 지구의 운동은 무엇인지 쓰시오.

> 지구는 자전축을 중심으로 하루에 한 바퀴씩 서쪽에서 동쪽으로 회전한다.

(　　　　　　)

08 하루 동안 지구와 태양, 달의 움직임에 대한 설명으로 옳은 것은 어느 것입니까? (　　)

① 지구는 동쪽에서 서쪽으로 회전한다.
② 지구는 자전축을 중심으로 하루에 두 바퀴씩 회전한다.
③ 하루 동안 천체의 움직임은 지구의 자전과 관련이 있다.
④ 태양은 하루 동안 서쪽에서 동쪽으로 움직이는 것처럼 보인다.
⑤ 달은 하루 동안 지구가 자전하는 방향과 같은 방향으로 움직이는 것처럼 보인다.

개념 5 낮과 밤의 특징을 묻는 문제

(1) 낮과 밤의 특징

낮	밤
• 밝아서 불이 필요 없다. • 사람들이 주로 일을 한다. • 태양이 하늘에 있다.	• 어두워서 불이 필요하다. • 사람들이 주로 집에서 쉰다. • 태양이 하늘에 없다.

(2) 낮은 태양이 동쪽에서 떠오를 때부터 서쪽으로 완전히 질 때까지의 시간을 말함.

(3) 밤은 태양이 서쪽으로 진 때부터 다시 동쪽에서 떠오르기 전까지의 시간을 말함.

09 낮에 대한 설명으로 옳은 것은 어느 것입니까? (　　)

① 하늘에 태양이 없다.
② 어두워서 불이나 빛이 필요하다.
③ 밤보다 기온이 낮아 시원하게 느껴진다.
④ 사람들이 주로 집에서 쉬거나 잠을 잔다.
⑤ 밖에서 일하는 사람들을 많이 볼 수 있다.

10 다음은 낮과 밤 중 무엇에 대한 설명인지 쓰시오.

> 태양이 서쪽으로 진 때부터 다시 동쪽에서 떠오르기 전까지의 시간

(　　　　　　　　)

개념 6 낮과 밤이 생기는 까닭을 묻는 문제

(1) 전등을 켜고 지구의를 서쪽에서 동쪽으로 천천히 돌리면 관찰자 모형의 위치가 달라짐.

(2) 전등 빛이 비치는 곳에 관찰자 모형이 있을 때가 낮이고, 전등 빛이 비치지 않는 곳에 관찰자 모형이 있을 때가 밤임.

(3) 지구가 자전하면서 태양 빛을 받는 쪽과 받지 않는 쪽이 생김.

(4) 태양 빛을 받는 쪽이 낮이고, 태양 빛을 받지 않는 쪽이 밤임.

11 다음과 같이 전등 빛이 지구의를 비출 때 관찰자 모형이 있는 곳은 낮과 밤 중 어느 때인지 쓰시오.

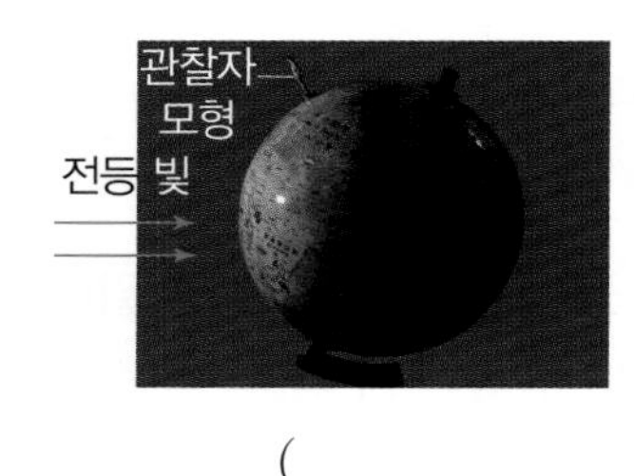

(　　　　　　　　)

12 다음은 낮과 밤이 생기는 까닭을 정리한 것입니다. (　) 안에 들어갈 알맞은 말을 각각 쓰시오.

> 지구가 (㉠)하면서 태양 빛을 받는 쪽과 받지 못하는 쪽이 생기기 때문이다. 태양 빛을 받는 쪽은 (㉡)이/가 되고, 태양 빛을 받지 못하는 쪽은 (㉢)이/가 된다.

㉠ (　　　　　　　　)
㉡ (　　　　　　　　)
㉢ (　　　　　　　　)

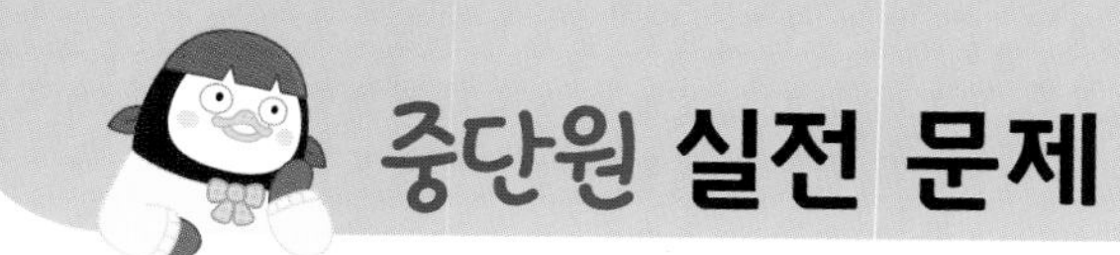

중단원 실전 문제

정답과 해설 3쪽

01 하루 동안 태양과 달의 위치 변화를 관찰하는 방법으로 옳지 않은 것은 어느 것입니까? (　　　)

① 같은 장소에서 관찰하도록 한다.
② 나침반을 이용하여 방위를 확인한다.
③ 일정한 시간 간격으로 천체의 위치를 관찰하여 기록한다.
④ 달을 관찰할 때는 달이 밝게 잘 보이는 밤늦은 시간에 관찰한다.
⑤ 천체의 위치를 정확히 파악하기 위해 주변 건물이나 나무 등을 이용한다.

02 달의 위치 변화를 관찰할 때 필요한 준비물로 알맞은 것을 모두 고른 것은 어느 것입니까? (　　　)

㉠ 나침반	㉡ 필기도구
㉢ 관찰 보고서	㉣ 태양 관찰 안경

① ㉠, ㉡　② ㉠, ㉢
③ ㉠, ㉡, ㉢　④ ㉠, ㉡, ㉣
⑤ ㉠, ㉡, ㉢, ㉣

03 우리나라에서 낮 12시 30분경 태양은 어느 위치에 있는지 기호를 쓰시오.

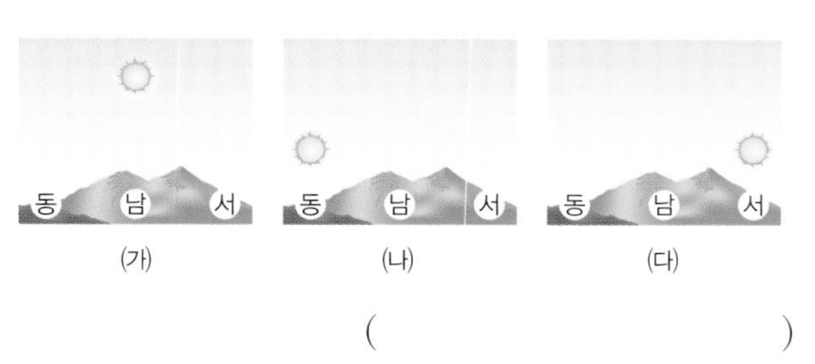

(　　　　　　　　　　)

04 우리나라에서 하루 동안 태양의 위치 변화를 관찰한 결과로 옳은 것은 어느 것입니까? (　　　)

① 동쪽 하늘 → 남쪽 하늘 → 동쪽 하늘
② 동쪽 하늘 → 남쪽 하늘 → 서쪽 하늘
③ 서쪽 하늘 → 남쪽 하늘 → 서쪽 하늘
④ 서쪽 하늘 → 남쪽 하늘 → 동쪽 하늘
⑤ 동쪽 하늘 → 북쪽 하늘 → 서쪽 하늘

중요

05 하루 동안 태양과 달의 위치 변화에 대한 설명으로 옳은 것은 어느 것입니까? (　　　)

① 태양은 서쪽에서 떠올라서 동쪽으로 진다.
② 태양과 달 모두 동쪽에서 떠서 서쪽으로 진다.
③ 태양과 달은 하루 동안 서로 반대 방향으로 움직인다.
④ 달의 높이는 동쪽에서 가장 높고 이후 점점 낮아진다.
⑤ 태양의 높이는 남쪽에서 가장 낮고 이후 점점 높아진다.

서술형

06 다음은 어느 날 밤에 한 시간 간격으로 관찰한 달의 위치를 기록한 것입니다. 달의 위치가 시간이 지남에 따라 달라진 까닭을 지구의 움직임과 관련지어 쓰시오.

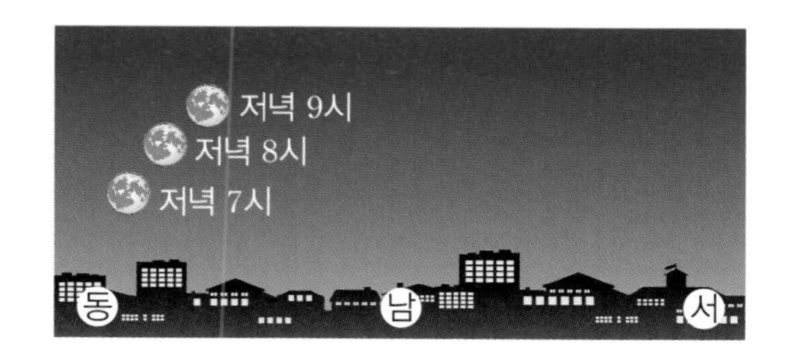

07 오른쪽과 같이 달리는 기차 안에서 바깥 풍경을 바라볼 때의 경험을 설명한 것입니다. 옳은 것에 ○표 하시오.

(1) 승객과 기차는 움직이지 않는다. ( )

(2) 창밖의 나무가 멈춰 있는 것처럼 보인다. ( )

(3) 기차의 창밖으로 지나간 건물은 점점 멀어진다. ( )

(4) 창밖의 나무와 건물이 기차가 달리는 방향으로 움직이는 것처럼 보인다. ( )

[08~09] 다음은 하루 동안 지구의 움직임을 알아보는 실험입니다. 물음에 답하시오.

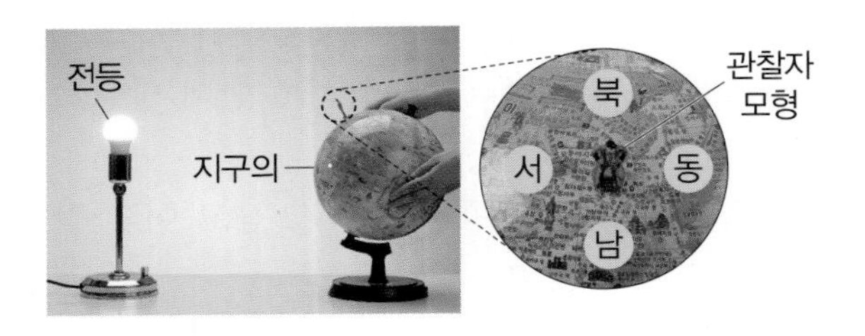

08 위 실험에서 전등, 지구의가 의미하는 것을 보기 에서 찾아 각각 기호를 쓰시오.

보기

㉠ 지구 ㉡ 태양 ㉢ 관찰자

(1) 전등: ( )

(2) 지구의: ( )

⊂서술형⊃

09 지구의를 서쪽에서 동쪽으로 회전시키면 관찰자 모형에게 전등이 어떤 방향으로 움직이는 것처럼 보이는지 쓰시오.

---

10 다음 그림에서 지구의 자전축에 해당하는 것을 찾아 기호를 쓰시오.

( )

11 다음은 지구의 자전에 대한 설명입니다. 옳지 않은 것을 골라 기호를 쓰시오.

지구가 ㉠ 자전축을 중심으로 ㉡ 하루에 한 바퀴씩 ㉢ 동쪽에서 서쪽으로 회전하는 것이다.

( )

12 다음 ( ) 안에 들어갈 알맞은 말에 ○표 하시오.

지구가 ㉠(동쪽 , 서쪽)에서 ㉡(동쪽 , 서쪽)으로 자전하기 때문에 태양이 ㉢(동쪽 , 서쪽)에서 ㉣(동쪽 , 서쪽)으로 움직이는 것처럼 보인다.

13 다음은 낮과 밤의 특징을 비교한 것입니다. 옳지 않은 것을 골라 기호를 쓰시오.

	낮	밤
㉠	태양이 하늘에 있다.	태양이 하늘에 없다.
㉡	밝아서 불이 필요 없다.	어두워서 불이 필요하다.
㉢	사람들이 주로 집에서 쉰다.	사람들이 주로 일을 한다.

( )

14 낮과 밤에 대한 설명으로 옳은 것을 찾아 선으로 연결하시오.

(1) 낮 • • ㉠ 태양이 서쪽으로 진 때부터 동쪽에서 다시 떠오르기 전까지의 시간

(2) 밤 • • ㉡ 태양이 동쪽에서 떠오를 때부터 서쪽으로 완전히 질 때까지의 시간

[15~16] 다음은 낮과 밤이 생기는 까닭을 알아보는 실험입니다. 물음에 답하시오.

15 위 실험에 대한 설명으로 옳지 않은 것은 어느 것입니까? ( )

① 전등은 태양을 의미한다.
② 우리나라에 관찰자 모형을 붙인다.
③ 지구의를 동쪽에서 서쪽으로 천천히 돌린다.
④ 지구의를 돌리면 밝은 곳은 어두워지고, 어두운 곳은 밝아진다.
⑤ 지구의를 돌리면서 관찰자 모형이 빛을 받을 때와 받지 못할 때의 위치를 확인한다.

16 다음 ㉠과 ㉡에 들어갈 알맞은 말을 각각 쓰시오.

전등 빛이 비치는 곳에 관찰자 모형이 있으면 우리나라는 (㉠)이/가 되고, 전등 빛이 비치지 않는 곳에 관찰자 모형이 있으면 우리나라는 (㉡)이/가 된다.

㉠ ( ), ㉡ ( )

17 지구가 다음과 같이 태양 빛을 받을 때 낮인 지역의 기호를 쓰시오.

( )

중요

18 낮과 밤이 생기는 까닭을 바르게 설명한 친구의 이름을 쓰시오.

- 승준: 태양이 지구 주위를 돌기 때문이야.
- 가영: 태양이 하루에 한 바퀴씩 회전하기 때문이야.
- 소희: 지구가 자전하면서 태양 빛을 받는 쪽과 받지 못하는 쪽이 생기기 때문이야.

( )

서술형·논술형 평가 돋보기

학교에서 출제되는 서술형·논술형 평가를 미리 준비하세요.

연습 문제

문제 해결 전략
하루 동안 태양의 움직임을 보고 움직이는 방향과 높이의 변화 등을 확인합니다. 기차 안에서 창밖을 보면 창밖의 풍경이 기차가 달리는 방향의 반대 방향으로 움직이는 것처럼 보입니다. 이러한 현상을 생각하며 지구가 움직이는 방향과 태양이 움직이는 방향을 비교하여 봅니다.

핵심 키워드
지구의 자전

1 다음은 하루 동안 태양의 위치 변화를 나타낸 것입니다. 물음에 답하시오.

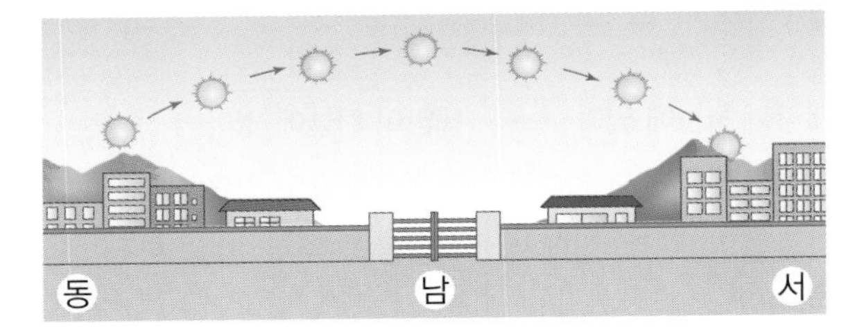

(1) 하루 동안 태양의 위치는 어떻게 변하는지 쓰시오.

(   ) 하늘에서 떠서 남쪽 하늘을 거쳐 (   ) 하늘로 움직인다.

(2) 하루 동안 태양의 위치가 위 (1)번 답과 같이 변하는 까닭을 지구의 운동과 관련지어 쓰시오.

지구가 서쪽에서 동쪽으로 (   )하기 때문에 하루 동안 태양의 위치가 (   )에서 (   )(으)로 움직이는 것처럼 보인다.

문제 해결 전략
관찰자 모형은 밝은 곳에 있을 때도 있고, 어두운 곳에 있을 때도 있습니다. 일상생활에서 낮과 밤의 특징을 생각하면 쉽게 구분할 수 있습니다.

핵심 키워드
낮과 밤

2 다음은 낮과 밤이 생기는 까닭을 알아보는 실험에서 우리나라가 낮일 때와 밤일 때 관찰자 모형의 위치입니다. 물음에 답하시오.

▲ 우리나라가 낮일 때

▲ 우리나라가 밤일 때

(1) 위 실험에서 전등 빛과 관찰자 모형의 위치를 관련지어 다음의 알맞은 말에 ○표 하시오.

우리나라가 낮일 때는 전등 빛이 (비치는 곳, 비치지 않는 곳)에 관찰자 모형이 있고, 밤일 때는 전등 빛이 (비치는 곳, 비치지 않는 곳)에 관찰자 모형이 있다.

(2) 지구에서 낮과 밤이 생기는 까닭을 쓰시오.

지구가 (   )하면서 태양 빛을 받는 쪽과 받지 못하는 쪽이 생기는데, 빛을 받는 쪽이 (   )이고 빛을 받지 못하는 쪽이 (   )이/가 된다.

정답과 해설 4쪽

실전 문제

1 태양과 달이 동쪽에서 떠서 서쪽으로 지는 까닭을 기차에서 창밖을 보는 경험과 지구의 자전 방향으로 설명하시오.

▲ 달리는 기차 안에서 보는 바깥 풍경

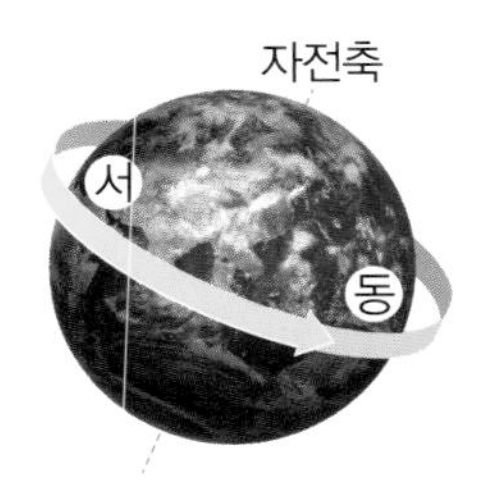

▲ 지구의 자전 방향 (서쪽 → 동쪽)

2 다음은 하루 동안 달의 위치 변화를 나타낸 것입니다. 물음에 답하시오.

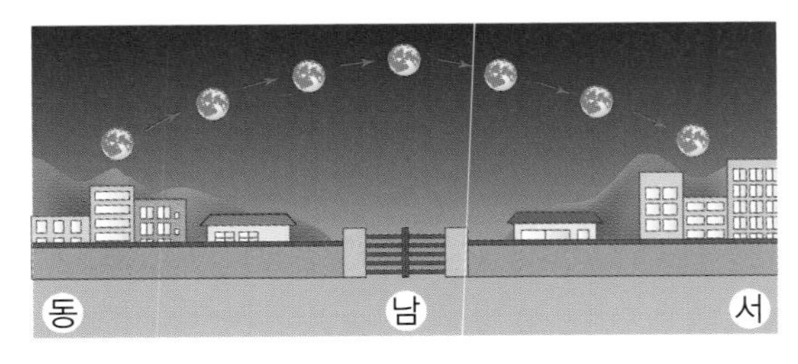

(1) 위와 같이 하루 동안 달의 위치가 달라지는 것과 관련된 지구의 움직임을 쓰시오.

( )

(2) 하루 동안 달의 위치 변화와 태양의 위치 변화를 비교했을 때 어떤 공통점이 있는지 쓰시오.

3 우리나라 위치에 관찰자 모형을 붙인 다음, 전등을 켜고 지구의를 서쪽에서 동쪽으로 회전시켰습니다. 물음에 답하시오.

(1) 관찰자 모형이 위와 같은 위치에 있을 때 우리나라는 낮과 밤 중 언제인지 쓰시오.

( )

(2) 위 (1)번 답과 같은 때의 특징을 두 가지 쓰시오.

4 우리나라에서 태양이 가장 먼저 떠오르는 곳은 우리나라에서 가장 동쪽에 있는 섬 독도입니다. 독도에서 태양이 가장 먼저 뜨는 까닭을 쓰시오.

(2) 지구의 공전

1 계절별 별자리

(1) 각 계절에 볼 수 있는 별자리 알아보기

① 태양이 너무 밝아 다른 별이 보이지 않기 때문에 지구에서 별자리를 관찰하기 위해서는 태양의 반대 방향을 볼 수 있는 밤에 관찰해야 합니다.

② 계절의 한가운데의 날짜를 정하고 각 계절에 볼 수 있는 별자리를 알아봅니다.

- 봄철(3~5월)의 별자리는 4월 15일에 관찰하고, 여름철(6~8월)의 별자리는 7월 15일에 관찰하면 좋습니다.
- 가을철(9~11월)의 별자리는 10월 15일에 관찰하고, 겨울철(12~2월)의 별자리는 1월 15일에 관찰하면 좋습니다.

③ 여러 계절에 걸쳐 보이는 별자리도 있습니다. ㊕ 봄철 저녁 9시 무렵에 남동쪽 하늘에서 보이는 별자리는 여름철 저녁 9시 무렵에는 남서쪽 하늘에서 보입니다.

	저녁 9시 무렵의 하늘	볼 수 있는 별자리	
봄 (4월 15일 무렵)	봄(4월 15일 무렵), 목동자리, 사자자리, 쌍둥이자리, 처녀자리, 오리온자리, 큰개자리, 동, 남, 서	• 목동자리 • 사자자리 • 오리온자리	• 처녀자리 • 큰개자리 • 쌍둥이자리
여름 (7월 15일 무렵)	여름(7월 15일 무렵), 백조자리, 거문고자리, 목동자리, 사자자리, 독수리자리, 처녀자리, 동, 남, 서	• 거문고자리 • 백조자리 • 처녀자리	• 독수리자리 • 목동자리 • 사자자리
가을 (10월 15일 무렵)	가을(10월 15일 무렵), 안드로메다자리, 백조자리, 거문고자리, 물고기자리, 페가수스자리, 독수리자리, 동, 남, 서	• 물고기자리 • 페가수스자리 • 독수리자리	• 안드로메다자리 • 백조자리 • 거문고자리
겨울 (1월 15일 무렵)	겨울(1월 15일 무렵), 쌍둥이자리, 안드로메다자리, 오리온자리, 물고기자리, 페가수스자리, 큰개자리, 동, 남, 서	• 쌍둥이자리 • 큰개자리 • 물고기자리	• 오리온자리 • 안드로메다자리 • 페가수스자리

(2) 각 계절의 대표적인 별자리 알아보기

① 각 계절의 밤하늘에서 오랜 시간 볼 수 있는 별자리를 그 계절의 대표적인 별자리로 정합니다.

별자리의 유래
별자리는 옛날 사람들이 밤하늘에 무리 지어 있는 별을 연결하여 사람, 동물, 물건 등의 모습으로 떠올리고 이름을 붙인 것입니다.

북쪽 밤하늘의 별자리
북쪽 하늘에서는 계절에 관계없이 북두칠성, 작은곰자리, 카시오페이아자리 등을 볼 수 있습니다.

봄철 별자리 찾기
목동자리의 아크투루스와 처녀자리의 스피카, 사자자리의 데네볼라를 이으면 봄철 대삼각형이 만들어집니다. 이 삼각형을 기준으로 여러 별자리의 위치를 알 수 있습니다.

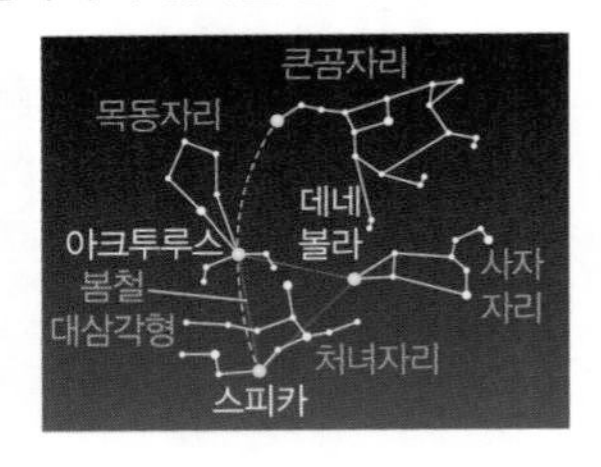

낱말 사전

북두칠성 큰곰자리의 꼬리 부분에 있는 일곱 개의 별을 이어서 그린 별자리

대표 전체를 나타낼 수 있는 한 가지 또는 부분

② 각 계절의 한가운데에서 저녁 9시 무렵 남동쪽 하늘이나 남쪽 하늘에 보이는 별자리가 가장 오랜 시간 볼 수 있는 별자리로 그 계절을 대표하는 별자리라고 할 수 있습니다.

계절	대표적인 별자리
봄	목동자리, 사자자리, 처녀자리
여름	거문고자리, 독수리자리, 백조자리
가을	안드로메다자리, 물고기자리, 페가수스자리
겨울	쌍둥이자리, 오리온자리, 큰개자리

▶ **밤에만 별자리가 보이는 까닭**
낮에는 태양 빛이 너무 밝아 다른 별이 보이지 않습니다. 따라서 별자리는 밤에 관찰할 수 있습니다.

2 일 년 동안 지구의 움직임

(1) 일 년 동안 지구의 움직임 알아보기

① 전등을 책상의 가운데에 두고 전등으로부터 30 cm 떨어진 곳에 지구의를 놓습니다.

② 지구의에서 우리나라를 찾아 그곳에 관찰자 모형을 붙이고 전등을 켭니다.

③ 전등을 중심으로 지구의를 위에서 볼 때 시계 반대 방향인 ㈎ → ㈏ → ㈐ → ㈑의 순서로 위치를 옮겨 놓습니다. 이때 각 위치에서 지구의의 자전축 방향이 같도록 합니다.

④ ㈎, ㈏, ㈐, ㈑ 각각의 위치에서 우리나라가 한밤이 되도록 지구의를 자전시킵니다.

⑤ 우리나라가 한밤일 때 관찰자 모형에게는 교실에 있는 무엇이 보일지 생각해 봅니다.

(2) 우리나라가 한밤일 때 관찰자 모형에게 보이는 교실의 모습 확인해 보기 예

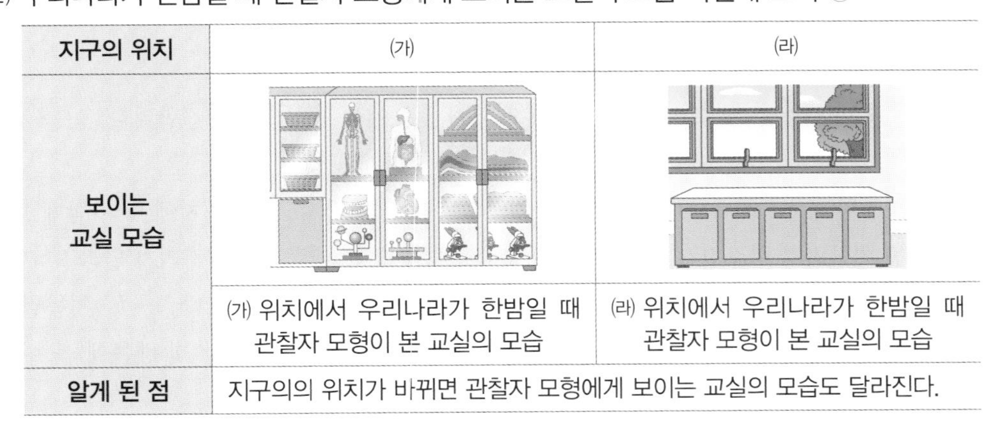

지구의 위치	㈎	㈑
보이는 교실 모습	㈎ 위치에서 우리나라가 한밤일 때 관찰자 모형이 본 교실의 모습	㈑ 위치에서 우리나라가 한밤일 때 관찰자 모형이 본 교실의 모습
알게 된 점	지구의의 위치가 바뀌면 관찰자 모형에게 보이는 교실의 모습도 달라진다.	

▶ **우리나라가 한밤일 때 관찰자 모형에게 교실의 모습이 다르게 보이는 까닭**
지구의가 전등을 중심으로 회전하기 때문에 지구의가 놓인 위치에 따라 우리나라가 한밤일 때 향하는 곳이 달라지기 때문입니다.

개념 확인 문제

1 목동자리, 처녀자리, 사자자리는 가을에 볼 수 있는 대표적인 별자리입니다. (○ , ×)

2 한밤중에 남쪽 하늘에서 볼 수 있는 별자리는 지구를 기준으로 태양의 (   ) 방향에 위치합니다.

3 일 년 동안 지구의 움직임을 알아보는 실험에서 지구의는 전등을 중심으로 (시계 방향 , 시계 반대 방향)으로 위치를 옮겨 놓습니다.

정답 1 × 2 반대 3 시계 반대 방향

교과서 내용 학습

3 계절에 따라 별자리가 달라지는 까닭

(1) 별자리의 변화 모습 정리하기

① 계절마다 남쪽 하늘에서 볼 수 있는 별자리가 달라집니다.

② 1년 동안 같은 장소에서 같은 시각에 별자리를 관찰하면 별자리가 서쪽으로 이동하는 것을 알 수 있습니다.

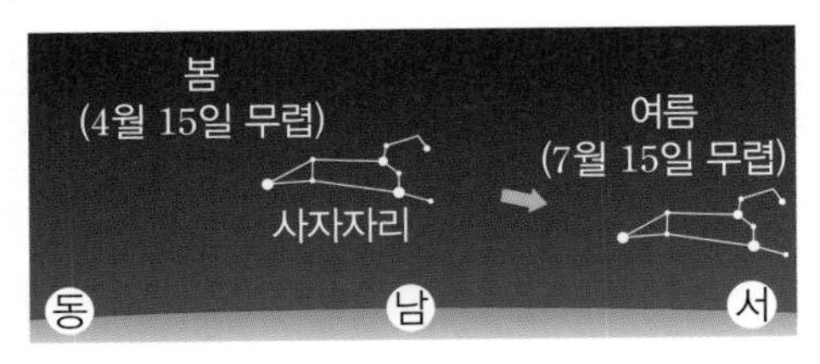

(2) 일 년 동안 지구의 움직임과 계절별 별자리의 관계

① 태양과 지구를 둘러싸는 여러 별자리가 있고, 별자리가 동쪽에서 서쪽으로 이동하는 것처럼 보입니다. 한밤에 오랜 시간 보이는 별자리도 계절에 따라 달라집니다.

② 지구에서 별자리가 여러 날 동안 동쪽에서 서쪽으로 이동하는 것처럼 보이기 위해서는 지구의 위치가 아래 그림과 같이 계절에 따라 태양을 중심으로 서쪽에서 동쪽으로 이동해야 합니다.

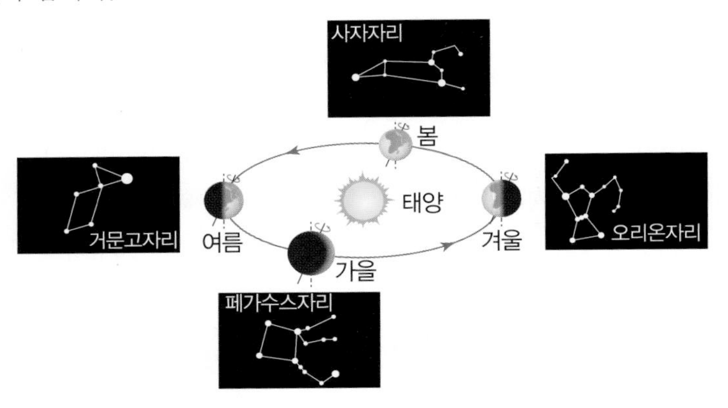

(3) 계절에 따라 별자리가 달라지는 까닭 알아보기

① 지구는 태양을 중심으로 일 년에 한 바퀴씩 서쪽에서 동쪽으로 회전합니다. 이를 지구의 공전이라고 합니다.

② 지구의 공전으로 인해 계절에 따라 지구의 위치가 달라지고, 그 위치에 따라 밤에 보이는 별자리가 달라지기 때문에 계절에 따라 볼 수 있는 대표적인 별자리가 달라집니다.

③ 태양과 같은 방향에 있는 별자리는 태양 빛 때문에 볼 수 없습니다. → 예 여름철 밤에 거문고자리는 남쪽 하늘에서 볼 수 있지만, 오리온자리는 태양 빛 때문에 볼 수 없습니다.

천체 관측 프로그램 이용하기

- 일 년 동안의 별자리의 모습 변화를 관찰합니다.

남쪽 하늘로 고정하고 날짜와 시각을 4월 15일 00시(밤 12시)로 설정합니다.

시각은 고정하고 날짜를 다음 해 4월 15일까지 바꾸면서 별자리를 관찰합니다.

- 계절별 대표적인 별자리를 알고 싶을 때는 4월 15일(봄), 7월 15일(여름), 10월 15일(가을), 1월 15일(겨울)의 날짜를 설정하고 저녁 9시부터 새벽 3시까지 가장 오랫동안 볼 수 있는 별자리를 확인합니다.

지구의 운동

- 지구의 자전: 지구는 하루에 한 바퀴씩 회전하며 낮과 밤이 생기게 합니다.
- 지구의 공전: 지구가 태양 주위를 1년에 한 바퀴씩 회전하는 것으로, 지구의 공전으로 계절에 따라 보이는 별자리가 달라집니다.

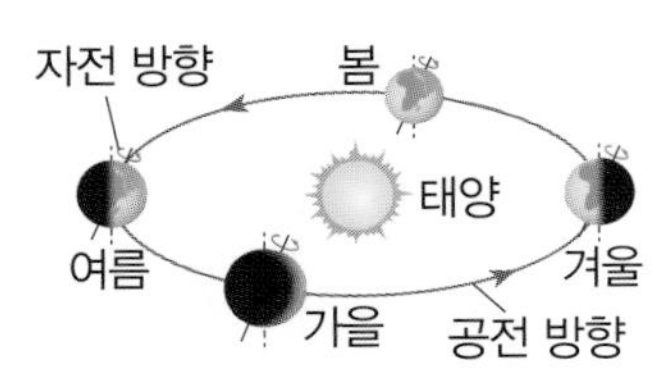

개념 확인 문제

1 일 년 동안 같은 장소에서 같은 시각에 남쪽을 바라보고 하늘에 있는 별자리를 관찰하면 별자리는 점점 (동쪽 , 서쪽)으로 움직입니다.

2 지구가 태양을 중심으로 일 년에 한 바퀴씩 서쪽에서 동쪽으로 회전하는 것을 지구의 (공전 , 자전)이라고 합니다.

3 지구의 공전으로 지구의 위치가 바뀌면 한밤중에 남쪽 하늘에서 보이는 별자리도 바뀐다. (○ , ×)

정답 1 서쪽 2 공전 3 ○

이제 실험 관찰로 알아볼까?

계절에 따라 보이는 별자리가 달라지는 까닭 알아보기

[준비물] 갓 없는 전등, 계절의 대표적인 별자리 그림, 자(30 cm), 지구의, 관찰자 모형

[실험 방법]

① 전등을 책상의 가운데에 두고, 네 사람이 원을 그리며 전등 주위에 서서 계절 순서에 맞게 각 계절의 대표적인 별자리 그림을 전등 쪽으로 듭니다.

② 전등으로부터 30 cm 떨어진 곳에 지구의를 놓고 지구의에서 우리나라를 찾아 관찰자 모형을 붙이고 전등을 켭니다.

③ 자전축이 같은 방향을 향하도록 하면서 지구의를 ㈎, ㈏, ㈐, ㈑의 위치에 차례대로 옮겨 놓습니다.

④ ㈎, ㈏, ㈐, ㈑ 각각의 위치에서 우리나라가 한밤일 때 관찰자 모형에게 가장 잘 보이는 별자리는 무엇인지 친구들과 서로 이야기해 봅니다.

주의할 점

- 사용하는 전등이 뜨거운 경우가 있습니다. 전등이 켜져 있거나 충분히 식지 않은 상태에서 맨손으로 전등을 만지지 않습니다.
- 지구의를 옮길 때는 전등을 깨뜨리지 않도록 주의합니다.

[실험 결과]

① 지구의의 위치와 관찰자 모형이 볼 수 있는 별자리

지구의의 위치	㈎	㈏	㈐	㈑
별자리	사자자리	거문고자리	페가수스자리	오리온자리
계절	봄	여름	가을	겨울

② 계절에 따라 별자리가 달라지는 까닭

- 계절에 따라 지구의 위치가 달라집니다.
- 지구의 위치에 따라 한밤일 때 지구에서 바라보는 밤하늘의 방향이 달라집니다.

중요한 점

지구의의 위치가 변함에 따라 볼 수 있는 별자리가 달라짐을 아는 것이 중요합니다.

탐구 문제

정답과 해설 5쪽

1 ㈎ 위치에서 볼 수 있는 대표적인 별자리가 사자자리일 때 ㈐ 위치에서 볼 수 있는 대표적인 별자리는 무엇인지 쓰시오.

계절	대표적인 별자리
봄	사자자리
여름	거문고자리
가을	페가수스자리
겨울	오리온자리

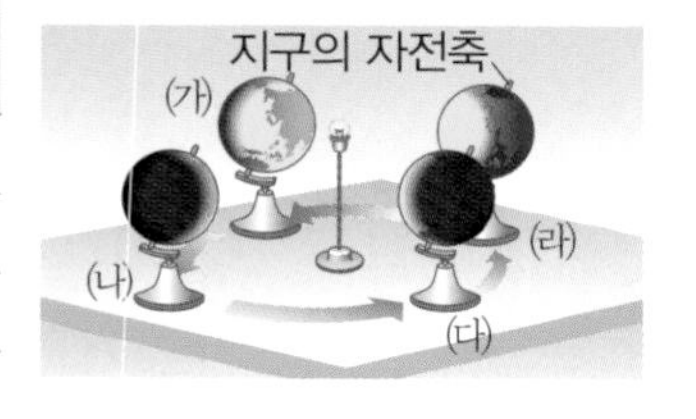

( )

2 계절에 따라 보이는 별자리가 달라지는 까닭을 알아보는 실험에 대한 설명으로 옳은 것은 어느 것입니까? ( )

① 지구의 공전과 관련된 현상이다.
② 별자리가 태양이 있는 쪽에 있을 때 볼 수 있다.
③ 전등의 위치를 바꾸어 가며 잘 보이는 별자리를 확인한다.
④ 별의 위치가 바뀌면서 별자리의 모양이 바뀐다는 사실을 알 수 있다.
⑤ 실제로 하루 동안 별자리의 위치 변화를 관찰하면 계절별 대표적인 별자리를 알 수 있다.

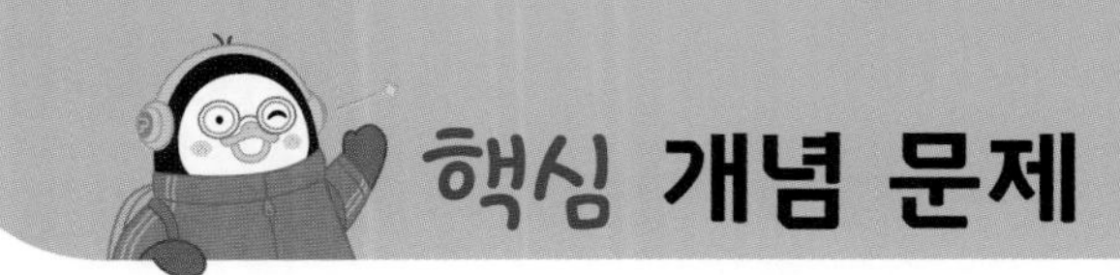

개념 1 각 계절에 볼 수 있는 별자리를 묻는 문제

(1) 한밤에 보이는 별자리는 태양과 반대쪽에 위치한 별자리임.

(2) 여러 계절에 걸쳐 보이는 별자리도 있음.

(3) 계절별 볼 수 있는 별자리

봄에 볼 수 있는 별자리	목동자리, 처녀자리, 사자자리, 큰개자리, 오리온자리, 쌍둥이자리
여름에 볼 수 있는 별자리	거문고자리, 독수리자리, 백조자리, 목동자리, 처녀자리, 사자자리
가을에 볼 수 있는 별자리	물고기자리, 안드로메다자리, 페가수스자리, 백조자리, 독수리자리, 거문고자리
겨울에 볼 수 있는 별자리	쌍둥이자리, 오리온자리, 큰개자리, 안드로메다자리, 물고기자리, 페가수스자리

01 다음 ( ) 안에 들어갈 알맞은 말에 ○표 하시오.

한밤에 보이는 별자리는 태양과 ㉠(같은 , 반대) 쪽에 있는 별자리이다. 태양과 ㉡(같은 , 반대) 방향에 있는 별자리는 태양 빛 때문에 볼 수 없기 때문이다.

02 각 계절에 보이는 별자리에 대한 설명으로 옳은 것에 ○표, 옳지 않은 것에 ×표 하시오.

(1) 목동자리, 처녀자리는 봄에만 볼 수 있다. ( )

(2) 겨울에 볼 수 있는 쌍둥이자리는 봄에는 볼 수 없다. ( )

(3) 별자리들은 한 계절에만 보이는 것이 아니라 두세 계절에 걸쳐 보인다. ( )

개념 2 계절별 대표적인 별자리를 묻는 문제

(1) 계절별 대표적인 별자리 알아보기

- 각 계절의 밤하늘에서 오랜 시간 볼 수 있는 별자리를 그 계절의 대표적인 별자리로 정함.
- 저녁 9시 무렵 남동쪽이나 남쪽 하늘에서 보이는 별자리가 가장 오랜 시간 볼 수 있는 별자리임.

(2) 계절별 대표적인 별자리

계절	대표적인 별자리
봄	목동자리, 사자자리, 처녀자리
여름	거문고자리, 독수리자리, 백조자리
가을	안드로메다자리, 물고기자리, 페가수스자리
겨울	쌍둥이자리, 오리온자리, 큰개자리

03 다음 ( ) 안에 들어갈 알맞은 말을 쓰시오.

저녁 9시 무렵에 남동쪽 하늘이나 ( ) 하늘에 위치한 별들은 밤하늘에서 볼 수 있는 시간이 길기 때문에 그 계절의 대표적인 별자리가 된다.

( )

04 각 계절의 대표적인 별자리를 찾아 바르게 선으로 연결하시오.

(1) 봄 • • ㉠ 사자자리, 처녀자리

(2) 여름 • • ㉡ 백조자리, 거문고자리

(3) 가을 • • ㉢ 쌍둥이자리, 오리온자리

(4) 겨울 • • ㉣ 물고기자리, 페가수스자리

개념 3 일 년 동안 지구의 움직임을 알아보는 실험에 대해 묻는 문제

(1) 전등을 책상 가운데 두고, 지구의를 시계 반대 방향으로 옮기며 각각의 위치에서 우리나라가 밤일 때 관찰자 모형에게 보이는 교실의 모습을 확인함.

(2) 지구의의 위치가 바뀔 때마다 관찰자 모형에게 보이는 교실의 모습이 달라짐.

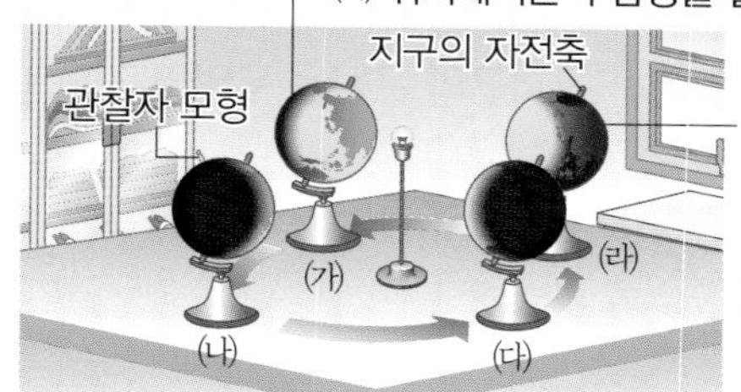

05 **다음 실험에서 (가), (나), (다), (라) 각 위치에서 우리나라가 밤일 때 관찰자 모형에게 보이는 교실의 모습을 옳게 설명한 것을 찾아 기호를 쓰시오.**

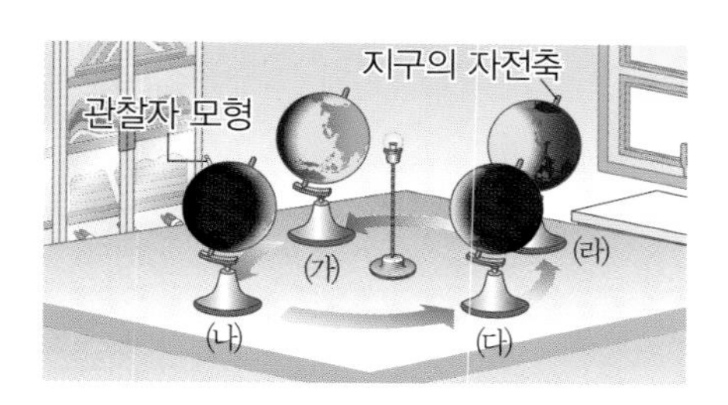

㉠ 각 위치에서 관찰자 모형에게 보이는 교실의 풍경은 다르다.
㉡ 위치에 관계없이 관찰자 모형에게 보이는 교실의 풍경은 모두 같다.

( )

06 **다음은 지구의가 놓인 각 위치에서 보이는 교실의 모습이 위 05번 답과 같이 보이는 까닭을 설명한 것입니다. ( ) 안에 들어갈 알맞은 말에 ○표 하시오.**

지구의가 전등을 중심으로 회전하기 때문에 지구의가 놓인 위치에 따라 우리나라가 한밤일 때 향하는 곳이 (일정하기 , 달라지기) 때문이다.

개념 4 별자리의 변화 모습을 묻는 문제

(1) 계절마다 남쪽 하늘에서 볼 수 있는 별자리가 달라짐.

(2) 같은 장소에서 같은 시각에 별자리를 관찰하면 별자리가 점점 서쪽으로 움직임.

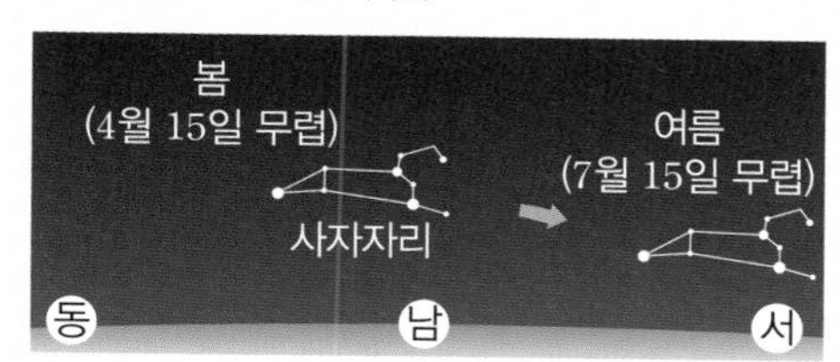

07 **계절에 따른 별자리의 변화에 대한 설명으로 옳은 것은 어느 것입니까? ( )**

① 별자리마다 움직이는 속도가 다르다.
② 별의 위치가 바뀌면 별자리 모양이 바뀐다.
③ 별자리는 일 년에 한 달 정도만 볼 수 있다.
④ 올해 본 별자리는 3년이 지나야 볼 수 있다.
⑤ 별자리는 동쪽에서 서쪽으로 점점 이동한다.

08 **다음 ( ) 안에 들어갈 알맞은 방위를 쓰시오.**

남쪽 하늘의 중앙에 있던 사자자리를 두 달 후 같은 장소에서 같은 시각에 관찰하면 위치가 ( )쪽으로 더 이동해 있다.

( )

개념 5 계절에 따라 보이는 별자리가 달라지는 까닭을 알아보는 실험에 대해 묻는 문제

(1) 지구의의 우리나라에 관찰자 모형을 붙이고, 네 사람이 각 계절의 대표적인 별자리 그림을 전등 쪽으로 듦. 지구의를 서쪽에서 동쪽으로 옮기면서 각각의 위치에서 우리나라가 한밤일 때 관찰자 모형에게 잘 보이는 별자리를 이야기함.
(2) 지구의의 위치에 따라 밤에 잘 보이는 별자리가 다름.
(3) 지구는 1년에 한 바퀴씩 태양을 중심으로 회전하고, 지구의 위치에 따라 밤에 보이는 별자리가 달라짐.

09 다음은 계절에 따라 보이는 별자리가 달라지는 까닭을 알아보는 실험입니다. 이 실험에서 ㈎, ㈏, ㈐, ㈑ 각각의 위치에서 우리나라가 밤일 때 관찰자 모형에게 잘 보이는 별자리를 바르게 짝 지은 것을 모두 골라 기호를 쓰시오. (단, 관찰자 모형은 지구의의 우리나라 위치에 붙였습니다.)

ㄱ ㈎ 위치 – 페가수스자리
ㄴ ㈏ 위치 – 거문고자리
ㄷ ㈐ 위치 – 사자자리
ㄹ ㈑ 위치 – 오리온자리

( )

10 다음은 위 09번의 실험 결과를 정리한 것입니다. ( ) 안에 들어갈 알맞은 말을 각각 쓰시오.

지구가 (ㄱ) 주위를 회전하기 때문에 계절에 따라 (ㄴ)의 위치가 달라지고 그 위치에 따라 밤에 보이는 별자리가 다르다.

ㄱ ( ), ㄴ ( )

개념 6 지구의 공전을 묻는 문제

(1) **지구의 공전**: 지구가 태양을 중심으로 일 년에 한 바퀴씩 서쪽에서 동쪽으로 회전하는 것
(2) 지구의 공전은 계절에 따라 지구의 위치를 바꾸어 별자리를 바라보는 방향을 다르게 함.
(3) 지구의 위치가 달라져 지구에서 바라보는 방향이 바뀌면 이전과 다른 곳에 있는 별자리를 관찰하게 되어 마치 별자리가 달라지는 것처럼 보임.

11 다음에서 설명하는 지구의 운동은 무엇인지 쓰시오.

지구는 태양을 중심으로 일 년에 한 바퀴씩 서쪽에서 동쪽으로 회전한다.

( )

12 계절에 따라 보이는 별자리가 달라지는 까닭을 설명한 것으로 옳은 것은 어느 것입니까? ( )

① 지구가 하루 동안 태양을 한 바퀴씩 회전하기 때문이다.
② 지구가 동쪽에서 서쪽으로 태양 주위를 회전하기 때문이다.
③ 지구의 위치는 그대로이고, 별자리의 위치만 바뀌기 때문이다.
④ 별자리가 태양을 중심으로 동쪽에서 서쪽으로 회전하기 때문이다.
⑤ 지구가 공전하여 계절에 따라 지구의 위치가 달라지기 때문이다.

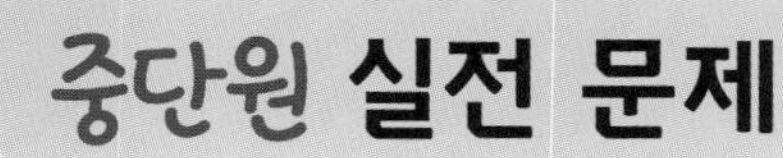

정답과 해설 6쪽

[01~03] 다음 그림은 계절에 따라 저녁 9시경에 하늘에서 볼 수 있는 별자리입니다. 물음에 답하시오.

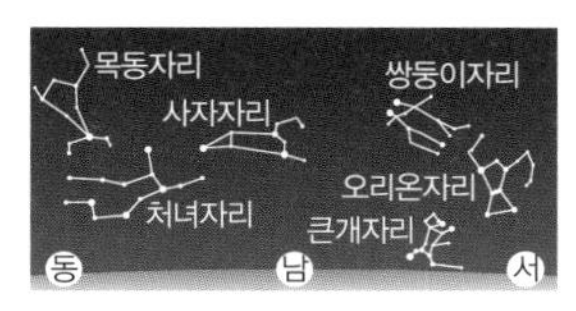

▲ 봄(4월 15일 무렵)

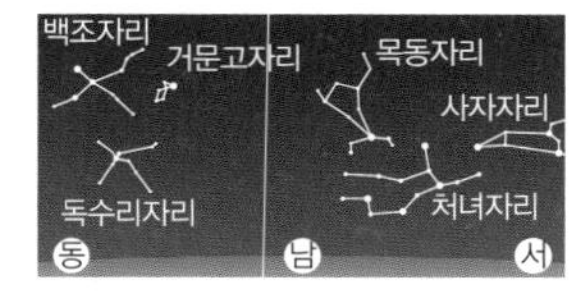

▲ 여름(7월 15일 무렵)

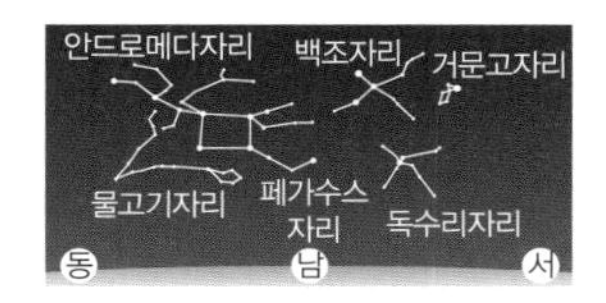

▲ 가을(10월 15일 무렵)

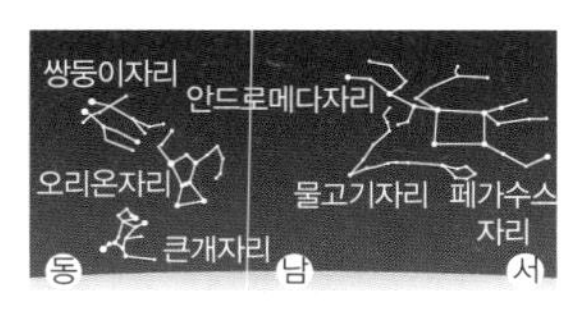

▲ 겨울(1월 15일 무렵)

중요

01 계절에 따라 보이는 별자리를 설명한 것으로 옳은 것은 어느 것입니까? (   )

① 거문고자리는 봄과 여름에 볼 수 있다.
② 독수리자리는 여름과 가을에 볼 수 있다.
③ 쌍둥이자리는 겨울에만 볼 수 있는 별자리이다.
④ 봄에 볼 수 있는 별자리는 여름에는 볼 수 없다.
⑤ 큰개자리와 오리온자리를 모두 볼 수 있는 계절은 겨울뿐이다.

02 저녁 9시 무렵에 아래 별자리를 모두 볼 수 있는 계절을 찾아 쓰시오.

페가수스자리, 물고기자리, 거문고자리

(   )

03 오른쪽 별자리를 저녁 9시 무렵에 볼 수 있는 계절을 모두 찾아 짝 지은 것은 어느 것입니까? (   )

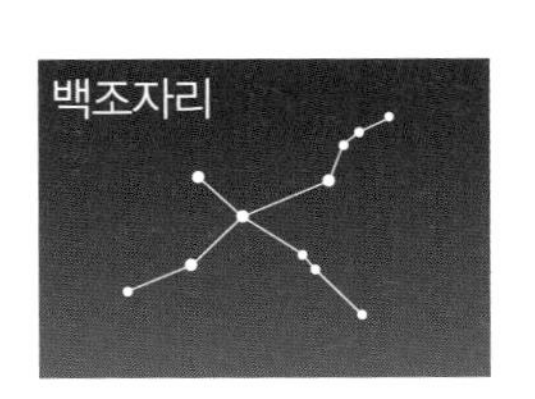

① 봄, 여름 ② 봄, 가을 ③ 여름, 가을
④ 여름, 겨울 ⑤ 가을, 겨울

04 별자리에 대한 설명으로 옳지 않은 것은 어느 것입니까? (   )

① 낮에는 잘 보이지 않는다.
② 여러 계절에 보이는 별자리도 있다.
③ 봄에 볼 수 있는 별자리는 겨울에 볼 수 없다.
④ 오래 볼 수 있는 별자리는 계절에 따라 다르다.
⑤ 저녁 9시경 남동쪽 하늘에 있는 별자리를 가장 오래 볼 수 있다.

05 다음 별자리 중 봄의 대표적인 별자리로 알맞은 것은 어느 것입니까? (   )

① 사자자리
② 독수리자리
③ 물고기자리
④ 페가수스자리
⑤ 안드로메다자리

서술형

06 하늘에는 여러 별자리가 늘 떠 있지만 밤에만 별자리가 보입니다. 낮에 별자리가 보이지 않는 까닭을 쓰시오.

[07~09] 다음은 일 년 동안 지구의 움직임을 알아보는 실험입니다. 물음에 답하시오.

07 위 실험을 하는 순서에 맞게 차례대로 기호를 쓰시오.

㉠ 전등을 가운데에 두고 30 cm 떨어진 곳에 지구의를 놓는다.
㉡ 지구의에서 우리나라를 찾아 그곳에 관찰자 모형을 붙이고 전등을 켠다.
㉢ 관찰자 모형에게 교실에 있는 무엇이 보일지 생각한다.
㉣ 전등을 중심으로 지구의를 (가), (나), (다), (라)의 위치에 차례대로 옮겨 놓는다.
㉤ 지구의를 각 위치에 놓은 뒤, 자전축을 돌려 우리나라가 한밤이 되도록 지구의를 자전시킨다.

(→ → → →)

08 위의 (가) 위치에서 한밤이 되었을 때 볼 수 있는 교실의 모습을 찾아 기호를 쓰시오.

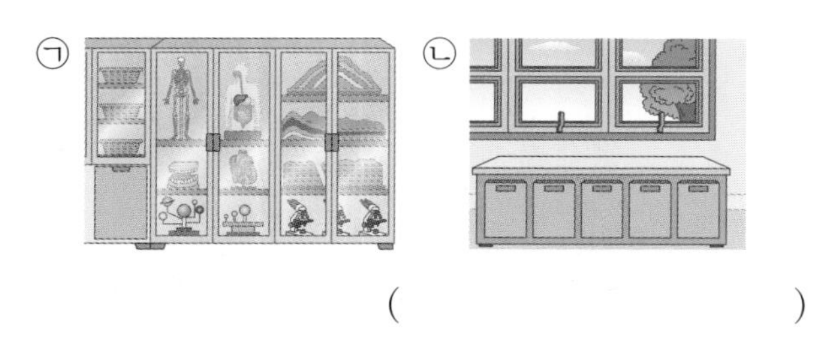

( )

09 위의 실험에 대한 설명으로 옳은 것은 어느 것입니까? ( )

① 전등은 지구의 역할을 한다.
② 관찰자 모형은 북쪽을 바라보게 붙인다.
③ 지구의를 가운데에 두고 전등을 돌린다.
④ 위에서 볼 때 시계 방향으로 지구의를 옮긴다.
⑤ 각 위치에서 우리나라가 한밤이 되도록 지구의를 돌린다.

[10~12] 다음은 지구의 위치 변화와 계절별 별자리를 나타낸 그림입니다. 물음에 답하시오.

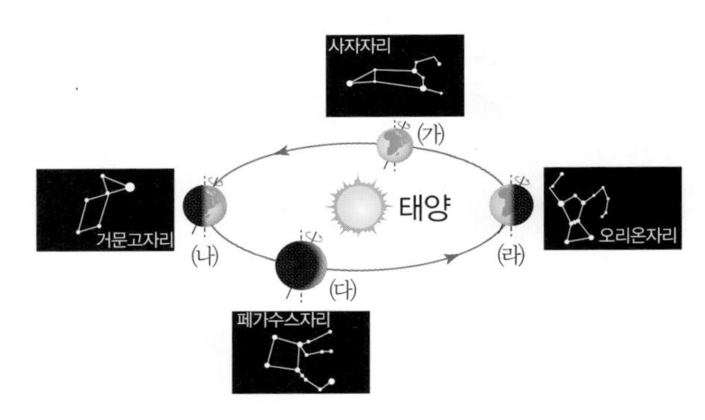

10 별자리를 보고 지구의 위치를 봄부터 겨울까지 차례대로 기호를 쓰시오.

(, , ,)

11 (라) 위치에서 잘 보이는 별자리를 위 그림에서 찾아 쓰시오.

( )

중요

12 지구의 움직임과 별자리의 변화에 대한 설명으로 옳지 않은 것은 어느 것입니까? ( )

① (라) 위치에서 우리나라는 겨울이다.
② 지구의 위치에 따라 밤에 보이는 별자리가 달라진다.
③ 위에서 볼 때 지구는 태양 주위를 시계 반대 방향으로 돈다.
④ 별자리가 태양 주위를 돌기 때문에 지구의 위치가 달라진다.
⑤ 위 실험에서 사자자리 다음에 볼 수 있는 별자리는 거문고자리이다.

[13~15] 지구의의 우리나라 위치에 관찰자 모형을 붙인 다음, 계절에 따라 보이는 별자리가 달라지는 까닭을 알아보는 실험입니다. 물음에 답하시오.

13 위의 실험에서 우리나라가 한밤일 때 관찰자 모형에게 거문고자리가 가장 잘 보이는 지구의의 위치를 찾아 기호를 쓰시오.

( )

14 계절별 대표적인 별자리가 다음과 같을 때 지구의가 움직이는 순서로 알맞은 것은 어느 것입니까? ( )

계절	봄	여름	가을	겨울
대표적인 별자리	사자자리	거문고자리	페가수스자리	오리온자리

① (가) → (나) → (다) → (라)
② (가) → (나) → (라) → (다)
③ (가) → (다) → (라) → (나)
④ (나) → (가) → (다) → (라)
⑤ (나) → (가) → (라) → (다)

⊂서술형⊃

15 위 실험을 통해 알 수 있는 사실에 대해 두 친구가 대화를 하고 있습니다. 계절에 따라 별자리가 달라지는 까닭을 지구의 움직임과 관련지어 (가)에 들어갈 내용을 쓰시오.

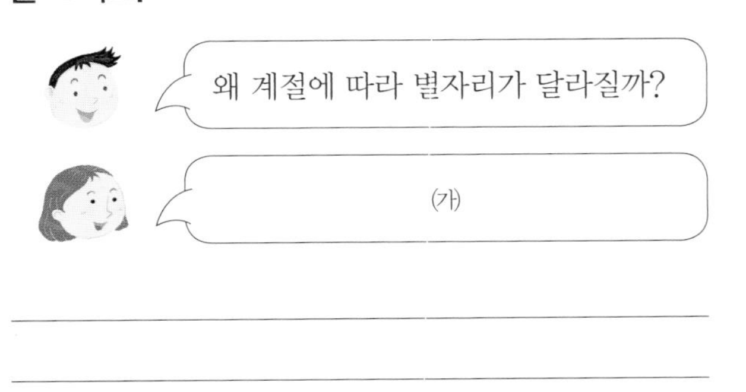

⊂중요⊃

16 여러 날 동안 같은 장소, 같은 시각에 별자리를 관찰할 때 별자리가 움직이는 방향(㉠)과 지구의 공전 방향(㉡)을 바르게 짝 지은 것은 어느 것입니까? ( )

	㉠	㉡
①	동쪽 → 서쪽	동쪽 → 서쪽
②	동쪽 → 서쪽	서쪽 → 동쪽
③	북쪽 → 남쪽	남쪽 → 북쪽
④	서쪽 → 동쪽	서쪽 → 동쪽
⑤	서쪽 → 동쪽	동쪽 → 서쪽

17 지구의 공전과 관련된 설명으로 옳은 것은 어느 것입니까? ( )

① 낮과 밤이 생긴다.
② 계절마다 보이는 별자리가 달라진다.
③ 달이 하루 동안 동쪽에서 떠서 서쪽으로 진다.
④ 태양이 하루 동안 동쪽에서 떠서 서쪽으로 진다.
⑤ 지구가 자전축을 중심으로 하루에 한 바퀴씩 회전한다.

18 지구의 움직임에 대한 설명으로 옳은 것은 어느 것입니까? ( )

① 지구의 자전은 낮과 밤이 생기게 한다.
② 지구는 하루 동안 동쪽에서 서쪽으로 회전한다.
③ 지구는 자전축을 중심으로 하루에 두 바퀴씩 회전한다.
④ 태양이나 달이 뜨고 지는 것은 지구의 공전으로 일어나는 현상이다.
⑤ 지구가 태양 주위를 일 년에 한 바퀴씩 회전하는 것을 지구의 자전이라고 한다.

서술형·논술형 평가 돋보기

학교에서 출제되는 서술형·논술형 평가를 미리 준비하세요.

연습 문제

문제 해결 전략
두 계절의 별자리 그림에서 같은 별자리를 찾고, 그 별자리가 어떤 방향으로 이동하는지를 확인합니다.

핵심 키워드
계절별 별자리, 별자리의 위치 변화

1 다음은 같은 장소, 같은 시각에 봄과 여름에 관찰한 별자리입니다. 물음에 답하시오.

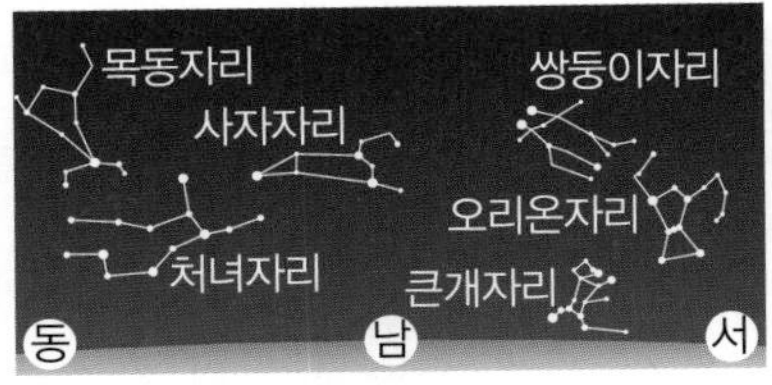

▲ 봄(4월 15일 무렵)

▲ 여름(7월 15일 무렵)

(1) 봄과 여름에 모두 볼 수 있는 별자리를 위 그림에서 찾아 쓰시오(3가지).

(, ,)

(2) 두 계절의 별자리의 모습을 보고 알 수 있는 사실을 쓰시오.

- ( )마다 남쪽 하늘에서 볼 수 있는 ( )이/가 달라진다.
- 별자리가 점점 ( )(으)로 이동한다.

문제 해결 전략
별자리는 고정되어 있지만 지구의 위치가 달라지면 관찰자에게 어떤 별자리가 보이게 될지 생각해 봅니다. 또 지구의 위치 변화 순서를 생각하며 보이는 별자리를 순서대로 정리해 봅니다.

핵심 키워드
별자리가 달라지는 까닭, 지구의 공전

2 다음은 계절에 따라 보이는 별자리가 달라지는 까닭을 알아보는 실험입니다. 물음에 답하시오.

(1) 페가수스자리를 한밤에 가장 잘 볼 수 있는 지구의의 위치는 어디인지 기호를 쓰시오.

( )

(2) 위 실험을 통해 알 수 있는 사실을 쓰시오.

- 지구의 ( )이/가 바뀌면 우리가 바라보는 남쪽 하늘의 ( )도 달라진다.
- 지구의 공전으로 우리가 바라보는 방향에 있는 별자리를 보게 되고, 이 때문에 ( )에 따라 볼 수 있는 대표적인 별자리가 바뀐다.

실전 문제

1 다음은 저녁 9시경 밤하늘의 모습입니다. 물음에 답하시오.

(1) 여름철 대표적인 별자리를 두 가지만 쓰시오.

(,)

(2) 위 (1)번의 별자리가 대표적인 별자리인 까닭은 무엇인지 쓰시오.

2 다음은 지구의의 우리나라에 관찰자 모형을 붙인 다음, 일 년 동안 지구의 움직임을 알아보는 실험입니다. 물음에 답하시오.

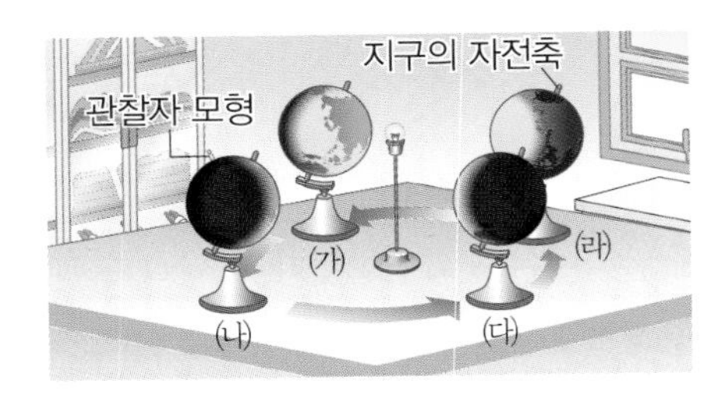

(1) 우리나라가 한밤일 때 관찰자 모형에게 오른쪽의 모습이 잘 보이는 지구의의 위치는 어디인지 기호를 쓰시오.

( )

(2) (나) 위치에서는 우리나라가 한밤일 때 관찰자 모형이 창문을 볼 수 없습니다. 그 까닭을 관찰자 모형의 위치와 관련지어 쓰시오.

3 다음 사자자리의 위치 변화를 보고 별자리의 움직임에 대해 알 수 있는 사실을 쓰시오.

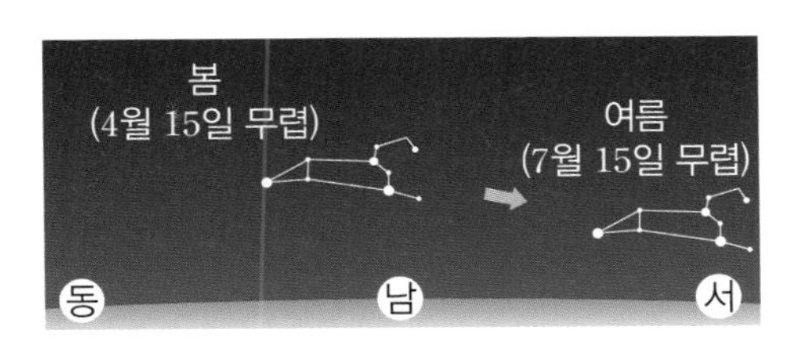

4 다음은 계절별 지구의 위치입니다. 물음에 답하시오.

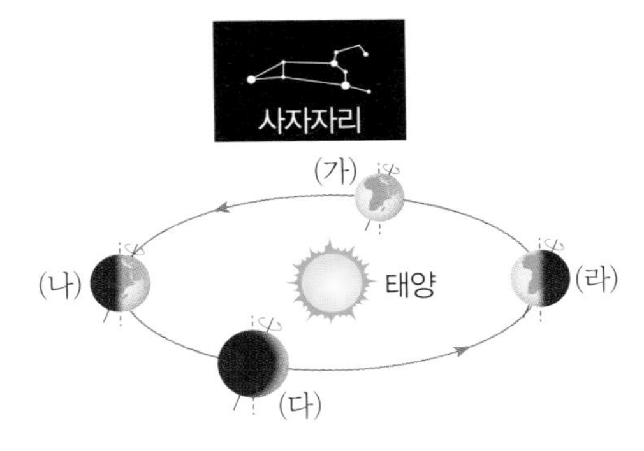

(1) 봄철 대표적인 별자리인 사자자리가 (가) 위치에서 잘 보인다면, 가을철 대표적인 별자리인 페가수스자리가 잘 보이는 지구의 위치는 어디인지 기호를 쓰시오.

( )

(2) 위 (1)번 답과 같이 생각한 까닭을 쓰시오.

(3) 달의 운동

1 달을 보았던 경험

(1) 달을 보았던 경험 이야기하기

나는 낮에 길을 걷다가 바나나 모양의 달을 본 적이 있어.

정월 대보름에 아빠와 함께 쟁반 같은 보름달을 보며 소원을 빌었어.

2 여러 날 동안 달의 모양 변화

(1) 달의 모양 관찰하기

① 달을 관찰할 기간을 정하고 날짜를 기록장에 적습니다.

② 여러 날 동안 달의 모양을 관찰합니다.

③ 관찰한 달과 같은 모양의 붙임딱지를 찾아 날짜에 맞게 붙입니다.

④ 여러 날 동안 달의 모양이 어떻게 달라지는지 확인합니다.

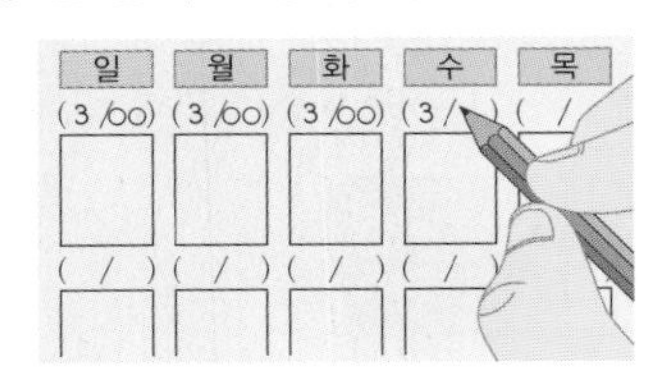

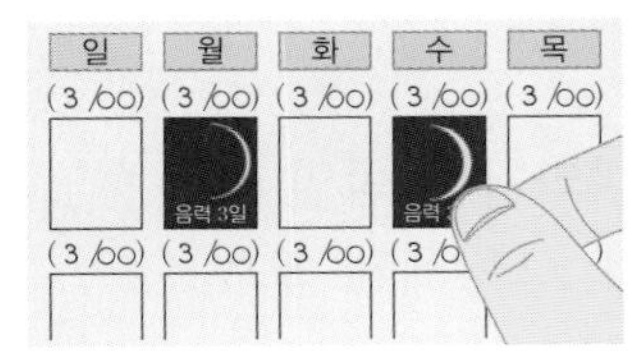

(2) 달의 모양 변화 알아보기

① 달의 모양은 초승달, 상현달, 보름달, 하현달, 그믐달의 순서로 변합니다.

② 달이 15일 동안 점점 커지다가 보름달이 되면 이후 15일 동안 점점 작아집니다. 이러한 모양 변화는 약 30일을 주기로 반복됩니다.

모양 변화 주기: 약 30일

▶ **빛을 내지 못하는 달**
달은 스스로 빛을 내지 못하기 때문에 태양의 빛을 반사하여 밝게 빛납니다.

▶ **달의 크기와 모양**
보름달에서 그믐달로 되면 달이 작아지는 것처럼 보이지만 실제로는 지구에서 보이는 밝게 빛나는 달의 부분이 줄어드는 것입니다. 달의 크기는 변하지 않고 그대로입니다. 가끔 지구에서 반사한 빛에 의해 달의 어두운 부분이 드러나기도 합니다. 이때 달의 둥근 형태가 그대로인 것을 알 수 있습니다.

낱말 사전

정월 대보름 한 해의 첫 보름달이 뜨는 날로 음력으로는 1월 15일에 지내는 우리나라 명절

주기 다시 본래의 모습으로 돌아오는 데까지 걸리는 시간

(3) 음력으로 보는 달의 모양 변화 알아보기

① 음력은 달의 모양을 기준으로 만든 달력으로 음력 한 달은 약 30일입니다.

② 음력으로 같은 날짜에 보이는 달의 모양은 같습니다.

③ 음력 2~3일 무렵에는 초승달, 음력 7~8일 무렵에는 상현달, 달의 중간인 음력 15일 무렵에는 보름달을 볼 수 있습니다. 음력 22~23일 무렵에는 하현달, 음력 27~28일 무렵에는 그믐달을 볼 수 있습니다.

▶ 보름과 보름달

• 보름은 음력으로 보름달이 되기까지 걸리는 시간에서 온 말로 15일의 기간을 말합니다.

• 한 달을 30일이라고 하면 한 달은 두 번의 보름인 셈입니다. 그렇다고 한 달에 보름달이 두 번 뜨지는 않습니다. 보름달이 뜨는 데 보름이 걸리고 다시 완전히 사라지는 데 보름이 걸리기 때문입니다. 결국 보름달은 한 달에 한 번만 뜹니다.

3 여러 날 동안 달의 위치 변화

(1) 여러 날 동안 같은 시각, 같은 장소에서 보이는 달의 위치 관찰하기

① 우리 지역의 일몰 시각을 확인하여 달을 관찰할 시각을 정합니다.
• 누리집이나 신문 등에서 일몰 시각을 확인할 수 있습니다.

일몰 시각 전후의 매시 정각으로 시각을 정하면 기억하기 쉽습니다.

↓

② 달을 관찰하려는 장소에서 나침반을 이용하여 동쪽, 남쪽, 서쪽을 확인합니다.

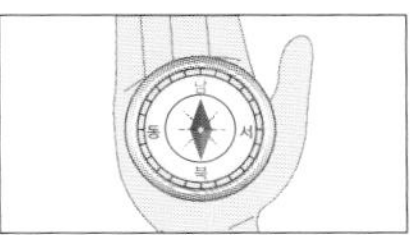

↓

③ 남쪽을 중심으로 주변 건물이나 나무 등의 위치를 표시합니다.

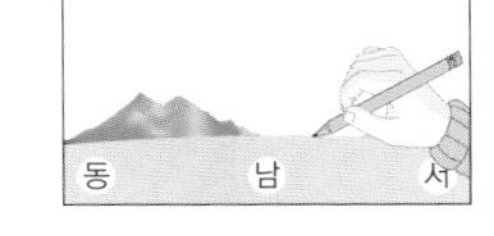

↓

④ 정해진 시각에 달의 위치와 모양을 관찰하여 기록합니다.
• 부모님이나 어른과 함께하고 너무 늦은 시간에는 관찰하지 않습니다.

↓

⑤ 여러 날 동안 정해진 시각과 장소에서 달의 위치와 모양을 관찰하고 기록하는 것을 반복합니다.

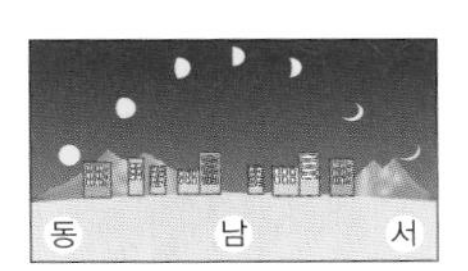

▶ 일몰 시각

• 일몰 시각은 해가 지평선으로 완전히 사라지는 시각입니다.

• 한국 천문 연구원 누리집에서 시간과 위치를 입력하면 일몰 시각을 정확히 알 수 있습니다.

개념 확인 문제

1 달은 밤에만 볼 수 있습니다. (○ , ×)

2 달의 (모양 , 색깔)에 따라 초승달, 상현달, 보름달, 하현달, 그믐달로 구분됩니다.

3 달의 모양을 기준으로 만든 달력을 (양력 , 음력)이라고 합니다.

정답 1 × 2 모양 3 음력

▶ 달의 모습

- 밝은 부분은 주변보다 높은 땅으로 달의 육지라고 부릅니다.
- 어두운 부분은 어두운 암석으로 되어 있는 넓고 편평한 땅으로 달의 바다라고 합니다.

▶ 한쪽 면만 보이는 달

달이 지구를 도는 데 걸리는 시간과 달이 스스로 한 바퀴 도는 데 걸리는 시간이 같아 지구에서는 달의 앞면만 볼 수 있습니다.

▲ 달의 뒷면

(2) 천체 관측 프로그램을 활용하여 여러 날 동안 달의 위치 조사하기

① 음력 1일인 날짜를 고릅니다.

② 고른 날짜의 일몰 시각을 확인합니다.

③ 천체 관측 프로그램으로 관찰하고 싶은 날짜와 시각을 설정합니다.

날짜 및 시간	율리우스일
20○○ – 4 – 20	19 : 0 : 0

④ 시각은 고정하고 날짜만 하루씩 늘리면서 달의 위치를 확인하고 기록합니다.

⑤ 달의 모양도 확인하고 싶은 경우 달을 선택하여 확대하면 됩니다.

천체 관측 프로그램의 화면 속 달의 위치	확대된 달의 모양

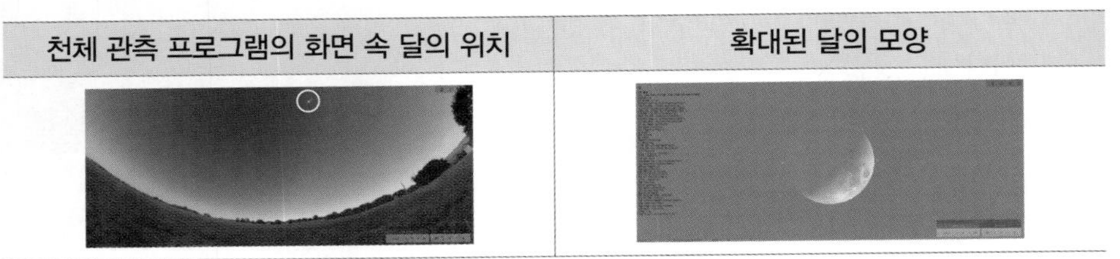

(3) 여러 날 동안 일어나는 달의 위치 변화 정리하기

달의 모양	저녁 7시에 관찰한 달의 위치
	음력 2~3일 무렵 (동 남 서)
	음력 7~8일 무렵 (동 남 서)
	음력 15일 무렵 (동 남 서)

① 태양이 진 후에 달이 보이는 위치는 다릅니다.
- 초승달은 서쪽 하늘에서 보입니다.
- 상현달은 남쪽 하늘에서 보입니다.
- 보름달은 동쪽 하늘에서 보입니다.

② 여러 날 동안 같은 시각에 관찰한 달의 위치는 서쪽에서 동쪽으로 날마다 조금씩 옮겨 갑니다.

개념 확인 문제

1 초승달은 (양력 , 음력) 2~3일 무렵에 관찰할 수 있습니다.

2 태양이 진 직후에 보름달은 동쪽 하늘에서 보입니다. (○ , ×)

3 여러 날 동안 같은 시각에 관찰한 달의 위치는 (서쪽 , 동쪽)에서 (서쪽 , 동쪽)으로 날마다 조금씩 옮겨 갑니다.

정답 1 음력 2 ○ 3 서쪽, 동쪽

이제 실험 관찰로 알아볼까? 지구와 달의 운동 모형 만들기

[준비물] 우드록, 색점토, 칼, 가위, 빨대(지름 1 cm 이상)

[실험 방법]

① 우드록을 잘라 크기가 다른 원판 두 개와 막대 모양 판을 만들고, 색점토로 태양, 지구, 달의 모양을 만듭니다.

② 빨대와 우드록으로 작은 원판이 회전하면서 큰 원판 주위도 회전하게 만듭니다.

③ 큰 원판 가운데에 태양을 고정하고, 작은 원판 가운데 지구, 작은 원판 가장자리에 달을 고정합니다.

④ 모형을 이용하여 지구와 달의 운동을 설명합니다.

주의할 점
- 칼이나 가위를 사용할 때 안전에 주의하도록 합니다.
- 단단하고 두꺼운 재료를 사용해야 모형의 형태가 변하지 않고 오래 유지됩니다.

[실험 결과]

① 다양한 지구와 달의 운동 모형

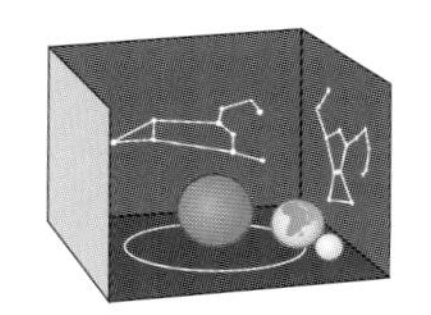

▲ 자석과 스타이로폼 공으로 만든 모형

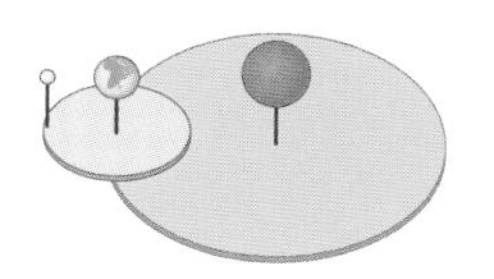

▲ 우드록과 스타이로폼 공으로 만든 모형

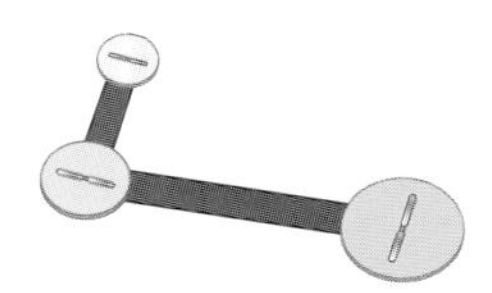

▲ 종이와 분할핀으로 만든 모형

중요한 점
태양, 지구, 달의 모양을 표현하는 데 치중하기보다는 지구와 달의 운동으로 나타나는 현상을 모형으로 잘 설명할 수 있는 것이 중요합니다.

② 만든 모형 수정 및 보완하기

예

잘된 점	지구의 낮과 밤, 지구의 자전과 지구의 공전을 나타낼 수 있다.
보완할 점	지구와 달이 같은 원판에 붙어 있어서 지구를 자전시키면 동시에 달이 지구 주위를 돌게 만든 것이 잘못되었다. 이를 보완하기 위해서는 지구와 달이 각각 움직일 수 있도록 원판을 따로 만들어야 한다.

탐구 문제

정답과 해설 9쪽

1 다음 지구와 달의 운동 모형에서 (나)를 움직이는 것은 어떤 운동을 나타낸 것인지 쓰시오.

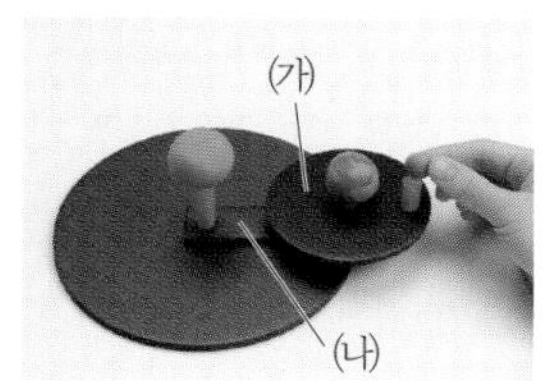

(　　　　　　　　　　)

2 위 1번과 같은 지구와 달의 운동 모형을 만들 때 주의해야 할 점으로 옳지 않은 것은 어느 것입니까? (　　)

① 원판이 움직이지 않게 고정한다.
② 색점토로 태양, 지구, 달을 표현한다.
③ 태양 모형은 큰 원판의 한가운데에 놓는다.
④ 두꺼운 재료를 사용해야 튼튼하게 만들 수 있다.
⑤ 태양이나 지구 등을 꾸미는 데 치중하지 않는다.

핵심 개념 문제

개념 1 달을 본 경험과 달의 모양을 묻는 문제

(1) 달은 낮에도 볼 수 있음.
(2) 정월 대보름과 추석에는 보름달을 볼 수 있음.
(3) 달의 모양은 눈썹이나 바나나 모양의 달부터 쟁반과 같이 둥근 모양으로 꽉 찬 모양 등 다양함.

01 다음 친구의 이야기로 보아 친구가 본 달의 모양으로 알맞은 것은 어느 것입니까? (　　　)

나는 저녁에 길을 걷다가 눈썹처럼 생긴 달을 본 적이 있어.

① 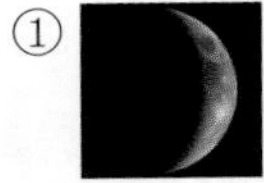
② 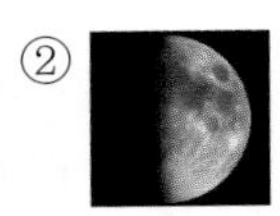
③ 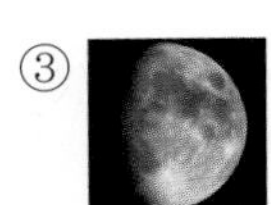
④
⑤

02 다음은 서연이가 달을 본 경험을 이야기한 것입니다. 서연이가 본 달의 이름을 쓰시오.

• 서연: 정월 대보름이나 추석에는 쟁반처럼 둥근 모양의 달이 떠. 사람들은 이 달을 보며 소원을 빌기도 해.

(　　　　　　　　　　　)

개념 2 여러 날 동안 달의 모양 변화와 주기를 묻는 문제

(1) 여러 날 동안 달은 초승달, 상현달, 보름달, 하현달, 그믐달로 모양이 변함.
(2) 15일 동안은 점점 커지다가 보름달이 된 후에 다시 점점 작아짐.
(3) 약 30일마다 모양 변화를 반복함.

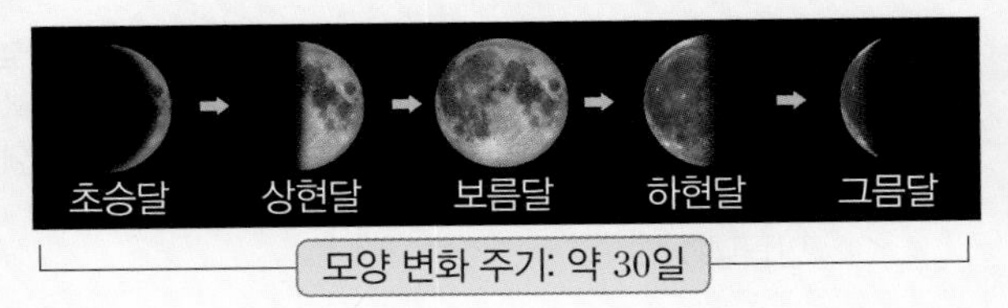

03 다음 모양의 달은 어느 것입니까? (　　　)

① 초승달　② 상현달　③ 보름달
④ 하현달　⑤ 그믐달

04 여러 날 동안 달의 모양 변화에 대한 설명으로 옳은 것은 어느 것입니까? (　　　)

① 가장 밝고 큰달의 모양은 그믐달이다.
② 달의 모양은 약 30일 주기로 반복된다.
③ 보름달은 점점 작아져서 상현달이 된다.
④ 초승달에서 하현달을 거쳐 보름달이 된다.
⑤ 30일 동안 점점 커졌다가 30일 동안 점점 작아진다.

개념 3 음력과 달의 모양 변화를 묻는 문제

(1) 음력은 달의 모양을 기준으로 만든 달력임.

(2) 음력 날짜와 달의 모양

2~3일 무렵	7~8일 무렵	15일 무렵	22~23일 무렵	27~28일 무렵
초승달	상현달	보름달	하현달	그믐달

05 현수가 본 달에 대한 설명으로 옳은 것은 어느 것입니까? (　　)

> • 현수: 어제 저녁 어머니 심부름으로 슈퍼마켓에 가다가 하늘에 바나나 모양의 달이 떠 있는 것을 봤어.

① 하현달이다.
② 둥근 달이다.
③ 왼쪽 반달이다.
④ 오른쪽 반달이다.
⑤ 음력 2~3일 무렵 볼 수 있는 달이다.

06 음력 날짜와 달의 모양을 표로 나타낸 것입니다. ㉠에 들어갈 달의 이름을 쓰시오.

2~3일 무렵	7~8일 무렵	15일 무렵	22~23일 무렵	27~28일 무렵
초승달	상현달	보름달	(㉠)	그믐달

(　　　　　　　　)

개념 4 여러 날 동안의 달 관찰 방법을 묻는 문제

(1) 여러 날 동안의 달 관찰 방법 알아보기
① 일몰 시각 알아보고 관찰할 시각 정하기
② 관찰 장소에서 방위 확인하기
③ 주변 건물이나 나무 등의 위치 표시하기
④ 정해진 시각에 달의 위치와 모양을 관찰하고 기록하기
⑤ 여러 날 동안 ④번 과정 반복하기

(2) 주의할 점: 어른들과 함께 관찰하고 너무 늦은 시각까지 관찰하지 않음.

07 달의 위치 변화를 관찰하는 순서에 맞게 차례대로 기호를 쓰시오.

> ㉠ 관찰 장소에서 방위 확인하기
> ㉡ 달의 위치와 모양 관찰하고 기록하기
> ㉢ 주변 건물이나 나무 등의 위치 표시하기
> ㉣ 일몰 시각을 알아보고 관찰할 시각 정하기

(　　→　　→　　→　　)

08 여러 날 동안 달의 위치를 관찰하는 방법으로 옳은 것은 어느 것입니까? (　　)

① 실제 관찰과 기록은 하루만 한다.
② 달이 잘 보이는 새벽 2시쯤 관찰한다.
③ 일출 시각 이후로 관찰할 시각을 정한다.
④ 관찰할 장소에서 손전등을 이용하여 남쪽과 동쪽, 서쪽을 확인한다.
⑤ 달의 위치를 정확히 기록하기 위해 주변 건물이나 나무의 위치를 표시한다.

개념 5 천체 관측 프로그램을 활용하여 여러 날 동안 달의 위치를 조사하는 방법을 묻는 문제

(1) 여러 날 동안의 달의 위치 조사 방법 알아보기
① 음력 1일인 날짜 고르기
② 고른 날짜의 일몰 시각 확인하기
③ 천체 관측 프로그램에 관찰하고 싶은 날짜와 시각 설정하기
④ 시각을 고정하고 날짜만 하루씩 늘리면서 달의 위치 확인하기

(2) 여러 날 동안의 달 모양 조사하기: 달이 작게 보이기 때문에 달을 선택 후 확대하면 달의 모양을 관찰할 수 있음.

09 다음 (　　) 안에 들어갈 알맞은 말을 쓰시오.

> 직접 달을 관찰하기 어려운 상황일 때는 컴퓨터나 스마트 기기에 (　　　)을/를 설치하여 달의 모양과 위치 변화를 간접적으로 관찰할 수 있다.

(　　　　　　　)

10 천체 관측 프로그램을 활용하여 여러 날 동안 달의 모양과 위치를 조사하는 방법에 대한 설명으로 옳지 않은 것은 어느 것입니까? (　　)

① 음력으로 1일인 날을 고른다.
② 관찰할 날의 일몰 시각을 확인한다.
③ 천체 관측 프로그램에 관찰하고 싶은 날짜를 설정한다.
④ 달의 모양을 자세히 보고 싶을 때는 달을 선택해서 확대한다.
⑤ 날짜를 고정하고 시각을 한 시간씩 늘리며 달의 위치 변화를 알아본다.

개념 6 여러 날 동안 달의 위치 변화를 묻는 문제

(1) 여러 날 동안 같은 시각, 같은 장소에서 달을 관찰하면 달의 위치와 모양이 달라짐.

(2) 달의 위치

음력 2~3일 저녁 7시 무렵	음력 7~8일 저녁 7시 무렵	음력 15일 저녁 7시 무렵
초승달	상현달	보름달
서쪽 하늘 근처	남쪽 하늘 근처	동쪽 하늘 근처

(3) 여러 날 동안 같은 시각에 관찰한 달의 위치는 서쪽에서 동쪽으로 조금씩 이동함.

11 음력 3일 저녁 7시 무렵에 서쪽 하늘에서 볼 수 있는 달의 이름을 쓰시오.

(　　　　　　　)

12 여러 날 동안 저녁 7시 무렵에 관찰한 달의 위치 변화에 대한 설명으로 옳은 것은 어느 것입니까? (　　)

① 달은 남동쪽 하늘에서만 관찰할 수 있다.
② 같은 장소에서 관찰한 달의 위치는 변화가 없다.
③ 달의 위치가 서쪽에서 동쪽으로 날마다 옮겨 간다.
④ 달의 위치가 동쪽에서 서쪽으로 날마다 옮겨 간다.
⑤ 달은 서쪽에서 남쪽으로 갔다가 다시 서쪽으로 옮겨 간다.

중단원 실전 문제

정답과 해설 9쪽

01 다음 친구가 본 달의 모양으로 알맞은 것은 어느 것입니까? (　　　)

추석날 밤에 아빠와 함께 달을 보고 소원을 빌었어.

① ② ③ ④ ⑤

02 여러 날 동안 달의 모양을 관찰하는 순서에 맞게 차례대로 기호를 쓰시오.

> ㉠ 달의 모양을 관찰한다.
> ㉡ 여러 날 동안 달의 모양 변화를 확인한다.
> ㉢ 기록장에 관찰한 달과 같은 모양의 붙임딱지를 붙인다.
> ㉣ 관찰 기간을 정하고 날짜를 기록장에 적는다.

(　　→　　→　　→　　)

03 다음은 여러 날 동안 달의 모양 변화를 설명한 것입니다. (　　) 안에 들어갈 달의 이름을 쓰시오.

> 여러 날 동안 달의 모양은 오른쪽 부분이 보이기 시작하면서 점점 왼쪽으로 커지다가 (　　　　) 이/가 된 이후부터는 오른쪽이 점점 보이지 않게 된다. 이러한 모양 변화는 약 30일을 주기로 반복된다.

(　　　　　　　　)

⊂서술형⊃

04 다음 친구가 말한 내용에서 틀린 부분을 찾아 바르게 고쳐 쓰시오.

5월 4일에 보름달을 봤으니 5월 19일쯤에 다시 보름달을 볼 수 있을 거야.

____

____

05 여러 날 동안 달의 모양 변화에 대한 설명입니다. ㉠과 ㉡에 들어갈 숫자를 바르게 짝 지은 것은 어느 것입니까? (　　　)

> 달은 (㉠)일 동안 점점 커지다가 보름달이 되면 이후 (㉡)일 동안 점점 작아진다.

	㉠	㉡
①	7	7
②	7	15
③	15	15
④	15	30
⑤	30	30

⊂중요⊃

06 여러 날 동안 관찰한 달의 모양이 변하는 과정에 맞게 보기 에서 달의 모양을 찾아 기호를 쓰시오.

보기

㉠ ㉡ ㉢ ㉣

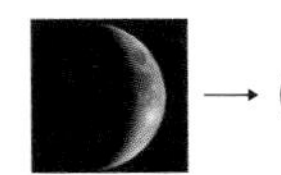 → (　　) → (　　) → (　　) → (　　)

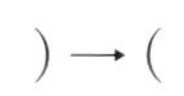  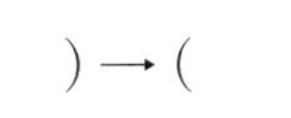

07 다음 ( ) 안에 들어갈 알맞은 말을 쓰시오.

음력 27~28일 무렵에 뜨는 달을 ( ) (이)라고 부른다.

( )

08 음력 7~8일 무렵에 관찰할 수 있는 달은 어느 것입니까? ( )

① 초승달 ② 그믐달 ③ 보름달
④ 상현달 ⑤ 하현달

09 음력 달력에 있는 (가) 위치에 달의 모양 붙임딱지를 붙이려고 합니다. 알맞은 모양의 붙임딱지는 어느 것입니까? ( )

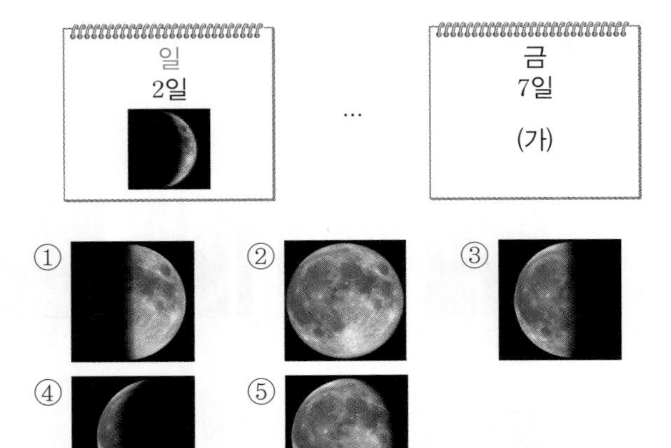

10 다음은 여러 날 동안 같은 시각, 같은 장소에서 보이는 달의 위치를 관찰하는 과정을 순서 없이 나타낸 것입니다. 순서에 맞게 차례대로 기호를 쓰시오.

㉠ 관찰할 시간 정하기
㉡ 달의 위치와 모양 기록하기
㉢ 주변 건물이나 나무 그리기
㉣ 관찰 장소의 방위 확인하기
㉤ 여러 날 동안 관찰과 기록 반복하기

(㉠ → → → → ㉤)

⊂서술형⊃

11 다음과 같은 방법으로 달을 관찰하는 것은 달을 직접 관찰할 때보다 어떤 편리한 점이 있는지 한 가지 쓰시오.

컴퓨터 또는 스마트 기기에 설치된 천체 관측 프로그램을 이용하여 간접적으로 달의 모양과 위치를 관찰할 수 있다.

12 여러 날 동안 달의 위치 변화를 관찰할 때 관찰 시간을 정하는 방법입니다. ( ) 안에 공통으로 들어갈 알맞은 말을 쓰시오.

관찰 시각을 정할 때는 ( ) 시각 전후의 매시 정각으로 일정하게 시각을 정하면 기억하기 쉽다. ( ) 시각은 누리집이나 신문 등에서 확인할 수 있다.

( )

13 천체 관측 프로그램을 이용하여 달을 관찰할 때 달의 모양을 크게 보고 싶은 경우 어떻게 해야 합니까? (　　)

① 날짜를 하루씩 늘린다.
② 달을 선택하여 확대한다.
③ 관찰하고 싶은 날짜를 입력한다.
④ 관찰하고 싶은 시각으로 바꾼다.
⑤ 바라보는 방향을 남쪽 하늘로 바꾼다.

중요

14 다음 ㉠과 ㉡에 들어갈 알맞은 말을 각각 쓰시오.

> 여러 날 동안 같은 시각에 달을 관찰하면, 달의 위치는 날마다 (㉠)에서 (㉡)(으)로 조금씩 옮겨 간다.

㉠ (　　　　　　), ㉡ (　　　　　　)

[15~16] 다음은 여러 날 동안 달의 위치 변화를 알아보기 위해 실제로 달을 관찰하여 정리한 것입니다. 물음에 답하시오.

여러 날 동안 관찰한 달의 위치

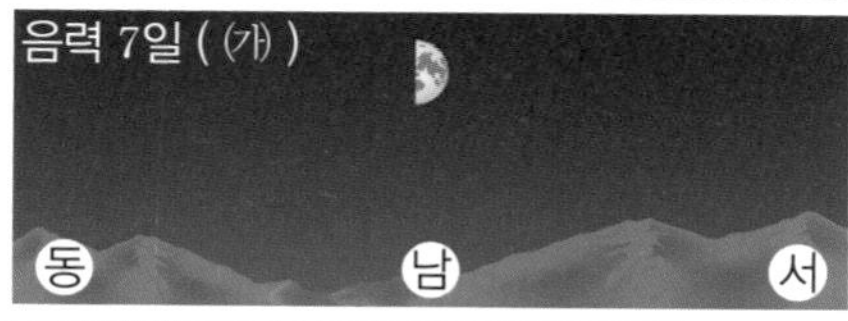

15 ㈎에 들어갈 알맞은 시각을 쓰시오.

(　　　　　　　　　　)

중요

16 여러 날 동안 태양이 진 직후에 관찰한 달의 위치에 대한 설명으로 옳지 않은 것은 어느 것입니까? (　　)

① 초승달은 서쪽 하늘에서 보인다.
② 보름달은 동쪽 하늘에서 보인다.
③ 상현달은 남쪽 하늘에서 보인다.
④ 달의 위치는 날마다 조금씩 이동한다.
⑤ 태양이 진 후에 달이 보이는 위치는 항상 같다.

[17~18] 다음은 지구와 달의 운동 모형입니다. 물음에 답하시오.

17 위의 모형에서 ㉠을 돌리는 것과 관련이 있는 현상으로 옳은 것은 어느 것입니까? (　　)

① 달의 모양이 변한다.
② 계절별 별자리가 달라진다.
③ 낮과 밤이 번갈아 가며 생긴다.
④ 여러 날 동안 달의 위치가 달라진다.
⑤ 태양이 동쪽에서 떠서 서쪽으로 진다.

서술형

18 위 모형으로 여러 날 동안 달의 움직임을 설명하는 방법을 보기 와 같이 쓰시오.

> **보기**
> 막대 모양의 우드록 조각을 돌리면 지구의 공전을 나타낼 수 있다.

서술형·논술형 평가 돋보기

학교에서 출제되는 서술형·논술형 평가를 미리 준비하세요.

연습 문제

문제 해결 전략
달의 모양 변화 주기를 확인합니다. 이 과정에서 보름달은 중간에 위치합니다.

핵심 키워드
달의 모양 변화

1 여러 날 동안 달의 모양 변화를 보고, 물음에 답하시오.

(1) 달이 점점 커져서 보름달이 될 때까지 걸리는 시간을 쓰시오.

약 (   )일

(2) 위 (1)번 답과 같이 생각한 까닭을 쓰시오.

달의 모양 변화 주기가 약 (   )일인데, 달은 (   )일 동안 점점 커져서 보름달이 되었다가 이후 (   )일 동안 점점 작아지기 때문이다.

문제 해결 전략
여러 날 동안 같은 시각, 같은 장소에서 달을 관찰하면 날마다 조금씩 동쪽으로 달의 위치가 이동합니다.

핵심 키워드
달의 위치 변화

2 다음 음력 7~8일 무렵 달의 위치와 모습을 보고, 물음에 답하시오.

(1) 일주일이 지난 후 같은 장소, 같은 시각에 달을 관찰하면 달은 ㉠~㉢ 중 어느 위치에 있을지 알맞은 기호를 쓰시오

(   )

(2) 위 (1)번 답과 같이 생각한 까닭을 쓰시오.

여러 날 동안 같은 시각에 관찰한 달의 위치는 (   )에서 (   )(으)로 날마다 조금씩 옮겨 가기 때문이다.

정답과 해설 10쪽

실전 문제

1 다음은 서정이가 달과 관련한 경험을 이야기한 것입니다. 물음에 답하시오.

(1) 서정이가 본 달은 음력으로 며칠에 해당하는지 쓰시오.

( )

(2) 위 (1)번 답과 같이 생각한 까닭을 쓰시오.

2 여러 날 동안 같은 시각, 같은 장소에서 보이는 달의 위치를 관찰할 때 (가) 과정에서 하는 일을 쓰시오.

우리 지역의 일몰 시각을 확인하여 달을 관찰할 시각을 정한다.

↓

달을 관찰하려는 장소에서 나침반을 이용하여 동쪽, 남쪽, 서쪽을 확인한다.

↓

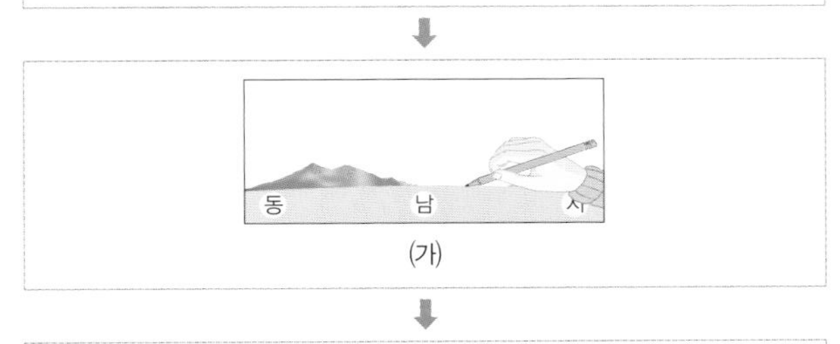

(가)

↓

정해진 시각에 달의 위치와 모양을 관찰하여 기록한다.

↓

여러 날 동안 정해진 시각과 장소에서 달의 위치와 모양을 관찰하고 기록하는 것을 반복한다.

3 천체 관측 프로그램으로 달을 관찰한 모습입니다. 달의 위치는 알 수 있으나 달의 모양이 잘 보이지 않습니다. 달을 자세히 보는 방법을 쓰시오.

4 다음은 음력 3일과 음력 15일에 달을 관찰한 것입니다. 물음에 답하시오.

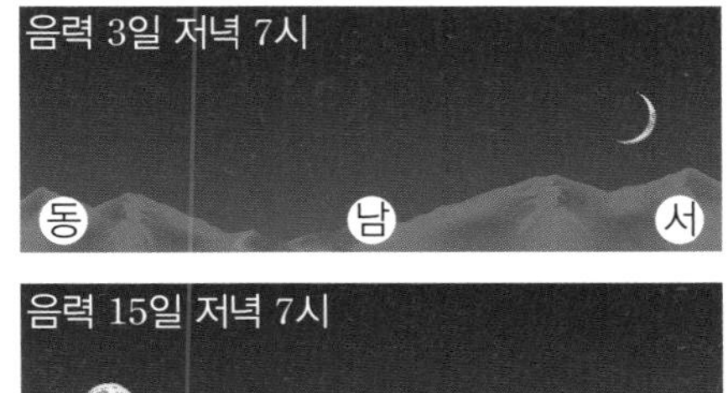

(1) 음력 7~8일 무렵에 관찰할 수 있는 달의 이름을 쓰시오.

( )

(2) 음력 7~8일 무렵의 달의 위치와 그렇게 생각한 까닭을 쓰시오.

대단원 정리 학습

이 단원의 핵심 개념을 정리해 보세요.

1 지구의 자전

• 지구의 자전: 지구가 자전축을 중심으로 하루에 한 바퀴씩 서쪽에서 동쪽으로 회전하는 것

• 하루 동안 태양과 달의 위치 변화 관찰하기

관찰 장소 정하고 표식하기 ➡ 방위 확인하고 남쪽을 향해 서기 ➡ 주변 건물이나 나무 등의 위치 표시하기 ➡ 태양이나 달의 위치 나타내기

• 지구의 자전으로 생기는 현상

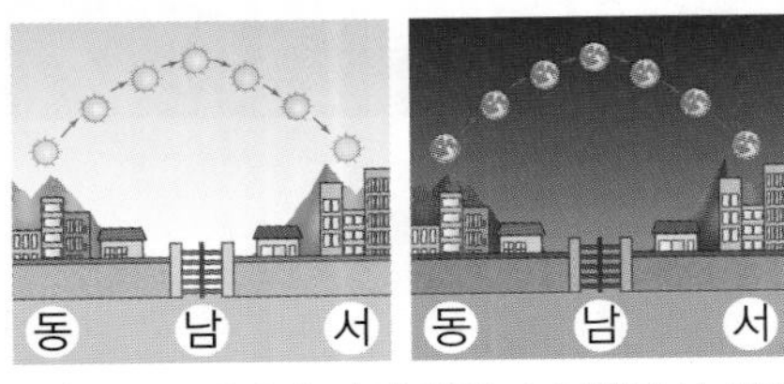

하루 동안 태양과 달의 위치가 동쪽에서 서쪽으로 움직이는 것처럼 보임.

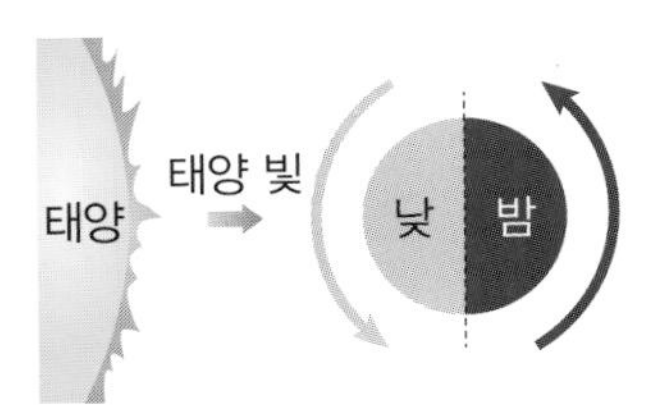

지구가 자전하면서 낮(태양 빛을 받는 쪽)과 밤(태양 빛을 받지 않는 쪽)이 생김.

2 지구의 공전

• 각 계절의 대표적인 별자리

계절	별자리
봄	목동자리, 사자자리, 처녀자리
여름	거문고자리, 백조자리, 독수리자리
가을	물고기자리, 페가수스자리, 안드로메다자리
겨울	쌍둥이자리, 큰개자리, 오리온자리

• 지구의 공전: 지구가 태양을 중심으로 일 년에 한 바퀴씩 서쪽에서 동쪽으로 회전하는 것

• 계절에 따라 별자리가 달라지는 까닭: 지구의 공전으로 계절에 따라 지구의 위치가 바뀌고 우리가 바라보는 남쪽 하늘의 방향도 달라지면서 별자리가 바뀌게 됨.

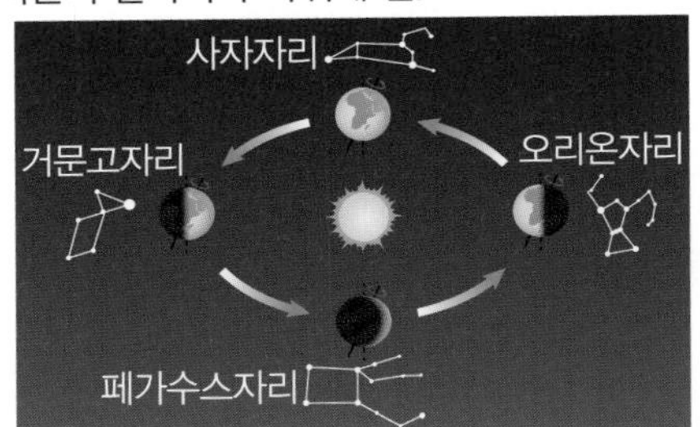

3 달의 운동

• 여러 날 동안 일어나는 달의 모양 변화: 초승달, 상현달, 보름달, 하현달, 그믐달로 모양이 변하는 것이 약 30일 주기로 반복됨.

• 여러 날 동안 일어나는 달의 위치 변화: 달의 위치는 서쪽에서 동쪽으로 날마다 조금씩 옮겨 감.

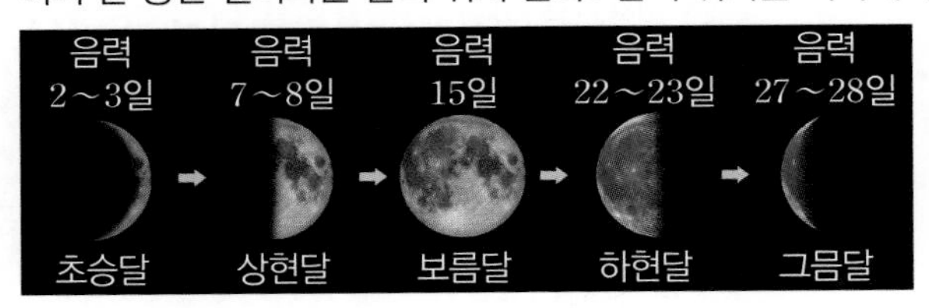

▲ 달의 모양 변화

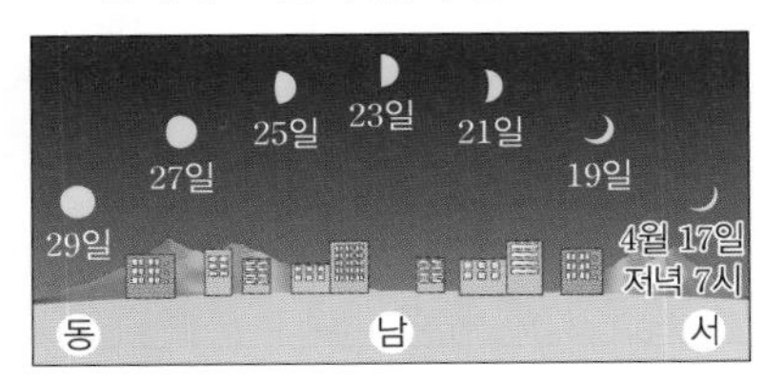

▲ 달의 위치 변화

대단원 마무리

2. 지구와 달의 운동

01 하루 동안 태양과 달의 위치 변화에 대한 설명으로 옳은 것은 어느 것입니까? (　　　)

① 태양은 서쪽에서 떠서 동쪽으로 진다.
② 달은 동쪽에서 떠서 다시 동쪽으로 진다.
③ 태양과 달이 움직이는 방향은 서로 반대이다.
④ 달의 높이는 점점 낮아지다가 다시 높아진다.
⑤ 태양과 달은 모두 동쪽에서 떠서 서쪽으로 진다.

⊂서술형⊃

02 다음은 하루 동안 태양과 달의 위치 변화를 관찰하는 과정입니다. ㈎에 들어갈 내용을 쓰시오.

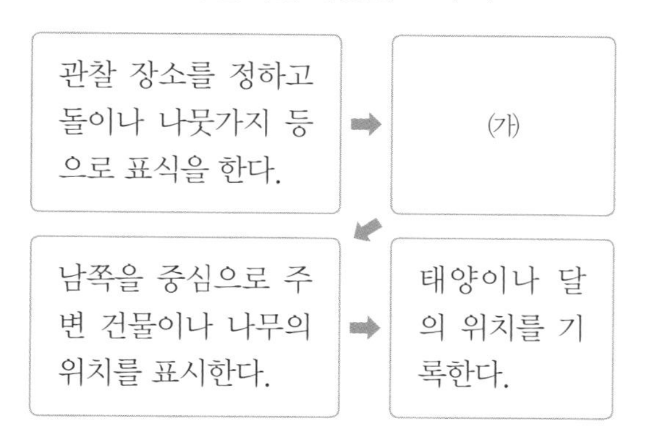

관찰 장소를 정하고 돌이나 나뭇가지 등으로 표식을 한다.
㈎
남쪽을 중심으로 주변 건물이나 나무의 위치를 표시한다.
태양이나 달의 위치를 기록한다.

03 다음은 하루 동안 달의 위치를 나타낸 것입니다. 달의 위치 변화를 순서대로 옳게 나열한 것은 어느 것입니까? (　　　)

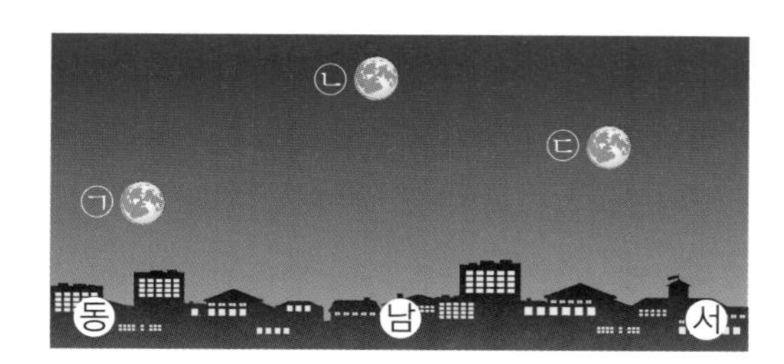

① ㉠ → ㉡ → ㉢　　② ㉠ → ㉢ → ㉡
③ ㉡ → ㉠ → ㉢　　④ ㉡ → ㉢ → ㉠
⑤ ㉢ → ㉡ → ㉠

04 다음과 같이 지구의를 서쪽에서 동쪽으로 회전시켜 보았을 때, 관찰자 모형에게 보이는 전등의 움직임을 설명한 것으로 옳은 것에 ○표 하시오.

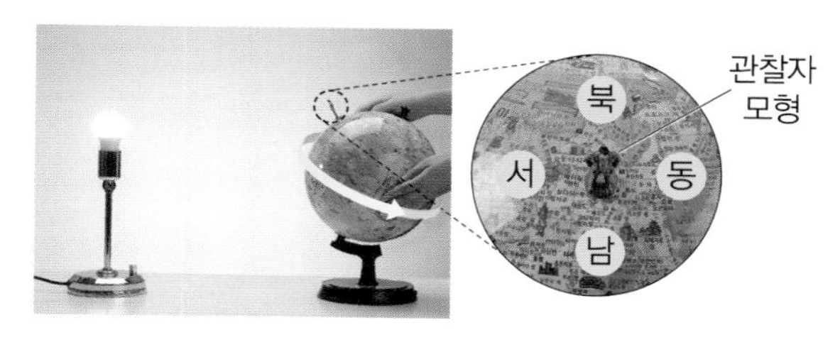

(1) 전등이 멈춰 있는 것처럼 보인다. (　　　)
(2) 전등이 동쪽에서 서쪽으로 움직이는 것처럼 보인다. (　　　)
(3) 전등이 서쪽에서 동쪽으로 움직이는 것처럼 보인다. (　　　)

05 다음 (　　) 안에 들어갈 알맞은 말은 어느 것입니까? (　　　)

> 지구는 (　　　　)을/를 중심으로 하루에 한 바퀴씩 서쪽에서 동쪽으로 회전한다.

① 달　　② 태양
③ 적도　　④ 남극
⑤ 자전축

⊂중요⊃

06 다음 (　　) 안에 공통으로 들어갈 알맞은 말을 쓰시오.

> 우리는 지구의 움직임을 느끼지 못하지만 지구가 (　　　　)하고 있기 때문에 태양은 지구 (　　　　) 방향의 반대 방향으로 움직이는 것처럼 보인다.

(　　　　　　　　　　)

07 다음 (　　) 안에 공통으로 들어갈 알맞은 말을 쓰시오.

> (　　　　) 동안 태양과 달이 동쪽에서 떠서 서쪽으로 지는 것처럼 보이는 것은 지구가 (　　　　)에 한 바퀴씩 서쪽에서 동쪽으로 회전하기 때문이다.

(　　　　　　　　)

08 태양이 동쪽에서 떠오를 때부터 서쪽으로 완전히 질 때까지의 시간을 무엇이라고 하는지 쓰시오.

(　　　　　　　　)

[09~10] 다음은 지구의의 우리나라 위치에 관찰자 모형을 붙인 뒤, 전등을 켜고 지구의를 서쪽에서 동쪽으로 회전시켰을 때의 결과입니다. 물음에 답하시오.

(가) 

(나) 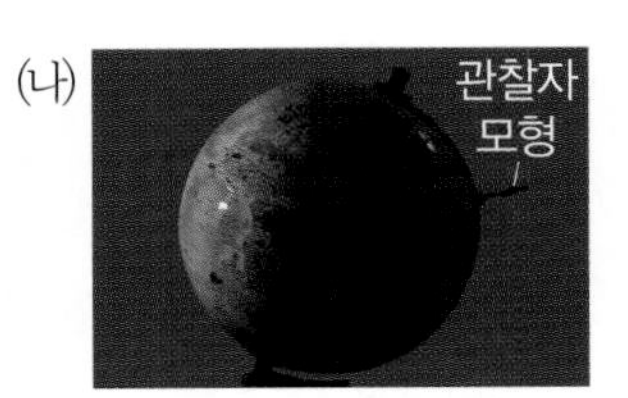

09 지구가 (가)와 같은 위치에 있을 때 우리나라의 모습을 모두 골라 기호를 쓰시오.

> ㉠ 하늘에 태양이 없다.
> ㉡ 밝아서 불이나 빛이 필요 없다.
> ㉢ 일을 하는 사람들을 많이 볼 수 있다.

(　　　　　　　　)

10 앞의 (나) 상황에 대한 설명으로 옳은 것은 어느 것입니까? (　　)

① 현재 우리나라는 낮이다.
② 전등은 관찰자 모형이 있는 쪽에 있다.
③ 관찰자 모형은 전등 빛이 비치는 곳에 있다.
④ 우리나라는 태양이 져서 보이지 않는 때이다.
⑤ 우리나라는 태양이 동쪽으로 떠오르는 때이다.

중요

11 하루 동안 낮과 밤이 한 번씩 번갈아 가며 반복되는 것과 관련이 있는 지구의 운동은 무엇인지 쓰시오.

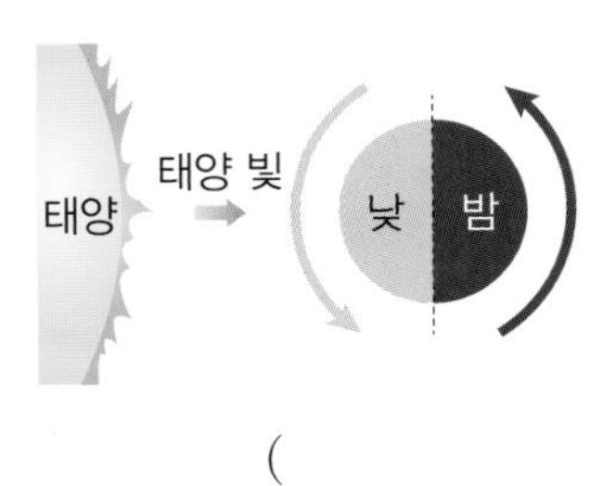

(　　　　　　　　)

12 다음과 같은 현상과 관련된 운동은 어느 것입니까? (　　)

> 태양 빛을 받는 쪽은 낮이 되고, 태양 빛을 받지 못하는 쪽은 밤이 된다.

① 달의 자전　② 달의 공전
③ 지구의 자전　④ 지구의 공전
⑤ 태양의 자전

13 계절의 대표적인 별자리에 대한 설명으로 옳은 것은 어느 것입니까? (　　)

① 태양이 주변에 있어 낮에 볼 수 있다.
② 태양이 위치한 곳에 있는 별자리이다.
③ 가장 밝게 빛나는 별을 가진 별자리이다.
④ 오전 9시 무렵 동쪽 하늘에서 볼 수 있다.
⑤ 각 계절의 밤하늘에서 오랜 시간 볼 수 있다.

[14~16] 다음 봄과 가을의 별자리를 보고, 물음에 답하시오.

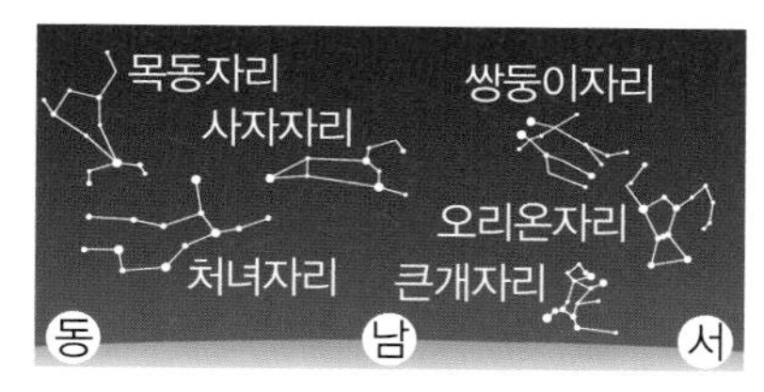

▲ 봄(4월 15일 저녁 9시 무렵)

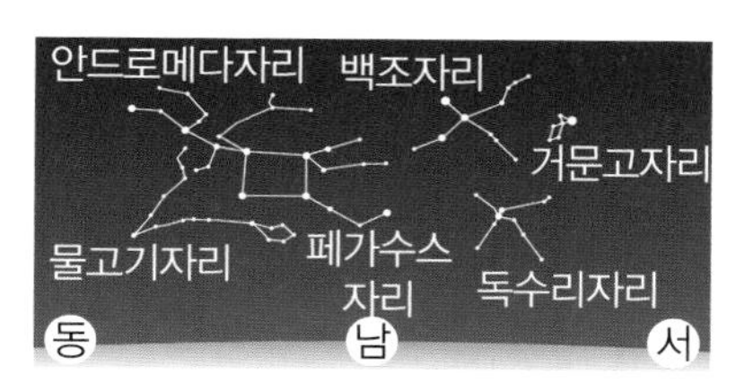

▲ 가을(10월 15일 저녁 9시 무렵)

14 가을의 대표적인 별자리를 모두 골라 기호를 쓰시오.

㉠ 처녀자리	㉡ 쌍둥이자리
㉢ 페가수스자리	㉣ 안드로메다자리

( )

15 위의 봄과 가을의 별자리를 보고 알 수 있는 사실로 옳은 것은 어느 것입니까? ( )

① 별 사이의 거리가 달라진다.
② 별자리는 동쪽으로 조금씩 이동한다.
③ 계절에 따라 볼 수 있는 별자리가 달라진다.
④ 같은 별자리라도 계절에 따라 이름이 바뀐다.
⑤ 봄과 가을에만 관찰할 수 있는 별자리가 있다.

16 다음은 어느 계절의 밤하늘 모습입니다. 봄과 가을의 별자리와 비교하여 어떤 계절인지 쓰시오.

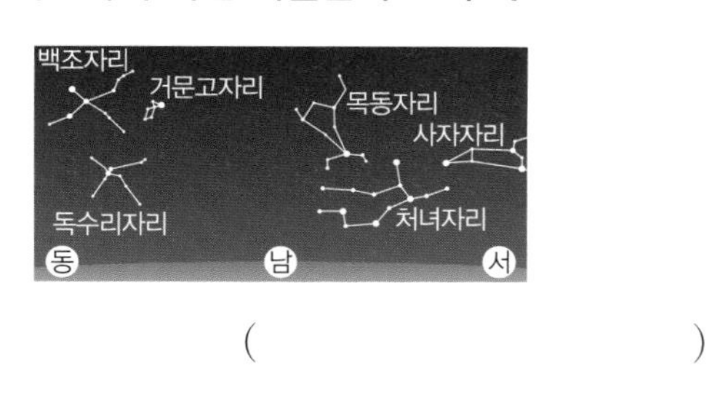

( )

[17~19] 다음은 일 년 동안 지구의 움직임을 알아보는 실험입니다. 물음에 답하시오.

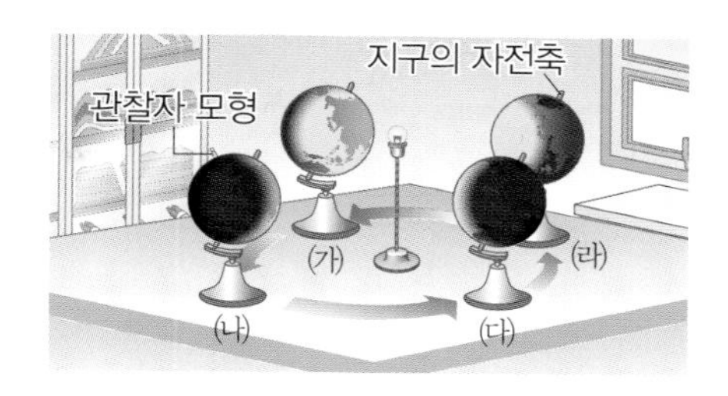

17 위 실험에 대한 설명으로 옳은 것은 어느 것입니까? ( )

① 지구의는 태양을 의미한다.
② 관찰자 모형에게 전등 쪽 풍경이 잘 보인다.
③ 우리나라가 한낮이 되도록 지구의를 돌린다.
④ 관찰자 모형이 전등 쪽을 향하도록 지구의를 돌린다.
⑤ 각 위치에 따라 관찰자 모형에게 보이는 교실의 모습이 다르다.

18 우리나라가 한밤일 때 지구의에 붙인 관찰자 모형에게 다음과 같은 모습이 보이는 위치는 (가)~(라) 중 어디인지 기호를 쓰시오.

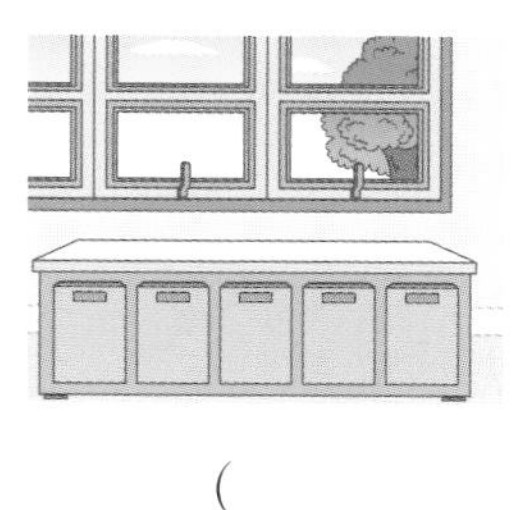

( )

⊂중요⊃

19 다음은 위 실험 결과를 정리한 것입니다. ( ) 안에 들어갈 알맞은 말에 ○표 하시오.

지구의가 놓인 위치에 따라 우리나라가 한밤일 때 향하는 곳이 달라지기 때문에 관찰자 모형에게 잘 보이는 교실의 모습이 (변화 없다 , 달라진다).

[20~21] 지구의의 우리나라에 관찰자 모형을 붙인 다음, 계절에 따라 보이는 별자리가 달라지는 까닭을 알아보기 위한 실험을 하고 있습니다. 물음에 답하시오.

20 우리나라가 한밤일 때 관찰자 모형에게 오른쪽 별자리가 가장 잘 보이는 지구의의 위치는 (가)~(라) 중 어디인지 기호를 쓰시오.

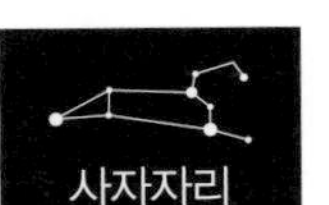

( )

⊂서술형⊃

21 지구의가 (나) 위치에 있을 때 관찰자 모형이 오리온자리를 볼 수 없는 까닭을 쓰시오.

22 다음 ( ) 안에 들어갈 알맞은 말을 쓰시오.

> 계절마다 지구에서 보이는 별자리가 달라지는 것은 지구의 ( )(으)로 계절에 따라 지구의 위치가 달라지기 때문이다. 지구의 위치가 달라지면 밤에 보이는 별자리가 달라진다.

( )

⊂중요⊃

23 다음은 여러 날 동안 관찰한 달의 모양 변화를 나타낸 것입니다. (가)와 (나)에 들어갈 달의 모양을 바르게 짝 지은 것은 어느 것입니까? ( )

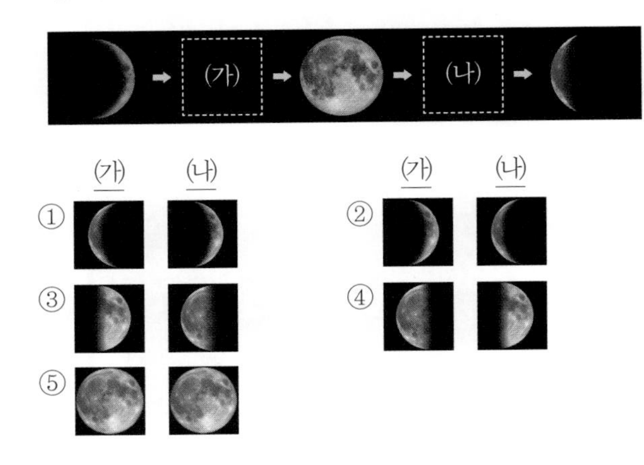

24 음력 15일 무렵에 볼 수 있는 달은 어느 것입니까? ( )

① 초승달 ② 상현달 ③ 보름달
④ 하현달 ⑤ 그믐달

⊂서술형⊃

25 다음은 여러 날 동안 달의 위치를 관찰한 결과입니다. 여러 날 동안 달의 위치 변화를 쓰시오.

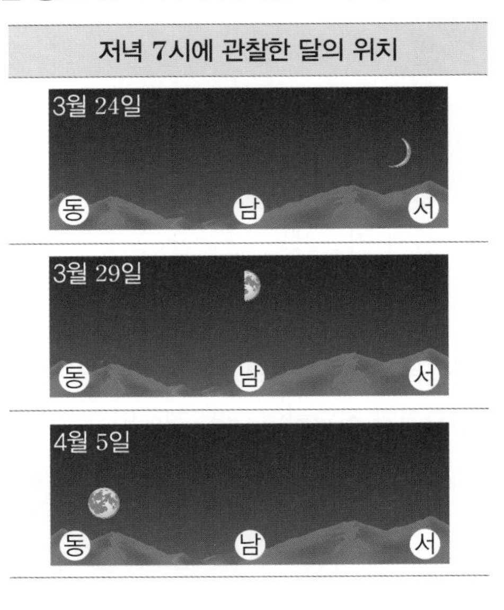

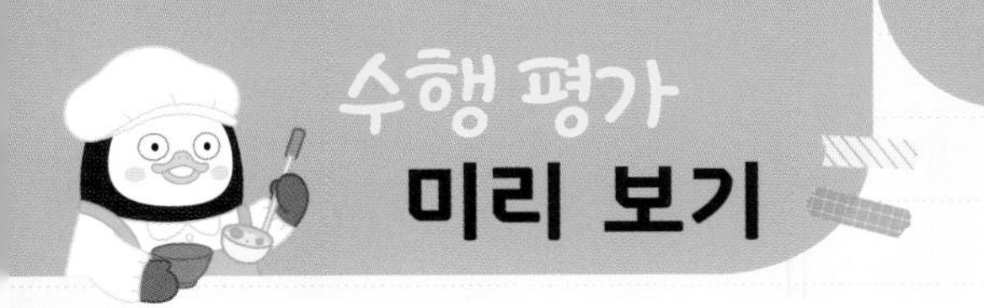

정답과 해설 12쪽

1 하루 동안 태양과 달의 움직임을 보고, 물음에 답하시오.

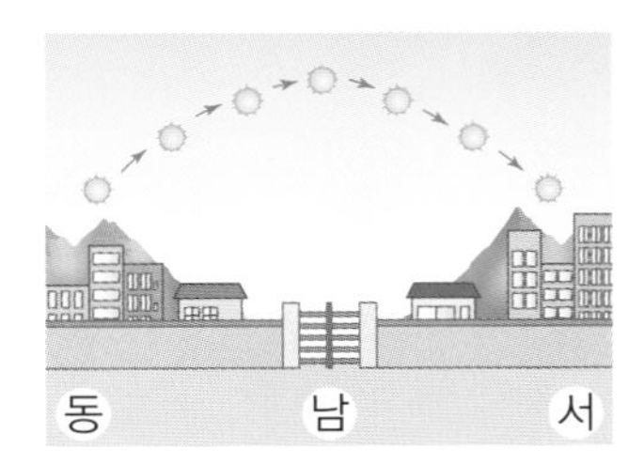

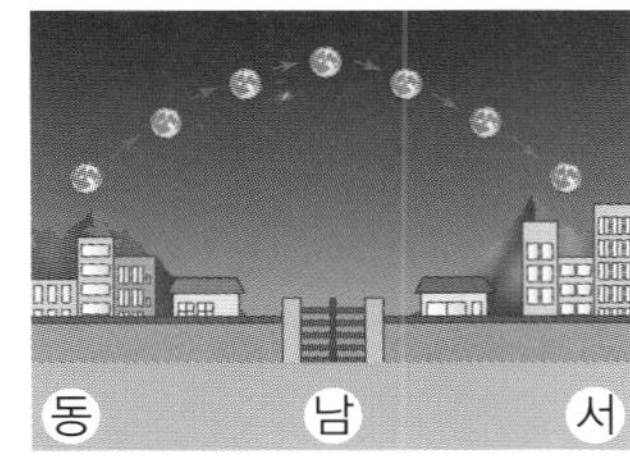

(1) 하루 동안 태양과 달의 위치 변화를 관찰하고 공통점을 쓰시오.

(2) 하루 동안 지구의 움직임을 알아보는 실험입니다. 관찰자 모형에게 전등이 동쪽에서 서쪽으로 이동하는 것처럼 보이게 하려면 지구의를 어떻게 움직여야 하는지 쓰고, 그렇게 생각한 까닭도 쓰시오.

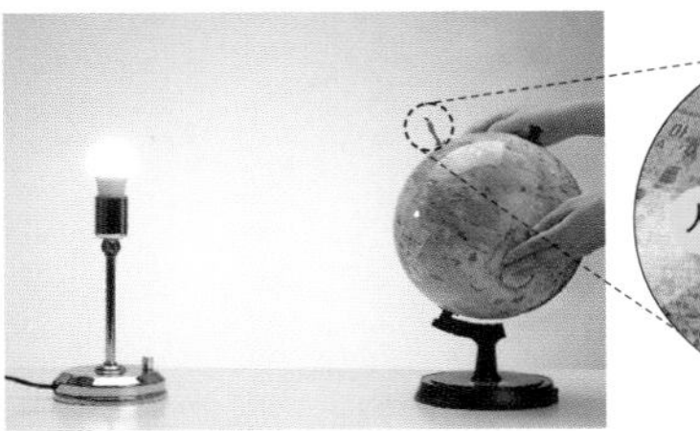

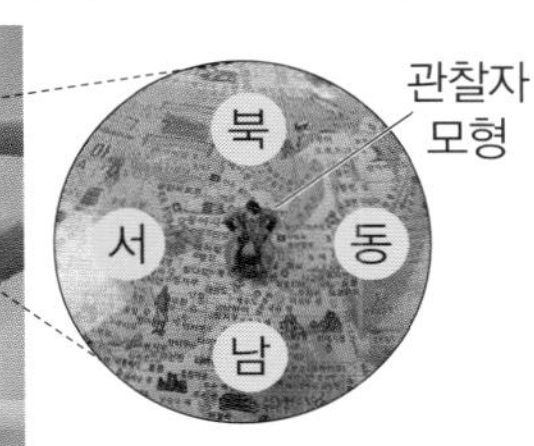

2 다음은 낮과 밤이 생기는 까닭을 알아보는 실험입니다. 물음에 답하시오.

(가)

(나)

(1) 관찰자 모형의 위치를 보고, 우리나라가 낮인 때와 밤인 때의 기호를 쓰고, 낮과 밤의 특징을 쓰시오.

구분	기호	특징(한 가지 이상)
낮		
밤		

(2) 낮과 밤이 생기는 까닭을 지구의 운동과 관련지어 쓰시오.

3 단원

식물의 구조와 기능

우리 주변에는 여러 가지 풀과 나무가 어우러져 자라고 있습니다. 다양한 식물을 관찰해 보면 식물은 공통적으로 뿌리와 줄기, 그리고 잎으로 이루어져 있음을 알 수 있습니다. 또한 식물마다 다양한 모양의 꽃을 피우고 열매를 맺는다는 것도 알 수 있습니다.

이 단원에서는 현미경을 이용하여 식물을 이루고 있는 세포를 관찰하고, 식물의 뿌리, 줄기, 꽃, 열매의 생김새와 하는 일을 알아봅니다. 또한 잎이 하는 일과 잎에 도달한 물이 어떻게 되는지를 실험을 통해 확인해 봅니다.

단원 학습 목표

(1) 뿌리, 줄기, 잎
- 현미경을 이용하여 식물을 이루고 있는 세포를 관찰해 봅니다.
- 뿌리, 줄기, 잎의 생김새를 관찰하고 각각의 기능을 알아봅니다.

(2) 꽃과 열매
- 꽃의 구조를 관찰하고 각 부분이 하는 일을 알아봅니다.
- 열매가 생기는 과정과 씨가 퍼지는 다양한 방법을 알아봅니다.

단원 진도 체크

회차	학습 내용		진도 체크
1차	(1) 뿌리, 줄기, 잎	교과서 내용 학습 + 핵심 개념 문제	✓
2차			✓
3차		중단원 실전 문제 + 서술형·논술형 평가 돋보기	✓
4차	(2) 꽃과 열매	교과서 내용 학습 + 핵심 개념 문제	✓
5차		중단원 실전 문제 + 서술형·논술형 평가 돋보기	✓
6차	대단원 정리 학습 + 대단원 마무리 + 수행 평가 미리 보기		✓

해당 부분을 공부한 후 ✓표를 하세요.

(1) 뿌리, 줄기, 잎

▶ 현미경으로 관찰한 입안 상피 세포

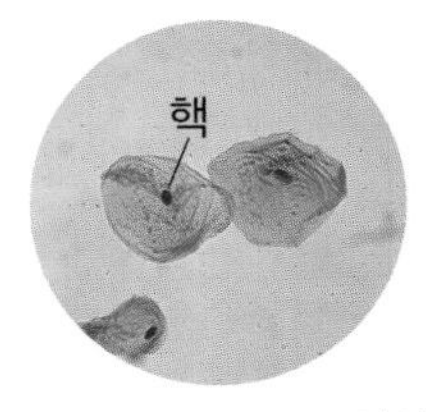

- 세포가 대체로 둥근 모양입니다.
- 세포 속에 둥근 핵이 한 개 있습니다.
- 세포가 서로 붙어 있는 것도 있고 떨어져 있는 것도 있습니다.
- 세포의 가장자리가 얇습니다.

▶ 현미경으로 관찰한 세포 그리기
원의 중심을 지나는 가상의 가로선과 세로선을 약하게 그리고, 그 선을 기준으로 현미경 시야로 보이는 위치에 맞게 그립니다.

낱말 사전

칼금 칼날에 스쳐서 생긴 가느다란 선
표피 세포 식물체의 가장 바깥쪽에 위치하여 식물체의 표면을 덮는 세포
공변세포 식물의 기공을 이루는 한 쌍의 세포로 반달 모양을 하고 있음.

1 생물을 이루는 세포 관찰하기

(1) 양파 표피 세포 표본 만들기

칼을 사용할 때는 다칠 위험이 크기 때문에 어른의 도움을 받습니다.

① 양파 비늘잎 안쪽에 □ 모양의 칼금을 긋고 표피를 벗겨 냅니다.
② 받침 유리 위에 표피를 올리고 물을 한 방울 떨어뜨립니다.
③ 덮개 유리를 한쪽에서부터 서서히 덮어 줍니다.
④ 덮개 유리의 한쪽 끝에 염색액을 흘려 보냅니다.
⑤ 반대쪽 끝에 거름종이를 대어 물과 염색액을 흡수합니다.

(2) 광학 현미경 사용 방법 익히기

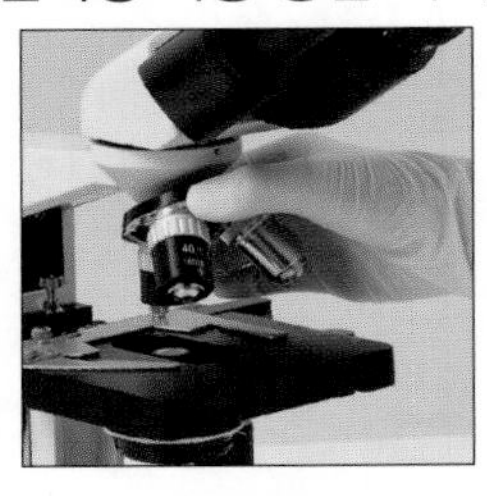
▲ 가장 낮은 대물렌즈가 가운데 오도록 하기

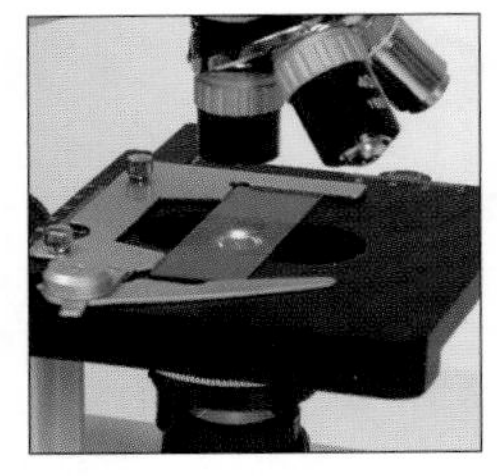
▲ 관찰할 표본을 재물대에 올리기

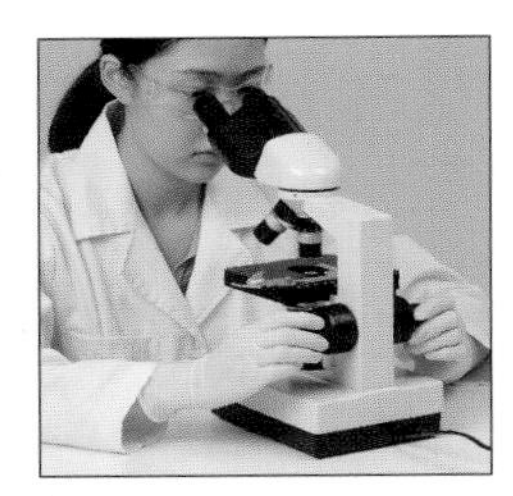
▲ 광학 현미경으로 관찰하기

① 회전판을 돌려 가장 낮은 배율의 대물렌즈가 중앙에 오도록 합니다.
② 조명을 켜고 조리개로 빛의 양을 조절한 뒤에 표본을 재물대의 가운데에 고정합니다.
③ 현미경으로 세포를 관찰합니다.
- 옆에서 보면서 조동 나사로 재물대를 올려 표본과 대물렌즈의 거리를 가장 가깝게 합니다.
- 조동 나사로 재물대를 천천히 내리면서 접안렌즈로 관찰할 세포를 찾고 미동 나사로 세포가 뚜렷하게 보이도록 조절합니다.

④ 대물렌즈의 배율을 높이고 ③번 과정을 반복합니다.

대물렌즈를 돌리기 전에 재물대를 내려 대물렌즈와 재물대가 서로 부딪치지 않도록 주의합니다.

(3) 현미경으로 관찰한 양파 표피 세포

① 각진 모양의 세포가 서로 붙어 있습니다.
② 세포 속에 둥근 핵이 한 개 있습니다.
③ 세포의 가장자리가 두껍습니다.

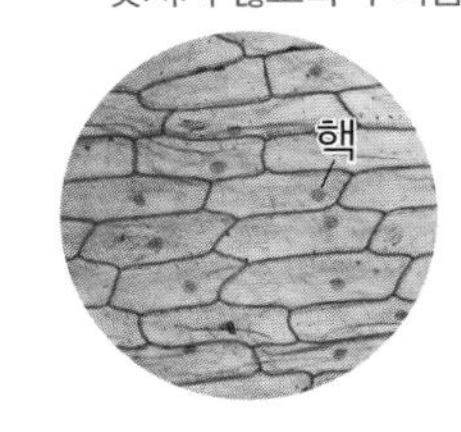

▲ 양파 표피 세포

2 세포에 대해 알아보기

(1) 세포의 생김새에 대해 알아보기

① 모든 생물은 세포로 이루어져 있습니다.

② 세포는 대부분 크기가 아주 작아 맨눈으로 볼 수 없습니다.

③ 세포는 크기와 모양이 다양하고, 이에 따라 하는 일이 다릅니다.

④ 세포는 핵, 세포막, 세포벽 등으로 이루어져 있습니다.

- 핵: 각종 유전 정보를 포함하고 있으며 생명 활동을 조절해 줍니다.
- 세포막: 세포 내부와 외부를 드나드는 물질의 출입을 조절해 줍니다.
- 세포벽: 세포의 모양을 일정하게 유지하고 세포를 보호합니다.

(2) 식물 세포와 동물 세포 비교하기

① 식물 세포: 세포벽과 세포막으로 둘러싸여 있고, 그 안에는 핵이 있습니다.

② 동물 세포: 세포막으로 둘러싸여 있고, 식물 세포와 달리 세포벽은 없습니다. 세포막 안에는 핵이 있습니다.

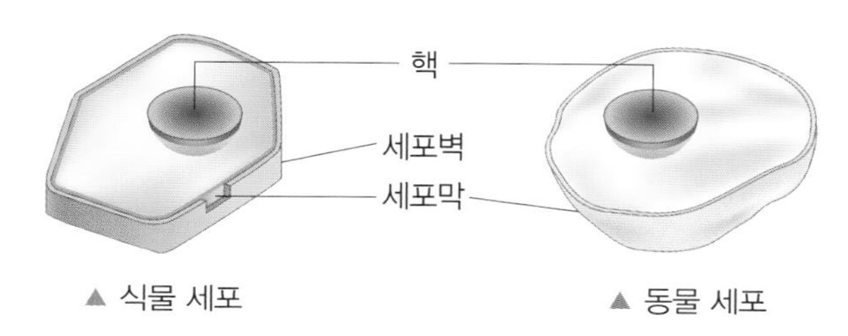

▲ 식물 세포 ▲ 동물 세포

3 뿌리의 생김새

(1) 여러 식물의 뿌리 생김새 알아보기

① 굵고 곧은 형태의 뿌리: 고추, 무, 우엉, 당근 등

② 굵기가 비슷한 여러 가닥 형태의 뿌리: 파, 잔디, 강아지풀 등

(2) 뿌리의 생김새 관찰하기

뿌리의 모습	특징	식물의 종류
	굵고 곧은 뿌리 주변으로 가는 뿌리들이 나 있다.	고추, 무, 우엉, 당근 등
	굵기가 비슷한 여러 가닥의 뿌리가 수염처럼 나 있다.	파, 잔디, 강아지풀 등

◗ 여러 가지 세포의 모습

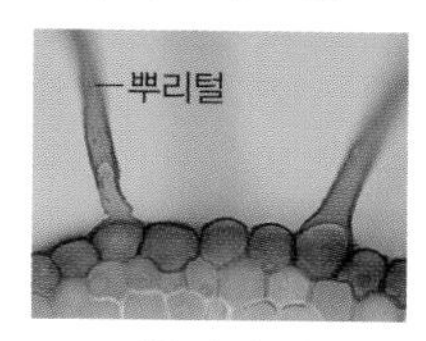

▲ 뿌리털 세포

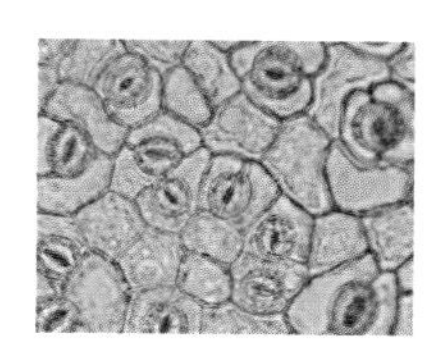

▲ 잎 공변세포

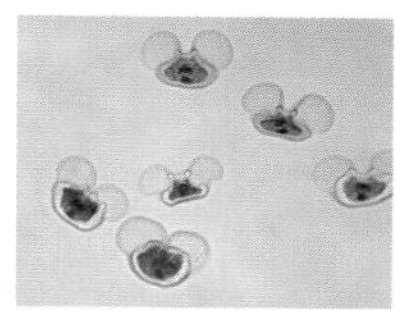

▲ 꽃가루 세포

◗ 양파의 뿌리

우리가 양파에서 주로 요리에 이용하는 부분은 둥근 모양을 한 줄기입니다. 양파의 뿌리는 줄기 끝에 수염 모양처럼 나 있는 것입니다.

◗ 뿌리털

식물의 뿌리를 보면 솜털처럼 가는 것이 보입니다. 이것은 뿌리털로 뿌리가 땅과 만나는 표면적을 넓혀 주어 물을 더 잘 흡수하도록 돕습니다.

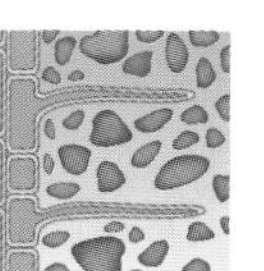

▲ 뿌리털

개념 확인 문제

1 양파의 표피 세포는 (둥근 , 각진) 모양이고 세포 속에 둥근 핵이 (한 , 여러) 개 있습니다.

2 모든 생물은 (   )(으)로 이루어져 있습니다.

3 식물 세포에만 있는 것으로 세포의 모양을 일정하게 유지하고 보호해 주는 것은 (세포벽 , 세포막)입니다.

4 파의 뿌리는 굵고 길게 생겼습니다. (○ , ×)

정답 1 각진, 한 2 세포 3 세포벽 4 ×

▶ 양파의 새 뿌리
양파의 뿌리를 자르고 물에 담가 놓으면 새 뿌리가 자랍니다.

▶ 뿌리의 변형

▲ 버팀뿌리

▲ 부착뿌리

- 버팀뿌리: 옥수수와 같이 땅에서 가까운 줄기의 마디에서 뿌리가 나와 식물이 쓰러지지 않도록 지지해 주는 뿌리
- 부착뿌리: 담쟁이덩굴과 같이 벽이나 나무줄기 등에 붙을 수 있는 뿌리

낱말 사전

유무 있음과 없음.
변형 모양이 달라지거나 달라지게 함.

4 뿌리가 하는 일

(1) 뿌리의 흡수 기능 알아보기

	다르게 해야 할 조건	같게 해야 할 조건
변인 통제	뿌리의 유무	• 양파의 크기 • 컵의 크기 • 컵에 넣는 물의 양 등

① 새 뿌리가 자란 양파 한 개는 뿌리를 자르고 다른 한 개는 그대로 둡니다.
② 크기가 같은 투명한 컵 두 개에 같은 양의 물을 담아 양파의 밑부분이 물에 닿도록 각각 올려놓은 뒤 빛이 잘 드는 곳에 2~3일 동안 놓아둡니다.

③ 두 컵에 든 물의 양이 어떻게 변할지 예상합니다.
④ 예상한 것과 실제 결과를 비교해 봅니다.

예상한 것	예 뿌리를 자르지 않은 양파 쪽 컵의 물이 더 많이 줄어들 것이다.
실제 결과	예 예상한 대로 뿌리를 자르지 않은 양파 쪽 컵의 물이 더 많이 줄어들었다.

➡ 줄어든 물의 양이 다른 까닭은 뿌리를 자르지 않은 양파는 물을 흡수했지만, 뿌리를 자른 양파는 물을 거의 흡수하지 못했기 때문입니다.

⑤ 실험을 통해 알게 된 사실: 뿌리는 물을 흡수하는 역할을 합니다.

(2) 뿌리의 여러 가지 기능 알아보기
① 지지 기능: 식물이 쓰러지지 않도록 땅에 식물을 고정합니다.
② 흡수 기능: 흙 속에 녹아 있는 물과 양분을 흡수합니다.
③ 저장 기능: 고구마, 무와 같은 식물은 양분을 뿌리에 저장합니다.

▲ 지지 기능 ▲ 흡수 기능 ▲ 저장 기능

5 줄기의 생김새

(1) 나무줄기 관찰하기
① 나무줄기는 곧게 자랍니다.
② 껍질에는 두껍고 특이한 무늬가 있습니다.

▲ 은행나무

▲ 소나무

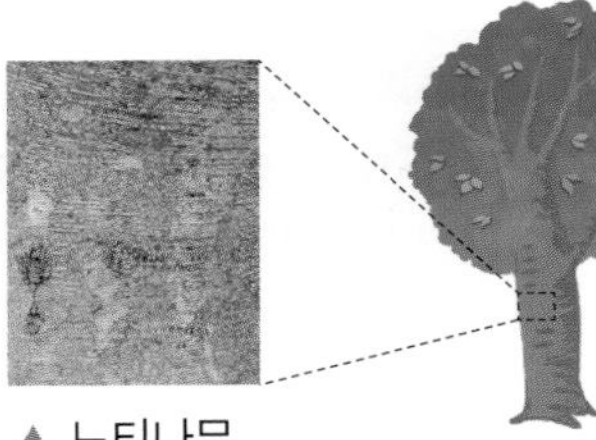
▲ 느티나무

(2) 여러 가지 식물의 줄기 관찰하기

① 줄기의 모양은 굵고 곧은 것도 있고, 가늘고 길어 다른 식물을 감거나 땅 위를 기는 것도 있습니다.

곧은줄기	감는줄기	기는줄기	저장 줄기
▲ 해바라기	▲ 박주가리	▲ 딸기	▲ 감자
위로 곧게 뻗어 있다. 예 해바라기, 소나무, 봉선화 등	가늘고 길어 다른 식물의 줄기를 감고 올라간다. 예 박주가리, 메꽃, 나팔꽃 등	가늘고 길어 땅 위를 기고 줄기 마디에서 뿌리가 난다. 예 딸기, 토끼풀, 잔디 등	양분을 저장하고 있어 줄기가 크고 굵다. 예 감자, 토란, 마늘 등

② 줄기가 높이 자라거나 다른 물건을 감고 오르면 식물은 햇빛을 많이 받을 수 있습니다.

▶ 담쟁이덩굴의 줄기

부착뿌리가 줄기에 달려 있어 벽 등에 몸을 붙입니다.

6 줄기가 하는 일

(1) 줄기 단면 관찰하기

① 준비물을 확인합니다.

- 붉은 색소 물에 넣어 둔 백합, 유리판, 칼, 핀셋, 돋보기, 코팅 장갑

② 붉은 색소 물에 넣어 둔 백합 줄기를 가로와 세로로 잘라 단면을 관찰합니다.

가로로 자른 단면	세로로 자른 단면
붉은 점들이 줄기에 퍼져 있다.	여러 개의 붉은 선이 줄기를 따라 이어져 있다.

- 색소 물이 든 부분은 물이 이동한 통로이다.
- 물은 줄기에 있는 통로를 통해 위로 올라간다.

③ 실험을 통해 알게 된 사실: 줄기는 물이 이동하는 통로 역할을 한다.

▶ 봉선화 줄기의 단면

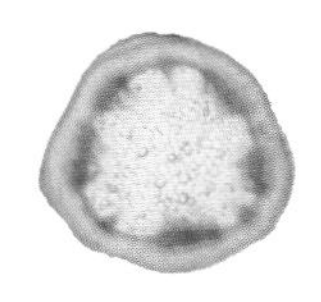
▲ 가로 단면

▲ 세로 단면

백합 대신에 봉선화와 같은 다른 식물의 줄기를 이용하여 실험할 수도 있습니다.

(2) 줄기의 여러 가지 기능 알아보기

① 줄기는 물의 이동 통로로서의 기능이 있습니다.

② 지지 기능: 줄기가 꼿꼿하게 서 있어 식물이 쓰러지지 않습니다.

③ 저장 기능: 양파, 감자와 같은 식물은 양분을 줄기에 저장합니다.

개념 확인 문제

1 뿌리는 물을 (흡수 , 운반)하는 역할을 합니다.

2 굵고 곧게 뻗어 있는 줄기는 다른 식물의 줄기를 감고 올라갑니다. (○ , ×)

3 붉은 색소 물에 넣어 둔 백합 줄기를 잘라 관찰했을 때, 붉게 물이 든 부분은 (   )이/가 이동한 통로입니다.

정답 1 흡수 2 × 3 물

교과서 내용 학습

7 잎이 하는 일

(1) 잎에서 만든 양분 확인하기

① 준비물을 확인합니다.

- 크기가 비슷한 고추 모종 두 개, 어둠상자, 큰 비커(500 mL), 작은 비커(200 mL) 두 개, 뜨거운 물(80 ℃~100 ℃), 따뜻한 물, 알코올, 유리판, 핀셋, 페트리 접시 두 개, 아이오딘-아이오딘화 칼륨 용액, 스포이트, 실험용 장갑

② 고추 모종 한 개에는 어둠상자를 씌우고, 다른 한 개에는 씌우지 않습니다.

③ 다음 날 오후에 각 고추 모종에서 잎을 따서 잎에서 만든 양분을 확인합니다.

❶ 큰 비커에 뜨거운 물을 담고 알코올이 든 작은 비커에는 각 고추 모종에서 딴 잎을 넣습니다.

❷ 작은 비커를 뜨거운 물이 들어 있는 큰 비커에 넣은 뒤 유리판으로 덮습니다.

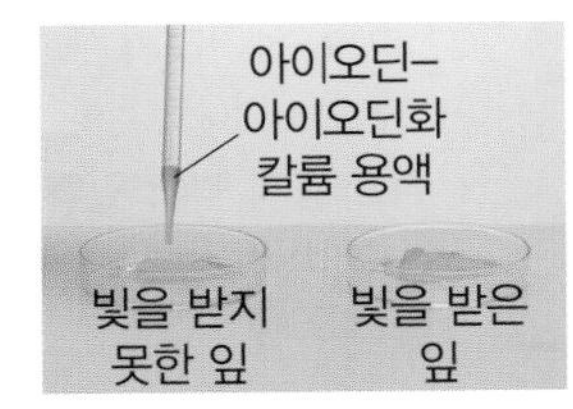

❸ ❷의 작은 비커에서 꺼낸 잎을 따뜻한 물로 헹군 뒤 페트리 접시에 놓고 아이오딘-아이오딘화 칼륨 용액을 떨어뜨려 색깔 변화를 관찰합니다.
└녹말과 만났을 때 청람색으로 변합니다.

④ 실험 결과

빛을 받지 못한 잎	빛을 받은 잎
색깔 변화가 없다.	청람색으로 변했다.

➡ 빛을 받은 잎에서만 녹말이 만들어진다.

(2) 광합성

① 식물이 빛을 이용하여 물과 이산화 탄소로 양분을 만드는 것을 광합성이라고 합니다.

② 잎에서 만들어진 양분은 줄기를 통해 식물 전체로 이동하여 쓰이고 남은 것은 식물의 몸에 저장됩니다.

(3) 증산 작용에 대해 알아보기

① 뿌리에서 흡수한 물은 줄기를 거쳐 잎으로 이동합니다.

② 물은 잎에서 광합성에 사용되고 나머지는 기공을 통해 밖으로 빠져나갑니다.
기공은 잎의 표면에 있는 작은 구멍으로 두 개의 공변세포에 의해 열리고 닫히는 것이 조절됩니다.

③ 증산 작용: 잎에 도달한 물이 기공을 통해 식물 밖으로 빠져나가는 것을 증산 작용이라고 합니다.

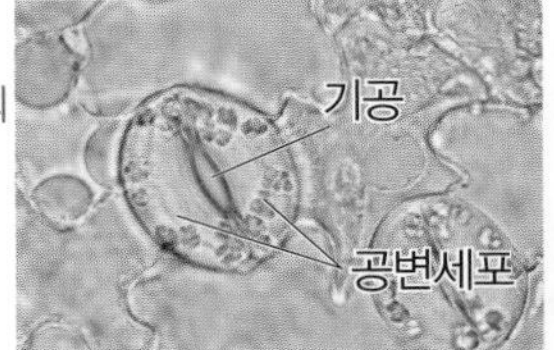

▲ 잎의 기공

④ 증산 작용의 역할

- 뿌리에서 흡수한 물을 식물의 꼭대기까지 끌어 올릴 수 있도록 돕습니다.
- 식물의 온도를 조절하는 역할을 합니다.

▶ **잎의 생김새 관찰하기**

- 식물 잎을 따지 말고 식물이 심어진 상태로 관찰합니다.
- 관찰 결과 ㉮ 봉선화

- 줄기에 잎자루가 붙어 있고, 초록색을 띱니다.
- 납작하고 길쭉한 타원 모양입니다.
- 잎맥이 복잡하게 연결되어 있습니다.

▶ **잎이 아닌 곳에서의 광합성**

광합성은 주로 잎에서 이루어지지만 줄기, 꽃, 뿌리의 초록색으로 보이는 모든 부분에서 일어납니다.

▲ 무: 햇빛에 노출된 뿌리의 초록색 부분에서도 광합성이 일어납니다.

개념 확인 문제

1 식물이 빛을 이용하여 물과 이산화 탄소로 양분을 만드는 것을 (   )(이)라고 합니다.

2 식물의 뿌리에서 흡수하여 줄기를 거쳐 잎에 도달한 물은 (   )을/를 통해 식물 밖으로 빠져나갑니다.

정답 1 광합성 2 기공

이제 실험 관찰로 알아볼까? 잎에 도달한 물의 이동 알아보기

[준비물] 크기가 비슷한 모종 두 개, 삼각 플라스크 두 개, 물, 탈지면, 비닐봉지 두 개, 실

[실험 방법]

① 나뭇가지에 씌워 놓은 비닐봉지 안에 물방울이 생긴 까닭은 무엇일지 가설을 세워 봅니다.

가설: 줄기를 거쳐 잎에 도달한 물이 보이지 않는 구멍을 통해 밖으로 나왔을 것이다.

② 가설을 검증하는 실험을 설계합니다.

	다르게 해야 할 조건	같게 해야 할 조건
변인 통제	모종에 있는 잎의 유무	• 모종의 크기와 종류 • 삼각 플라스크의 크기 • 삼각 플라스크에 넣는 물의 양 • 비닐봉지의 크기 등
측정해야 할 것	• 비닐봉지 안에 물이 생기는지 확인한다. • 두 삼각 플라스크에서 줄어든 물의 양을 비교한다.	

③ 가설을 검증하는 실험을 수행합니다.

- 모종 한 개는 그대로 두고 다른 한 개의 모종은 잎을 모두 딴 후 두 모종을 각각 물이 담긴 플라스크에 넣고 각 모종에 비닐봉지를 씌워 햇빛이 잘 드는 곳에 1~2일 동안 놓아둡니다.
- 변인 통제를 잘 유지해야 하며, 실험 후 관찰한 내용을 정리합니다.

④ 실험 결과를 확인하고 가설이 맞는지 판단합니다.

[실험 결과]

잎이 있는 모종	잎이 없는 모종
비닐봉지 안쪽에 물방울이 생겼다.	비닐봉지 안쪽에 물방울이 생기지 않았다.

➡ 예 가설이 맞았다. 뿌리에서 흡수한 물이 잎을 통해 식물 밖으로 빠져나갔기 때문에 비닐봉지 안에 물이 생겼다.

주의할 점

식물에 비닐봉지를 씌울 때 비닐봉지 입구를 삼각 플라스크 입구가 아닌 식물 줄기에 묶도록 합니다.

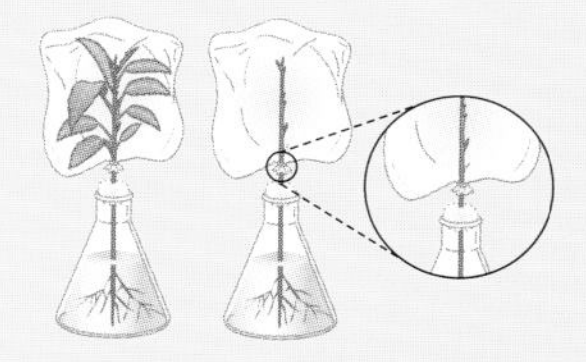

▲ 비닐봉지에 실을 묶는 방법

중요한 점

실험 결과가 가설과 일치하면 가설을 받아들이고 가설과 일치하지 않으면 가설을 수정하거나 새로운 가설을 설정하여 실험 설계부터 다시 하도록 합니다.

탐구 문제

정답과 해설 13쪽

1 잎에 도달한 물의 이동을 알아보는 실험에서 다르게 해야 할 조건은 어느 것입니까? (　　　)

① 모종의 크기
② 비닐봉지의 크기
③ 삼각 플라스크의 크기
④ 모종에 있는 잎의 유무
⑤ 삼각 플라스크에 넣는 물의 양

2 다음 실험은 보기 에 있는 가설을 검증하기 위한 실험입니다. (　　) 안에 들어갈 알맞은 말을 쓰시오.

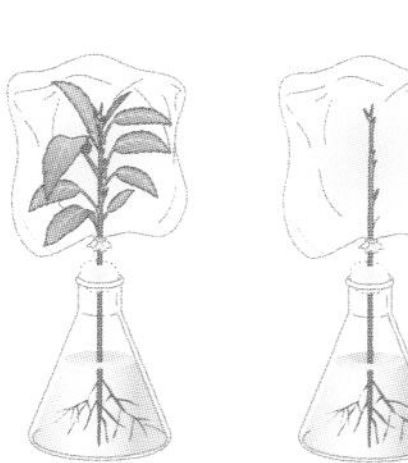

보기

가설: 줄기를 거쳐 (　　　) 에 도달한 물이 보이지 않는 구멍을 통해 밖으로 나왔을 것이다.

(　　　　　　　　　　　　)

핵심 개념 문제

개념 1 세포를 관찰하는 방법을 묻는 문제

(1) 식물 세포를 관찰하기 위해서는 광학 현미경을 사용해야 함.
- 낮은 배율에서 높은 배율의 순으로 관찰함.
- 표본과 대물렌즈의 거리를 가장 가깝게 한 뒤에 재물대를 내리면서 관찰함.
- 조동 나사로 재물대를 천천히 내리면서 접안렌즈로 관찰할 세포를 찾고, 미동 나사로 세포가 뚜렷하게 보이도록 조절함.

(2) 양파 표피 세포 표본을 만들어서 관찰함.
- 양파 표피를 벗겨 받침 유리에 올리고 물을 한 방울 떨어뜨림.
- 덮개 유리를 한쪽에서부터 덮고 염색액을 흘려 보냄.
- 거름종이를 대어 물과 염색액을 흡수함.

01 다음은 광학 현미경을 사용하여 식물의 세포를 관찰하는 과정 중 일부입니다. (　　) 안에 들어갈 알맞은 말을 각각 쓰시오.

> (㉠) 나사로 재물대를 천천히 내리면서 접안렌즈로 관찰할 세포를 찾고, (㉡) 나사로 세포가 뚜렷하게 보이게 조절한다.

㉠ (　　　　　　), ㉡ (　　　　　　)

02 양파 표피 세포의 표본을 만드는 순서에 맞게 기호를 쓰시오.

> ㉠ 거름종이를 대어 물과 염색액을 흡수한다.
> ㉡ 덮개 유리를 한쪽에서부터 덮고 염색액을 흘려 보낸다.
> ㉢ 양파 표피를 벗겨 받침 유리에 올리고 물을 한 방울 떨어뜨린다.

(　　→　　→　　)

개념 2 세포에 대해 묻는 문제

(1) 모든 생물은 세포로 이루어져 있으나 세포는 대부분 크기가 아주 작아 맨눈으로 볼 수 없음.

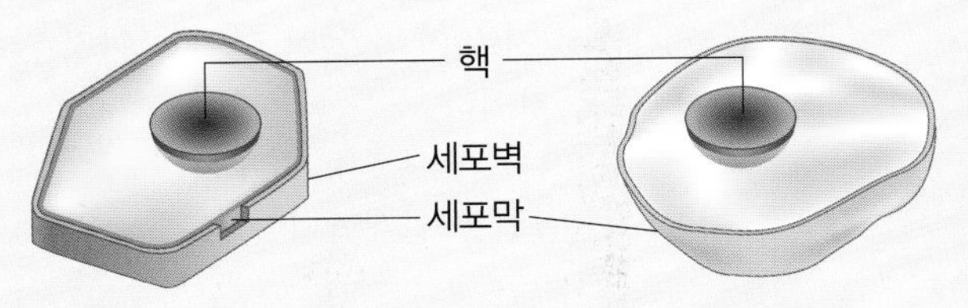

▲ 식물 세포　　▲ 동물 세포

- 식물 세포는 세포벽과 세포막으로 둘러싸여 있고, 그 안에 핵이 있음.
- 동물 세포는 세포막으로만 둘러싸여 있고, 그 안에 핵이 있음.

(2) 세포는 핵, 세포막, 세포벽 등으로 이루어짐.
- 핵: 각종 유전 정보를 포함하고 있고 생명 활동을 조절함.
- 세포막: 세포 내부와 외부를 드나드는 물질의 출입을 조절함.
- 세포벽: 세포의 모양을 일정하게 유지하고 세포를 보호함.

03 세포에 대한 설명으로 옳은 것은 어느 것입니까? (　　)

① 모든 생물은 세포로 이루어져 있다.
② 모든 세포는 눈에 보일 정도로 크다.
③ 세포막은 각종 유전 정보를 포함하고 있다.
④ 모든 세포는 세포벽과 세포막으로 둘러싸여 있다.
⑤ 핵은 세포 내부와 외부를 드나드는 물질의 출입을 조절한다.

04 다음 (　　) 안에 공통으로 들어갈 알맞은 말을 쓰시오.

> 식물 세포에는 세포막의 바깥쪽에 (　　　)이/가 있지만, 동물 세포에는 (　　　)이/가 없다.

(　　　　　　)

개념 3 뿌리의 생김새를 묻는 문제

(1) 여러 식물의 뿌리 생김새는 크게 굵고 곧은 뿌리 주변으로 가는 뿌리들이 나 있는 것과 굵기가 비슷한 여러 가닥의 뿌리가 수염처럼 나 있는 것으로 구분할 수 있음.

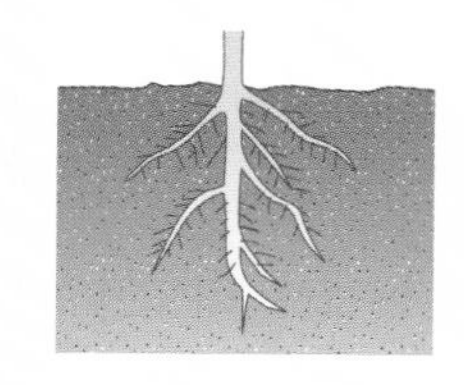
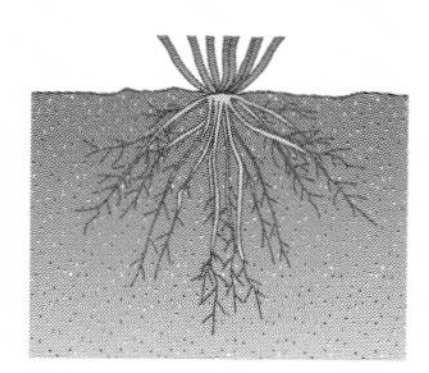

(2) 굵고 곧은 뿌리 주변으로 가는 뿌리들이 나 있는 식물에는 고추, 무, 우엉, 당근 등이 있음.

(3) 굵기가 비슷한 여러 가닥의 뿌리가 수염처럼 나 있는 식물에는 파, 양파, 잔디, 강아지풀 등이 있음.

05 다음 식물 뿌리에 대한 설명으로 옳은 것은 ○표, 옳지 않은 것은 ×표 하시오.

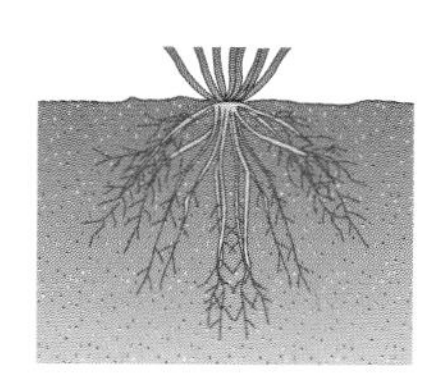

(1) 굵고 곧은 뿌리만 나 있다. ( )

(2) 굵기가 비슷한 뿌리들이 수염처럼 나 있다. ( )

(3) 굵고 곧은 뿌리 주변으로 가는 뿌리들이 나 있다. ( )

06 오른쪽과 같은 모양의 뿌리를 가진 식물은 어느 것입니까? ( )

① 파　② 잔디　③ 고추　④ 양파　⑤ 강아지풀

개념 4 뿌리가 하는 일을 묻는 문제

(1) 뿌리가 있는 식물이 물을 더 많이 흡수함.

▲ 뿌리의 흡수 기능 알아보기

실험 결과

뿌리를 자르지 않은 양파 쪽 컵의 물이 더 많이 줄어듦.

(2) 뿌리가 하는 일

- 지지 기능: 식물이 쓰러지지 않도록 땅에 식물을 고정함.
- 흡수 기능: 흙 속에 녹아 있는 물과 양분을 흡수함.
- 저장 기능: 고구마, 무와 같은 식물은 양분을 뿌리에 저장함.

07 다음에서 설명하는 뿌리의 기능은 무엇인지 쓰시오.

뿌리는 식물이 필요한 물이나 양분을 흙 속에서 흡수하는 일을 한다.

( )

08 뿌리가 하는 일에 대한 설명으로 옳지 않은 것은 어느 것입니까? ( )

① 흙 속에 있는 물을 흡수하는 일을 한다.
② 고구마처럼 양분을 뿌리에 저장하기도 한다.
③ 식물이 쓰러지지 않도록 땅에 식물을 고정한다.
④ 뿌리의 지지 기능으로 식물이 강한 바람에도 잘 쓰러지지 않는다.
⑤ 식물의 양분을 뿌리에 보관하는 것은 흡수 기능과 관련이 있다.

개념 5 줄기의 생김새를 묻는 문제

(1) 나무줄기는 곧게 자라며, 껍질에는 두껍고 특이한 무늬가 있음.

(2) 줄기의 모양은 굵고 곧은 것도 있고, 가늘고 길어 다른 식물을 감거나 땅 위를 기는 것도 있음.
- 곧은줄기: 해바라기, 소나무, 봉선화 등
- 감는줄기: 박주가리, 메꽃, 나팔꽃 등
- 기는줄기: 딸기, 토끼풀, 잔디 등
- 저장 줄기: 감자, 토란, 마늘 등

(3) 줄기가 높게 자라거나 다른 물건을 감고 오르면 햇빛을 많이 받을 수 있음.

09 **나무줄기에 대한 설명으로 옳은 것은 어느 것입니까?** (　　)

① 주로 물을 흡수하는 일을 한다.
② 곧게 자라며 두꺼운 껍질이 있다.
③ 보통 햇빛이 없는 곳으로 뻗어나간다.
④ 주로 땅속으로 굵고 길게 뻗어서 자란다.
⑤ 껍질의 모양과 무늬는 모든 나무가 같다.

10 **줄기가 다른 식물의 줄기를 감고 오르는 형태의 식물을 보기 에서 모두 골라 기호를 쓰시오.**

보기

㉠ 잔디	㉡ 메꽃
㉢ 소나무	㉣ 박주가리

(　　　　　　　　)

개념 6 줄기가 하는 일을 묻는 문제

(1) 붉은 색소 물에 넣어 둔 백합 줄기를 잘라 보면 붉은 색소 물이 든 부분이 있음.

가로로 자른 단면	세로로 자른 단면
붉은 점들이 줄기에 퍼져 있음.	여러 개의 붉은 선이 줄기를 따라 이어져 있음.

- 붉은 색소 물이 든 부분은 물이 이동한 통로임.
- 물은 줄기에 있는 통로를 통해 위로 올라감.

(2) 줄기가 하는 일
- 줄기는 물이 이동하는 통로 역할을 함.
- 지지 기능: 줄기가 꼿꼿하게 서 있어 식물이 쓰러지지 않음.
- 저장 기능: 양파, 감자와 같은 식물은 양분을 줄기에 저장함.

11 **다음 (　　) 안에 들어갈 알맞은 말을 쓰시오.**

붉은 색소 물에 넣어 둔 백합 줄기를 가로로 자르면 붉게 물이 든 부분이 줄기에 퍼져 있다. 이 부분은 (　　　　)이/가 이동한 통로이다.

(　　　　　　　　)

12 **줄기가 하는 일에 대한 설명으로 옳은 것은 어느 것입니까?** (　　)

① 흙 속에 있는 물을 흡수하는 일을 한다.
② 고구마처럼 양분을 줄기에 저장하기도 한다.
③ 식물이 쓰러지지 않도록 땅속 깊이 박혀 있다.
④ 줄기의 저장 기능으로 꼿꼿하게 서 있을 수 있다.
⑤ 뿌리가 흡수한 물이 식물 곳곳으로 이동하는 통로 역할을 한다.

개념 7 잎의 광합성에 대해 묻는 문제

(1) 빛을 받은 잎에서만 녹말이 만들어짐.

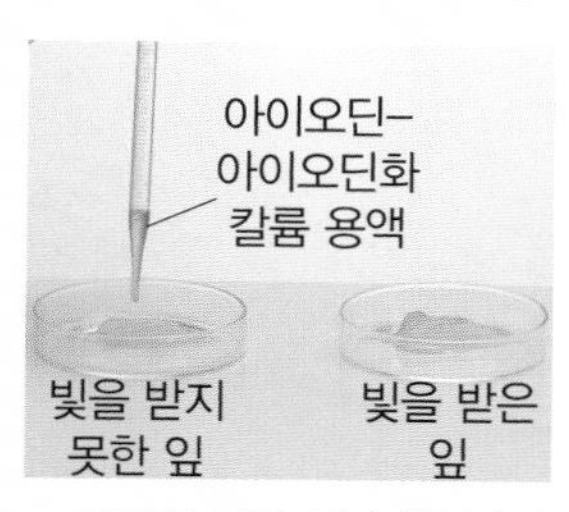

▲ 잎에서 만든 양분 확인하기

실험 결과
아이오딘-아이오딘화 칼륨 용액을 떨어뜨렸을 때 빛을 받은 잎은 청람색으로 변하지만, 빛을 받지 못한 잎에서는 변화가 없음.

(2) **광합성**: 식물은 빛을 이용하여 물과 이산화 탄소로 양분을 만듦.

(3) 잎에서 만들어진 양분은 줄기를 통해 식물 전체로 이동하여 쓰이고 남은 것은 식물의 몸에 저장됨.

13 다음은 잎에서 만든 양분을 확인하는 실험 결과를 정리한 것입니다. ( ) 안에 들어갈 말을 바르게 짝 지은 것은 어느 것입니까? ( )

> 잎에 아이오딘-아이오딘화 칼륨 용액을 떨어뜨렸을 때 빛을 받은 부분이 (㉠)으로 변하는 것으로 보아, 잎에서 빛을 이용하여 만든 양분은 (㉡)임을 알 수 있다.

	㉠	㉡
①	노란색	물
②	노란색	녹말
③	청람색	녹말
④	청람색	산소
⑤	초록색	이산화 탄소

14 다음 ( ) 안에 들어갈 알맞은 말을 쓰시오.

> 식물이 빛을 이용하여 물과 이산화 탄소로 필요한 양분을 만드는 것을 ( )(이)라고 한다.

( )

개념 8 잎의 증산 작용에 대해 묻는 문제

(1) 뿌리에서 흡수한 물이 잎을 통해 식물 밖으로 나감.

▲ 잎에 도달한 물의 이동 알아보기

실험 결과
잎이 있는 모종의 비닐봉지 안쪽에 물방울이 생기고 삼각 플라스크의 물도 더 많이 줄어듦.

(2) 잎으로 이동한 물은 광합성에 사용되고 나머지는 기공을 통해 밖으로 빠져나감.

(3) **증산 작용**: 잎에 도달한 물이 기공을 통해 식물 밖으로 빠져나가는 것을 증산 작용이라고 함.

(4) 증산 작용은 뿌리에서 흡수한 물을 식물의 꼭대기까지 끌어 올릴 수 있도록 돕고, 식물의 온도를 조절하는 역할을 함.

15 다음과 같이 장치한 후 햇빛이 잘 드는 곳에 두고 비닐봉지 안의 변화를 살펴보았습니다. 이 실험은 식물이 하는 일 중 무엇을 알아보려는 것입니까? ( )

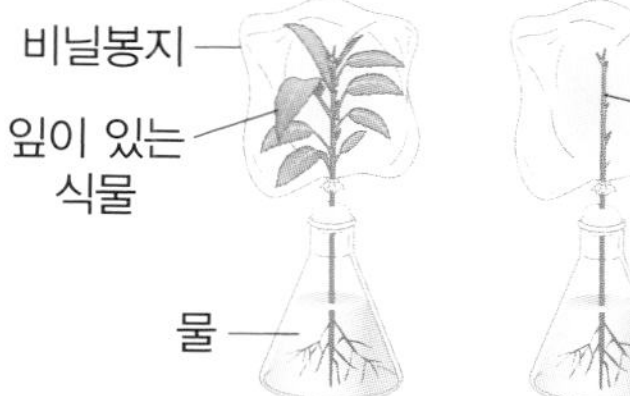

① 잎의 광합성
② 잎의 증산 작용
③ 줄기의 저장 작용
④ 뿌리의 지지 작용
⑤ 뿌리의 흡수 작용

16 잎에 도달한 물이 어떻게 되는지 설명한 것입니다. 밑줄 친 내용 중 옳지 <u>않은</u> 것은 어느 것입니까? ( )

> 잎에서 물의 일부는 ① 광합성에 사용된다. 나머지는 ② 잎의 표피를 통해 식물 밖으로 빠져나간다. 이것을 ③ 증산 작용이라고 한다. 증산 작용은 ④ 뿌리에서 물을 흡수하여 ⑤ 식물의 꼭대기까지 끌어 올릴 수 있도록 돕는다.

중단원 실전 문제

ㄷ중요ㄷ

01 다음 중 세포에 대한 설명으로 옳은 것은 어느 것입니까? (　　　)

① 세포의 크기는 모두 같다.
② 모든 세포는 세포벽이 있다.
③ 모든 생물은 세포로 이루어져 있다.
④ 세포의 역할이 달라도 생김새는 같다.
⑤ 대부분의 식물 세포는 돋보기로 관찰할 수 있다.

02 양파 표피 세포 표본을 만드는 과정을 순서대로 나열한 것은 어느 것입니까? (　　　)

㉠ 양파 안쪽에서 표피를 벗겨 낸다.
㉡ 덮개 유리를 한쪽에서부터 덮고, 염색액을 흘려 보낸다.
㉢ 반대쪽 끝에 거름종이를 대어 물과 염색액을 흡수한다.
㉣ 받침 유리 위에 표피를 올리고 물을 한 방울 떨어뜨린다.

① ㉠-㉡-㉢-㉣　② ㉠-㉡-㉣-㉢
③ ㉠-㉣-㉡-㉢　④ ㉡-㉠-㉢-㉣
⑤ ㉡-㉢-㉠-㉣

ㄷ서술형ㄷ

03 세포를 관찰할 때에 오른쪽과 같은 광학 현미경을 사용해야 하는 까닭을 쓰시오.

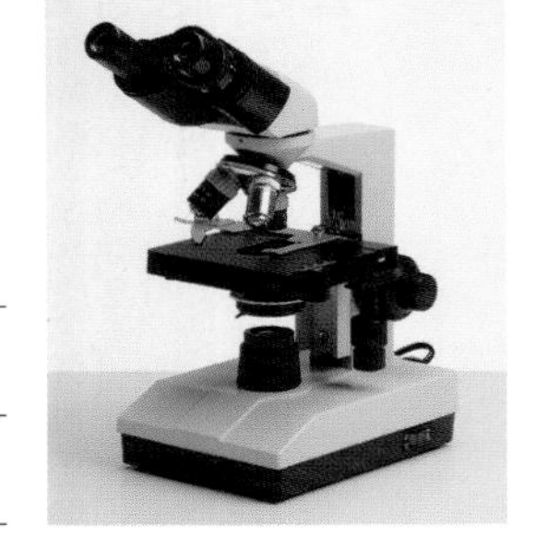

____

____

____

04 동물 세포에서 관찰할 수 있는 것을 보기 에서 모두 골라 기호를 쓰시오.

보기
㉠ 핵　㉡ 세포막　㉢ 세포벽

(　　　　　　　　　　)

05 식물 세포에서 ㉠에 대한 설명으로 옳은 것은 어느 것입니까? (　　　)

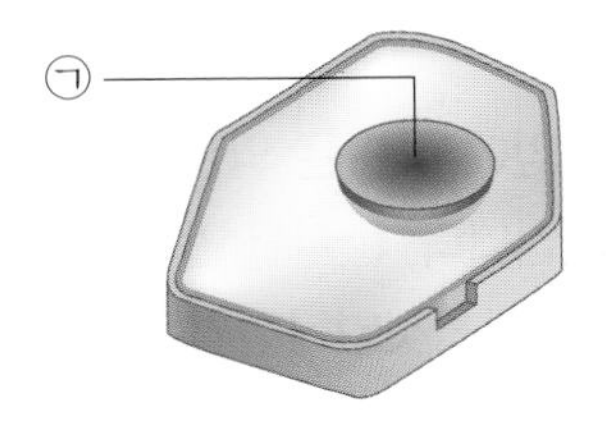

① 여러 가지 유전 정보를 포함한다.
② 세포의 모양을 일정하게 유지한다.
③ 세포를 외부 충격으로부터 보호한다.
④ 세포막에서 물질의 출입이 빠르게 일어나도록 돕는다.
⑤ 세포 내부와 외부를 드나드는 물질의 출입을 조절한다.

06 다음과 같은 모양의 뿌리를 가진 식물은 어느 것입니까? (　　　)

① 무　② 당근
③ 고추　④ 우엉
⑤ 강아지풀

07 파의 뿌리 모양과 비슷한 것을 보기 에서 골라 기호를 쓰시오.

보기

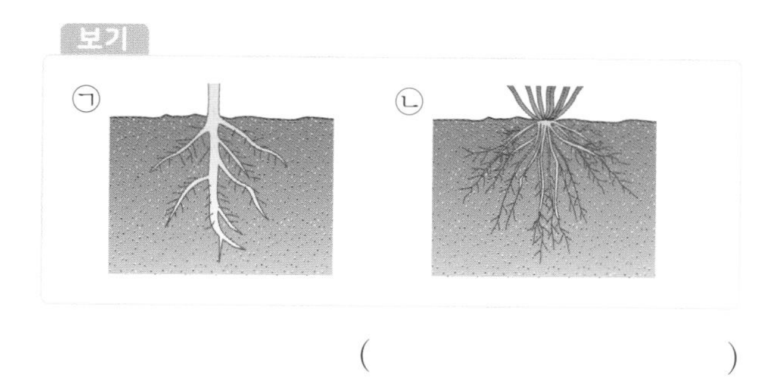

( )

[08~09] 다음과 같이 장치한 후 두 컵을 햇빛이 잘 드는 곳에 놓아두었습니다. 물음에 답하시오.

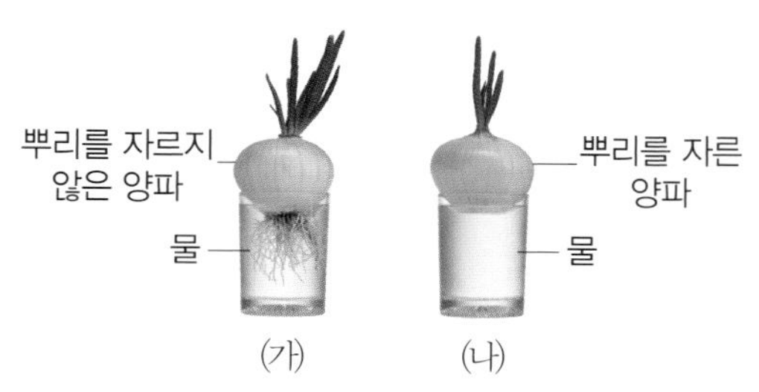

⊂중요⊃

08 위 실험에서 확인할 수 있는 뿌리가 하는 일은 어느 것입니까? ( )

① 지지 기능 ② 흡수 기능
③ 저장 기능 ④ 이동 기능
⑤ 생산 기능

⊂서술형⊃

09 위 실험 결과 어느 쪽 컵의 물이 더 많이 줄어드는지 기호를 쓰고, 그렇게 생각한 까닭을 쓰시오.

---

10 다음 두 사진을 통해 알 수 있는 뿌리의 기능은 무엇인지 쓰시오.

▲ 고구마 뿌리

▲ 당근 뿌리

( )

11 다음 식물의 줄기 모양으로 옳은 것은 어느 것입니까? ( )

① 곧은줄기 ② 감는줄기
③ 기는줄기 ④ 부착줄기
⑤ 저장 줄기

12 줄기가 땅 위를 기면서 뻗어 나가는 식물은 어느 것입니까? ( )

① 감자 ② 마늘
③ 딸기 ④ 소나무
⑤ 나팔꽃

13 다음 식물과 같은 형태의 줄기를 가진 식물은 어느 것입니까? (　　　)

① 봉선화　② 토끼풀
③ 느티나무　④ 박주가리
⑤ 해바라기

14 줄기에 대한 설명으로 옳지 않은 것은 어느 것입니까? (　　　)

① 곧은줄기는 부착뿌리를 가진다.
② 줄기에 양분을 저장하기도 한다.
③ 나무줄기에는 특이한 무늬가 있다.
④ 나무줄기는 대체로 곧은줄기 형태이다.
⑤ 나무줄기의 겉은 두꺼운 껍질로 싸여 있다.

15 다음에서 설명하는 줄기의 기능은 어느 것입니까? (　　　)

> 줄기가 꼿꼿하게 서 있어 식물이 쓰러지지 않게 한다.

① 지지 기능　② 흡수 기능
③ 저장 기능　④ 이동 기능
⑤ 생산 기능

⊂서술형⊃

16 다음은 붉은 색소 물에 넣어 둔 백합 줄기를 가로와 세로로 잘라 단면을 관찰한 것입니다. 단면에서 붉게 물든 부분이 무엇인지 쓰시오.

가로로 자른 단면	세로로 자른 단면

[17~18] 다음은 잎이 하는 일을 알아보는 실험입니다. 물음에 답하시오.

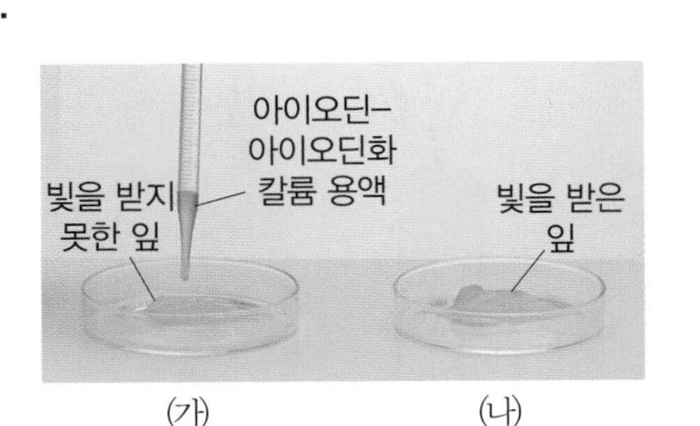

(가)　(나)

17 아이오딘-아이오딘화 칼륨 용액을 잎 위에 떨어뜨렸을 때 청람색으로 변하는 것의 기호를 쓰시오.

(　　　　　　)

18 위 실험을 통해 알 수 있는 잎의 기능은 어느 것입니까? (　　　)

① 물을 흡수한다.
② 필요한 양분을 만든다.
③ 흙 속의 양분을 흡수한다.
④ 물이 이동하는 통로 역할을 한다.
⑤ 줄기가 꼿꼿하게 설 수 있도록 돕는다.

19 식물이 광합성에 이용하는 것을 보기 에서 모두 골라 기호를 쓰시오.

보기

㉠ 흙　　㉡ 물　　㉢ 햇빛
㉣ 산소　　㉤ 이산화 탄소

(　　　　　　　　　　)

20 아이오딘-아이오딘화 칼륨 용액과 만나면 청람색으로 변하는 것은 어느 것입니까? (　　　)

① 물　　② 산소
③ 녹말　　④ 기름
⑤ 이산화 탄소

21 잎이 하는 일 중 살아가는 데 필요한 양분을 만드는 것과 관련된 것은 어느 것입니까? (　　　)

① 광합성　　② 흡수 작용
③ 이동 작용　　④ 저장 작용
⑤ 증산 작용

[22~23] 다음은 잎에 도달한 물이 어떻게 되는지 알아보는 실험입니다. 물음에 답하시오.

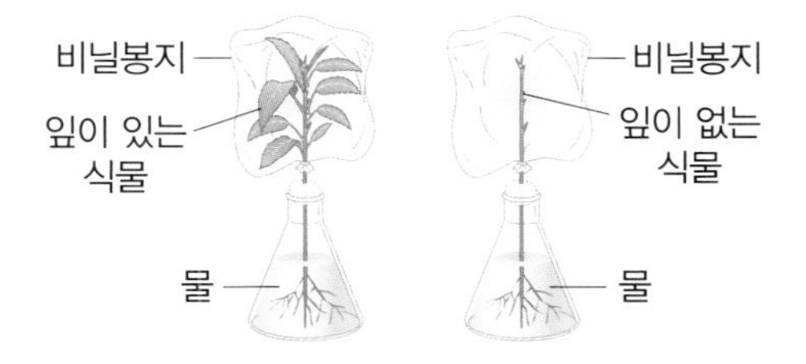

22 위 실험에서 다르게 해야 할 조건은 어느 것입니까? (　　　)

① 물의 양
② 잎의 유무
③ 식물의 크기
④ 비닐봉지의 크기
⑤ 삼각 플라스크의 크기

서술형

23 다음은 위 실험 결과를 정리한 것입니다. 다음과 같은 결과가 나타난 까닭을 잎이 하는 일과 관련지어 쓰시오.

〈실험 결과〉 잎이 있는 모종의 비닐봉지 안쪽에 물방울이 더 많이 생겼고 삼각 플라스크의 물이 더 많이 줄어들었다.

중요

24 증산 작용에 대한 설명으로 옳지 않은 것은 어느 것입니까? (　　　)

① 주로 뿌리에서 일어난다.
② 물을 식물 밖으로 내보내는 것이다.
③ 식물의 온도를 조절하는 역할을 한다.
④ 물이 기공을 통해 밖으로 빠져나가는 것이다.
⑤ 물을 식물의 꼭대기까지 끌어 올릴 수 있도록 돕는다.

서술형·논술형 평가 돋보기

학교에서 출제되는 서술형·논술형 평가를 미리 준비하세요.

연습 문제

🔍 **문제 해결 전략**
식물 세포와 동물 세포의 모습에서 차이점을 찾고 이를 이용하여 주변 동물의 세포 모습을 생각할 수 있습니다.

🔍 **핵심 키워드**
식물 세포와 동물 세포

1 **다음 식물 세포와 동물 세포의 모습을 보고, 물음에 답하시오.**

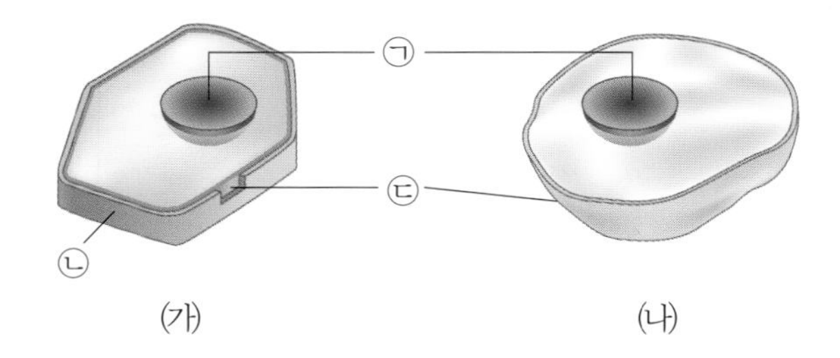

(1) 위 세포의 각 부분의 이름을 쓰시오.

㉠ (　　　　), ㉡ (　　　　), ㉢ (　　　　)

(2) 고양이의 몸을 이루는 세포와 비슷한 구조를 가지는 세포를 찾아 기호를 쓰시오.

(　　　　)

(3) 위 (2)번 답과 같이 생각한 까닭을 쓰시오.

고양이는 동물이고, 동물 세포에는 (　　　　)이/가 없기 때문이다.

🔍 **문제 해결 전략**
양분이 저장된 곳은 다른 부분과 비교하여 크기가 큽니다. 사진 속에서 굵게 자란 부분을 찾아봅니다.

🔍 **핵심 키워드**
줄기의 저장 기능

2 **다음 두 식물의 모습을 보고, 물음에 답하시오.**

▲ 마늘

▲ 감자

(1) 위 식물이 공통으로 양분을 저장하는 곳은 어디인지 쓰시오.

마늘과 감자는 양분을 (　　　　)에 저장한다.

(2) 마늘과 감자의 (1)번 답에 해당하는 부분이 하는 일을 쓰시오.

마늘과 감자는 (　　　　)에 양분을 저장하는데, 이 기능을 (　　　　)(이)라고 한다.

정답과 해설 16쪽

실전 문제

1 다음은 뿌리의 생김새에 따라 식물을 분류한 것입니다. 물음에 답하시오.

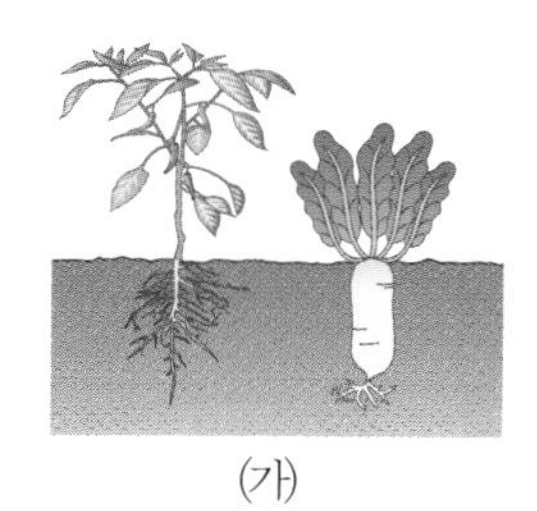
(가)

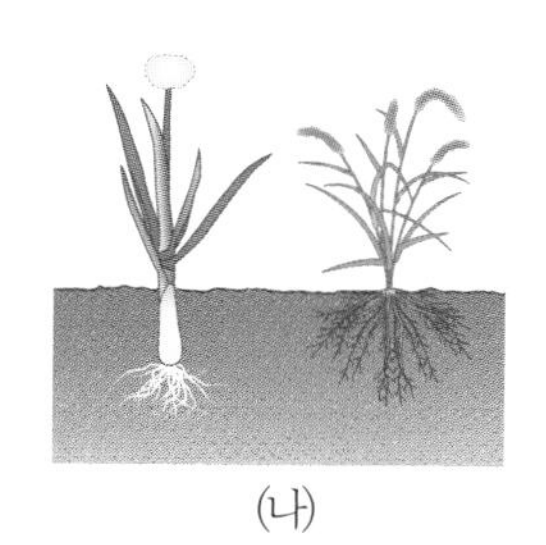
(나)

(1) 위 (가)와 (나)의 뿌리는 어떤 특징이 있는지 비교하여 쓰시오.

(2) 위 (가)와 (나)에 해당하는 식물을 한 가지씩 넣어 표를 완성하시오.

(가)	(나)
고추, 무, (　　　) 등	파, 강아지풀, (　　　) 등

2 식물의 뿌리에는 솜털과 같은 뿌리털이 있습니다. 다음 그림을 참고하여 뿌리털이 하는 일을 쓰시오.

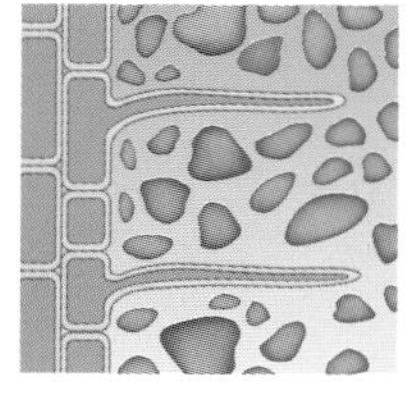
▲ 뿌리털

3 다음을 보고, 물음에 답하시오.

▲ 박주가리

(1) 박주가리 줄기와 같이 가늘고 길어 다른 식물의 줄기를 감고 올라가는 식물의 줄기를 무엇이라고 하는지 쓰시오.

(　　　　　　　　)

(2) 줄기가 다른 식물이나 물건을 감고 오르면 식물에게 좋은 점은 무엇인지 쓰시오.

4 다음 사진을 보고, 물음에 답하시오.

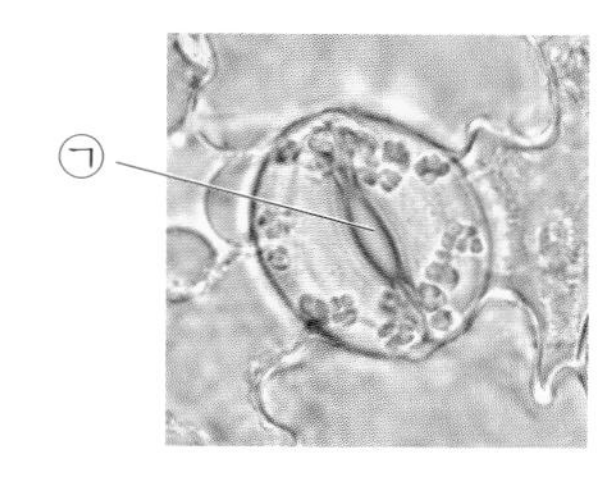

(1) 위 ㉠은 주로 식물의 어느 부분에서 볼 수 있는지 쓰시오.

(　　　　　)의 표면

(2) 위 ㉠의 이름과 하는 일을 쓰시오.

(2) 꽃과 열매

▶ 통꽃과 갈래꽃

- 꽃잎 전체가 붙어 있거나 밑동 부분이 붙어 있으면 통꽃이고, 밑동 부분이 갈라져 있어 하나씩 떼어 낼 수 있으면 갈래꽃입니다.
- 통꽃에는 메꽃, 나팔꽃, 개나리꽃 등이 있고, 갈래꽃에는 벚꽃, 장미꽃, 목련꽃 등이 있습니다.

▲ 통꽃(메꽃)

▲ 갈래꽃(벚꽃)

▶ 수세미오이꽃의 구조

사과꽃과 달리 수세미오이꽃은 암꽃과 수꽃으로 나뉘며, 암꽃에는 수술이 없고, 수꽃에는 암술이 없습니다.

▲ 암꽃

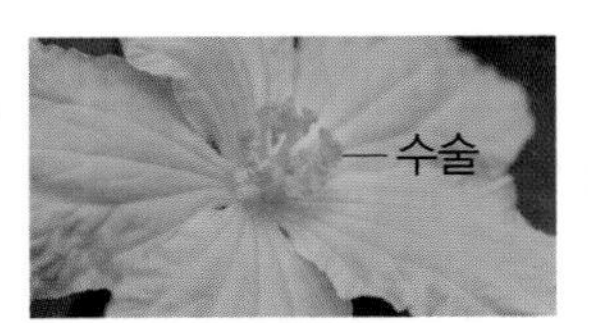

▲ 수꽃

낱말 사전

서식 어떤 생물이 일정한 장소에서 삶.

1 꽃의 생김새

(1) 다양한 생김새의 꽃 이야기하기

① 꽃의 크기는 다양합니다.

▲ 호박꽃: 꽃의 크기가 어른 손바닥보다 큽니다.

▲ 꽃마리: 꽃의 크기가 2 mm 정도로 매우 작습니다.

▲ 라플레시아꽃: 꽃의 크기가 1 m가 넘기도 합니다.

② 꽃의 모양도 주머니 모양, 새 모양, 시계 모양 등 다양합니다.

▲ 주머니 모양의 복주머니란

▲ 새 모양을 닮은 해오라비 난초

▲ 시계를 닮은 시계꽃

③ 꽃의 크기와 모양은 다양하지만, 꽃이 하는 일은 비슷합니다.

(2) 꽃의 생김새를 알아보기

① 꽃은 대부분 암술, 수술, 꽃잎, 꽃받침으로 이루어져 있습니다.

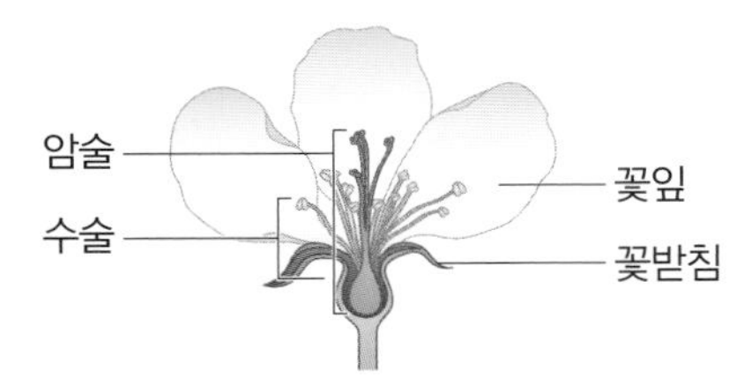

▲ 사과꽃의 구조

② 암술, 수술, 꽃잎, 꽃받침 중 일부가 없는 꽃도 있습니다. 예 호박꽃, 수세미오이꽃

(3) 꽃의 각 부분이 하는 일 알아보기

꽃의 부분	각 부분이 하는 일
암술	씨가 될 밑씨가 들어 있으며 꽃가루받이가 이루어지는 곳이다.
수술	꽃가루를 만든다.
꽃잎	• 암술과 수술을 보호한다. • 곤충을 꽃으로 끌어들여 꽃가루받이가 잘 이루어지도록 한다.
꽃받침	꽃잎을 받치고 보호한다.

2 꽃이 하는 일

(1) 꽃이 하는 일 알아보기

① 꽃은 씨를 만드는 일을 합니다. 씨를 만들기 위해서는 먼저 꽃가루받이가 이루어져야 합니다.

② 꽃가루받이: 수분이라고도 하며, 꽃가루를 받는다는 뜻으로 암술이 수술에서 만든 꽃가루를 받는 것을 말합니다.

▲ 꽃가루받이

(2) 식물의 다양한 꽃가루받이 방법 알아보기

① 식물은 스스로 꽃가루받이를 못하기 때문에 곤충, 새 등의 도움을 받아야 합니다.

② 꽃가루받이 방법은 식물마다 다릅니다.

풍매화	수매화	충매화	조매화
▲ 소나무	▲ 검정말	▲ 사과나무	▲ 동백꽃
꽃가루가 바람에 날려 암술로 옮겨진다. 예 소나무, 옥수수, 부들, 벼 등	꽃가루가 물에 의해 암술로 옮겨진다. 예 검정말, 물수세미, 나사말 등	꽃가루가 벌, 나비 등 곤충에 의해 암술로 옮겨진다. 예 사과나무, 코스모스, 매실나무 등	꽃가루가 동박새 등 새에 의해 옮겨진다. 예 동백나무, 바나나 등

▶ 동박새
우리나라 남부 지방에 서식하며 곤충이나 식물의 꿀과 열매를 주로 먹습니다. 동백꽃의 꿀을 먹으면서 동백꽃의 꽃가루받이를 돕습니다.

▶ 드론을 이용한 꽃가루받이
과일이 많이 열리도록 드론을 이용하기도 합니다. 드론으로 꽃가루가 섞인 물을 하늘에서 뿌려 식물의 꽃가루받이를 돕습니다.

3 열매가 자라는 과정

(1) 열매가 자라는 과정 알아보기

① 꽃가루받이가 이루어지고 나면 열매가 맺힙니다.

② 꽃가루받이가 된 암술 속에서는 씨가 생겨 자랍니다.

③ 씨가 자라는 동안 씨를 싸고 있는 암술이나 꽃받침 등이 함께 자라 열매가 됩니다.

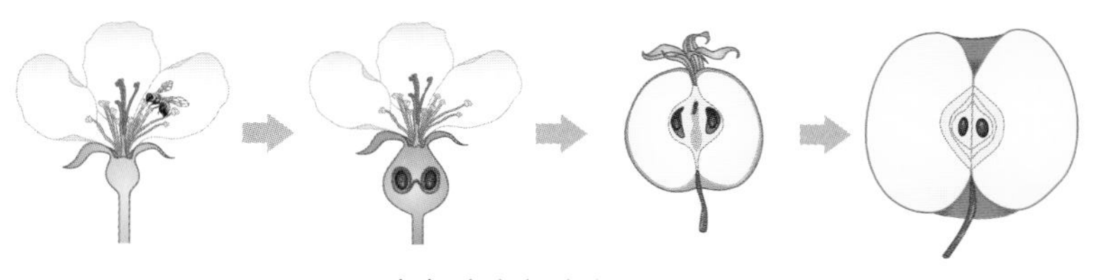
▲ 사과 열매가 자라는 과정

개념 확인 문제

1 꽃의 크기와 모양은 다양하지만 꽃이 하는 일은 비슷합니다. (○ , ×)

2 암술은 씨가 될 밑씨가 들어 있으며 (   ) 이/가 이루어지는 곳입니다.

3 새에 의해 꽃가루받이가 이루어지는 꽃을 (수매화 , 조매화)라고 합니다.

정답 1 ○ 2 꽃가루받이(또는 수분) 3 조매화

교과서 내용 학습

4 열매의 생김새와 하는 일

(1) 열매의 생김새 알아보기

① 열매의 생김새는 식물의 종류에 따라 다양합니다.

② 열매는 씨와 씨를 둘러싼 껍질 부분으로 되어 있습니다.

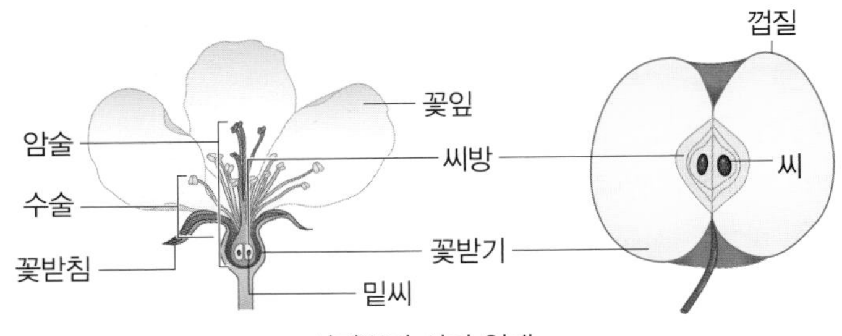

▲ 사과꽃과 사과 열매

(2) 열매가 하는 일 알아보기

① 어린 씨를 보호합니다.

② 익은 씨를 멀리 퍼뜨리는 일을 합니다.

③ 씨를 퍼뜨리는 방법은 열매의 생김새에 따라 다양합니다.

◗ 씨와 열매

열매는 씨와 껍질로 이루어져 있습니다. 동물에게 먹혀 씨를 퍼뜨리는 열매는 동물을 유인하기 위해 껍질에 많은 양의 수분과 당분을 저장합니다. 그러나 바람이나 동물의 털 등에 붙어 씨를 퍼뜨리는 열매는 껍질이 씨에 바짝 붙어 있어 열매가 아닌 씨로 착각하기 쉽습니다.

◗ 소나무 열매와 씨

- 솔방울은 소나무의 열매입니다. 솔방울은 씨를 보호하고 퍼뜨리는 역할을 합니다.
- 솔방울 껍질 사이에 씨가 붙어 있습니다. 소나무 씨는 날개가 있어 멀리 퍼질 수 있습니다.

5 식물이 씨를 퍼뜨리는 방법

– 잣나무, 상수리나무 등은 다람쥐와 같은 동물이 땅에 저장한 뒤 찾지 못한 것에서 싹이 틉니다.

가벼운 솜털을 이용하여 바람에 날려서 퍼진다.	날개가 있어 바람에 빙글빙글 돌며 날아간다.	열매껍질이 터지면서 씨가 멀리 튀어 나간다.
 	 	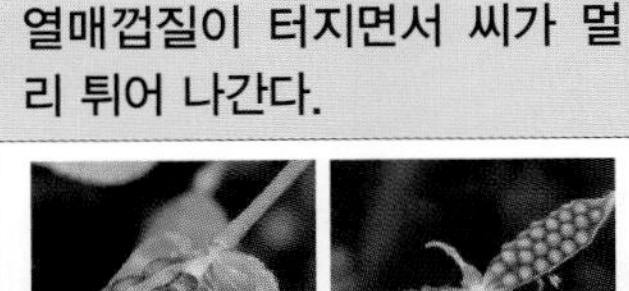
예 민들레, 박주가리, 버드나무 등	예 단풍나무, 가죽나무 등	예 봉선화, 제비꽃, 괭이밥, 콩 등
갈고리가 있어 동물의 털이나 사람의 옷에 붙어서 퍼진다.	**동물에게 먹힌 뒤에 씨가 똥과 함께 나와 퍼진다.**	**물에 떠서 이동한다.**

예 도깨비바늘, 가막사리, 도꼬마리, 우엉 등	예 벚나무, 겨우살이, 참외 등	예 연꽃, 수련, 코코야자 등

개념 확인 문제

1 열매는 어린 (씨 , 꽃)을/를 보호합니다.

2 식물은 모두 같은 방법으로 씨를 퍼뜨립니다. (○ , ×)

3 도꼬마리와 우엉은 열매에 (날개 , 갈고리)가 있어 동물의 털이나 사람의 옷에 붙어서 퍼집니다.

정답 1 씨 2 × 3 갈고리

이제 실험 관찰로 알아볼까?

식물 역할놀이하기

[준비물] 모둠별: 도화지, 가위, 풀, 셀로판테이프, 역할 머리띠 재료

[활동 방법]

① 식물의 각 부분이 하는 일에 대해 이야기합니다.

부분	각 부분이 하는 일
뿌리	• 물을 흡수하고 식물을 지지한다. • 잎에서 만든 양분을 저장하기도 한다.
줄기	• 물이 식물의 각 부분으로 이동하도록 통로 역할을 한다. • 식물을 지지하거나 양분을 저장하기도 한다.
잎	• 광합성으로 식물에게 필요한 양분을 만든다. • 사용하고 남은 물을 식물 밖으로 내보낸다.
꽃	꽃가루받이를 거쳐 씨를 만든다.
열매	어린 씨를 보호하고 익은 씨를 멀리 퍼뜨린다.

② 상황에 따른 식물의 각 부분이 하는 일을 이야기합니다.

상황	각 부분이 하는 일
맑은 날	• 뿌리: 평소처럼 물을 흡수한다. • 줄기: 뿌리에서 흡수한 물을 식물의 각 부분으로 이동시킨다. • 잎: 줄기에서 보내 준 물을 사용하여 양분을 만들고 남은 물을 식물 밖으로 내보낸다. • 꽃: 꿀과 꽃가루를 만들고 곤충을 모아 꽃가루받이를 한다. • 열매: 꽃이 만든 어린 씨를 보호하고 익은 씨를 멀리 퍼뜨린다.
비가 내리는 날	• 뿌리: 물을 평소보다 적게 흡수한다. • 줄기: 잎으로 보내는 물의 양을 줄인다. • 잎: 빛의 양이 적어 양분을 적게 만들고 잎 밖으로 내보내는 물의 양도 줄인다. • 꽃: 꽃가루받이를 돕는 곤충이 비를 피할 수 있도록 해 준다. • 열매: 씨가 빠져나가지 못하도록 몸을 웅크린다.

③ 역할놀이를 발표합니다.

- 식물의 각 부분이 하는 일을 바탕으로 대본을 만듭니다.
- 역할 머리띠나 종이 인형을 만들어 역할놀이를 발표합니다.

주의할 점

역할놀이에 필요한 대본을 준비하는 시간이 오래 걸릴 수 있습니다. 선생님께서 주시는 예시 대본을 참고하여 대본을 만들어 봅니다.

중요한 점

모둠 친구들과 역할놀이를 준비하면서 특정 상황에서 식물의 각 부분은 서로 어떤 관련이 있는지 충분히 이야기해야 합니다.

활동 평가하기

- 다른 모둠의 역할놀이를 보고 잘한 점을 찾아 칭찬합니다.
- 모둠별로 만든 작품에 새로운 생각을 더하여 더 좋은 내용의 역할놀이를 해 봅니다.

탐구 문제

정답과 해설 17쪽

1 다음은 식물의 어느 역할을 맡은 사람의 대사인지 쓰시오.

> 햇살이 좋아 광합성을 더 하고 싶어. 그런데 물이 부족해.

(   )

2 비가 내리는 상황에서 식물의 각 부분이 하는 일을 설명한 것으로 옳은 것에 ○표 하시오.

(1) 뿌리는 평소보다 물을 많이 흡수한다. (   )

(2) 줄기는 잎으로 보내는 물의 양을 줄인다. (   )

(3) 잎은 양분을 적게 만들고 잎 밖으로 내보내는 물의 양을 늘린다. (   )

핵심 개념 문제

개념 1 꽃의 생김새를 묻는 문제

(1) 꽃은 눈에 잘 안 보일 정도로 작은 꽃부터 1 m가 넘는 큰 꽃까지 크기가 다양함.

(2) 식물의 종류에 따라 꽃의 모양은 다양함. 주머니처럼 생긴 꽃도 있고, 새나 시계를 닮은 꽃도 있음.

(3) 메꽃처럼 꽃잎 전체가 붙어 있는 꽃도 있고, 벚꽃처럼 밑동 부분이 갈라져 하나씩 떼어 낼 수 있는 꽃도 있음.

01 꽃에 대한 설명으로 옳은 것은 어느 것입니까? ( )

① 꽃의 크기는 다양하다.
② 모든 꽃은 주머니 모양을 한다.
③ 모든 꽃은 꽃잎이 다섯 장이다.
④ 모든 꽃은 원형이나 육각형 모양이다.
⑤ 모든 꽃은 꽃잎이 갈라져 있는 모양이다.

02 다음 ( ) 안에 들어갈 알맞은 말에 ○표 하시오.

> 장미꽃의 꽃잎은 밑동 부분이 갈라져 하나씩 떼어 낼 수 있지만, (벚꽃 , 나팔꽃)의 꽃잎은 전체가 하나로 붙어 있다.

개념 2 꽃의 생김새를 묻는 문제

(1) 꽃은 대부분 암술, 수술, 꽃잎, 꽃받침으로 이루어져 있음.

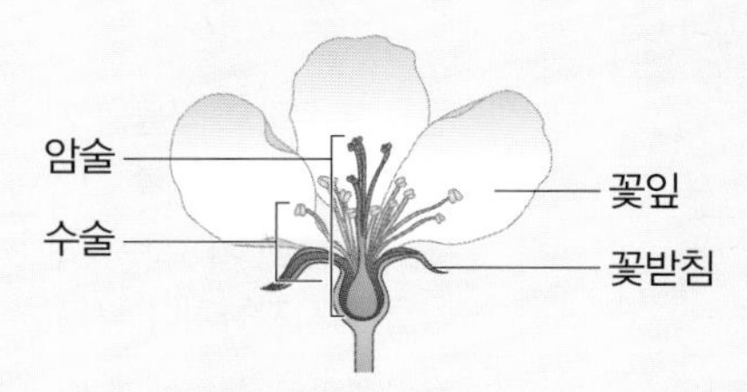

▲ 사과꽃의 구조

(2) 식물의 종류에 따라 암술, 수술, 꽃잎, 꽃받침 중 일부가 없는 꽃도 있음.

03 꽃의 구조에 해당하지 않는 것은 어느 것입니까? ( )

① 잎맥 ② 수술
③ 암술 ④ 꽃잎
⑤ 꽃받침

04 다음 설명을 읽고 알 수 있는 꽃의 특징으로 옳은 것은 어느 것입니까? ( )

> 사과꽃과 달리 수세미오이꽃은 암꽃과 수꽃으로 나뉘며, 암꽃에는 수술이 없고 수꽃에는 암술이 없다.

① 사과꽃은 암꽃과 수꽃으로 나뉜다.
② 꽃의 구조 중 일부가 없는 꽃도 있다.
③ 수세미오이꽃의 암꽃에는 암술이 없다.
④ 사과와 수세미오이의 꽃 구조는 똑같다.
⑤ 모든 꽃에는 암술과 수술 중 하나만 있다.

개념 3 꽃의 각 부분이 하는 일을 묻는 문제

(1) 꽃의 암술, 수술, 꽃잎, 꽃받침은 다음과 같은 역할을 함.

꽃의 부분	각 부분이 하는 일
암술	씨가 될 밑씨가 들어 있으며 꽃가루받이가 이루어지는 곳임.
수술	꽃가루를 만듦.
꽃잎	• 암술과 수술을 보호함. • 곤충을 꽃으로 끌어들여 꽃가루받이가 잘 이루어지도록 함.
꽃받침	꽃잎을 받치고 보호함.

05 꽃의 구조를 나타낸 다음 그림에서 씨가 될 밑씨가 들어 있으며, 꽃가루받이가 이루어지는 곳을 찾아 기호를 쓰시오.

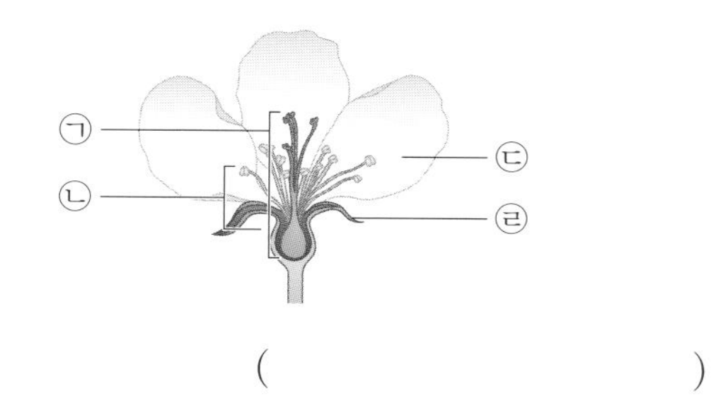

(　　　　　　　　　　　)

06 다음 보기 에서 꽃잎이 하는 일을 골라 바르게 짝 지은 것은 어느 것입니까? (　　　)

보기
㉠ 꽃가루를 만든다.
㉡ 곤충을 유인한다.
㉢ 암술과 수술을 보호한다.
㉣ 꽃받침을 받치고 보호한다.

① ㉠, ㉡　② ㉠, ㉢
③ ㉡, ㉢　④ ㉡, ㉣
⑤ ㉢, ㉣

개념 4 꽃이 하는 일을 묻는 문제

(1) 꽃의 크기와 모양은 다양하지만, 꽃이 씨를 만드는 일을 한다는 점에서 비슷함.

(2) 꽃가루받이는 암술이 수술에서 만든 꽃가루를 받는 것으로 수분이라고도 함.

(3) 꽃가루받이 방법은 식물마다 다름.

꽃가루받이 방법	식물 이름
꽃가루가 바람에 날려 옮겨짐(풍매화).	예 소나무, 옥수수, 부들, 벼 등
꽃가루가 물에 의해 옮겨짐(수매화).	예 검정말, 물수세미, 나사말 등
꽃가루가 곤충에 의해 옮겨짐(충매화).	예 코스코스, 매실나무, 사과나무, 연꽃 등
꽃가루가 새에 의해 옮겨짐(조매화).	예 동백나무, 바나나 등

07 다음은 꽃이 하는 일에 대해 이야기한 것입니다. 옳지 않은 내용을 말한 친구의 이름을 쓰시오.

• 은지: 꽃은 씨를 만드는 일을 해.
• 호석: 씨를 만들려면 수술에서 만든 꽃가루가 암술로 옮겨져야 해.
• 민주: 맞아. 그걸 바로 꽃가루받이라고 하지.
• 우주: 우리 주위의 꽃은 모두 벌이나 나비와 같은 곤충에 의해 꽃가루받이가 이루어져.

(　　　　　　　　　　　)

08 오른쪽 식물의 꽃가루받이를 도와주는 것을 보기 에서 골라 기호를 쓰시오.

▲ 소나무

보기
㉠ 새　㉡ 물　㉢ 바람　㉣ 곤충

(　　　　　　　　　　　)

개념 5 열매가 자라는 과정을 묻는 문제

(1) 꽃가루받이가 이루어지고 나면 열매가 맺힘.
(2) 꽃가루받이가 된 암술 속에서는 씨가 생겨 자람.
(3) 씨가 자라는 동안 씨를 싸고 있는 암술이나 꽃받침 등이 함께 자라 열매가 됨.

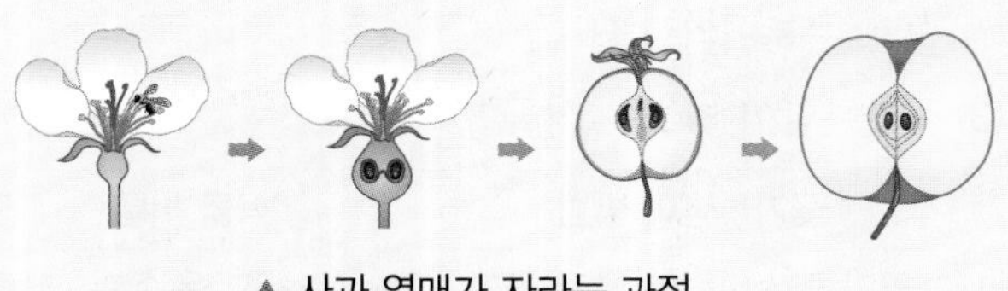

▲ 사과 열매가 자라는 과정

09 꽃가루받이가 이루어지고 나면 생기는 것은 어느 것입니까? (　　　)

① 씨　② 꽃잎　③ 암술　④ 꽃가루　⑤ 꽃받침

10 사과 열매가 자라는 과정을 순서에 맞게 차례대로 기호를 쓰시오.

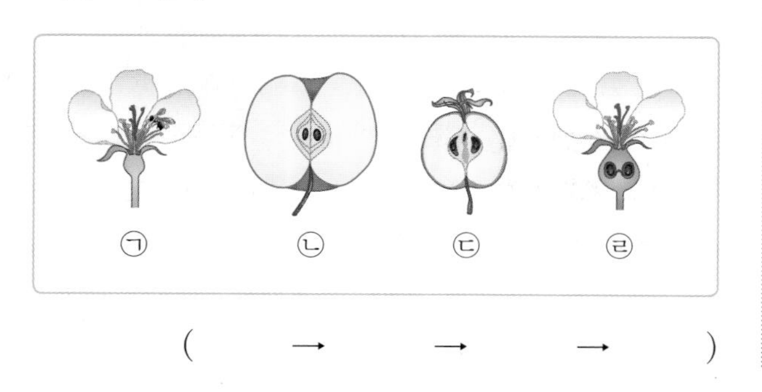

(　　　→　　　→　　　→　　　)

개념 6 열매의 생김새와 하는 일을 묻는 문제

(1) 식물의 종류에 따라 열매의 생김새도 다양함.
(2) 열매는 씨와 씨를 둘러싼 껍질로 되어 있음.

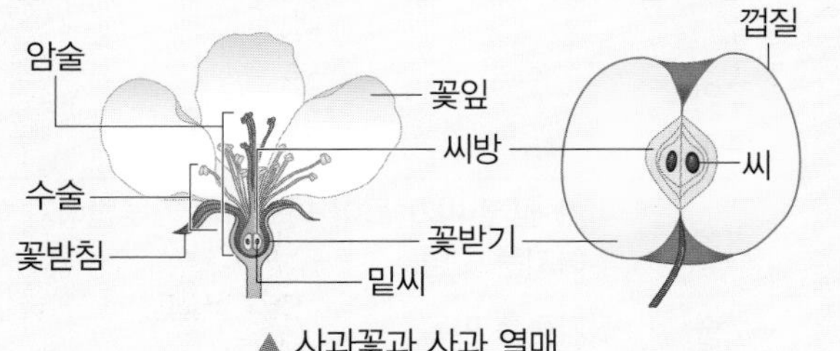

▲ 사과꽃과 사과 열매

(3) 열매는 어린 씨를 보호함.
(4) 열매는 익은 씨를 멀리 퍼뜨리는 일을 함.

11 열매에 대한 설명으로 옳지 않은 것은 어느 것입니까? (　　　)

① 암술과 수술이 있다.
② 어린 씨를 보호하는 일을 한다.
③ 씨를 멀리 퍼뜨리는 역할을 한다.
④ 씨와 씨를 둘러싼 껍질로 되어 있다.
⑤ 식물의 종류에 따라 생김새도 다양하다.

12 사과 열매의 생김새에서 ㉠에 해당하는 부분을 무엇이라고 하는지 쓰시오.

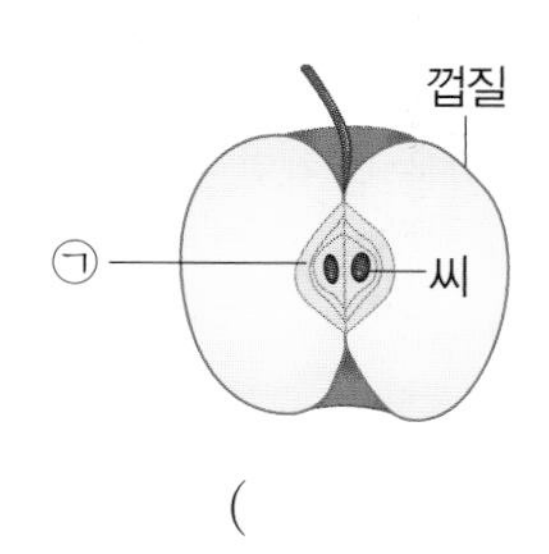

(　　　　　　　　)

개념 7 식물이 씨를 퍼뜨리는 방법을 묻는 문제

(1) 씨를 퍼뜨리는 방법은 열매의 생김새에 따라 다양함.

씨를 퍼뜨리는 방법	식물 이름
가벼운 솜털을 이용하여 바람에 날려서 퍼짐.	예 박주가리, 버드나무 등
날개가 있어 바람에 빙글빙글 돌며 날아감.	예 단풍나무, 가죽나무 등
열매껍질이 터지면서 씨가 멀리 튀어 나감.	예 봉선화, 제비꽃 등
갈고리가 있어 동물의 털이나 사람의 옷에 붙어서 퍼짐.	예 도꼬마리, 우엉 등
동물에게 먹힌 뒤에 씨가 똥과 함께 나와 퍼짐.	예 벚나무, 겨우살이 등
물에 떠서 이동함.	예 연꽃, 코코야자 등
동물이 땅에 저장한 뒤 찾지 못한 것에서 싹이 틈.	예 잣나무, 상수리나무 등

13 다음 (　　) 안에 들어갈 알맞은 말에 ○표 하시오.

가벼운 솜털을 이용하여 바람에 날려서 씨를 퍼뜨리는 식물도 있고, 날개가 있어 바람에 빙글빙글 돌며 날아가서 씨를 퍼뜨리는 식물도 있다. 이처럼 씨를 퍼뜨리는 방법은 열매의 (색깔 , 생김새)에 따라 다양하다.

14 다음 중 열매껍질이 터지면서 씨가 멀리 튀어 나가는 식물은 어느 것입니까? (　　　)

① 벚나무　② 도꼬마리
③ 봉선화　④ 단풍나무
⑤ 상수리나무

개념 8 식물 역할놀이와 관련된 문제

(1) 식물의 각 부분이 하는 일에 대해 이야기함.
(2) 맑은 날과 비가 내리는 날 등 상황을 정하고 각 부분이 상황에 따라 어떤 일을 하는지 이야기함.

예 〈상황: 비가 내리는 날〉
뿌리: 물을 평소보다 적게 흡수한다.
줄기: 잎으로 보내는 물의 양을 줄인다.
잎: 빛의 양이 적어 양분을 적게 만들고 잎 밖으로 내보내는 물의 양도 줄인다.
꽃: 꽃가루받이를 돕는 곤충이 비를 피할 수 있도록 해 준다.
열매: 씨가 빠져나가지 못하도록 몸을 웅크린다.

(3) 역할놀이를 위한 대본과 소품을 준비하고 발표함.

15 식물 역할놀이를 하는 순서에 맞게 차례대로 기호를 쓰시오.

㉠ 식물의 각 부분이 하는 일에 대해 이야기한다.
㉡ 역할놀이를 위한 대본을 쓰고, 소품을 준비한다.
㉢ 상황을 정하고 각 부분이 상황에 따라 어떤 일을 하는지 이야기한다.

(　　　→　　　→　　　)

16 비가 내리는 날 식물의 각 부분이 하는 일을 설명한 것으로 알맞지 않은 것은 어느 것입니까? (　　　)

① 뿌리는 평소보다 물을 적게 흡수한다.
② 꽃잎은 곤충이 비를 피할 수 있도록 돕는다.
③ 줄기는 잎으로 보내는 물을 평소보다 줄인다.
④ 비에 씨가 빠지지 않도록 열매는 몸을 웅크린다.
⑤ 잎에서는 평소보다 많은 양분을 만들어 식물의 몸에 저장한다.

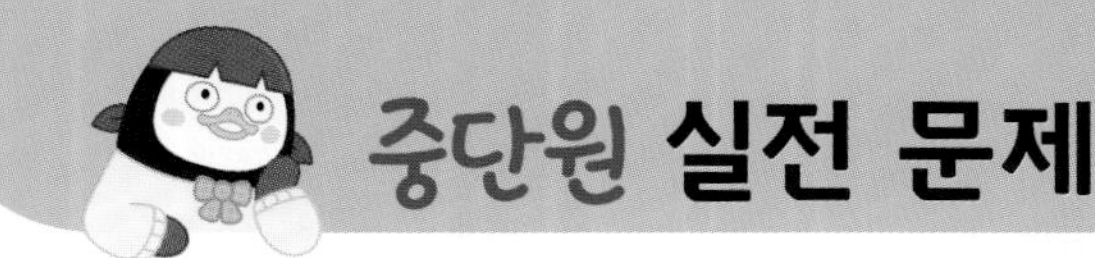

중단원 실전 문제

01 꽃에 대한 설명으로 옳은 것은 어느 것입니까? (　　)

① 모든 꽃의 꽃잎은 갈라져 있다.
② 모든 꽃에는 암술과 수술이 모두 있다.
③ 꽃의 크기는 모두 어른의 손바닥보다 작다.
④ 꽃의 모양은 주머니 모양, 새 모양 등 다양하다.
⑤ 꽃은 주로 물이나 양분을 흡수하는 역할을 한다.

[02~03] 다음은 사과꽃의 구조를 나타낸 것입니다. 물음에 답하시오.

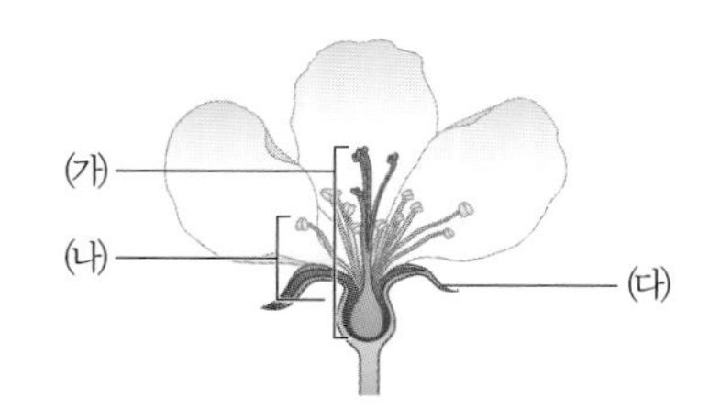

02 꽃의 각 부분의 이름을 찾아 바르게 선으로 연결하시오.

(1) (가) • 　　　• ㉠ 수술
(2) (나) • 　　　• ㉡ 암술
(3) (다) • 　　　• ㉢ 꽃받침

⊂중요⊃
03 위의 (다) 부분이 하는 일을 설명한 것으로 옳은 것은 어느 것입니까? (　　)

① 꽃가루를 만든다.
② 꽃잎을 받치고 보호한다.
③ 암술과 수술을 보호한다.
④ 씨가 될 밑씨가 들어 있다.
⑤ 꽃가루받이가 이루어지는 곳이다.

04 다음 보기 에서 수세미오이의 수꽃에서 볼 수 있는 부분만 골라 짝 지은 것은 어느 것입니까? (　　)

보기
㉠ 암술　　㉡ 수술
㉢ 꽃잎　　㉣ 꽃받침

① ㉠, ㉡, ㉢
② ㉠, ㉡, ㉣
③ ㉠, ㉢, ㉣
④ ㉡, ㉢, ㉣
⑤ ㉠, ㉡, ㉢, ㉣

05 다음에서 설명하는 것은 어느 것입니까? (　　)

암술이 수술에서 만든 꽃가루를 받는 것으로 수분이라고도 한다. 식물은 이것을 스스로 하지 못하기 때문에 바람이나 다른 생물의 도움이 필요하다.

① 꽃잎 펼침
② 열매 맺음
③ 꽃가루받이
④ 씨 퍼뜨리기
⑤ 꽃가루 만들기

⊂서술형⊃
06 다음 사진을 보고, 메꽃과 벚꽃의 꽃잎은 어떤 차이가 있는지 생김새와 관련지어 쓰시오.

▲ 메꽃

▲ 벚꽃

[07~08] 다음은 꽃이 씨를 만드는 과정 중 일부를 나타낸 것입니다. 물음에 답하시오.

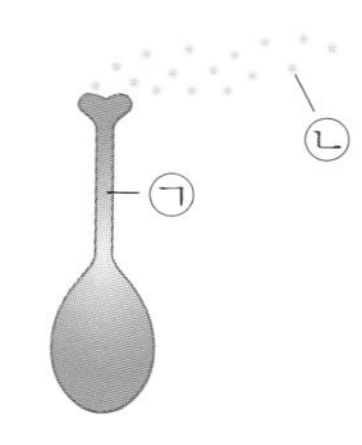

07 위 그림에 대한 설명으로 옳은 것은 어느 것입니까? (　　)

① 씨를 퍼뜨리는 과정이다.
② 모든 꽃에는 ㉠이 있다.
③ ㉠은 나중에 꽃잎이 된다.
④ ㉡은 꽃의 수술이 만든다.
⑤ 이 과정이 이루어지고 나면 ㉡에서 씨가 자란다.

08 위의 ㉠과 ㉡의 이름을 바르게 짝 지은 것은 어느 것입니까? (　　)

	㉠	㉡
①	암술	씨
②	수술	씨
③	암술	꽃가루
④	수술	꽃가루
⑤	꽃받침	꽃가루

09 다음과 같이 벌이나 나비와 같은 곤충에 의해 꽃가루받이가 이루어지는 꽃을 무엇이라고 하는지 쓰시오.

(　　　　　　　　　　)

중요

10 식물과 식물의 꽃가루받이를 도와주는 것을 바르게 짝 지은 것은 어느 것입니까? (　　)

① 벼 – 꿀벌
② 옥수수 – 물
③ 국화 – 바람
④ 검정말 – 바람
⑤ 동백나무 – 동박새

11 벼의 꽃가루가 암술로 옮겨지는 방법을 설명한 것으로 옳은 것은 어느 것입니까? (　　)

① 꽃가루가 물에 의해 암술로 옮겨진다.
② 꽃가루가 새에 의해 암술로 옮겨진다.
③ 꽃가루가 벌에 의해 암술로 옮겨진다.
④ 꽃가루가 바람에 의해 암술로 옮겨진다.
⑤ 꽃가루가 다람쥐에 의해 암술로 옮겨진다.

서술형

12 겨울철 딸기를 키우는 온실에 다음과 같이 꿀벌통을 놓기도 합니다. 이와 같이 하는 까닭은 무엇인지 쓰시오.

13 열매에 대한 설명으로 옳은 것은 어느 것입니까? (　　)

① 열매에는 씨가 한 개씩 있다.
② 어린 씨를 보호하는 역할을 한다.
③ 익은 씨를 한곳으로 모으는 역할을 한다.
④ 암술과 암술을 둘러싼 껍질로 되어 있다.
⑤ 식물의 종류가 달라도 열매의 생김새는 같다.

14 사과 열매가 자라는 과정을 순서에 맞게 차례대로 기호를 쓰시오.

> ㉠ 꽃가루받이가 이루어진다.
> ㉡ 암술 속에서 씨가 생겨 자란다.
> ㉢ 씨를 둘러싼 부분이 씨와 함께 자라 열매가 된다.

(　　→　　→　　)

15 사과에서 ㉠과 ㉡ 부분의 이름을 각각 쓰시오.

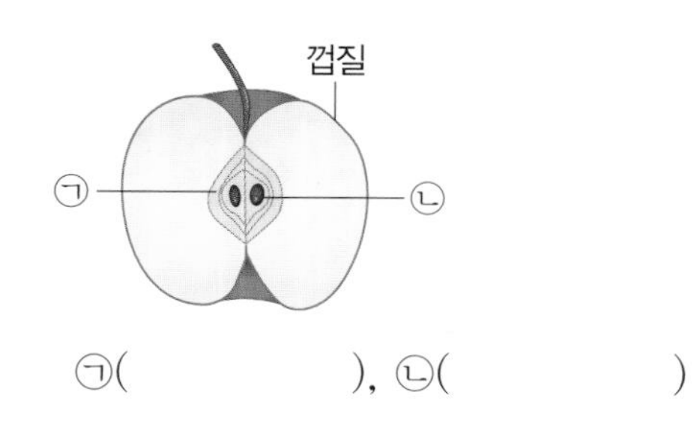

㉠(　　　　), ㉡(　　　　)

16 다음 ㉠과 ㉡에 들어갈 말을 바르게 짝 지은 것은 어느 것입니까? (　　)

> (㉠)을/를 퍼뜨리는 방법은 열매의 (㉡)에 따라 다양하다.

	㉠	㉡
①	꽃가루	생김새
②	꽃가루	색깔
③	꽃가루	무게
④	씨	생김새
⑤	씨	색깔

17 씨에 날개가 있어 바람에 빙글빙글 돌며 날아가 씨를 퍼뜨리는 식물은 어느 것입니까? (　　)

① 봉선화　② 제비꽃
③ 벚나무　④ 단풍나무
⑤ 도꼬마리

⊂서술형⊃
18 다음 식물이 씨를 퍼뜨리는 방법을 쓰시오.

중요

19 다음 (   ) 안에 들어갈 알맞은 말을 쓰시오.

도꼬마리와 우엉은 열매에 (   )이/가 있어 동물의 털이나 사람의 옷에 붙어서 씨를 퍼뜨린다.

▲ 도꼬마리

▲ 우엉

(   )

20 다음 두 식물의 씨가 퍼지는 방법에 대한 설명으로 옳지 않은 것은 어느 것입니까? (   )

(가)

(나)
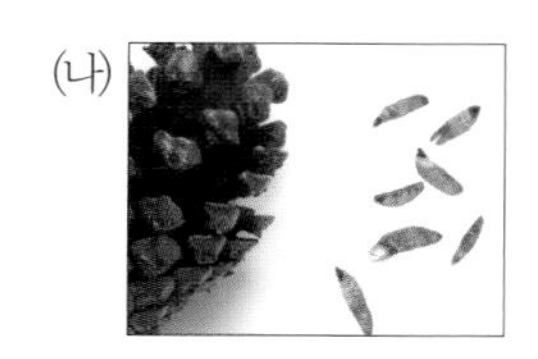

① 모두 바람을 이용하여 씨를 퍼뜨린다.
② 두 식물의 씨는 모두 과일 냄새를 풍긴다.
③ (가)의 씨는 솜털이 있어 바람에 잘 날린다.
④ (나)의 씨는 날개가 있어 빙글빙글 돌며 난다.
⑤ 버드나무도 (가)와 같은 방법으로 씨를 퍼뜨린다.

21 물에 떠서 씨를 퍼뜨리는 식물을 보기 에서 모두 찾아 기호를 쓰시오.

보기

㉠ 연꽃   ㉡ 겨우살이
㉢ 코코야자   ㉣ 가죽나무

(   )

22 씨를 퍼뜨리는 방법이 서로 같은 식물끼리 바르게 짝지은 것은 어느 것입니까? (   )

① 소나무 – 잣나무
② 벚나무 – 사과나무
③ 코코야자 – 제비꽃
④ 도꼬마리 – 겨우살이
⑤ 단풍나무 – 상수리나무

23 다음과 같이 친구들이 역할을 정해서 식물 역할놀이를 하려고 합니다. 각 친구들이 맑은 날 해야 하는 행동으로 알맞은 것을 찾아 바르게 선으로 연결하시오.

(1)
(2)
(3)
(4)

• ㉠ 평소처럼 물을 흡수한다.
• ㉡ 물을 사용하여 양분을 만든다.
• ㉢ 꿀과 꽃가루를 만든다.
• ㉣ 물을 식물의 각 부분으로 이동시킨다.

24 식물 역할놀이를 할 때 다음과 같이 표현하였다면 식물의 어떤 부분을 흉내 낸 것인지 쓰시오.

상황	하는 일
맑은 날	꽃이 만든 어린 씨를 보호한다.
비가 내리는 날	씨가 빠져나가지 못하도록 몸을 웅크린다.

(   )

서술형·논술형 평가 돋보기

학교에서 출제되는 서술형·논술형 평가를 미리 준비하세요.

연습 문제

문제 해결 전략
꽃을 구성하는 꽃잎, 수술, 암술, 꽃받침의 유무를 확인합니다.

핵심 키워드
꽃의 구조와 기능

1 다음 두 꽃의 모습을 보고, 물음에 답하시오.

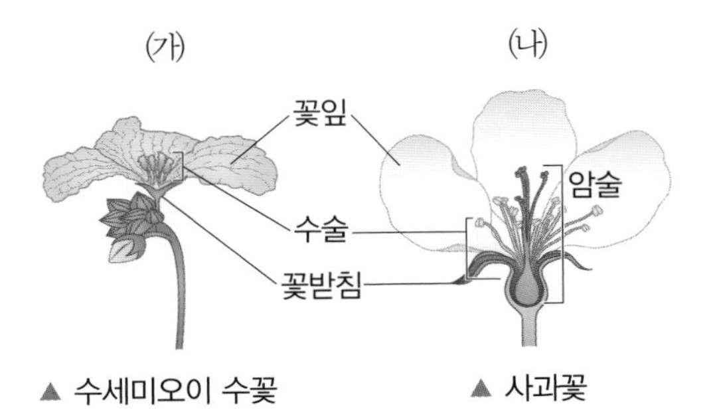

▲ 수세미오이 수꽃 ▲ 사과꽃

(1) 위의 (가) 꽃과 (나) 꽃의 특징을 비교하여 쓰시오.

> 두 꽃 모두 꽃잎, 수술, 꽃받침을 가지고 있지만, ( )은/는 (가) 꽃에는 없고, (나) 꽃에는 있다.

(2) 꽃이 하는 일을 쓰시오.

> (가) 꽃과 (나) 꽃이 서로 다른 모습을 하고 있지만 ( )을/를 만드는 일을 한다는 점은 비슷하다.

문제 해결 전략
열매의 구조를 살펴보고 열매가 하는 일을 생각해 봅니다.

핵심 키워드
열매의 구조와 기능

2 다음 열매의 생김새를 보고, 물음에 답하시오.

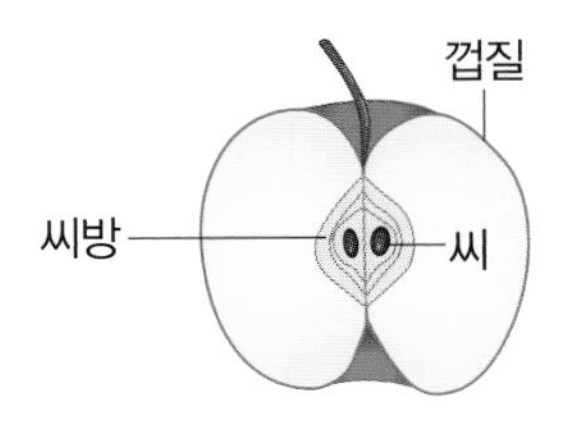

(1) 위 그림을 보고 열매의 생김새에 대해 쓰시오.

> 열매는 ( )와/과 씨를 둘러싼 ( ) 부분으로 되어 있다.

(2) 열매가 하는 일을 쓰시오.

> • 어린 씨를 ( )한다.
> • 동물에게 먹힌 뒤에 씨가 똥과 함께 나와 씨가 ( ) 퍼지게 한다.

실전 문제

1 **다음 사진을 보고, 물음에 답하시오.**

▲ 복주머니란

▲ 해오라비난초

▲ 시계꽃

(1) 위 사진에서 공통으로 보여 주는 식물의 구조를 보기 에서 골라 쓰시오.

보기

뿌리, 줄기, 잎, 꽃, 열매

( )

(2) 위 사진 속 식물 구조의 모양을 비교하여 알 수 있는 특징을 한 가지 쓰시오.

2 **다음은 동박새가 동백나무에 앉아 있는 모습입니다. 물음에 답하시오.**

▲ 동백꽃과 동박새

(1) 동백꽃의 꽃가루받이 방법을 쓰시오.

(2) 위 (1)번 답과 같은 방법으로 꽃가루받이가 이루어지는 식물을 무엇이라고 하는지 쓰시오.

( )

3 **다음 식물의 모습을 보고, 물음에 답하시오.**

(1) 위 식물이 씨를 퍼뜨리는 방법을 쓰시오.

(2) 위 (1)번 답과 같은 방법으로 씨를 퍼뜨리는 식물을 두 가지 이상 쓰시오.

4 **다음은 박주가리와 버드나무 씨가 퍼지는 방법과 관련된 사진입니다. 물음에 답하시오.**

▲ 박주가리

▲ 버드나무

(1) 두 식물의 씨의 생김새에는 어떤 공통점이 있는지 쓰시오.

(2) 두 식물의 씨는 어떤 방법으로 씨를 퍼뜨리는지 위 (1)번에서 답한 내용과 관련지어 쓰시오.

대단원 정리 학습

이 단원의 핵심 개념을 정리해 보세요.

1 뿌리, 줄기, 잎

• 세포: 핵, 세포막, 세포벽 등으로 구성되며, 식물 세포에는 세포벽이 있지만, 동물 세포에는 없음.
• 뿌리, 줄기, 잎의 생김새와 하는 일

구분	생김새	하는 일
뿌리	• 굵고 곧은 형태의 뿌리: 예 고추, 무, 우엉 등 • 굵기가 비슷한 여러 가닥의 뿌리: 예 파, 잔디, 강아지풀 등	• 땅속의 물을 흡수함. → 흡수 기능 • 식물이 쓰러지지 않도록 지지함. → 지지 기능 • 잎에서 만든 양분을 저장하기도 함. → 저장 기능
줄기	• 굵고 곧은 것(곧은줄기), 가늘고 길어 다른 물체를 감거나(감는줄기) 땅 위를 기는 듯이 뻗는 것(기는줄기)이 있음.	• 뿌리에서 흡수한 물과 잎에서 만든 양분을 식물 전체로 보냄. → 물과 양분의 이동 통로임. • 식물을 지지하고 양분을 저장하기도 함. → 지지 기능, 저장 기능
잎	• 줄기에 잎자루가 붙어 있고 초록색임. • 잎맥이 복잡하게 연결되어 있음.	• 식물이 빛을 이용하여 물과 이산화 탄소로 양분을 만드는 광합성을 함. • 잎에 도달한 물이 기공을 통해 식물 밖으로 빠져나가는 증산 작용이 이루어짐. • 증산 작용은 뿌리에서 흡수한 물을 식물의 꼭대기까지 끌어 올릴 수 있도록 도움을 주고, 식물의 온도를 조절하는 역할을 함.

2 꽃, 열매

• 꽃의 생김새와 하는 일
 – 꽃은 대부분 암술, 수술, 꽃잎, 꽃받침으로 이루어져 있음.
 – 꽃의 크기와 모양은 다양하나, 씨를 만드는 일을 한다는 점은 같음.
• 꽃가루받이
 – 암술이 수술에서 만든 꽃가루를 받는 것
 – 다양한 꽃가루받이 방법: 풍매화, 수매화, 충매화, 조매화
• 열매가 자라는 과정과 열매가 하는 일
 – 꽃가루받이가 된 암술 속에서 씨가 생겨 자람. → 씨를 싸고 있는 암술이나 꽃받침 등이 함께 자라 열매가 됨.
 – 열매는 어린 씨를 보호하고 익은 씨를 멀리 퍼뜨리는 일을 함.

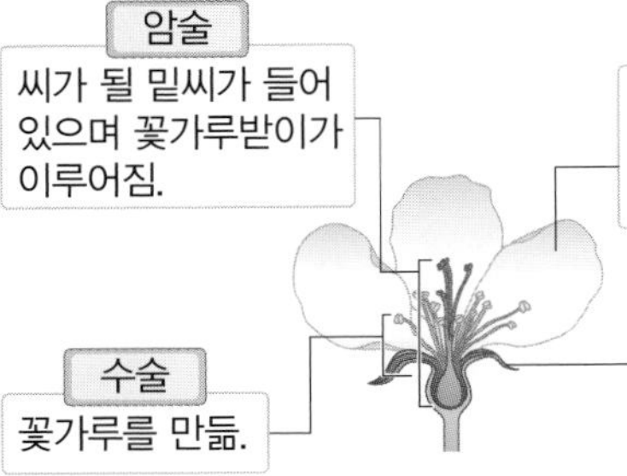

암술
씨가 될 밑씨가 들어 있으며 꽃가루받이가 이루어짐.
꽃잎
암술과 수술을 보호하고 곤충을 유인하여 꽃가루받이가 잘 이루어지도록 함.
수술
꽃가루를 만듦.

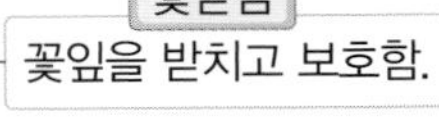

꽃받침
꽃잎을 받치고 보호함.

• 씨를 퍼뜨리는 방법

바람에 날려 퍼짐. 예 박주가리, 단풍나무 등

열매껍질이 터지면서 퍼짐. 예 봉선화, 제비꽃 등

동물의 몸에 붙어서 퍼짐. 예 도꼬마리, 우엉 등

동물에 먹혀서 퍼짐. 예 벚나무, 겨우살이 등

물에 실려 퍼짐. 예 연꽃, 코코야자 등

대단원 마무리

3. 식물의 구조와 기능

01 다음에서 설명하고 있는 것을 쓰시오.

- 모든 생물은 이것으로 이루어져 있다.
- 핵, 세포막, 세포벽 등으로 이루어져 있다.
- 대부분 크기가 매우 작아서 맨눈으로 볼 수 없다.

(　　　　　　　　)

⊂서술형⊃

02 오른쪽은 식물과 동물 중 어느 생물의 세포 형태인지 쓰고, 그렇게 생각한 까닭을 쓰시오.

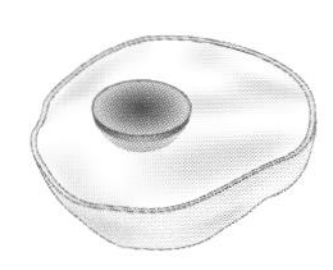

(1) 생물: ______________

(2) 까닭: ______________

____

____

03 세포에서 ㉠에 대한 설명으로 옳은 것은 어느 것입니까? (　　)

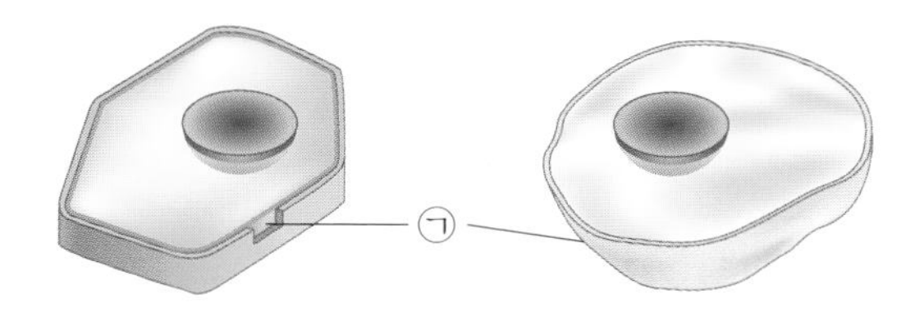

① 여러 가지 유전 정보를 포함한다.
② 세포의 모양을 일정하게 유지시킨다.
③ 세포를 외부 충격으로부터 보호한다.
④ 세포막을 도와 물질의 출입이 빠르게 일어나도록 한다.
⑤ 세포 내부와 외부를 드나드는 물질의 출입을 조절한다.

[04~05] 다음 뿌리의 모양을 보고, 물음에 답하시오.

(가)

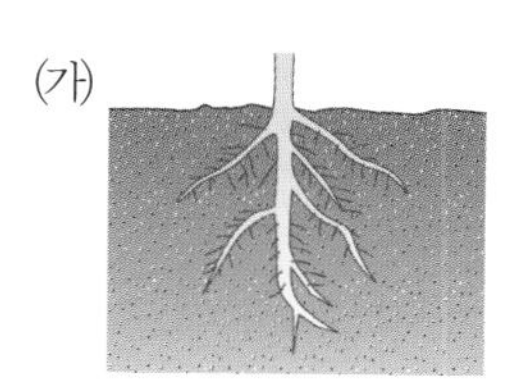

(나)

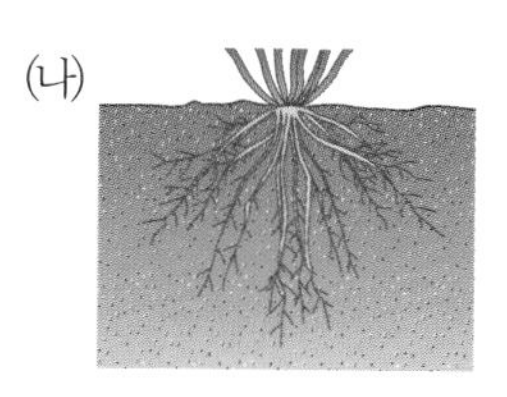

04 다음 식물의 뿌리는 위의 (가)와 (나) 중 어느 것과 비슷한 모양인지 기호를 쓰시오.

(　　　　　　　　)

05 위의 (가)와 같은 형태의 뿌리를 가진 식물은 어느 것입니까? (　　)

① 파　② 벼　③ 양파
④ 잔디　⑤ 우엉

06 마늘의 뿌리에 해당하는 부분을 모두 고른 것은 어느 것입니까? (　　)

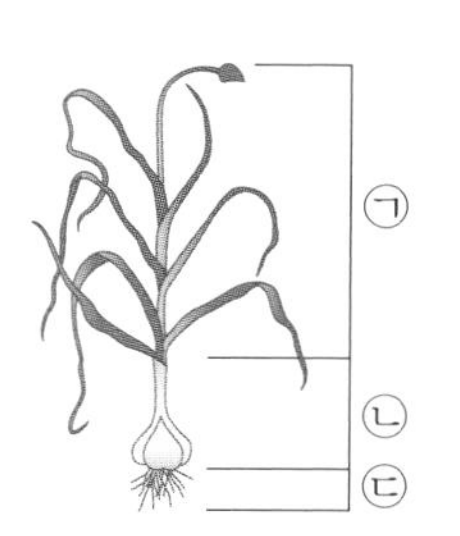

① ㉠　② ㉡
③ ㉢　④ ㉡, ㉢
⑤ ㉠, ㉡, ㉢

07 식물이 바람에 쓰러지지 않도록 땅에 고정하는 뿌리의 기능을  보기 에서 골라 쓰시오.

보기

지지 기능　흡수 기능　저장 기능

(　　　　　　　　)

[08~09] 다음은 뿌리의 흡수 기능을 알아보는 실험입니다. 물음에 답하시오.

⊂중요⊃

08 위 실험을 설계할 때 다르게 해야 할 조건은 어느 것입니까? (　　)

① 컵의 크기　② 물의 높이
③ 뿌리의 유무　④ 양파의 크기
⑤ 양파를 놓는 위치

⊂서술형⊃

09 위 실험 결과 물이 더 많이 줄어드는 컵의 기호와 그 까닭을 쓰시오.

(1) 물이 더 많이 줄어든 컵: (　　　　)
(2) 까닭: ____________________

10 다음 설명에서 밑줄 친 '이 부분'이 위치한 곳은 어느 곳입니까? (　　)

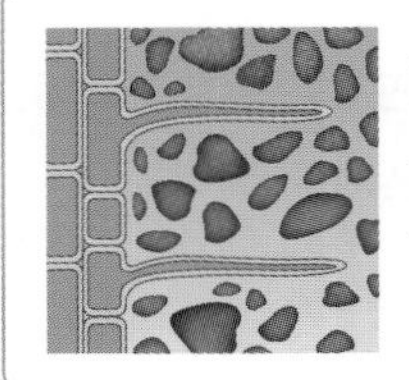

식물의 이 부분은 땅과 만나는 표면적을 넓혀 주어 물을 더 잘 흡수하도록 돕는다.

① 잎　② 꽃　③ 뿌리
④ 줄기　⑤ 열매

11 다음 식물의 줄기 모양으로 옳은 것은 어느 것입니까? (　　)

① 곧은줄기　② 감는줄기
③ 기는줄기　④ 부착줄기
⑤ 저장 줄기

12 다음에서 설명하는 식물의 줄기 형태를 쓰시오.

딸기의 줄기는 가늘고 긴 형태이다. 줄기는 땅 위를 기는 모양으로 자라며 줄기 마디에서 뿌리를 내려 땅에 고정한다.

(　　　　　　　　)

13 오른쪽과 같이 감자가 굵게 자란 까닭을 가장 잘 설명한 것은 어느 것입니까? (　　)

① 뿌리가 햇빛을 받지 못하기 때문이다.
② 뿌리가 땅에 넓게 퍼져 자라기 때문이다.
③ 줄기가 다른 식물을 감고 올라가기 때문이다.
④ 뿌리가 흙 속의 물을 많이 흡수하기 때문이다.
⑤ 잎에서 만든 양분을 줄기에 저장하기 때문이다.

[14~16] 다음은 붉은 색소 물에 넣어 둔 백합 줄기의 단면을 관찰하는 실험입니다. 물음에 답하시오.

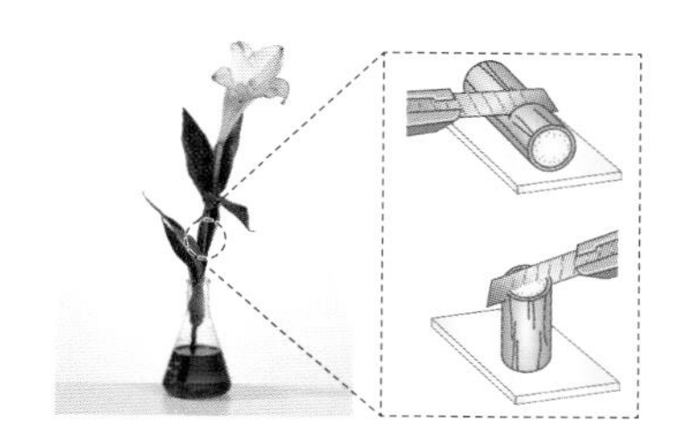

14 다음은 위 실험 결과 가로로 자른 단면의 모습입니다. 붉게 물든 부분에 대한 설명으로 옳은 것은 어느 것입니까? (   )

① 물이 이동한 통로이다.
② 양분이 이동한 통로이다.
③ 공기가 지나가는 통로이다.
④ 딱딱한 물질로 식물을 지지한다.
⑤ 꽃에서 만든 물질이 이동하는 통로이다.

15 위 실험 결과 세로로 자른 단면의 모습으로 가장 알맞은 것은 어느 것입니까? (   )

① 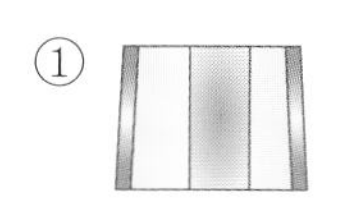 ② 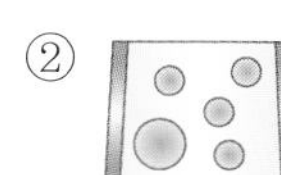 ③ 

④  ⑤ 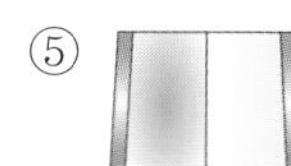

⊂서술형⊃
16 위 실험으로 알 수 있는 줄기의 역할을 쓰시오.

⊂중요⊃
17 다음 실험 결과를 통해 알 수 있는 잎의 역할은 어느 것입니까? (   )

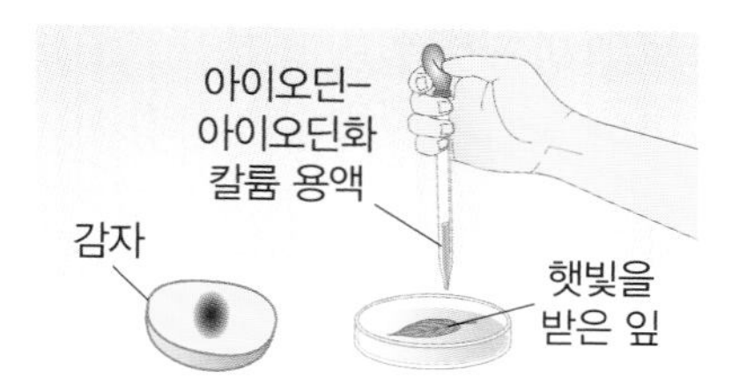

실험 결과: 햇빛을 받은 잎과 감자에 아이오딘-아이오딘화 칼륨 용액을 떨어뜨렸을 때 모두 청람색으로 변했다.

① 양분을 흡수한다.
② 식물을 땅에 고정한다.
③ 필요한 양분을 만든다.
④ 흡수한 물을 저장한다.
⑤ 흙 속의 물을 흡수한다.

18 식물이 햇빛을 이용하여 광합성을 할 때 필요한 것을 모두 고른 것은 어느 것입니까? (   )

㉠ 물 ㉡ 흙
㉢ 산소 ㉣ 이산화 탄소

① ㉠, ㉢ ② ㉠, ㉣
③ ㉡, ㉢ ④ ㉡, ㉣
⑤ ㉠, ㉡, ㉣

19 잎의 기공에서 일어나는 일로 옳은 것은 어느 것입니까? (   )

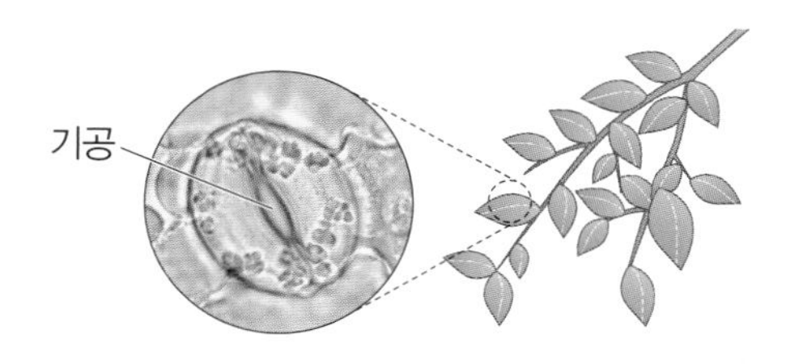

① 광합성 ② 지지 작용
③ 증산 작용 ④ 저장 작용
⑤ 흡수 작용

20 꽃에 대한 설명으로 옳지 않은 것은 어느 것입니까? (　　)

① 씨를 만드는 일을 한다.
② 꽃의 크기와 모양은 다양하다.
③ 꽃의 암술에는 씨가 될 밑씨가 있다.
④ 모든 꽃에는 암술과 수술이 함께 있다.
⑤ 꽃잎 전체가 하나로 붙어 있는 꽃도 있다.

21 다음 (가)와 (나)에 들어갈 알맞은 말을 바르게 짝 지은 것은 어느 것입니까? (　　)

꽃의 구조	(가)	(나)
하는 일	꽃가루를 만든다.	꽃잎을 받친다.

	(가)	(나)
①	수술	암술
②	암술	수술
③	수술	꽃받침
④	암술	꽃받침
⑤	꽃잎	암술

22 새의 도움으로 꽃가루받이가 이루어지는 식물은 어느 것입니까? (　　)

① 딸기　② 소나무
③ 배나무　④ 사과나무
⑤ 동백나무

23 꽃가루가 물에 의해 옮겨져 꽃가루받이가 이루어지는 꽃을 부르는 말로 옳은 것은 어느 것입니까? (　　)

① 풍매화　② 수매화
③ 충매화　④ 조매화
⑤ 홍매화

중요

24 식물에서 다음과 같은 역할을 하는 것은 어느 것입니까? (　　)

- 어린 씨를 보호한다.
- 씨를 멀리 퍼뜨린다.

① 잎　② 꽃
③ 열매　④ 줄기
⑤ 뿌리

25 다음 식물이 씨를 퍼뜨리는 방법을 설명한 것으로 옳은 것은 어느 것입니까? (　　)

▲ 우엉

① 물에 떠다니며 퍼진다.
② 바람에 날려서 퍼진다.
③ 동물의 털에 붙어서 퍼진다.
④ 가벼운 솜털을 이용하여 퍼진다.
⑤ 동물에게 먹힌 뒤 똥으로 나와서 퍼진다.

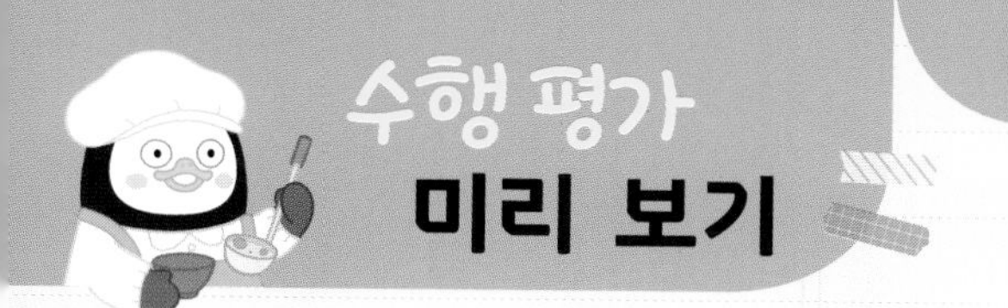

정답과 해설 22쪽

1 다음은 뿌리의 흡수 기능을 알아보는 실험입니다. 물음에 답하시오

(1) 위 실험에서 변인을 통제하는 방법을 쓰시오.

변인 통제	다르게 해야 할 조건	같게 해야 할 조건

(2) 위 실험 결과 뿌리를 자르지 않은 양파 쪽 컵의 물이 더 많이 줄어들었습니다. 왜 이런 결과가 나왔는지 쓰시오.

2 다음은 잎이 하는 일을 알아보는 실험입니다. 물음에 답하시오.

	잎이 있는 모종	잎이 없는 모종
실험 결과	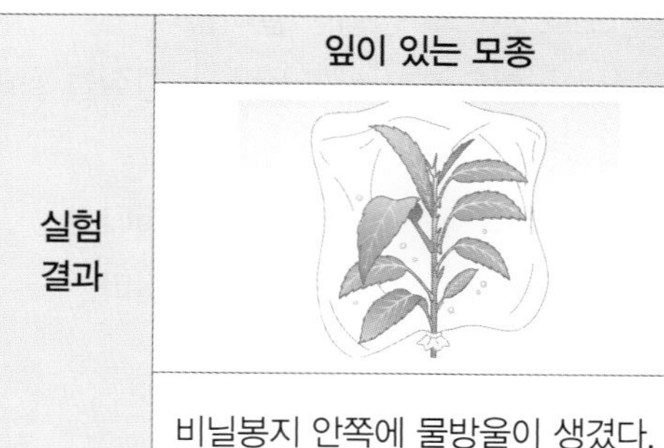	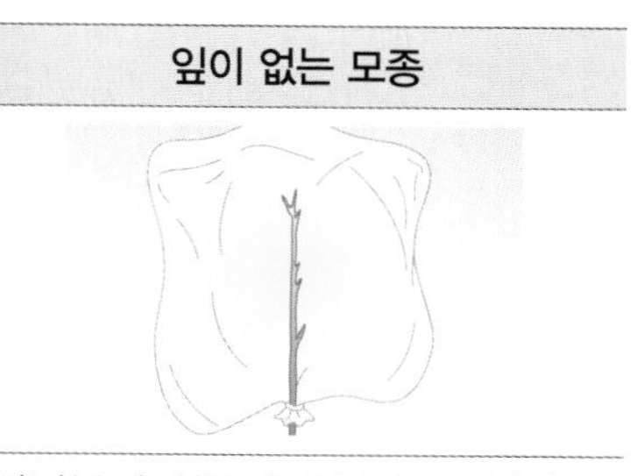
	비닐봉지 안쪽에 물방울이 생겼다.	비닐봉지 안쪽에 물방울이 생기지 않았다.

(1) 위 실험을 수행할 때 관찰하거나 측정해야 하는 것을 쓰시오.

(2) 위 실험 결과를 통해 알 수 있는 사실을 쓰시오.

4 단원

여러 가지 기체

잠수부가 등에 메고 있는 통 속에는 무엇이 들어 있을까요? 잠수부들이 물속에서 숨을 쉬는 데 사용하는 압축 공기통에는 산소와 질소 등 기체들이 들어 있습니다. 이를 통해 기체가 생활 속에 이용되고 있음을 알 수 있습니다. 또 바닷속에서 잠수부가 내뿜은 공기 방울이 해수면으로 올라갈수록 점점 커지는 모습을 보고 압력에 따라 기체의 부피가 변하는 것을 알 수 있습니다.

이 단원에서는 산소와 이산화 탄소에 대해 알아보고, 기체에 가한 압력과 온도 변화에 따른 부피 변화와 공기가 여러 기체의 혼합물임을 알아봅니다.

단원 학습 목표

(1) 산소와 이산화 탄소
- 산소의 성질을 확인하는 실험으로 산소의 성질을 알아봅니다.
- 이산화 탄소의 성질을 확인하는 실험으로 이산화 탄소의 성질을 알아봅니다.

(2) 압력과 온도에 따른 기체의 부피 변화
- 압력 변화에 따라 기체의 부피가 달라지는 현상을 알아봅니다.
- 온도 변화에 따라 기체의 부피가 달라지는 현상을 알아봅니다.
- 공기를 이루는 여러 가지 기체를 알아봅니다.

단원 진도 체크

회차	학습 내용		진도 체크
1차	(1) 산소와 이산화 탄소	교과서 내용 학습 + 핵심 개념 문제	✓
2차		중단원 실전 문제 + 서술형·논술형 평가 돋보기	✓
3차	(2) 압력과 온도에 따른 기체의 부피 변화	교과서 내용 학습 + 핵심 개념 문제	✓
4차			✓
5차		중단원 실전 문제 + 서술형·논술형 평가 돋보기	✓
6차	대단원 정리 학습 + 대단원 마무리 + 수행 평가 미리 보기		✓

해당 부분을 공부한 후 ✓표를 하세요.

(1) 산소와 이산화 탄소

▶ 콕 깔때기

깔때기에 고무관을 끼우고 핀치 집게를 끼우는 대신 콕 깔때기를 사용할 수도 있습니다. 콕 깔때기를 사용하면 콕을 돌려 약품의 양을 조절할 수 있고, 가지 달린 삼각 플라스크와 바로 연결할 수 있어 좀더 쉽게 기체 발생 장치를 꾸밀 수 있습니다.

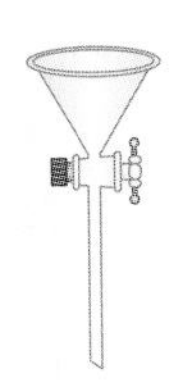

▶ 기체를 모을 때의 유의점

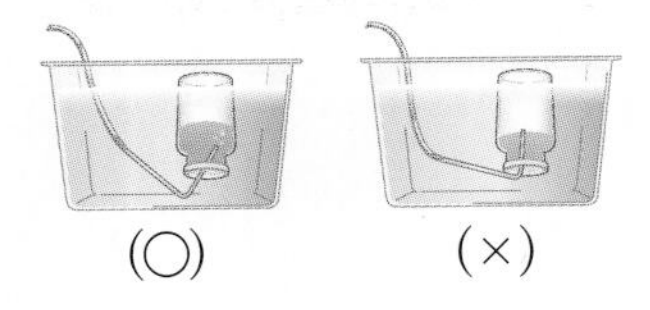

- 기체를 모을 때 ㄱ자 유리관을 집기병 속에 깊숙이 넣지 않도록 주의합니다.
- 기체가 물을 통과하지 않으면 부산물이 제거되지 않아 냄새가 날 수 있습니다.

낱말 사전

부산물 어떤 일을 할 때 더불어 생기는 것

1 기체 발생 장치 꾸미기

(1) 준비물: 스탠드, 링, 집게 잡이, 깔때기, 고무관 두 개(10 cm, 40 cm), 핀치 집게, 유리관, 구멍이 한 개 뚫린 고무마개, 가지 달린 삼각 플라스크, ㄱ자 유리관, 수조, 물, 집기병(250 mL), 보안경, 실험용 장갑

(2) 기체 발생 장치를 꾸미는 순서

〈주의〉 유리 기구를 실험에 사용할 때는 깨지지 않게 주의합니다.

고무마개에 물을 묻힌 뒤에 살살 돌려 가며 꽉 끼웁니다.

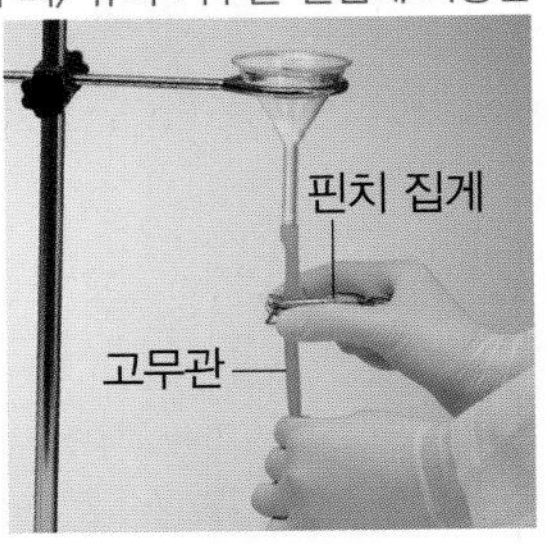

① 짧은 고무관을 끼운 깔때기를 스탠드의 링에 설치하고, 고무관에 핀치 집게를 끼웁니다.

② 유리관을 끼운 고무마개로 가지 달린 삼각 플라스크의 입구를 막습니다.

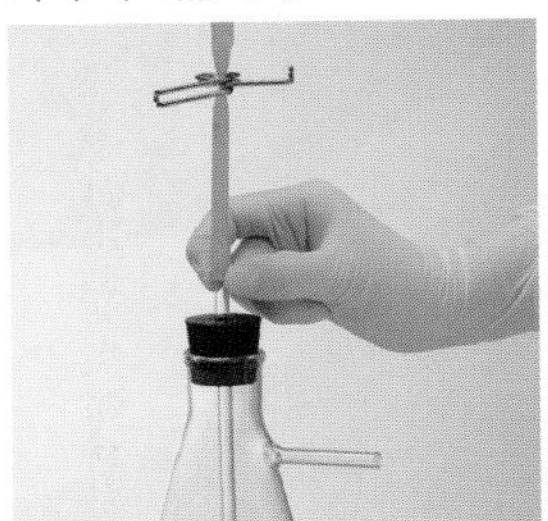

③ 깔때기에 연결한 고무관을 고무마개에 끼운 유리관과 연결합니다.

고무관과 유리 기구를 연결할 때에는 연결 부위에 물을 묻힌 다음 살살 돌려 가며 끼웁니다.

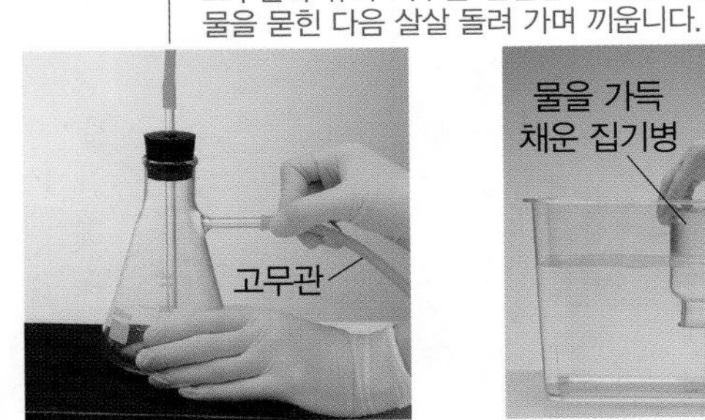

④ 가지 달린 삼각 플라스크의 가지 부분에 긴 고무관을 끼우고, 반대쪽 끝에 ㄱ자 유리관을 연결합니다.

⑤ 물이 $\frac{2}{3}$ 정도 담긴 수조에 물을 가득 채운 집기병을 거꾸로 세웁니다.

⑥ ㄱ자 유리관을 집기병의 입구에 넣습니다.

(3) 완성된 기체 발생 장치의 모습

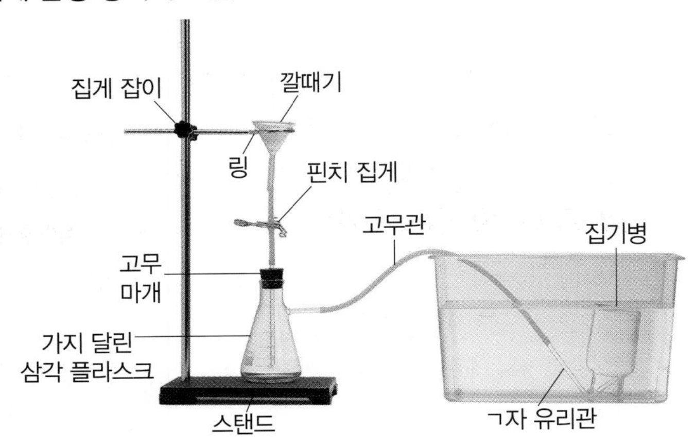

2 산소

(1) 산소를 발생시키고 산소의 성질 알아보기

[준비물] 기체 발생 장치, 물, 약숟가락, 이산화 망가니즈, 묽은 과산화 수소수, 비커(100 mL), 집기병(250 mL) 두 개, 아크릴판 두 개, 흰 종이, 향, 점화기, 보안경, 실험용 장갑

[실험 방법]

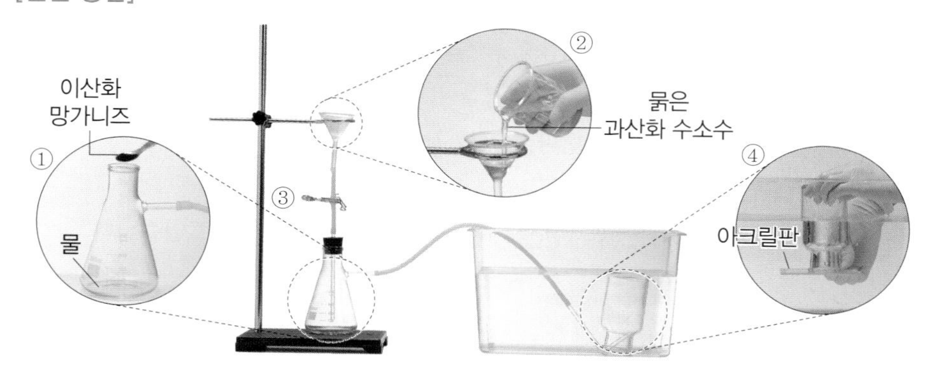

① 가지 달린 삼각 플라스크에 물을 조금 넣은 뒤 이산화 망가니즈를 한 숟가락 넣어 기체 발생 장치를 꾸밉니다. ─ 이산화 망가니즈가 충분히 젖을 수 있을 정도로 물을 넣습니다.

② 묽은 과산화 수소수를 깔때기에 $\frac{1}{2}$ 정도 붓습니다.

③ 핀치 집게를 조절하여 묽은 과산화 수소수를 조금씩 흘려 보내면서 가지 달린 삼각 플라스크 내부와 수조의 ㄱ자 유리관 끝부분을 관찰해 봅니다.

- 가지 달린 삼각 플라스크 내부에서 거품이 발생합니다.
- ㄱ자 유리관 끝에서 거품이 나옵니다. ─ ㄱ자 유리관 끝에서 나오는 거품을 보고 기체가 나오고 있음을 알 수 있습니다.

④ 묽은 과산화 수소수를 더 넣어 집기병에 산소를 모으고, 산소가 집기병에 가득 차면 물속에서 아크릴판으로 집기병 입구를 막고 집기병을 꺼냅니다.

- 산소가 집기병 안에 모이면서 집기병 안 물의 높이가 낮아집니다.

⑤ 같은 방법으로 남은 집기병에도 산소를 모읍니다.

⑥ 산소의 성질을 알아봅니다.

색깔 알아보기	냄새 알아보기	향불 넣어 보기
산소가 든 집기병 뒤에 흰 종이를 대고 색깔을 관찰한다.	산소가 든 집기병의 아크릴판을 열고 손으로 바람을 일으켜 냄새를 맡는다.	산소가 든 집기병에 향불을 넣어 불꽃이 변화하는 모습을 관찰해 본다.
색깔이 없다.	냄새가 나지 않는다.	향불의 불꽃이 커진다.

▸ 산소 발생 실험 시 주의할 점
- 약품이 옷이나 피부에 닿지 않게 주의합니다.
- 유리 기구를 사용할 때에는 깨지지 않게 주의합니다.
- 가지 달린 삼각 플라스크에서 기체가 발생할 때에는 핀치 집게를 열지 않아야 합니다.
- 향불을 사용할 때에는 화상을 입지 않게 주의해야 합니다.

▸ 산소를 발생시키는 데 필요한 물질
이산화 망가니즈 대신 아이오딘화 칼륨을 이용할 수도 있습니다.

▸ 산소 발생 실험을 할 때의 유의점
- 처음에 나오는 기체는 반응 용기 안에 있던 공기이므로 처음에 모은 집기병의 기체는 버립니다.
- 산소가 집기병에 가득 찼는지 잘 보이지 않으므로 거품이 집기병 밖으로 새어 나오는 것으로 확인합니다.
- 기체를 모을 때 집기병을 손으로 잡고 있어야 집기병이 뒤집히지 않습니다.

▸ 산소 발생 실험 중 발생한 안전사고에 대응하는 법
묽은 과산화 수소수가 피부에 묻은 경우 흐르는 물에 오랫동안 씻어 냅니다.

물질을 태우려고 산소를 이용하는 예
로켓의 연료는 고체 연료와 액체 연료가 있는데, 이중 액체 연료 로켓의 경우 연료를 태울 때 산소를 이용합니다.

금속을 자르거나 붙일 때 이용하는 산소

금속을 녹슬게 하는 산소
산소는 철이나 구리와 같은 금속을 녹슬게 합니다.

낱말 사전

드라이아이스 이산화 탄소를 압축하고 냉각하여 만든 하얀색의 고체
팽창 부풀어서 부피가 커지는 것

(2) 산소의 성질

① 색깔이 없습니다.

② 냄새가 나지 않습니다.

③ 스스로 타지 않지만 다른 물질이 타는 것을 돕습니다.

④ 철이나 구리와 같은 금속을 녹슬게 합니다.

(3) 산소의 이용

① 우리가 숨을 쉬거나 생명을 유지할 때 필요합니다.

- 잠수부나 소방관이 사용하는 압축 공기통에 넣어 이용됩니다.
- 응급 환자에게 산소를 공급해서 생명을 유지할 수 있도록 합니다.

② 생활 속에서 다양하게 이용됩니다. — 금속을 자르거나 붙일 때 산소를 이용하기도 합니다.

- 산소 캔에 담아 이용됩니다. — 공부할 때, 운동 후 숨이 찰 때, 공기가 탁할 때에 산소 캔을 이용하기도 합니다.
- 최근에는 가정, 학교, 공공시설 등에서 산소 발생기를 사용하고 있습니다.

▲ 다른 물질이 타는 것을 돕는 산소

▲ 금속을 녹슬게 하는 산소

▲ 소방관이 사용하는 압축 공기통에 이용되는 산소

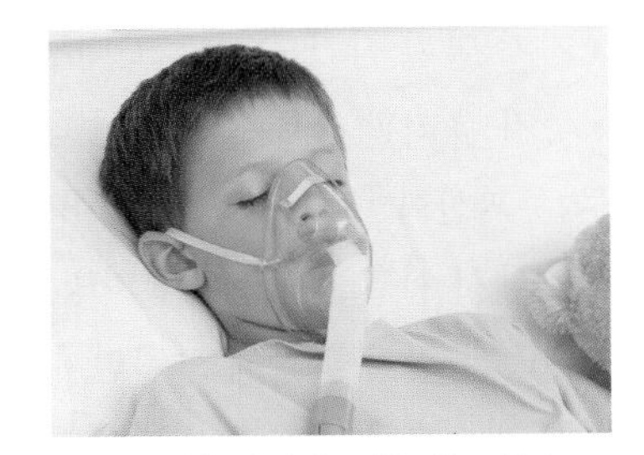

▲ 호흡 장치에 이용하는 산소

(4) 공기 중에 산소의 양이 지금보다 더 많아지면 생길 수 있는 일

① 화재가 자주 발생할 것입니다.

② 불을 끄기 어려울 것입니다.

③ 금속이 쉽게 녹슬 것입니다.

④ 한 번 숨을 쉴 때 들이마시는 산소의 양이 많아져 숨을 쉬는 횟수가 줄어들 것입니다.

3 이산화 탄소

(1) 이산화 탄소의 성질

① 색깔이 없습니다.

② 냄새가 나지 않습니다.

③ 물질이 타는 것을 막는 성질이 있습니다.

④ 석회수를 뿌옇게 만드는 성질이 있습니다.

(2) 이산화 탄소의 이용

① 물질이 타는 것을 막는 성질이 있어 소화기의 재료로 이용합니다.

② 음식을 차갑게 보관하는 데 필요한 드라이아이스의 재료로 이용합니다.

③ 탄산음료의 톡 쏘는 맛을 내는 데 이용합니다. ─ 마개를 따면 녹아 있던 이산화 탄소가 기포로 올라옵니다.

④ 위급할 때 순식간에 부풀어 오르는 자동 팽창식 구명조끼에 이용합니다.

⑤ 액상 소화제를 만들 때 이용합니다. ─ 드라이아이스를 맨손으로 만지면 동상에 걸릴 수 있으므로 주의합니다.

▲ 소화기에 이용하는 이산화탄소

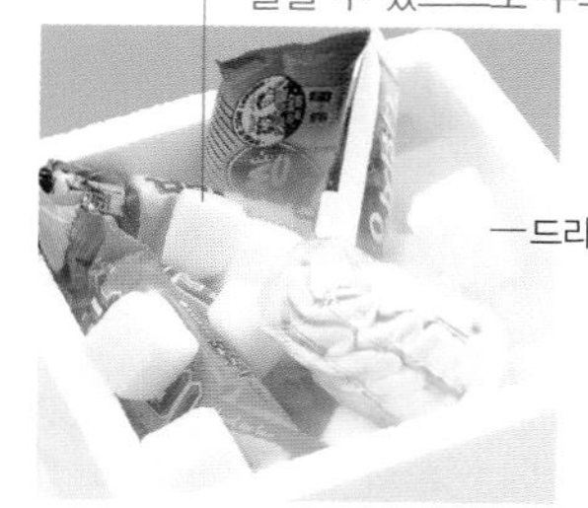

▲ 드라이아이스로 만들어 이용하는 이산화 탄소

▲ 자동 팽창식 구명조끼에 이용하는 이산화 탄소

▲ 탄산음료나 액상 소화제에 이용하는 이산화 탄소

(3) 생활 속에서 이산화 탄소 기체를 모을 수 있는 방법

① 탄산음료를 흔들어 이산화 탄소를 모읍니다.

② 드라이아이스로 이산화 탄소를 모읍니다.

(4) 공기 중에 이산화 탄소의 양이 지금보다 더 많아지면 생길 수 있는 일: 물질이 잘 타지 않을 것입니다.

이산화 탄소가 물질이 타는 것을 막는 원리

이산화 탄소 자체가 불을 끄는 성질이 있는 것이 아니라 산소와의 접촉을 막아 물질이 타는 것을 막아 줍니다.

탄산음료 속 이산화 탄소

- 탄산음료가 든 용기의 마개를 따서 탄산음료를 컵에 따르면 거품을 볼 수 있습니다.
- 탄산음료를 흔들면 거품이 생깁니다.
- 탄산음료에 꽂은 빨대에 거품이 달라붙습니다.

➡ 물이나 주스와 달리 탄산음료에서 거품이 생기는 까닭은 탄산음료에 녹아 있던 이산화 탄소가 나왔기 때문입니다.

개념 확인 문제

1 산소에는 색깔이 (있고 , 없고), 냄새가 (납니다 , 나지 않습니다).

2 산소는 우리가 (　　　)을/를 쉴 때 필요하므로 잠수부나 소방관이 사용하는 압축 공기통, 응급환자의 산소 호흡 장치 등에 이용됩니다.

3 탄산음료가 든 용기의 마개를 따거나 탄산음료를 컵에 따를 때 생기는 거품은 (산소 , 이산화 탄소)입니다.

4 이산화 탄소는 물질이 타는 것을 (돕는 , 막는) 성질이 있기 때문에 소화기의 재료로 이용되기도 합니다.

정답 1 없고, 나지 않습니다 2 숨 3 이산화 탄소 4 막는

이제 실험 관찰로 알아볼까?

이산화 탄소를 발생시키고 이산화 탄소의 성질 알아보기

[준비물] 기체 발생 장치, 집기병(250 mL) 세 개, 아크릴판 세 개, 약숟가락, 탄산수소 나트륨, 진한 식초, 비커(100 mL), 흰 종이, 향, 점화기, 석회수, 보안경, 실험용 장갑

[실험 방법]

(1) 이산화 탄소 발생시키기

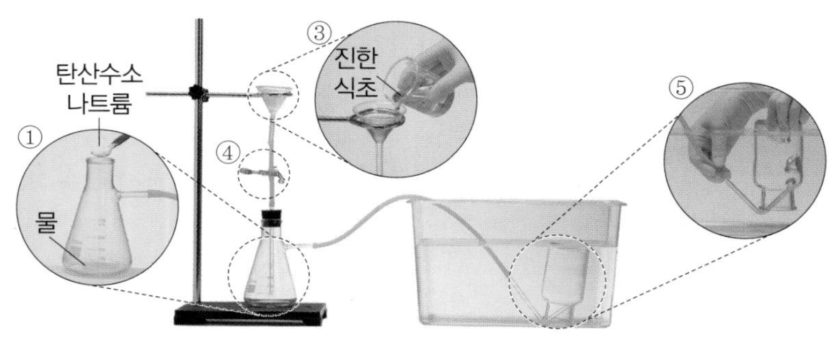

① 가지 달린 삼각 플라스크에 물을 조금 넣은 뒤 탄산수소 나트륨을 네다섯 숟가락 정도 넣습니다.
② 기체 발생 장치를 꾸밉니다.
③ 진한 식초를 깔때기에 $\frac{1}{2}$ 정도 붓습니다.
④ 핀치 집게를 조절하여 진한 식초를 조금씩 흘려 보냅니다.
⑤ ㄱ자 유리관을 집기병 입구 가까이에 두고 이산화 탄소를 모읍니다.
⑥ 진한 식초를 더 넣어 집기병에 이산화 탄소를 모으고, 이산화 탄소가 집기병에 가득 차면 물속에서 아크릴판으로 집기병 입구를 막고 집기병을 꺼냅니다. 같은 방법으로 집기병 두 개에도 이산화 탄소를 모읍니다.

(2) 이산화 탄소의 성질 알아보기

▲ 색깔 관찰하기

▲ 냄새 관찰하기

▲ 향불 관찰하기

▲ 석회수의 변화 관찰하기

[실험 결과]

색깔	냄새	향불을 넣었을 때	석회수를 넣고 흔들었을 때
없다.	없다.	향불이 꺼진다.	투명하던 석회수가 뿌옇게 된다.

주의할 점
- 약품이 옷이나 피부에 닿지 않게 주의합니다.
- 유리 기구를 사용할 때에는 깨지지 않게 주의합니다.
- 향불을 사용할 때에는 화상을 입지 않게 주의합니다.

중요한 점
실험을 실행하여 이산화 탄소를 발생시킬 수 있어야 합니다. 또한 이산화 탄소에는 색깔과 냄새가 없으며, 물질이 타는 것을 막는 성질이 있고, 석회수를 뿌옇게 만드는 성질이 있다는 것을 알고 있어야 합니다.

이산화 탄소를 발생시키는 데 필요한 물질
- 진한 식초 대신 레몬즙을 사용할 수 있습니다.
- 탄산수소 나트륨 대신 탄산 칼슘, 대리석, 조개껍데기, 석회석, 달걀 껍데기 등을 사용할 수 있습니다.

탐구 문제

정답과 해설 23쪽

1 이산화 탄소를 발생시키는 데 필요한 물질 두 가지를 고르시오. (　　,　　)

① 석회수　② 진한 식초
③ 이산화 망가니즈　④ 탄산수소 나트륨
⑤ 묽은 과산화 수소수

2 이산화 탄소의 성질을 설명한 것으로 옳은 것에 모두 ○표 하시오.

(1) 색깔이 없다. (　)
(2) 냄새가 있다. (　)
(3) 석회수를 뿌옇게 만든다. (　)
(4) 향불을 넣으면 불꽃이 커진다. (　)

핵심 개념 문제

정답과 해설 23쪽

개념 1 기체 발생 장치 만들기에 대해 묻는 문제

(1) 짧은 고무관을 끼운 깔때기를 스탠드의 링에 설치하고, 고무관에 핀치 집게를 끼움.

(2) 유리관을 끼운 고무마개로 가지 달린 삼각 플라스크의 입구를 막음.

(3) 깔때기에 연결한 고무관을 고무마개에 끼운 유리관과 연결함.

(4) 가지 달린 삼각 플라스크의 가지 부분에 긴 고무관을 끼우고, 고무관 끝에 ㄱ자 유리관을 연결함.

(5) 물을 $\frac{2}{3}$ 정도 담은 수조에 물을 가득 채운 집기병을 거꾸로 세우고, ㄱ자 유리관을 집기병 입구에 둠.

01 오른쪽 사진에서 ㉠ 기구는 고무관에서 액체나 기체가 이동하는 양을 조절하는 역할을 합니다. 이 기구의 이름을 쓰시오.

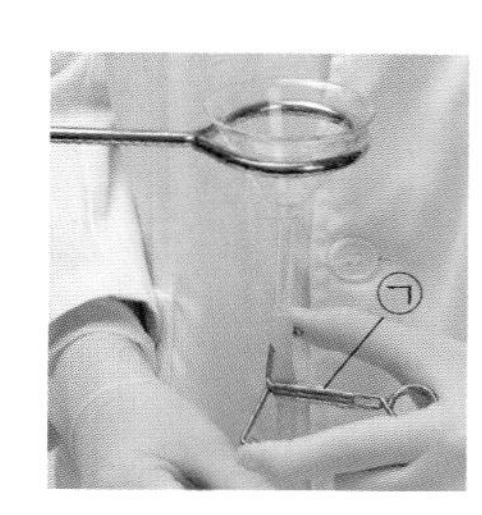

(　　　　　　　　　　)

02 다음은 기체 발생 장치를 꾸미는 과정입니다. 밑줄 친 내용 중 옳지 않은 것을 골라 기호를 쓰시오.

① 짧은 고무관을 끼운 깔때기를 스탠드의 링에 설치하고, ㉠고무관에 핀치 집게를 끼운다.
② 유리관을 끼운 고무마개로 가지 달린 삼각 플라스크의 입구를 막는다.
③ 깔때기에 연결한 ㉡고무관을 고무마개에 끼운 유리관과 연결한다.
④ 가지 달린 삼각 플라스크의 가지 부분에 긴 고무관을 끼우고, ㉢고무관 끝에 ㄱ자 유리관을 연결한다.
⑤ 물을 $\frac{2}{3}$ 정도 담은 수조에 ㉣빈 집기병을 거꾸로 세우고, ㄱ자 유리관을 집기병 입구에 둔다.

(　　　　　　　　　　)

개념 2 기체의 성질을 알아보는 실험에 대해 묻는 문제

(1) 기체가 든 집기병 뒤에 흰 종이를 대고 색깔을 관찰함.

(2) 기체가 든 집기병의 아크릴판을 열고 손으로 바람을 일으켜 냄새를 맡음.

(3) 기체가 든 집기병의 아크릴판을 열고 향불을 넣어 불꽃이 변화하는 모습을 관찰함.

03 기체가 든 집기병 뒤에 다음과 같이 흰 종이를 대 보았습니다. 이 실험은 기체의 어떤 성질을 알아보기 위한 것입니까? (　　　)

① 무게　　② 색깔
③ 냄새　　④ 크기
⑤ 향불을 넣었을 때의 반응

04 다음은 기체가 든 집기병의 아크릴판을 열고 손으로 바람을 일으키는 모습입니다. 이 실험을 통해 알 수 있는 기체의 성질은 무엇인지 쓰시오.

(　　　　　　　　　　)

개념 3 산소를 발생시키고 산소의 성질을 알아보는 실험에 대해 묻는 문제

(1) 가지 달린 삼각 플라스크에 물을 조금 넣은 뒤 이산화 망가니즈를 한 숟가락 넣어 기체 발생 장치를 꾸밈.
(2) 묽은 과산화 수소수를 깔때기에 $\frac{1}{2}$ 정도 부음.
(3) 핀치 집게를 조절하여 묽은 과산화 수소수를 조금씩 흘려 보냄. → 가지 달린 삼각 플라스크 내부에서 거품이 발생하고, 수조의 ㄱ자 유리관 끝에서 거품이 나옴.
(4) 묽은 과산화 수소수를 더 넣어 집기병에 산소를 모으고, 산소가 집기병에 가득 차면 물속에서 아크릴판으로 집기병 입구를 막고 집기병을 꺼냄.
(5) 같은 방법으로 남은 집기병에도 산소를 모음.
(6) 산소의 색깔과 냄새를 관찰함. → 색깔과 냄새가 없음.
(7) 산소가 든 집기병에 향불을 넣어 불꽃이 변화하는 모습을 관찰함. → 불꽃이 커짐.

05 다음은 산소를 발생시키기 위한 기체 발생 장치의 일부입니다. ㉠과 ㉡에 해당하는 물질의 이름을 각각 쓰시오.

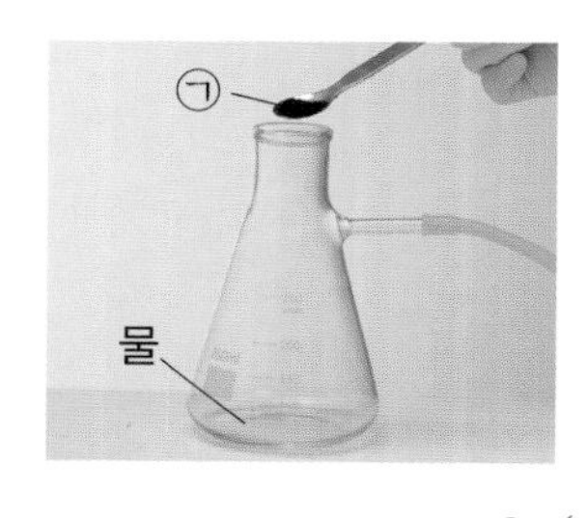

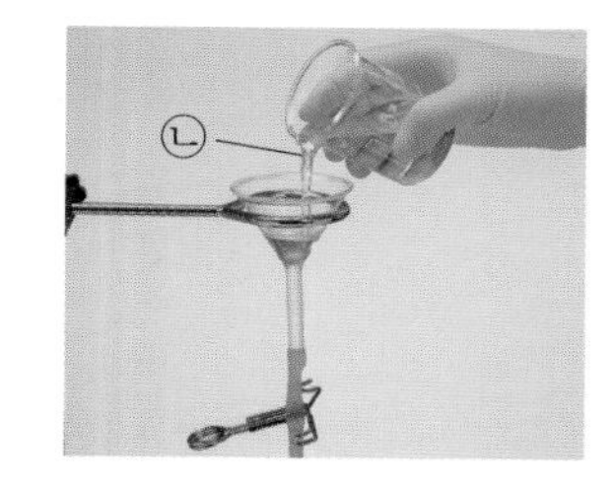

㉠ (　　　　　　　　)
㉡ (　　　　　　　　)

06 산소가 든 집기병에 향불을 넣었을 때의 결과를 바르게 말한 친구의 이름을 쓰시오.

- 아라: 향불의 불꽃이 커져.
- 다빈: 향불의 불꽃이 꺼져.
- 선주: 향이 푸른 빛을 내며 타고, 집기병 안이 푸른색 연기로 가득 차.

(　　　　　　　　)

개념 4 산소의 성질과 이용에 대해 묻는 문제

(1) 산소의 성질
　① 색깔이 없음.
　② 냄새가 나지 않음.
　③ 스스로 타지 않지만 다른 물질이 타는 것을 도움.
　④ 철이나 구리와 같은 금속을 녹슬게 함.
(2) 산소의 이용
　① 우리가 숨을 쉬거나 생명 유지를 할 때 필요함.
　　• 잠수부나 소방관이 사용하는 압축 공기통에 넣어 이용됨.
　　• 응급 환자에게 산소를 공급해서 생명을 유지할 수 있도록 함.
　② 생활 속에서 다양하게 이용됨.
　　• 산소 캔에 담아 이용됨.
　　• 가정, 학교, 공공시설 등에서 산소 발생기를 사용함.
　　• 금속을 자르거나 붙일 때 산소를 이용하기도 함.

07 산소에 대한 설명으로 옳지 <u>않은</u> 것은 어느 것입니까? (　　　)

① 색깔이 있다.
② 냄새가 나지 않는다.
③ 우리가 숨을 쉴 때 필요하다.
④ 철이나 구리와 같은 금속을 녹슬게 한다.
⑤ 스스로 타지 않지만 다른 물질이 타는 것을 돕는다.

08 다음은 일상생활에서 기체를 이용하는 예를 조사한 것입니다. 이 사진 자료에서 공통적으로 이용된 기체는 무엇인지 쓰시오.

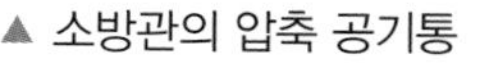
▲ 소방관의 압축 공기통

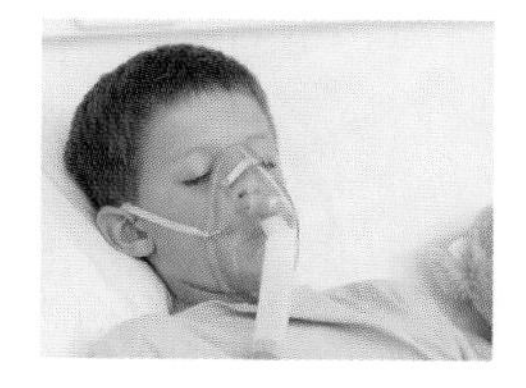
▲ 응급 환자의 호흡 장치

(　　　　　　　　)

개념 5 이산화 탄소를 발생시키고 이산화 탄소의 성질을 알아보는 실험에 대해 묻는 문제

(1) 가지 달린 삼각 플라스크에 물을 조금 넣은 뒤 탄산수소 나트륨을 네다섯 숟가락 정도 넣음.

(2) 기체 발생 장치를 꾸밈.

(3) 진한 식초를 깔때기에 $\frac{1}{2}$ 정도 부음.

(4) 핀치 집게를 조절하여 진한 식초를 조금씩 흘려 보냄.

(5) ㄱ자 유리관을 집기병 입구 가까이에 두고 이산화 탄소를 모음.

(6) 진한 식초를 더 넣어 집기병에 이산화 탄소를 모으고, 이산화 탄소가 집기병에 가득 차면 물속에서 아크릴판으로 집기병 입구를 막고 집기병을 꺼냄. 같은 방법으로 집기병 두 개에도 이산화 탄소를 모음.

(7) 이산화 탄소의 색깔과 냄새를 관찰함. → 색깔과 냄새가 없음.

(8) 이산화 탄소가 든 집기병에 향불을 넣어 불꽃이 변화하는 모습을 관찰함. → 향불이 꺼짐.

(9) 집기병에 석회수를 $\frac{1}{4}$ 정도 넣고 흔들어 석회수의 변화를 관찰함. → 석회수가 뿌옇게 됨.

[09~10] 다음은 이산화 탄소를 발생시키는 실험 장치입니다. 물음에 답하시오.

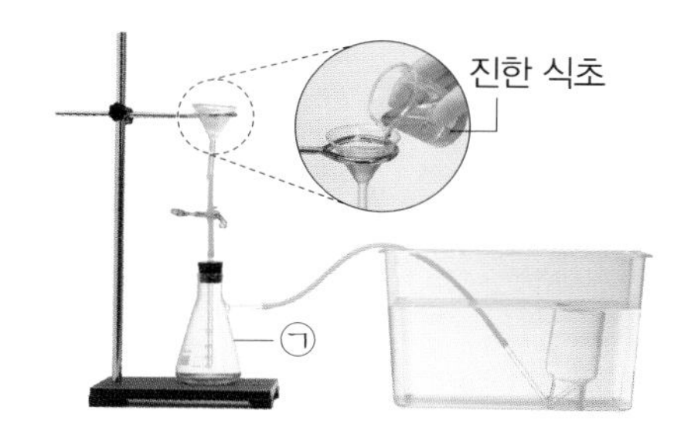

09 위 실험에서 물과 함께 ㉠에 넣는 물질은 무엇인지 쓰시오.

( )

10 위의 실험 결과 이산화 탄소를 모은 집기병에 석회수를 넣고 흔들었을 때 석회수의 변화를 쓰시오.

( )

개념 6 이산화 탄소의 성질을 묻는 문제

(1) 색깔이 없음.

(2) 냄새가 나지 않음.

(3) 다른 물질이 타는 것을 막음.

(4) 석회수를 뿌옇게 만듦.

11 이산화 탄소의 성질을 설명한 것으로 옳지 않은 것은 어느 것입니까? ( )

① 색깔이 없다.
② 냄새가 나지 않는다.
③ 물질이 타는 것을 막는다.
④ 석회수를 뿌옇게 만든다.
⑤ 이산화 탄소 자체에 불을 끄는 성질이 있다.

12 다음과 같이 이산화 탄소가 든 집기병에 향불을 넣었을 때의 변화를 보기 에서 찾아 기호를 쓰시오.

보기

㉠ 향불이 꺼진다.
㉡ 향불이 더 커진다.
㉢ 아무 변화도 일어나지 않는다.

( )

개념 7 이산화 탄소의 이용을 묻는 문제

(1) 물질이 타는 것을 막는 성질이 있어 소화기의 재료로 이용함.
(2) 음식을 차갑게 보관하는 데 필요한 드라이아이스의 재료로 이용함.
(3) 탄산음료의 톡 쏘는 맛을 내는 데 이용함.
(4) 위급할 때 순식간에 부풀어 오르는 자동 팽창식 구명조끼에 이용함.
(5) 액상 소화제를 만들 때 이용함.

13 다음은 탄산음료가 든 용기의 마개를 따서 탄산음료를 컵에 따랐을 때의 모습을 정리한 것입니다. ( ) 안에 들어갈 알맞은 말을 각각 쓰시오.

탄산음료를 컵에 따르면 (㉠)을/를 볼 수 있다. 이 (㉠)은/는 탄산음료에 녹아 있던 (㉡)이/가 나온 것이다.

㉠ ( ), ㉡ ( )

14 이산화 탄소가 이용되는 예로 옳은 것을 보기 에서 모두 골라 기호를 쓰시오.

보기

㉠ 소화기	㉡ 산소 캔
㉢ 드라이아이스	㉣ 자동 팽창식 구명조끼

( )

개념 8 공기 중에 산소나 이산화 탄소의 양이 더 많아지면 생길 수 있는 일을 묻는 문제

(1) 공기 중에 산소의 양이 지금보다 더 많아지면 생길 수 있는 일
① 화재가 자주 발생할 것임.
② 불을 끄기 어려울 것임.
③ 금속이 쉽게 녹슬 것임.
④ 한 번 숨을 쉴 때 들이마시는 산소의 양이 많아져 숨을 쉬는 횟수가 줄어들 것임.
(2) 공기 중에 이산화 탄소의 양이 지금보다 더 많아지면 생길 수 있는 일: 물질이 잘 타지 않을 것임.

15 공기 중에 산소의 양이 지금보다 더 많아지면 생길 수 있는 일로 알맞지 않은 것은 어느 것입니까? ( )

① 금속이 쉽게 녹슬 것이다.
② 불을 끄기 어려울 것이다.
③ 화재가 자주 발생할 것이다.
④ 물질이 잘 타지 않을 것이다.
⑤ 한 번 숨을 쉴 때 들이마시는 산소의 양이 많아져 숨을 쉬는 횟수가 줄어들 것이다.

16 다음은 공기 중에 이산화 탄소의 양이 지금보다 더 많아지면 생길 수 있는 일을 설명한 것입니다. ( ) 안에 들어갈 알맞은 말에 ○표 하시오.

공기 중에 이산화 탄소의 양이 지금보다 더 많아지면 물질이 (잘 탈 , 잘 타지 않을) 것이다.

중단원 실전 문제

정답과 해설 24쪽

[01~03] 다음은 기체 발생 장치를 만드는 과정입니다. 물음에 답하시오.

(가)

(나)
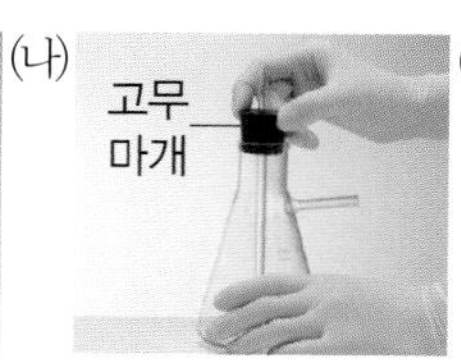

(다)

(라)

(마)
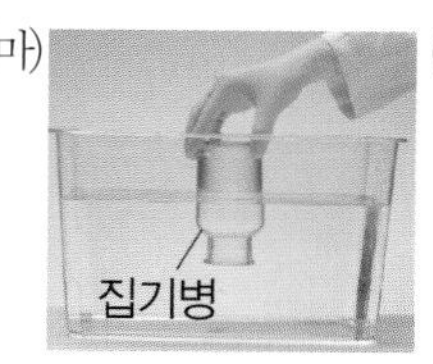

(바)
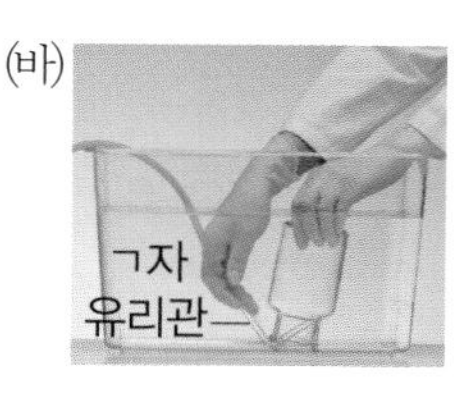

01 위 실험에서 사용된 실험 기구가 아닌 것은 어느 것입니까? (　　)

① 깔때기　② 스탠드
③ 핀치 집게　④ 알코올램프
⑤ 가지 달린 삼각 플라스크

02 위 실험의 각 과정에 대한 설명으로 옳은 것은 어느 것입니까? (　　)

① (가)에서 고무관에 끼우는 것은 유리관이다.
② (나)에서 고무마개를 헐겁게 끼워 넣고 실험이 끝날 때까지 유지한다.
③ (다)와 (라) 과정에서 유리 기구를 고무관과 연결할 때에는 물을 묻혀 살살 돌려 가며 끼운다.
④ (마)에서는 수조에 빈 집기병을 거꾸로 세운다.
⑤ (바)에서는 ㄱ자 유리관을 집기병 속으로 깊이 집어넣는다.

03 위와 같이 기체 발생 장치를 만들 때 주의할 점에 대한 설명으로 옳은 것에 ○표, 옳지 않은 것에 ×표 하시오.

(1) 유리 기구를 다룰 때는 깨지지 않게 주의한다. (　　)
(2) 핀치 집게는 항상 열어 둔다. (　　)

[04~09] 다음과 같은 기체 발생 장치로 산소를 발생시키려고 합니다. 물음에 답하시오.

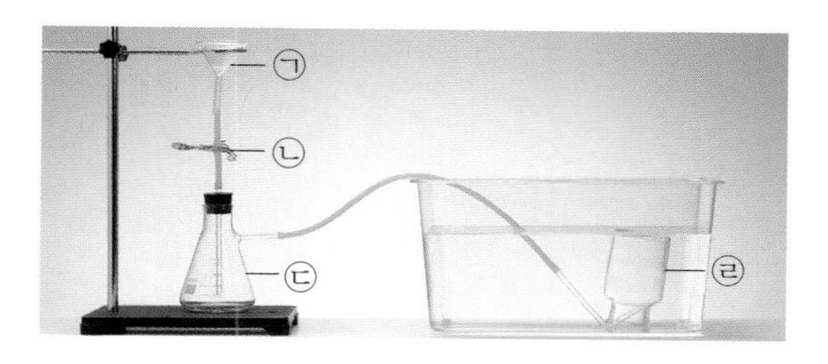

04 위 기체 발생 장치의 ㉠과 ㉢ 안에 넣을 물질을 바르게 짝 지은 것은 어느 것입니까? (　　)

	㉠	㉢
①	진한 식초	조개껍데기
②	진한 식초	탄산수소 나트륨
③	조개껍데기	진한 식초
④	묽은 과산화 수소수	물+탄산수소 나트륨
⑤	묽은 과산화 수소수	물+이산화 망가니즈

05 위 기체 발생 장치의 ㉡에 대해 잘못 설명한 친구의 이름을 쓰시오.

- 향기: 가지 달린 삼각 플라스크로 흘려 보내는 ㉠ 물질의 양을 조절하는 역할을 해.
- 진우: ㉢에서 기체가 발생할 때는 ㉡을 열어 놓아야 해.
- 지현: ㉢에 있는 물질이 역류하는 것을 막는 역할을 해.

(　　　　　　)

06 위 기체 발생 장치로 산소를 발생시킬 때 ㉣에 대한 설명으로 옳지 않은 것에 ×표 하시오.

(1) ㉣에 발생한 산소가 모인다. (　　)
(2) ㉣에 산소가 차면 거품이 ㉣ 밖으로 새어 나온다. (　　)
(3) ㉣에 산소가 차면 ㉣ 안에 있는 물의 높이가 높아진다. (　　)
(4) ㉣에 산소가 차면 물속에서 아크릴판으로 ㉣의 입구를 막고 꺼낸다. (　　)

⊂중요⊃

07 앞 기체 발생 장치에서 산소가 발생할 때 ㄱ자 유리관 끝부분에서 관찰할 수 있는 현상으로 옳은 것은 어느 것입니까? (　　　)

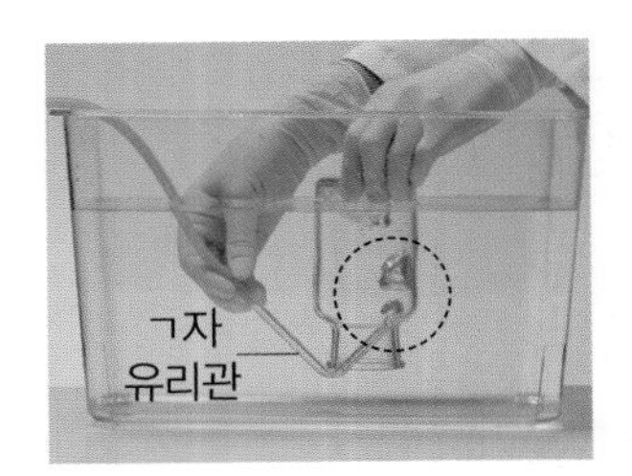

① 불꽃이 튄다.
② 거품이 나온다.
③ 아무 변화도 없다.
④ 흰 연기가 발생한다.
⑤ 검은색 연기가 발생한다.

⊂서술형⊃

08 앞의 기체 발생 장치에서 처음에 모은 기체는 버린 후, 다시 기체를 모읍니다. 이렇게 하는 까닭은 무엇인지 쓰시오.

____

____

09 앞의 실험 중 ㉠에 들어 있는 물질이 피부에 묻었을 때에는 어떻게 해야 하는지 가장 잘 설명한 것은 어느 것입니까? (　　　)

① 휴지로 닦는다.
② 햇빛에 말린다.
③ 알코올로 닦아 낸다.
④ 재빨리 일회용 밴드를 붙인다.
⑤ 흐르는 물에 오랫동안 씻어 낸다.

10 다음은 집기병에 들어 있는 기체의 색깔을 알아보는 모습입니다. ㉠에 들어갈 알맞은 도구는 어느 것입니까? (　　　)

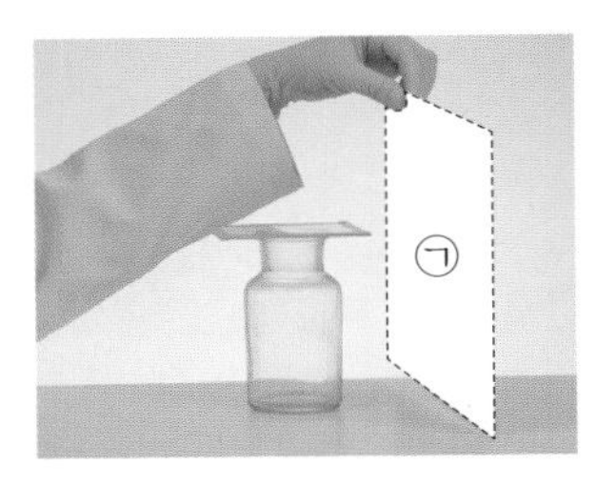

① 유리판　　② 나무판
③ 흰 종이　　④ 고무판
⑤ 검정 도화지

11 오른쪽 집기병에 들어 있는 기체의 냄새를 맡는 방법으로 옳은 것을 보기 에서 골라 기호를 쓰시오.

보기

㉠ 아크릴판을 열고 집기병에 코를 대어 냄새를 맡는다.
㉡ 아크릴판을 열고 손으로 바람을 일으켜 냄새를 맡는다.
㉢ 선풍기 앞에 집기병을 놓고 아크릴판을 연 다음 멀리 떨어져서 냄새를 맡는다.

(　　　　　　　　　　)

12 산소의 성질에 대한 설명으로 옳은 것에는 ○표, 옳지 않은 것에는 ×표 하시오.

(1) 산소는 색깔이 없다. (　　)
(2) 산소에는 냄새가 나지 않는다. (　　)
(3) 산소는 스스로 탈 뿐만 아니라 다른 물질이 타는 것을 돕는다. (　　)

⊂서술형⊃

13 다음은 산소의 성질과 관련된 사진입니다. 이 사진을 통해 알 수 있는 산소의 성질을 쓰시오.

14 다음과 같이 산소가 든 집기병에 향불을 넣었을 때 불꽃이 변화하는 모습으로 옳은 것을 보기 에서 골라 기호를 쓰시오.

보기

㉠ 불꽃이 커진다.
㉡ 불꽃이 꺼진다.
㉢ 불꽃이 작아진다.
㉣ 불꽃에 변화가 없다.

( )

15 오른쪽은 산소 호흡 장치를 사용하여 병원에서 환자를 치료하는 모습입니다. 이와 관련하여 산소를 이용하는 상황을 두 가지 고르시오. (,)

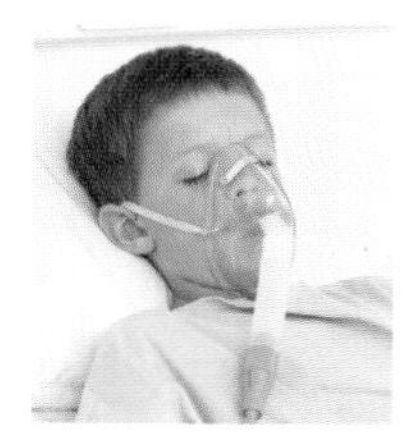

① 양초를 태울 때 이용한다.
② 환자들에게 고압 산소 치료를 한다.
③ 금속을 자르거나 붙일 때 산소를 이용한다.
④ 로켓의 액체 연료를 태울 때 산소를 이용한다.
⑤ 구급차에 산소 공급 장치를 설치하여 산소 치료가 필요한 상황에서 사용한다.

16 공기 중에 산소의 양이 지금보다 더 많아지면 생길 수 있는 현상으로 옳은 것을 보기 에서 골라 기호를 쓰시오.

보기

㉠ 불을 끄기 어렵다.
㉡ 동물이 병들지 않는다.
㉢ 화재 발생 횟수가 줄어든다.
㉣ 한 번 숨 쉴 때 들이마시는 산소의 양이 많아져 숨을 자주 쉬어야 한다.

( )

17 다음 ( ) 안에 공통으로 들어갈 기체는 무엇인지 쓰시오.

- 탄산수가 든 용기의 마개를 딸 때 소리가 나는 것은 탄산수에 녹아 있던 ( )이/가 나왔기 때문이다.
- 탄산음료에 꽂은 빨대의 표면에 거품이 달라붙어 있는 것은 탄산음료 안에 ( )이/가 들어 있기 때문이다.

( )

[18~20] 다음은 이산화 탄소를 발생시키는 실험 장치입니다. 물음에 답하시오.

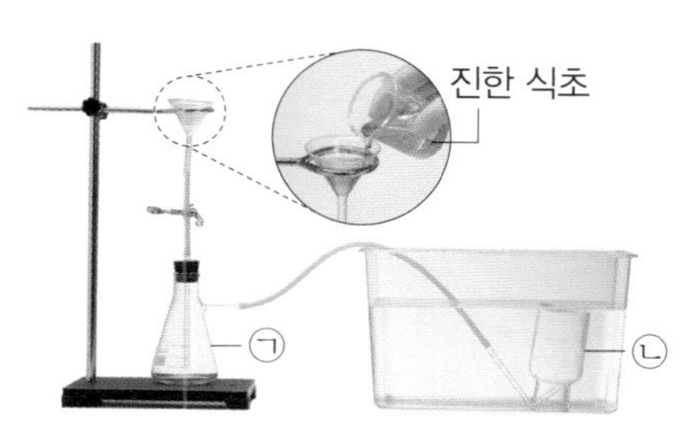

18 위 실험에서 ㉠에 넣을 수 있는 물질로 알맞지 않은 것은 어느 것입니까? ( )

① 대리석
② 탄산 칼슘
③ 조개껍데기
④ 이산화 망가니즈
⑤ 탄산수소 나트륨

19 앞의 실험에서 진한 식초 대신에 사용할 수 있는 물질을 한 가지 쓰시오.

( )

20 앞의 실험에서 이산화 탄소가 발생할 때 ㉡과 그 주위에서 관찰할 수 있는 변화로 옳은 것은 어느 것입니까? ( )

① ㉡ 안이 뿌옇게 된다.
② ㉡ 안에는 아무런 변화도 일어나지 않는다.
③ ㉡ 안에서 작은 기포가 생기며 물이 끓는다.
④ ㉡에 이산화 탄소가 가득 차면 거품이 ㉡ 밖으로 새어 나온다.
⑤ 수조 안의 물이 ㉡ 안으로 들어가 수조 안 물의 높이가 낮아진다.

21 다음은 이산화 탄소의 성질을 정리한 것입니다. ( ) 안에 들어갈 알맞은 말에 ○표 하시오.

- 이산화 탄소는 색깔이 ㉠(있다 , 없다).
- 이산화 탄소는 냄새가 ㉡(난다 , 나지 않는다).
- 이산화 탄소는 다른 물질이 타는 것을 ㉢(돕는다 , 막는다).

중요

22 다음 사진의 물질에 공통으로 이용된 기체는 무엇인지 쓰시오.

▲ 탄산음료

▲ 액상 소화제

( )

23 다음 두 친구의 대화에서 바르지 않은 내용을 말한 친구의 이름을 쓰시오.

- 재율: 위급할 때 순식간에 부풀어 오르는 자동 팽창식 구명조끼에 기체가 이용돼.
- 현이: 비행기 안에서 화재와 같은 위급한 상황에서는 호흡을 잘하는 것이 중요하기 때문에 구명조끼 안에 산소를 넣어.
- 재율: 아니야. 화재와 같은 위급한 상황에서 혹시라도 구명조끼가 터졌을 때 그 안에 산소가 들어 있다면 불은 더 커질 수밖에 없어. 팽창된 구명조끼 안에 들어 있는 기체는 이산화 탄소야.

( )

24 이산화 탄소가 든 집기병에 어떤 용액을 넣었더니 다음과 같이 뿌옇게 되었습니다. 집기병에 넣은 용액은 무엇인지 이름을 쓰시오.

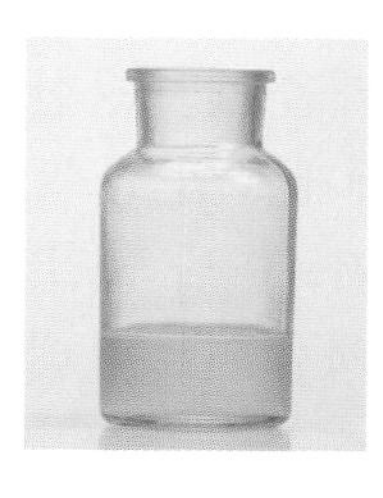

( )

학교에서 출제되는 서술형·논술형 평가를 미리 준비하세요.

연습 문제

정답과 해설 25쪽

1 다음은 산소를 발생시키기 위한 기체 발생 장치입니다. 이 장치를 만드는 방법을 정리한 것 중 옳지 않은 것을 골라 기호를 쓰고 바르게 고쳐 쓰시오.

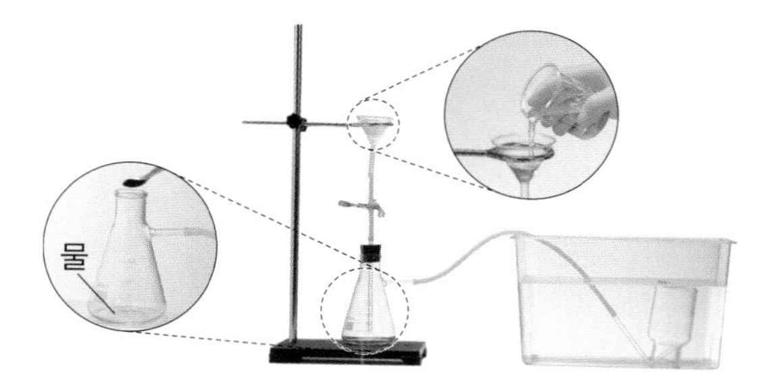

> ㉠ 가지 달린 삼각 플라스크에 물을 조금 넣은 뒤 이산화 망가니즈를 한 숟가락 넣어 기체 발생 장치를 꾸민다.
> ㉡ 묽은 염산을 깔때기에 $\frac{1}{2}$ 정도 붓는다.
> ㉢ 핀치 집게를 조절하여 깔때기 안에 있는 물질을 조금씩 흘려 보낸다.
> ㉣ 가지 달린 삼각 플라스크 내부와 수조의 ㄱ자 유리관 끝부분을 관찰한다.

(1) 옳지 않은 것: (   )

(2) 바르게 고쳐 쓴 내용: ______________________

🔍 문제 해결 전략
산소를 발생시키기 위해서는 이산화 망가니즈와 묽은 과산화 수소수가 필요하고, 이산화 탄소를 발생시키기 위해서는 탄산수소 나트륨과 진한 식초가 필요합니다.

🔍 핵심 키워드
이산화 망가니즈, 묽은 과산화 수소수

2 다음은 집기병에 모은 이산화 탄소의 성질을 알아보는 실험입니다. 각 실험 결과에 맞게 (   ) 안에 알맞은 말을 쓰시오.

(1) 이산화 탄소가 든 집기병에 향불을 넣으면 불꽃이 (   ).

(2) 이산화 탄소가 든 집기병에 석회수를 $\frac{1}{4}$ 정도 넣고 흔들면 석회수가 (   ).

🔍 문제 해결 전략
이산화 탄소는 물질이 타는 것을 막고 석회수를 뿌옇게 만드는 성질이 있습니다.

🔍 핵심 키워드
이산화 탄소의 성질, 석회수

실전 문제

1 다음은 기체 발생 장치로 모은 산소의 성질을 알아보는 실험입니다. 이 실험을 통해 알 수 있는 산소의 성질을 쓰시오.

▲ 색깔 관찰하기

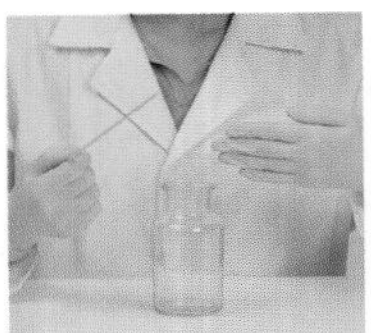
▲ 냄새 맡기

▲ 향불 넣어 보기

2 산소는 우리가 숨을 쉴 때 필요한 기체이므로 다음과 같이 등산할 때나 병원에서 환자를 치료할 때 이용됩니다. 숨 쉬는 것을 돕기 위해 산소가 이용되는 또 다른 경우를 쓰시오.

▲ 등산할 때 사용하는 산소 호흡 장치

▲ 병원에서 사용하는 산소통

3 다음 기체 발생 장치로 이산화 탄소를 모으려고 합니다. 물음에 답하시오.

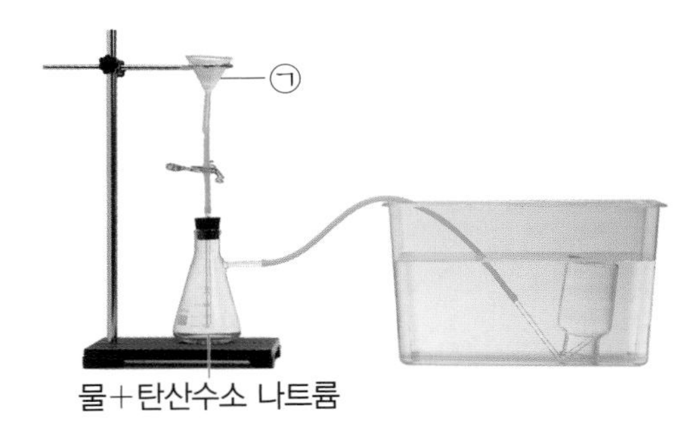

(1) 위 실험 장치의 ㉠에 넣는 물질의 이름을 쓰시오.
( )

(2) 위 (1)번 답의 물질을 조금씩 흘려 보냈을 때 가지 달린 삼각 플라스크 내부와 수조의 ㄱ자 유리관 끝부분에서 나타나는 변화를 각각 쓰시오.

가지 달린 삼각 플라스크 내부	
수조의 ㄱ자 유리관 끝부분	

4 다음 (가)의 집기병에는 이산화 탄소가 들어 있고, (나)의 소화기는 이산화 탄소를 이용하여 만든 것입니다. 이를 통해 알 수 있는 이산화 탄소의 성질을 쓰시오.

(가)
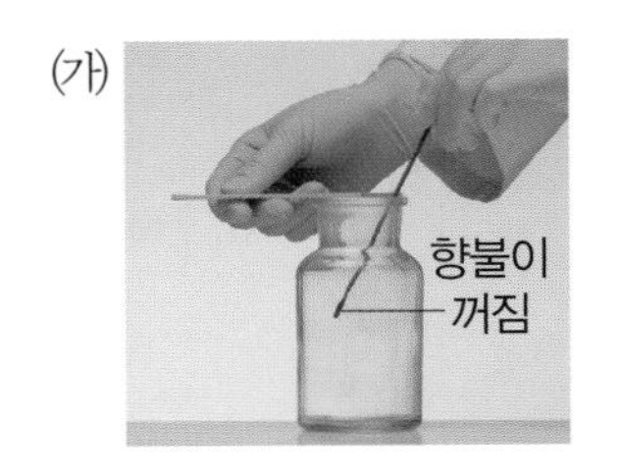

(나)

(2) 압력과 온도에 따른 기체의 부피 변화

1 압력 변화에 따른 기체의 부피 변화

(1) 물이 든 플라스틱 스포이트를 손가락으로 눌렀을 때 공기의 부피 변화 관찰하기

① 플라스틱 스포이트에 공간을 약간 남기고 물을 채운 뒤에 입구를 손가락으로 막습니다.

② 플라스틱 스포이트의 머리 부분을 손가락으로 누르면서 공기의 부피가 어떻게 달라지는지 관찰합니다. └머리 부분을 살짝 눌렀다가 떼는 것이 좋습니다.

공기

• 공기의 부피가 줄어듭니다.

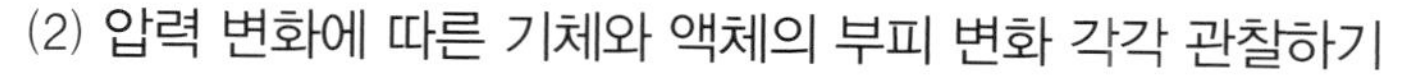

(2) 압력 변화에 따른 기체와 액체의 부피 변화 각각 관찰하기

① 주사기 한 개에는 공기 40 mL, 다른 주사기 한 개에는 물 40 mL를 넣습니다.

② 공기가 든 주사기 입구를 손가락으로 막고 피스톤을 약하게 누를 때와 세게 누를 때 공기의 부피 변화를 각각 관찰해 봅니다.

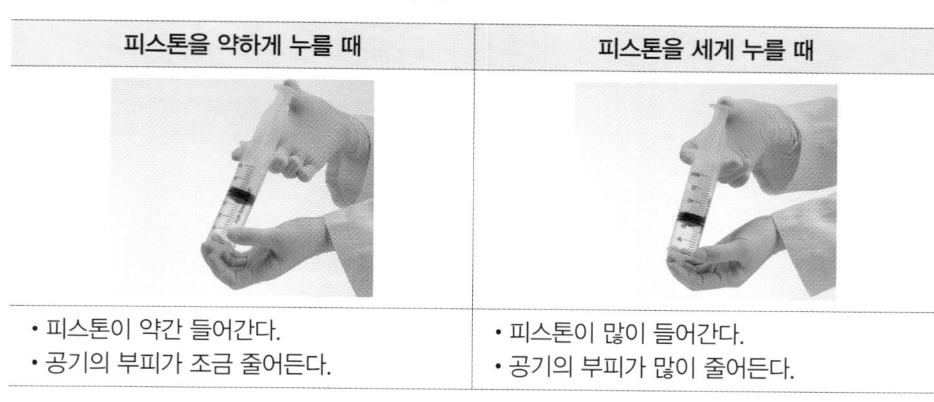

피스톤을 약하게 누를 때	피스톤을 세게 누를 때
• 피스톤이 약간 들어간다. • 공기의 부피가 조금 줄어든다.	• 피스톤이 많이 들어간다. • 공기의 부피가 많이 줄어든다.

③ 물이 든 주사기 입구를 손가락으로 막고 피스톤을 약하게 누를 때와 세게 누를 때 물의 부피 변화를 각각 관찰해 봅니다.

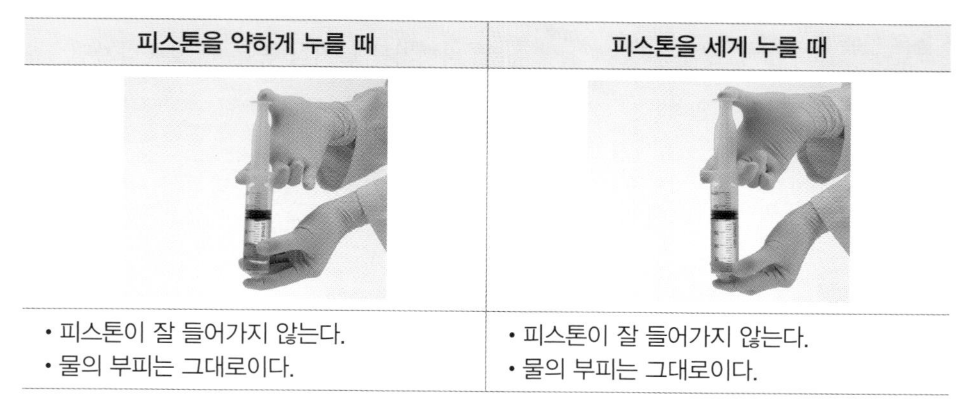

피스톤을 약하게 누를 때	피스톤을 세게 누를 때
• 피스톤이 잘 들어가지 않는다. • 물의 부피는 그대로이다.	• 피스톤이 잘 들어가지 않는다. • 물의 부피는 그대로이다.

④ 압력을 가한 정도에 따라 기체와 액체의 부피는 어떻게 달라지는지 알아봅니다.

• 액체는 압력을 가해도 부피가 거의 변하지 않지만, 기체는 압력을 가한 정도에 따라 부피가 달라집니다.

▶ 높은 산 위와 산 아래에서의 빈 페트병의 모습

• 높은 산 위에서 빈 페트병을 마개로 닫은 뒤 산 아래로 내려오면 페트병이 찌그러져 있습니다.
• 높은 산 위와 산 아래의 공기 압력이 다르기 때문에 생기는 현상입니다.

▶ 주사기 안 공기의 부피 변화를 관찰하는 다른 방법

주사기의 피스톤을 최대한 뺀 다음, 주사기 입구를 고무마개에 대고 피스톤을 누르면서 주사기 안 공기의 부피 변화를 관찰해 봅니다.

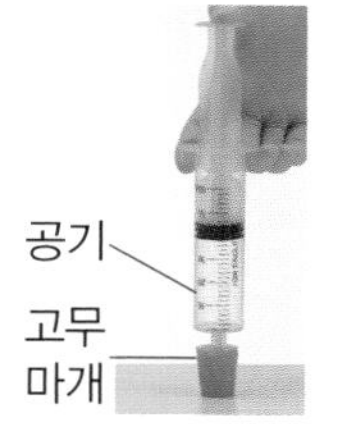

▲ 약하게 누를때

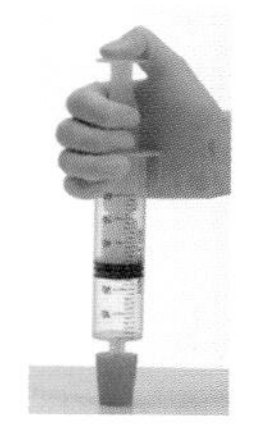

▲ 세게 누를 때

▶ 압력에 따른 기체의 부피 변화

• 압력을 약하게 가하면 기체의 부피는 조금 줄어듭니다.
• 압력을 세게 가하면 기체의 부피는 많이 줄어듭니다.

낱말 사전

부피 물질이 차지하는 공간의 크기

압력 물체가 다른 물체를 누르는 힘

교과서 내용 학습

(3) 생활 속에서 기체에 압력을 가할 때 기체의 부피가 줄어드는 현상

① 풍선 놀이 틀 위에 올라서면 풍선 놀이 틀의 부피가 줄어듭니다.

② 밑창에 공기 주머니가 있는 신발을 신고 걸으면 공기 주머니의 부피가 줄어듭니다.

③ 공을 강하게 차면 순간적으로 공이 찌그러집니다.

④ 자동차가 부딪쳤을 때 부풀어 올랐던 에어백은 운전자와 부딪치면서 부피가 줄어들게 됩니다.

⑤ 샴푸 통이나 보습제 통의 꼭지를 누르면 통 안의 압력이 커지면서 기체의 부피가 줄어들고 압력의 차이 때문에 내용물이 바깥으로 나옵니다.

⑥ 마개를 닫은 빈 페트병을 가지고 바닷속 깊이 들어갈수록 점차 주위의 압력이 높아지기 때문에 빈 페트병은 점점 더 많이 찌그러집니다.

⑦ 건물에서 화재가 발생했을 때 공기 안전 매트로 뛰어내리면 공기 안전 매트가 움푹 들어갑니다.

▲ 아이들이 뛰어노는 풍선 놀이 틀

▲ 신발을 신었을 때 밑창의 공기 주머니

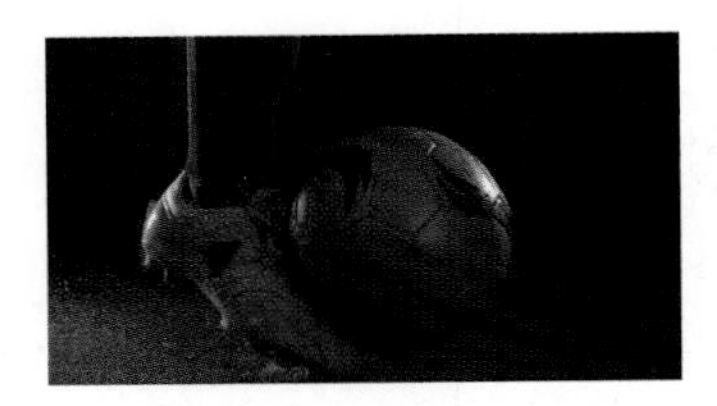

▲ 강하게 발로 찬 축구공

▲ 충격을 받은 에어백

(4) 기체에 가해지는 압력이 작아짐에 따라 기체의 부피가 늘어나는 현상

① 물속에서 잠수부가 내뿜은 공기 방울은 수면에 가까워질수록 점점 커집니다.

② 비행기 안에 있는 과자 봉지는 땅에서보다 하늘을 나는 동안 더 많이 부풀어 오릅니다.

③ 풍선이 하늘 높이 올라갈수록 점점 커지다가 터집니다.

④ 비행기를 타거나 높은 산에 올라가면 귀가 먹먹해집니다.

▲ 잠수부가 내뿜은 공기 방울의 크기 변화

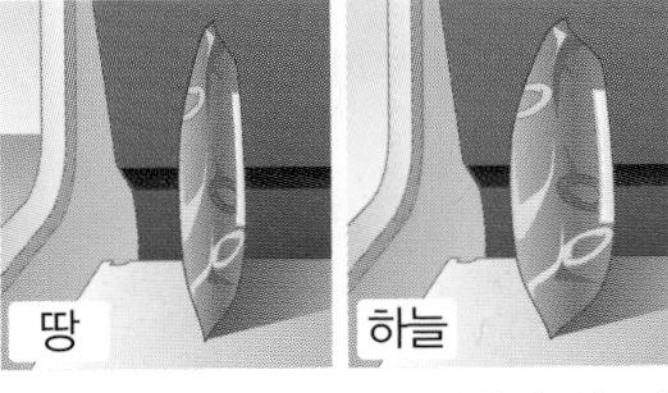

▲ 땅에서 하늘로 뜬 비행기 안 과자 봉지의 부피 변화

◗ 잠수부가 내뿜은 공기 방울의 크기가 수면에 가까워질수록 커지는 까닭
공기 방울에 가해지는 압력은 수심이 깊을수록 크고, 수면에 가까울수록 작습니다. 공기 방울에 가해지는 압력이 작아지면 공기 방울의 크기는 커지기 때문에 잠수부가 내뿜은 공기 방울의 크기는 수면에 가까워질수록 커집니다.

◗ 땅과 하늘의 비행기에서 과자 봉지의 부피가 달라지는 까닭
비행기 안의 기압은 땅보다 하늘에서 더 낮습니다. 그래서 하늘을 나는 동안 낮아진 기압 때문에 과자 봉지는 부풀어 오릅니다.

◗ 공기 주입 마개를 이용해 페트병 안 풍선에 압력을 가했을 때의 모습

▲ 압력을 가하기 전

▲ 압력을 많이 가했을 때

◗ 높은 곳에 올라갔을 때 귀가 먹먹해지는 까닭
높은 곳에 올라가면 공기 압력이 낮아지므로 고막 안쪽 공기의 부피가 늘어납니다. 이때 부피가 늘어난 공기가 고막을 눌러 귀가 먹먹하게 느껴집니다.

개념 확인 문제

1 공기가 든 주사기 입구를 손가락으로 막고 피스톤을 세게 누르면 주사기 안 공기의 부피는 (변함이 없다 , 많이 줄어든다).

2 기체에 압력을 가하면 공기의 부피는 (줄어든다 , 변함이 없다 , 늘어난다).

정답 1 많이 줄어든다 2 줄어든다

2 온도 변화에 따른 기체의 부피 변화

(1) 온도가 높고 낮음에 따른 기체의 부피 변화 관찰하기

① 삼각 플라스크 입구에 고무풍선을 씌운 뒤 삼각 플라스크를 뜨거운 물과 얼음물이 담긴 수조에 각각 넣고, 고무풍선의 변화를 관찰합니다.

- 뜨거운 물에 넣었을 때: 고무풍선이 점점 부풀어 오릅니다.
- 얼음물에 넣었을 때: 고무풍선이 점점 오므라듭니다.

▲ 뜨거운 물에 넣기 전

▲ 뜨거운 물에 넣은 후

▲ 얼음물에 넣은 후

② 온도 변화에 따른 기체의 부피 변화

- 기체는 온도에 따라 부피가 달라집니다.
- 온도가 높아지면 기체의 부피는 늘어나고, 온도가 낮아지면 기체의 부피는 줄어듭니다.

(2) 생활 속에서 온도 변화에 따라 기체의 부피가 달라지는 현상

① 뜨거운 음식에 비닐 랩을 씌우면 처음에는 윗면이 부풀어 오르지만, 비닐 랩으로 포장한 음식이 식으면 윗면이 오목하게 들어갑니다.

▲ 뜨거운 음식을 포장한 비닐 랩이 부풀어 오른 모습

▲ 냉장고에 넣어둔 후 비닐 랩이 오목하게 들어간 모습

② 마개를 닫은 빈 페트병을 냉장고에 넣은 후 시간이 지나면 페트병이 찌그러지지만, 냉장고 안에서 찌그러져 있던 페트병을 밖에 꺼내 놓으면 페트병 속 기체의 온도가 높아져 찌그러진 부분이 펴집니다.

▲ 냉장고 안에 두어 찌그러진 페트병

▲ 찌그러진 페트병을 냉장고 밖에 꺼내 놓아 펴진 페트병

③ 추운 겨울에 농구공을 밖에 오랫동안 놓아두면 처음보다 공이 덜 팽팽해집니다.

④ 비치 볼을 뜨거운 해변에 놓아두면 비치 볼이 팽팽해집니다.

⑤ 찌그러진 탁구공을 뜨거운 물에 담가두면 펴집니다.

▲ 찌그러진 탁구공을 뜨거운 물에 담가둠.

시간이 지난 후

▲ 탁구공의 찌그러진 부분이 펴짐.

◗ 냉장고 안팎에서의 페트병의 부피 변화

- 마개를 닫은 빈 페트병을 냉장고에 넣어두었을 때: 온도가 낮아져 페트병 안 공기의 부피가 줄어들기 때문에 페트병이 찌그러집니다.
- 찌그러진 페트병을 냉장고 밖에 꺼내 놓았을 때: 온도가 높아져 페트병 안 공기의 부피가 늘어나기 때문에 페트병이 펴집니다.

◗ 계절에 따라 타이어에 채우는 공기의 양

- 여름철과 같이 기온이 높은 계절에는 타이어에 공기를 가득 넣을 경우 공기의 부피가 늘어나 타이어가 터질 수 있습니다.
- 겨울철과 같이 기온이 낮은 계절에는 타이어 안 공기의 부피가 줄어듭니다.
- 타이어에 채우는 공기의 양은 여름철에는 조금 적게, 겨울철에는 조금 더 많이 넣습니다.

오므라들다 물체의 표면이 오목하게 패어 들어가다.

교과서 내용 학습

3 공기를 이루는 여러 가지 기체

(1) 공기를 이루는 기체

① 공기는 여러 가지 기체가 섞여 있는 혼합물입니다.

② 공기는 대부분 질소와 산소로 이루어져 있습니다.

③ 공기에는 이 밖에도 여러 가지 기체가 섞여 있습니다.

- 이산화 탄소, 수소, 헬륨, 네온, 아르곤 등이 있습니다.

④ 이 기체들은 우리 생활에서 다양하게 이용됩니다.

(2) 생활 속에서 이용하는 기체의 쓰임새

구분	예시	쓰임새
질소	질소 충전 포장	• 사과와 같은 과일을 신선하게 유지한다. • 혈액, 세포 등을 보존할 때 이용한다. • 과자, 차, 분유, 견과류 등을 포장할 때 이용한다. • 비행기 타이어나 자동차 에어백을 채우는 데 이용한다.
산소	산소 충전 포장	• 산소 발생기에 이용된다. • 고기 포장에 이용된다. • 금속의 절단 및 용접에 이용된다. • 물질의 연소에 이용된다.
이산화 탄소	식물 재배	• 식물의 생산량을 늘리기 위한 재배에 이용된다. • 소화기, 드라이아이스, 탄산음료의 재료로 이용된다. • 자동 팽창식 구명조끼에 이용된다.
수소	수소 연료 자동차	• 수소는 탈 때 물이 생성되고 오염 물질이 나오지 않는 청정 연료이다. • 수소 발전소에서는 수소 기체를 이용해 전기를 만든다. • 수소 자동차, 수소 자전거 등에 이용된다.
네온	네온 광고	• 특유의 빛을 내는 조명 기구에 이용된다. • 가게를 홍보하는 네온 광고에 이용된다.
헬륨	헬륨 풍선	• 비행선, 풍선을 공중에 띄우는 용도로 이용된다. • 목소리를 변조하거나 냉각제로 이용한다.

공기와 관련된 생활 속 경험
- 창문을 열었을 때 들어오는 시원한 공기를 마셨더니 기분이 좋았습니다.
- 숲속을 걸으며 공기를 마셨더니 머리가 맑아지는 것 같았습니다.
- 사람이 가득 찬 버스를 탄 적이 있었는데 공기가 탁했습니다.
- 창문을 열지 않고 교실에서 오랫동안 공부를 하면 공기가 탁해 가슴이 답답합니다.

공기를 이루는 여러 가지 기체 중 하나인 산소
- 공기와 산소는 같은 것이 아닙니다.
- 공기는 여러 가지 기체가 섞여 있는 혼합물입니다.

과자 봉지를 질소 대신 산소로 채웠을 때 나타날 수 있는 현상
- 산소가 과자 봉지 속의 내용물을 변하게 할 것입니다.
- 산소는 숨을 쉴 때 필요한 기체이므로 과자 봉지 속에서 벌레가 살 수도 있을 것입니다.

개념 확인 문제

1 온도가 높아지면 기체의 부피는 줄어들고, 온도가 낮아지면 기체의 부피는 늘어납니다. (○ , ×)

2 공기는 대부분 (   )와/과 (   )(으)로 이루어져 있습니다.

3 (수소 , 질소)는 과자, 차 등 식품을 포장을 하는 데 이용되고, (산소 , 헬륨)은/는 비행선 등을 공중에 띄우는 용도로 이용됩니다.

정답 1 × 2 질소(산소), 산소(질소) 3 질소, 헬륨

이제 실험 관찰로 알아볼까?

온도 변화에 따른 기체의 부피 변화 관찰하기

[준비물] 삼각 플라스크(300 mL), 고무풍선, 수조, 뜨거운 물, 얼음물, 플라스크 집게, 비커(50 mL) 두 개, 물, 식용 색소, 유리 막대, 플라스틱 스포이트, 실험복, 면장갑, 보안경

[실험 방법]

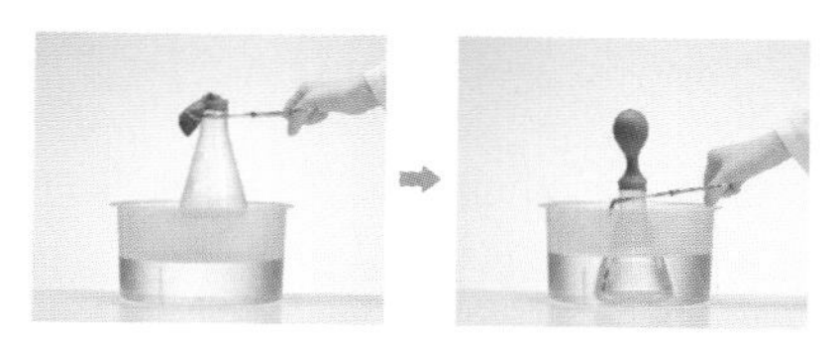

① 삼각 플라스크의 입구에 고무풍선을 씌운 다음, 뜨거운 물이 담긴 수조에 넣고 고무풍선의 변화를 관찰합니다.

② ①의 삼각 플라스크를 얼음물이 담긴 수조에 넣고 고무풍선의 변화를 관찰합니다.

③ 플라스틱 스포이트를 식용 색소를 탄 물에서 살짝 눌렀다가 놓아 스포이트 관 가운데에 물방울이 오도록 합니다.

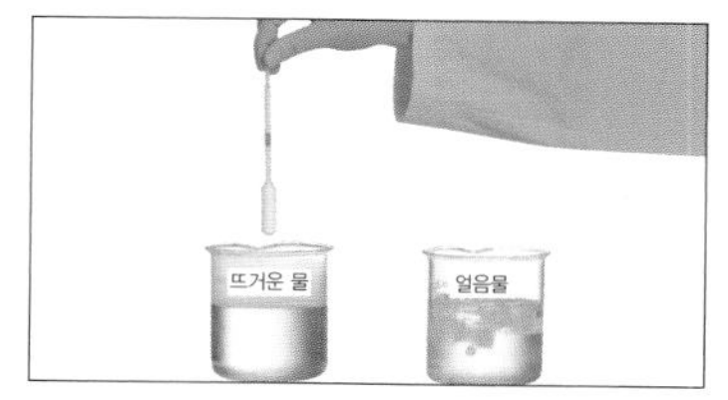

④ 물방울이 든 플라스틱 스포이트를 뒤집어서 뜨거운 물이 든 비커과 얼음물이 든 비커에 각각 넣고 그 변화를 관찰합니다.

주의할 점
- 뜨거운 물에 화상을 입지 않도록 조심합니다.
- 유리 기구를 깨지 않도록 조심합니다.

중요한 점
온도 변화에 따라 기체의 부피가 늘어나기도 하고 줄어들기도 한다는 것을 아는 것이 중요합니다.

[실험 결과]

① 고무풍선을 씌운 삼각 플라스크를 뜨거운 물과 얼음물에 각각 넣었을 때

구분	뜨거운 물	얼음물
고무풍선의 변화	• 고무풍선이 부풀어 오른다. • 고무풍선 속 공기의 부피가 늘어난다.	• 고무풍선이 오므라든다. • 고무풍선 속 공기의 부피가 줄어든다.

② 물방울이 든 플라스틱 스포이트를 뒤집어서 뜨거운 물과 얼음물에 각각 넣었을 때: 뜨거운 물이 든 비커에 넣으면 물방울이 처음보다 위로 올라가고, 얼음물이 든 비커에 넣으면 물방울이 처음보다 아래로 내려갑니다.

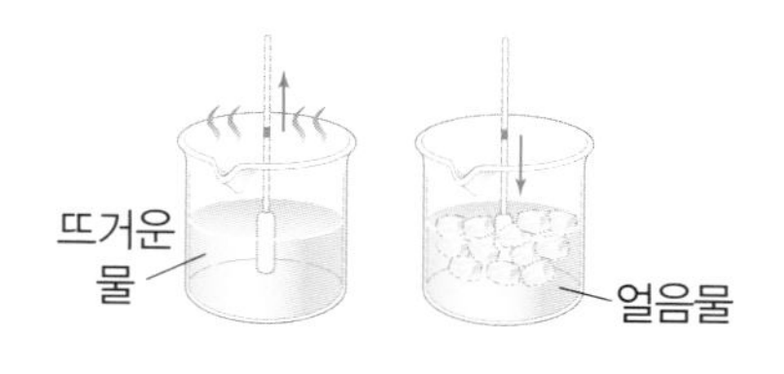

▶ **플라스틱 스포이트를 뒤집어서 뜨거운 물에 넣었을 때 물방울이 위로 올라가는 까닭**
스포이트의 머리 부분에 기체가 들어 있는데, 온도가 높아지면 기체의 부피가 늘어나기 때문입니다.

탐구 문제

정답과 해설 26쪽

1 오른쪽은 고무풍선을 씌운 삼각 플라스크를 뜨거운 물과 얼음물 중 어디에 넣었을 때의 모습인지 쓰시오.

( )

2 오른쪽과 같이 물방울이 든 플라스틱 스포이트를 뒤집어서 얼음물이 든 비커에 넣었습니다. 이때 물방울이 움직이는 방향을 화살표로 바르게 나타낸 것을 골라 기호를 쓰시오.

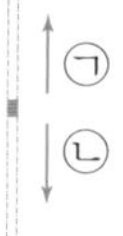

( )

핵심 개념 문제

개념 1 물이 든 플라스틱 스포이트를 손가락으로 눌렀을 때 공기의 부피 변화를 묻는 문제

(1) 플라스틱 스포이트에 공간을 약간 남기고 물을 채운 뒤에 입구를 손가락으로 막음.

(2) 플라스틱 스포이트의 머리 부분을 손가락으로 누르면서 공기의 부피가 어떻게 달라지는지 관찰함.
→ 공기의 부피가 줄어듦.

[01~02] 다음과 같이 물이 든 플라스틱 스포이트의 입구를 손가락으로 막고 머리 부분을 손가락으로 눌러 보았습니다. 물음에 답하시오.

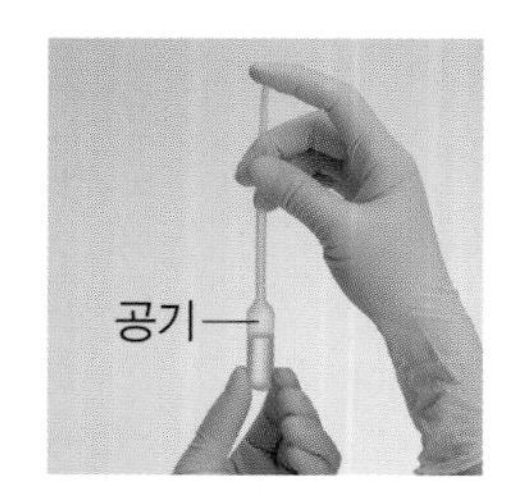

01 위 실험은 무엇을 알아보기 위한 실험입니까? ( )

① 압력에 따른 공기의 색깔 변화
② 온도에 따른 공기의 색깔 변화
③ 압력에 따른 공기의 부피 변화
④ 온도에 따른 공기의 부피 변화
⑤ 사람마다 공기를 누르는 압력의 차이

02 위 실험 결과에 대한 설명으로 옳은 것을 골라 기호를 쓰시오.

㉠ 연기가 발생한다. ㉡ 아무런 변화가 없다. ㉢ 스포이트 안 물의 부피가 늘어난다. ㉣ 스포이트 안 공기의 부피가 줄어든다.

( )

개념 2 공기와 물을 각각 넣고 주사기 입구를 손으로 막은 뒤 주사기 피스톤을 눌렀을 때 부피 변화를 묻는 문제

(1) 공기가 든 주사기 입구를 손가락으로 막고 피스톤을 약하게 누를 때와 세게 누를 때 공기의 부피 변화를 각각 관찰함.
- 공기를 넣은 주사기 피스톤을 약하게 누르면 피스톤이 조금 들어가며 공기의 부피는 조금 줄어듦.
- 공기를 넣은 주사기 피스톤을 세게 누르면 피스톤이 많이 들어가며 공기의 부피는 많이 줄어듦.

(2) 물이 든 주사기 입구를 손가락으로 막고 피스톤을 약하게 누를 때와 세게 누를 때 물의 부피 변화를 각각 관찰함.
- 물을 넣은 주사기 피스톤을 약하게 누르거나 세게 눌러도 피스톤은 잘 들어가지 않으며 물의 부피는 그대로임.

[03~04] 다음과 같이 주사기에 공기와 물을 각각 40 mL씩 넣고 주사기 입구를 손가락으로 막았습니다. 물음에 답하시오.

(가)
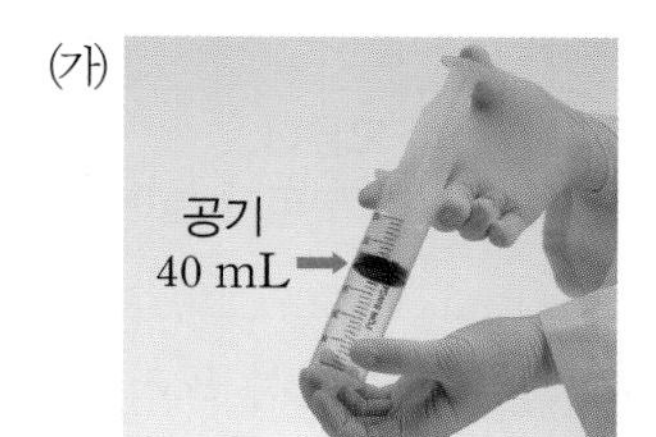

(나)
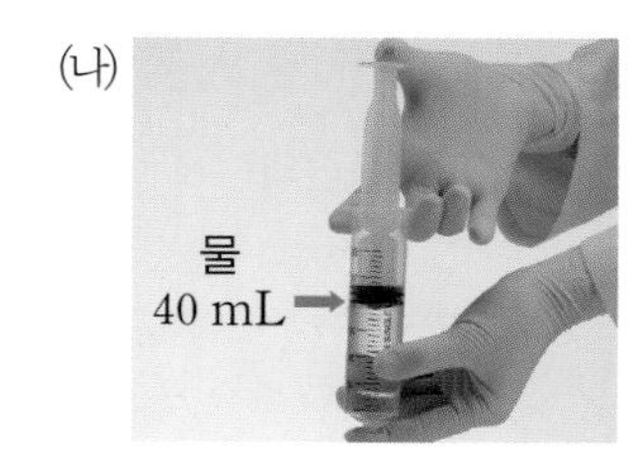

03 위 (가) 주사기 피스톤을 약하게 누를 때와 세게 누를 때 중 피스톤이 더 많이 들어가는 때는 언제인지 쓰시오.

( )

04 위의 (가)와 (나) 중 피스톤을 세게 누를수록 부피 변화가 크게 나타나는 것을 골라 기호를 쓰시오.

( )

개념 3 압력 변화에 따른 기체와 액체의 부피 변화를 묻는 문제

(1) 기체의 부피는 압력을 약하게 가하면 조금 줄어듦.
(2) 기체의 부피는 압력을 세게 가하면 많이 줄어듦.
(3) 액체의 부피는 압력을 약하게 가하거나 세게 가해도 부피가 거의 변하지 않음.
→ 액체는 압력을 가해도 부피가 거의 달라지지 않지만 기체는 압력을 가한 정도에 따라 부피가 달라짐.

05 압력 변화에 따른 액체와 기체의 부피 변화를 바르게 설명한 것을 골라 기호를 쓰시오.

㉠ 액체와 기체의 부피 변화는 항상 일정하다.
㉡ 액체는 압력을 세게 가하면 부피가 많이 줄어든다.
㉢ 기체는 압력을 세게 가하면 부피가 많이 줄어든다.

( )

06 다음은 주사기에 물 40 mL를 넣고 주사기 입구를 손가락으로 막은 뒤 주사기 피스톤을 약하게 누를 때와 세게 누를 때의 부피 변화를 정리한 것입니다. ( ) 안에 들어갈 말을 바르게 짝 지은 것은 어느 것입니까? ( )

약하게 누를 때	(㉠) mL
세게 누를 때	(㉡) mL
알 수 있는 점	(㉢)의 부피는 압력을 가해도 부피 변화가 거의 일어나지 않는다.

① ㉠ 35, ㉡ 20, ㉢ 기체
② ㉠ 35, ㉡ 35, ㉢ 기체
③ ㉠ 20, ㉡ 40, ㉢ 액체
④ ㉠ 40, ㉡ 20, ㉢ 액체
⑤ ㉠ 40, ㉡ 40, ㉢ 액체

개념 4 생활 속에서 압력 변화에 따라 기체의 부피가 달라지는 현상을 묻는 문제

(1) 풍선 놀이 틀 위에 올라서면 풍선 놀이 틀의 부피가 줄어듦.
(2) 밑창에 공기 주머니가 있는 신발을 신고 걸으면 공기 주머니의 부피가 줄어듦.
(3) 공을 강하게 차면 순간적으로 공이 찌그러짐.
(4) 자동차가 부딪쳤을 때 부풀어 올랐던 에어백은 운전자와 부딪치면서 부피가 줄어듦.
(5) 마개를 닫은 빈 페트병을 가지고 바닷속 깊이 들어갈수록 점차 주위의 압력이 높아지기 때문에 빈 페트병은 점점 더 많이 찌그러짐.
(6) 건물에서 화재가 발생했을 때 공기 안전 매트로 뛰어내리면 공기 안전 매트가 움푹 들어감.
(7) 물속에서 잠수부가 내뿜은 공기 방울은 수면에 가까워질수록 점점 커짐.
(8) 비행기 안에 있는 과자 봉지는 땅에서보다 하늘을 나는 동안 더 많이 부풀어 오름.
(9) 풍선이 하늘 높이 올라갈수록 점점 커지다가 터짐.

07 다음 ( ) 안에 들어갈 알맞은 말에 ○표 하시오.

풍선 놀이 틀 위에 사람이 올라서면 풍선 놀이 틀 위에 압력이 가해진다. 이 때문에 풍선 놀이 틀의 부피는 (줄어든다 , 늘어난다).

08 다음 두 그림 중 하나는 하늘에 있는 비행기 안의 모습이고, 다른 하나는 땅에 있는 비행기 안의 모습입니다. (가)와 (나) 중 하늘에 있는 비행기 안의 과자 봉지의 모습을 골라 기호를 쓰시오.

(가)
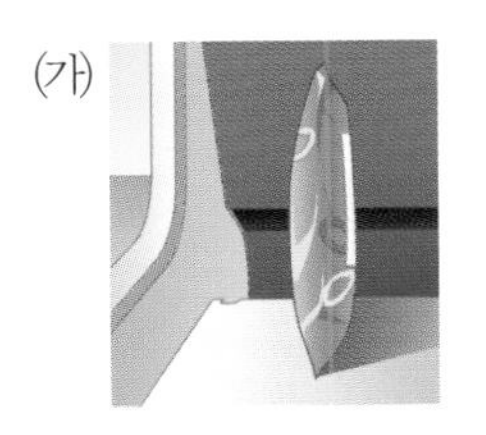
(나)
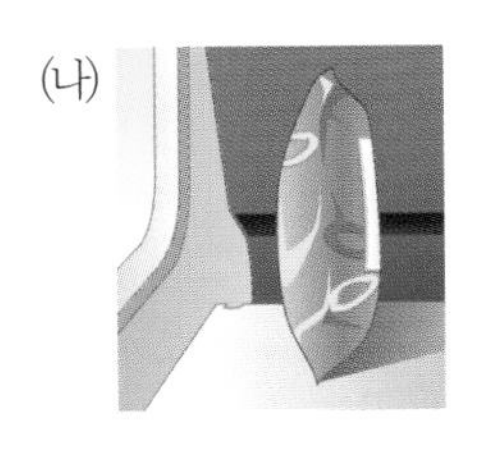

( )

개념 5 온도 변화에 따른 기체의 부피 변화 실험에 대해 묻는 문제

(1) 삼각 플라스크 입구에 고무풍선을 씌운 뒤 삼각 플라스크를 뜨거운 물이 든 수조에 넣으면 고무풍선이 점점 부풀어 오름.
(2) (1)의 삼각 플라스크를 얼음물이 든 수조에 넣으면 고무풍선이 점점 오므라듦.
(3) 물방울이 든 플라스틱 스포이트를 뒤집어서 뜨거운 물이 든 비커에 넣으면 물방울이 위로 올라가고, 얼음물이 든 비커에 넣으면 물방울이 아래로 내려감.
(4) 기체는 온도에 따라 부피가 달라짐. → 온도가 높아지면 기체의 부피는 늘어나고, 온도가 낮아지면 기체의 부피는 줄어듦.

09 다음과 같이 고무풍선을 씌운 삼각 플라스크를 뜨거운 물이 든 수조에 넣으면 고무풍선은 어떻게 변화하는지 쓰시오.

( )

10 다음과 같이 물방울이 든 플라스틱 스포이트를 뒤집어서 뜨거운 물이 든 비커에 넣었습니다. 스포이트 안에 든 물방울의 위치가 어떻게 변화하는지 화살표로 나타내시오.

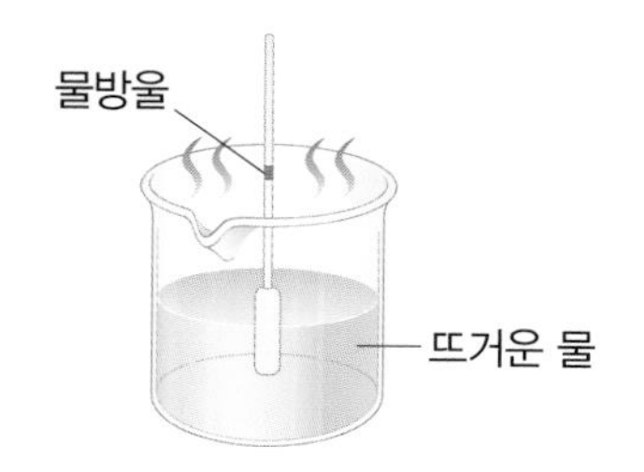

개념 6 생활 속에서 온도 변화에 따라 기체의 부피가 달라지는 현상을 묻는 문제

(1) 뜨거운 음식에 비닐 랩을 씌우면 처음에는 윗면이 부풀어 오르지만, 비닐 랩으로 포장한 음식이 식으면 윗면이 오목하게 들어감.
(2) 마개를 닫은 빈 페트병을 냉장고에 넣고 시간이 지나면 페트병 속 기체의 온도가 낮아져 페트병이 찌그러짐.
(3) 냉장고 안에서 찌그러져 있던 빈 페트병을 밖에 꺼내 놓으면 페트병 속 기체의 온도가 높아져 찌그러진 부분이 펴짐.
(4) 추운 겨울에 농구공을 밖에 오랫동안 놓아두면 처음보다 공이 덜 팽팽해짐.
(5) 비치 볼을 뜨거운 해변에 놓아두면 비치 볼이 팽팽해짐.
(6) 찌그러진 탁구공을 뜨거운 물에 담가두면 펴짐.

11 뜨거운 음식에 비닐 랩을 씌웠더니 다음과 같이 비닐 랩의 윗면이 부풀어 올랐습니다. 이 음식을 냉장고에 넣어두었을 때 일정 시간이 지난 후의 변화를 쓰시오.

( )

12 다음은 우리 생활에서 온도 변화에 따라 기체의 부피가 달라지는 예를 설명한 것입니다. 옳은 것에는 ○표, 옳지 않은 것에는 ×표 하시오.

(1) 마개를 닫은 빈 페트병을 냉장고에 넣고 시간이 지나면 페트병이 찌그러진다. ( )
(2) 추운 겨울에 농구공을 밖에 오랫동안 놓아두면 처음보다 공이 팽팽해진다. ( )
(3) 찌그러진 탁구공을 얼음물에 담가두면 펴진다. ( )

개념 7 공기를 이루는 여러 가지 기체를 묻는 문제

(1) 공기는 여러 가지 기체가 섞여 있는 혼합물임.
(2) 공기는 대부분 질소와 산소로 이루어져 있음.
(3) 공기에는 이 밖에도 이산화 탄소, 수소, 네온, 헬륨, 수증기 등의 여러 가지 기체가 섞여 있음.

13 다음 (   ) 안에 들어갈 말을 바르게 짝 지은 것은 어느 것입니까? (   )

> 공기는 대부분 (㉠)와/과 (㉡)(으)로 이루어져 있다.

	㉠	㉡
①	질소	아르곤
②	이산화 탄소	헬륨
③	산소	수소
④	네온	산소
⑤	질소	산소

14 다음 친구들의 대화를 읽고 옳지 않은 설명을 한 친구의 이름을 쓰시오.

> • 영운: 공기는 여러 가지 기체가 섞여 있는 혼합물이야.
> • 수연: 그렇지 않아. 공기는 산소와 같은 의미야.
> • 진호: 산소는 공기를 이루는 여러 가지 기체 중 하나일 뿐이야.

(   )

개념 8 생활 속에서 이용하는 기체의 쓰임새를 묻는 문제

(1) 질소는 사과와 같은 과일을 신선하게 유지하고 혈액, 세포 등을 보존할 때 이용되며 과자, 차, 분유, 견과류 등을 포장할 때나 비행기 타이어나 자동차 에어백을 채우는 데 이용함.
(2) 산소는 산소 발생기, 고기 포장, 금속의 절단 및 용접, 물질의 연소에 이용됨.
(3) 이산화 탄소는 식물의 생산량을 늘리기 위한 재배, 소화기, 드라이아이스, 탄산음료의 재료, 자동 팽창식 구명조끼에 이용됨.
(4) 수소는 탈 때 물이 생성되고 오염 물질이 나오지 않는 청정 연료임. 수소는 수소 자동차, 수소 자전거 등에도 이용되며 수소 발전소에서 전기를 만드는 데 이용되기도 함.
(5) 네온은 특유의 빛을 내는 조명 기구 및 가게를 홍보하는 네온 광고에 이용됨.
(6) 헬륨은 비행선, 풍선을 공중에 띄우는 용도로 이용되며 목소리를 변조할 수 있음.

15 다음 설명에서 밑줄 친 '이 기체'에 해당하는 것은 어느 것입니까? (   )

> • 이 기체는 탈 때 물이 생성되고 오염 물질이 나오지 않는 청정 연료이다.
> • 이 기체를 이용하여 전기를 생산할 수 있다.

① 헬륨 ② 수소
③ 산소 ④ 질소
⑤ 이산화 탄소

16 다음과 같이 가게를 홍보하는 광고에 이용되는 기체는 무엇인지 쓰시오.

(   )

중단원 실전 문제

01 다음 실험에 대한 친구들의 대화에서 (　　) 안에 들어갈 알맞은 말을 쓰시오.

> (가) 플라스틱 스포이트에 공간을 약간 남기고 물을 채운 뒤에 입구를 손가락으로 막는다.
> (나) 플라스틱 스포이트의 머리 부분을 손가락으로 누르면서 어떤 현상이 일어나는지 관찰한다.

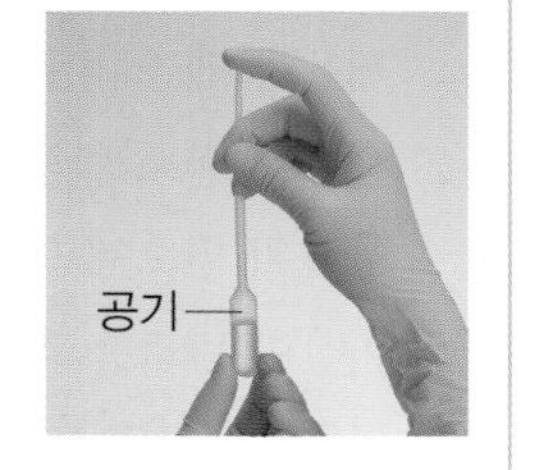

> • 이솔: 플라스틱 스포이트의 머리 부분을 손가락으로 누르면 물이 밀려 올라가.
> • 제연: 다른 쪽 손가락으로 플라스틱 스포이트를 막고 있기 때문에 공기는 빠져나가지 못해.
> • 지혜: 아, 그렇다면 이 실험을 통해서 물이 밀려 올라간 만큼 공기의 (　　　　)이/가 줄어들었다는 것을 알 수 있구나!

(　　　　　　　　)

[02~03] 다음은 주사기의 피스톤을 최대한 뺀 다음 주사기의 입구를 고무마개에 대고 세기를 달리하여 피스톤을 누르는 모습입니다. 물음에 답하시오.

(가)

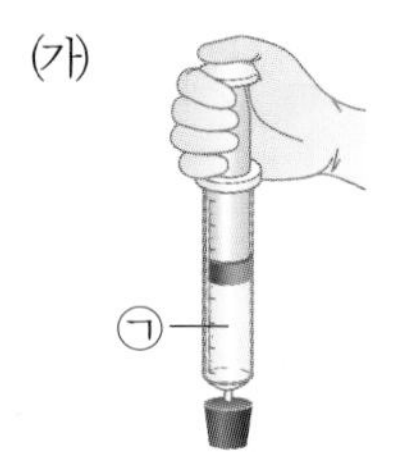
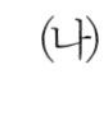

(나)

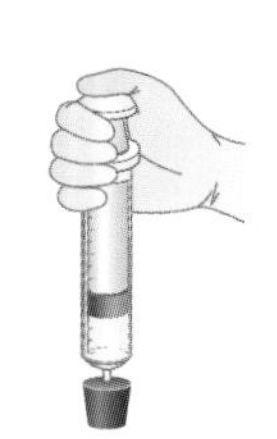

02 위 주사기의 ㉠ 부분에 들어 있는 것은 무엇인지 쓰시오.

(　　　　　　　　)

03 위의 (가)와 (나) 중에서 피스톤을 세게 누른 것은 어느 것인지 기호를 쓰시오.

(　　　　　　　　)

[04~05] 다음은 두 개의 주사기에 물을 각각 40 mL씩 넣고 주사기 입구를 손가락으로 막은 후 주사기 피스톤을 누르는 모습입니다. 물음에 답하시오.

(가)

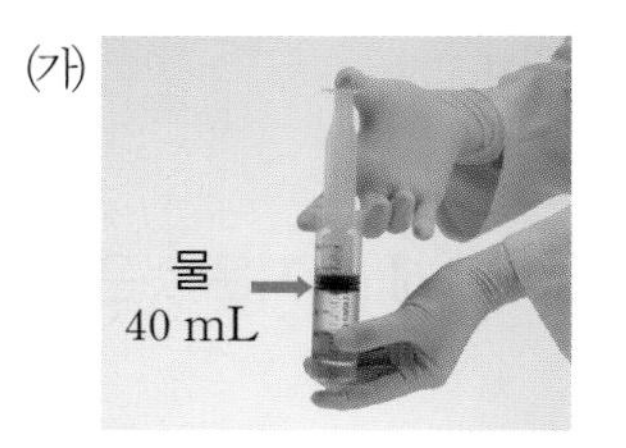

▲ 약하게 눌렀을 때

(나)

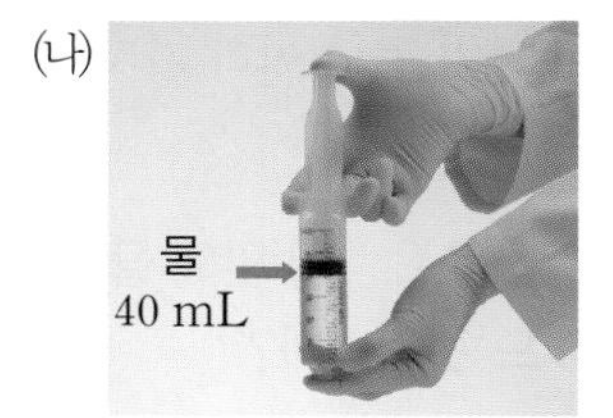

▲ 세게 눌렀을 때

04 위 실험으로 알아보려는 것은 무엇입니까? (　　)

① 압력 변화에 따른 물의 부피 변화
② 압력 변화에 따른 물의 무게 변화
③ 압력 변화에 따른 공기의 부피 변화
④ 온도 변화에 따른 공기의 부피 변화
⑤ 온도 변화에 따른 물의 부피 변화

05 위 실험 결과에 대한 설명으로 옳은 것에 ○표 하시오.

(1) (가)와 (나) 모두 주사기 피스톤이 잘 들어가지 않는다. (　)
(2) (가)는 주사기 피스톤이 잘 들어가지 않지만 (나)는 주사기 피스톤이 잘 들어간다. (　)
(3) (가)는 주사기 피스톤이 잘 들어가지만 (나)는 주사기 피스톤이 잘 들어가지 않는다. (　)

중요

06 압력을 가한 정도에 따라 기체와 액체의 부피가 어떻게 달라지는지 설명한 것으로 옳은 것을 골라 기호를 쓰시오.

> ㉠ 기체와 액체 모두 압력을 세게 가해도 부피가 변하지 않는다.
> ㉡ 기체와 액체 모두 압력을 세게 가할수록 부피가 많이 줄어든다.
> ㉢ 액체는 압력을 가해도 부피가 거의 변하지 않지만 기체는 압력을 가한 정도에 따라 부피가 달라진다.

(　　　　　　　　)

07 높은 산 위에서 빈 페트병을 마개로 닫은 뒤 산 아래로 내려왔더니 페트병이 찌그러져 있었습니다. 페트병이 찌그러진 까닭을 설명한 것으로 옳은 것을 두 가지 고르시오. (　　　,　　　)

① 높은 산 위와 산 아래의 공기 압력이 다르기 때문이다.
② 높은 산 위와 산 아래의 햇빛의 양이 다르기 때문이다.
③ 산 아래에는 압력이 높아서 페트병 안의 공기의 부피가 늘어나기 때문이다.
④ 산 아래에는 압력이 낮아서 페트병 안의 공기의 부피가 줄어들기 때문이다.
⑤ 페트병에 가해지는 압력은 높은 산 위에서보다 산 아래에서 더 높기 때문이다.

⊂서술형⊃
08 땅에 있는 비행기와 하늘을 나는 비행기 안에 있는 과자 봉지의 부피가 다음과 같이 차이나는 까닭을 쓰시오.

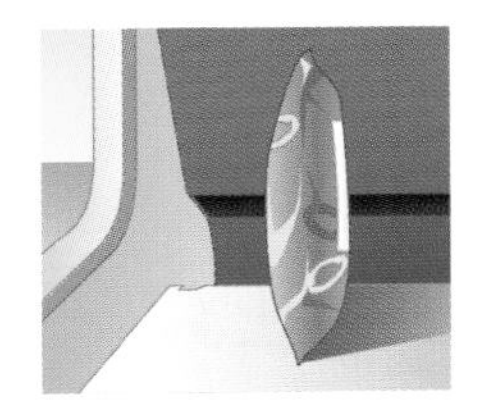

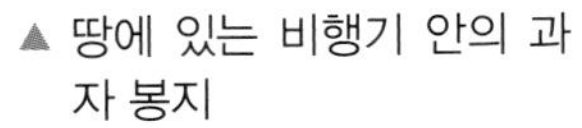
▲ 땅에 있는 비행기 안의 과자 봉지

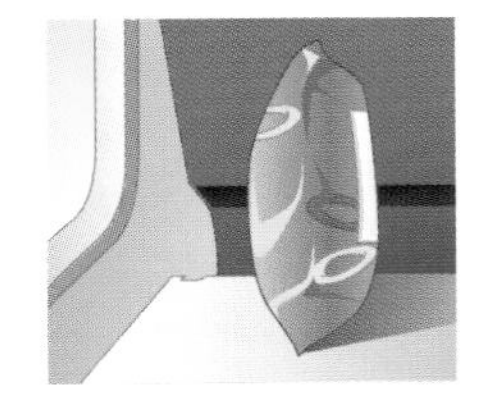
▲ 하늘을 나는 비행기 안의 과자 봉지

____

____

09 압력 변화에 따른 기체의 부피 변화와 관련된 예를 설명한 것으로 옳지 않은 것에 ×표 하시오.

(1) 축구공을 강하게 차면 순간적으로 공이 찌그러진다. (　　)
(2) 부풀어 오른 에어백에 충격이 가해지면 부피가 줄어든다. (　　)
(3) 풍선 놀이 틀에 올라서면 풍선 놀이 틀의 부피가 줄어든다. (　　)
(4) 마개를 닫은 빈 페트병을 가지고 바닷속 깊이 들어가면 빈 페트병이 부풀어 오른다. (　　)

10 다음 보기 중에서 압력이 낮아져 기체의 부피가 늘어나는 예를 골라 기호를 쓰시오.

보기
㉠ 샴푸통이나 보습제 통의 꼭지를 누르면 내용물이 바깥으로 나온다.
㉡ 물속에서 잠수부가 내뿜은 공기 방울은 수면에 가까워질수록 점점 커진다.
㉢ 건물에서 화재가 발생했을 때 공기 안전 매트로 뛰어내리면 공기 안전 매트가 움푹 들어간다.

(　　　　　　　　　　)

11 다음은 하늘로 올라간 풍선이 터지는 과정을 설명한 것입니다. (　　) 안에 들어갈 알맞은 말을 골라 ○표 하시오.

높은 곳에 올라가면 풍선에 가해지는 공기의 압력이 낮아진다. 그러므로 하늘로 올라갈수록 풍선 안쪽 공기의 부피는 점점 (줄어들기 , 늘어나기) 때문에 풍선은 터지게 된다.

12 다음은 고무풍선을 씌운 삼각 플라스크를 뜨거운 물과 얼음물이 들어 있는 수조에 각각 넣어 보는 실험입니다. 이때 고무풍선이 부풀어 오르는 것의 기호를 쓰시오.

(가)

(나)

(　　　　　　　　　　)

[13~16] 오른쪽은 물방울이 든 플라스틱 스포이트를 뒤집어서 뜨거운 물이 든 비커와 얼음물이 든 비커에 각각 넣어 보는 실험입니다. 물음에 답하시오.

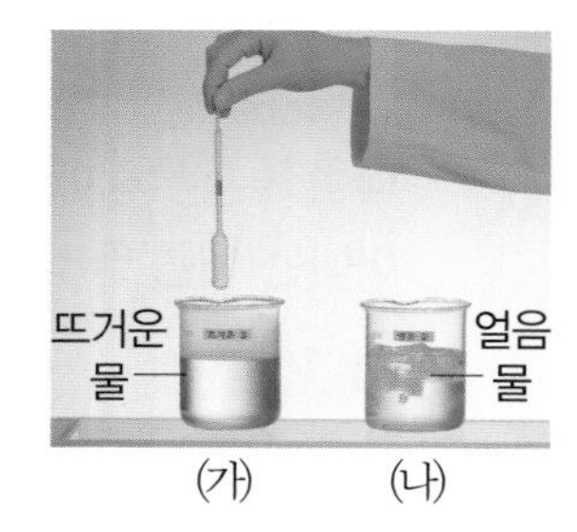

13 다음은 위 실험이 무엇을 알아보려는 것인지에 대한 친구들의 대화입니다. (   ) 안에 공통으로 들어갈 알맞은 말을 쓰시오.

- 예진: 이 실험은 압력 변화에 따른 기체의 부피 변화를 알아보는 실험이야.
- 해경: 실험에서 다르게 한 조건이 뜨거운 물과 얼음물이라는 조건인 것으로 보아 압력에 따른 기체의 부피 변화를 알아보는 실험은 아닌 것 같아.
- 해선: 맞아. 뜨거운 물과 얼음물은 (   ) 차이가 나니까, 이 실험은 (   ) 변화에 따른 기체의 부피 변화를 알아보려는 실험이야.

(   )

14 위 실험을 할 때 유의해야 할 점을 설명한 것으로 옳은 것을 골라 기호를 쓰시오.

㉠ 물방울이 잘 보이도록 스포이트 안에 물을 많이 넣는다.
㉡ 스포이트 머리 부분을 살짝 눌렀다가 떼는 것이 좋다.
㉢ 물방울이 든 플라스틱 스포이트를 뒤집지 않은 채로 실험하는 것이 결과를 확인하기에 더 알맞다.

(   )

15 위 실험 결과 스포이트 안에 든 물방울이 처음보다 아래로 내려가는 것은 어느 비커에 넣었을 때인지 기호를 쓰시오.

(   )

⊂중요⊃

16 앞 실험을 통해 알게 된 사실로 옳은 것은 어느 것입니까? (   )

① 기체의 부피는 온도가 높아지면 늘어난다.
② 액체의 부피는 온도가 높아지면 늘어난다.
③ 기체의 부피는 온도의 영향을 받지 않는다.
④ 기체의 부피는 압력을 세게 가하면 많이 줄어든다.
⑤ 액체의 부피는 압력을 세게 가하면 많이 줄어든다.

⊂서술형⊃

17 찌그러진 탁구공을 뜨거운 물 위에 올려놓았더니 다음과 같이 찌그러진 부분이 펴졌습니다. 탁구공에 변화가 생긴 까닭을 쓰시오.

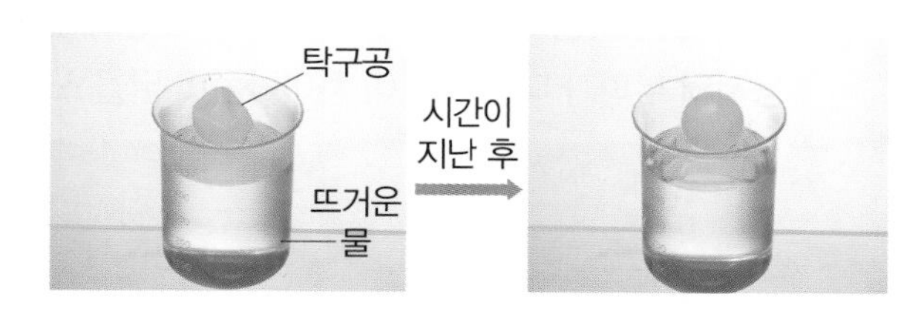

____

____

18 냉장고 안에서 찌그러져 있던 페트병을 냉장고 밖에 꺼내 놓았을 때 페트병 속 기체의 온도 변화와 그에 따른 페트병의 변화를 바르게 짝 지은 것은 어느 것입니까? (   )

	페트병 속 기체의 온도	페트병의 모양
①	높아진다.	펴진다.
②	높아진다.	변화 없다.
③	높아진다.	더 찌그러진다.
④	낮아진다.	더 찌그러진다.
⑤	낮아진다.	변화 없다.

ㄷ서술형ㄷ

19 젤리를 만들기 위해 재료를 뜨거운 물에 녹인 뒤 젤리가 담긴 컵을 비닐 랩으로 씌워 냉장고에 넣어두었습니다. 시간이 지난 뒤 살펴보니 비닐 랩이 오목하게 들어갔습니다. 비닐 랩이 오목하게 들어간 까닭을 쓰시오.

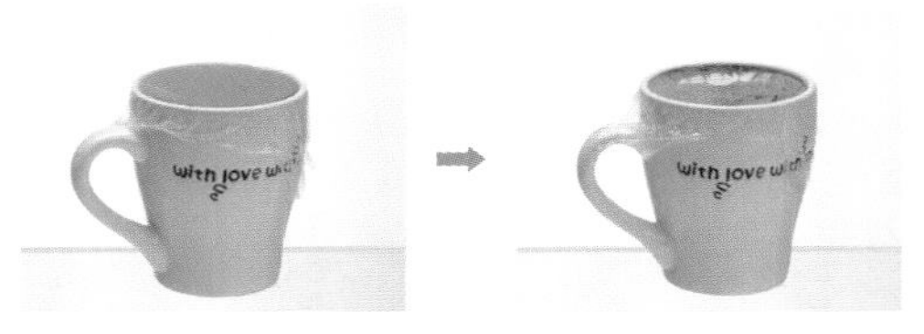

▲ 냉장고에 넣기 전과 넣은 후 비닐 랩의 모습

____

____

20 온도 변화에 따라 기체의 부피가 어떻게 달라지는지 바르게 설명한 것을 모두 고른 것은 어느 것입니까? (　　)

> ㉠ 추운 겨울에 농구공을 밖에 오랫동안 놓아두면 공이 덜 팽팽하다.
> ㉡ 뜨거운 음식을 비닐랩으로 포장하면 비닐랩이 오목하게 들어간다.
> ㉢ 여름철 비치 볼을 뜨거운 해변에 놓아두면 비치 볼이 팽팽해진다.
> ㉣ 여름철과 같이 기온이 높은 계절에는 타이어 안 공기의 부피가 커지기 때문에 겨울철보다 공기를 조금 더 넣어 주어야 한다.

① ㉠, ㉡　　② ㉠, ㉢
③ ㉡, ㉣　　④ ㉠, ㉡, ㉣
⑤ ㉠, ㉡, ㉢, ㉣

21 공기의 대부분을 이루고 있는 기체 두 가지를 보기 에서 골라 기호를 쓰시오.

보기

㉠ 수소	㉡ 헬륨	㉢ 산소
㉣ 질소	㉤ 네온	㉥ 이산화 탄소

(　　　　,　　　　)

ㄷ중요ㄷ

22 다음 중 생활 속에서 질소가 이용되는 예로 옳지 않은 것은 어느 것입니까? (　　)

① 혈액, 세포 등을 보존할 때
② 분유나 견과류를 포장할 때
③ 금속을 절단하거나 용접할 때
④ 과일을 신선하게 유지시킬 때
⑤ 타이어나 자동차 에어백을 채울 때

ㄷ서술형ㄷ

23 다음과 같은 과자 봉지를 산소로 채웠을 때 나타날 수 있는 현상을 쓰시오.

____

____

24 다음에서 설명하는 기체는 어느 것입니까? (　　)

> • 냉각제로 사용되기도 한다.
> • 목소리를 변조하는 데 이용된다.
> • 비행선이나 풍선을 공중에 띄우는 용도로 이용된다.

① 산소　　② 질소
③ 헬륨　　④ 아르곤
⑤ 이산화 탄소

서술형·논술형 평가 돋보기

학교에서 출제되는 서술형·논술형 평가를 미리 준비하세요.

연습 문제

🔍 문제 해결 전략
기체는 압력을 가한 정도에 따라 부피가 변화하는 정도가 달라집니다.

🔍 핵심 키워드
압력, 기체, 부피

1 다음은 압력 변화에 따른 기체의 부피 변화를 관찰하는 실험 결과입니다. 물음에 답하시오.

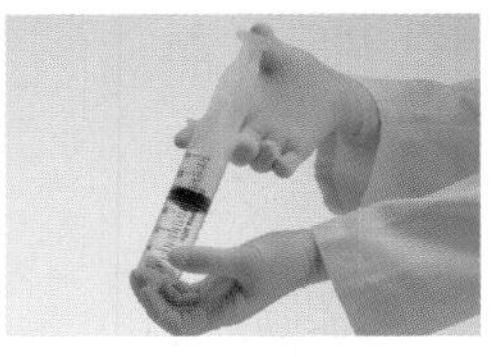

▲ 공기 40 mL를 넣은 주사기 피스톤을 약하게 눌렀을 때

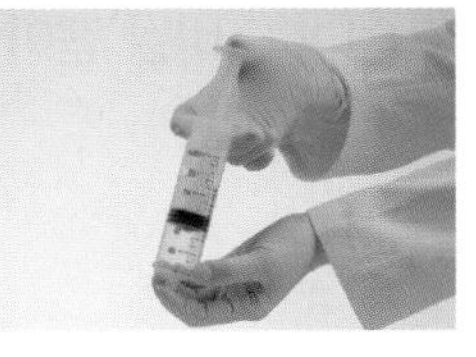

▲ 공기 40 mL를 넣은 주사기 피스톤을 세게 눌렀을 때

(1) 주사기 피스톤을 약하게 누를 때와 세게 누를 때 주사기 피스톤은 각각 어떻게 되는지 쓰시오.

주사기 피스톤을 약하게 누르면 주사기 피스톤은 (　　　　) 들어가고,
주사기 피스톤을 세게 누르면 주사기 피스톤은 (　　　　) 들어간다.

(2) 위 실험 결과로 알 수 있는 사실을 쓰시오.

기체에 압력을 가한 정도에 따라 부피가 (　　　　　　).

🔍 문제 해결 전략
기체는 온도에 따라 부피가 달라집니다. 온도에 따라 고무풍선의 부풀어 오른 정도를 비교하여 기체의 부피 변화를 알 수 있습니다.

🔍 핵심 키워드
온도, 기체, 부피

2 다음은 온도에 따른 기체의 부피 변화를 알아보는 실험입니다. 물음에 답하시오.

[준비물] 삼각 플라스크, 고무풍선, 뜨거운 물, 얼음물, 수조
[실험 방법]

① 삼각 플라스크 입구에 고무풍선을 씌운 뒤 삼각 플라스크를 (㉠)이 담긴 수조에 넣고 고무풍선의 변화를 관찰한다.

② ①의 과정에서 부풀어 오른 고무풍선을 얼음물이 담긴 수조에 넣고 고무풍선의 변화를 관찰한다.

(1) 위의 ㉠에 들어갈 알맞은 말을 쓰시오.

(　　　　　　　　　)

(2) 위의 실험 결과 온도 변화에 따라 기체의 부피가 어떻게 달라지는지 쓰시오.

기체의 부피는 온도가 (　　　　) 늘어나고, 온도가 (　　　　) 줄어든다.

정답과 해설 29쪽

실전 문제

1 플라스틱 스포이트에 약간의 공간을 남기고 물을 채운 뒤 손가락으로 입구를 막고 뒤집어 머리 부분을 눌러 보았습니다. 실험 결과를 설명하고, 공기의 부피는 어떻게 달라지는지 쓰시오.

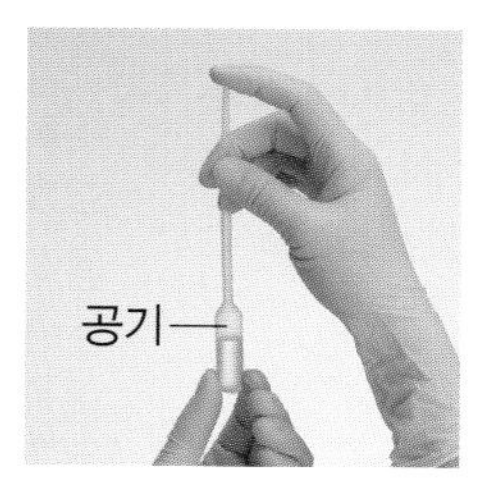

2 주사기 한 개에는 공기 40 mL, 다른 주사기 한 개에는 물 40 mL를 넣은 뒤, 주사기 입구를 손가락으로 막고 피스톤을 약하게 혹은 세게 눌러 각각의 주사기에서 일어나는 변화를 관찰하였습니다. 이 실험을 통해 알 수 있는 사실을 쓰시오.

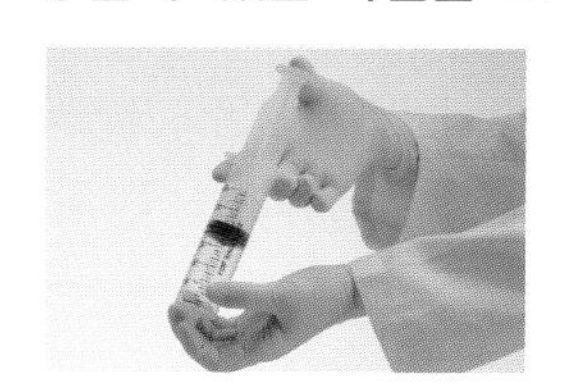
▲ 공기 40 mL를 넣은 주사기 피스톤을 약하게 눌렀을 때

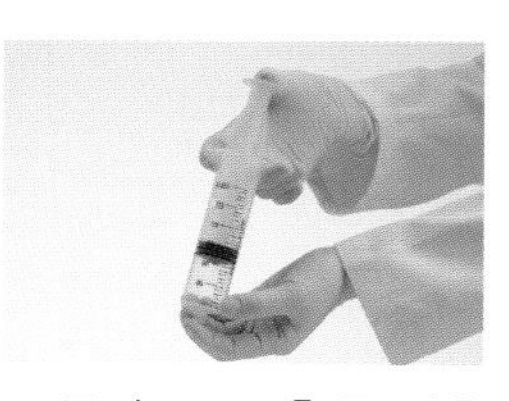
▲ 공기 40 mL를 넣은 주사기 피스톤을 세게 눌렀을 때

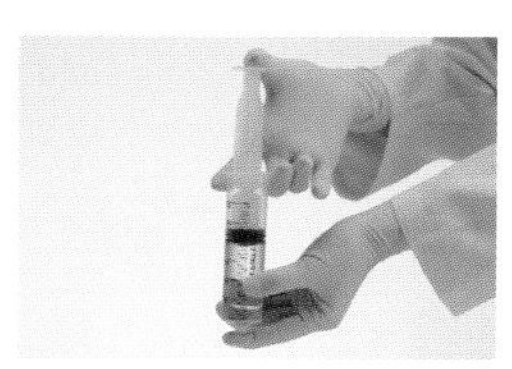
▲ 물 40 mL를 넣은 주사기 피스톤을 약하게 눌렀을 때

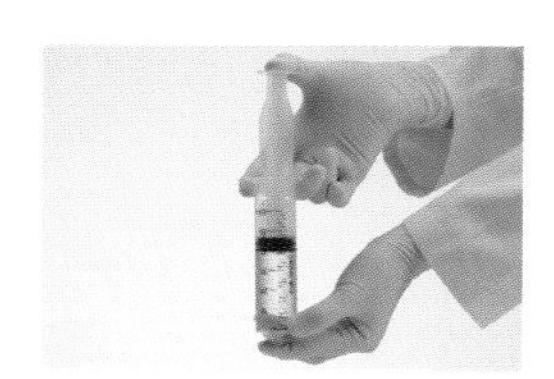
▲ 물 40 mL를 넣은 주사기 피스톤을 세게 눌렀을 때

3 높은 산 위에서 빈 페트병을 마개로 닫은 뒤 산 아래로 내려왔더니 페트병이 찌그러져 있었습니다. 페트병이 찌그러진 까닭을 보기 의 말을 포함하여 쓰시오.

보기

산 위, 산 아래, 압력

4 그림과 같이 찌그러진 탁구공을 펴려고 합니다. (가)와 (나) 중 어느 물에 넣어야 하는지 고르고, 그렇게 생각한 까닭을 쓰시오.

(가)

(나)

대단원 정리 학습

이 단원의 핵심 개념을 정리해 보세요.

1 산소와 이산화 탄소

• 산소와 이산화 탄소의 발생과 성질

구분	산소	이산화 탄소
발생	묽은 과산화 수소수와 이산화 망가니즈가 만나면 산소가 발생함.	진한 식초와 탄산수소 나트륨이 만나면 이산화 탄소가 발생함.
성질	• 색깔과 냄새가 없음. • 다른 물질이 타는 것을 도움. • 금속을 녹슬게 함.	• 색깔과 냄새가 없음. • 다른 물질이 타는 것을 막음. • 석회수를 뿌옇게 만듦.

• 산소와 이산화 탄소의 이용

산소	이산화 탄소
• 등산할 때나 병원에서 환자를 치료할 때 사용하는 산소 호흡 장치나 산소 캔 등에 넣어 이용됨. • 물질을 연소시킬 때 이용됨.	• 소화기, 소화제, 탄산음료의 재료로 이용됨. • 음식물을 차갑게 보관하는 드라이아이스로 만들어 이용됨.

2 압력과 온도 변화에 따른 기체의 부피 변화

• 압력 변화에 따른 기체의 부피 변화

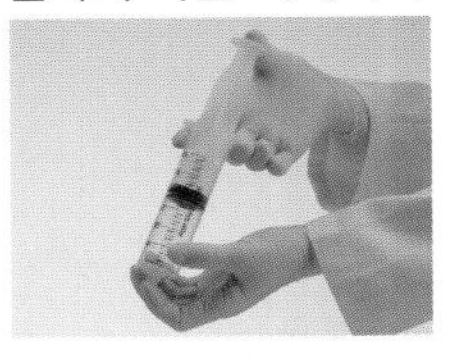

▲ 압력을 약하게 가하면 공기의 부피가 조금 줄어듦.

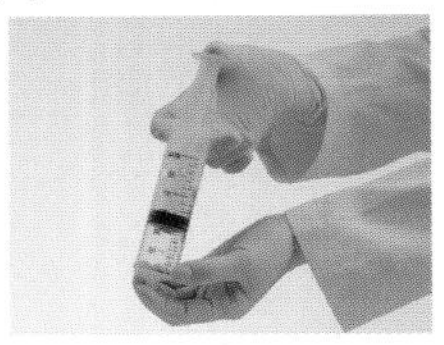

▲ 압력을 세게 가하면 공기의 부피가 많이 줄어듦.

➡ 기체의 부피는 압력을 약하게 가하면 조금 줄어들고, 압력을 세게 가하면 많이 줄어듦.

• 온도 변화에 따른 기체의 부피 변화

▲ 뜨거운 물에 넣으면 고무풍선이 부풀어 오름.

▲ 얼음물에 넣으면 고무풍선이 오므라듦.

➡ 기체의 부피는 온도가 높아지면 늘어나고, 온도가 낮아지면 줄어듦.

3 공기를 이루는 여러 가지 기체

• 공기는 여러 가지 기체가 섞여 있는 혼합물로, 대부분 질소와 산소로 이루어져 있음.
• 생활 속에서 공기를 이루는 기체의 쓰임새

질소	산소	이산화 탄소	수소	네온	헬륨
식품의 내용물을 보존하거나 신선하게 보관하는 데 이용됨.	응급 환자를 위한 호흡 장치나 고기 포장 등에 이용됨.	식물의 생산량을 늘리기 위한 재배에 이용됨.	청정 연료로 전기를 발생시키는 데 이용됨.	특유의 빛을 내는 조명 기구나 네온 광고에 이용됨.	비행선, 풍선을 공중에 띄울 때나 냉각제로 이용됨.

대단원 마무리

4. 여러 가지 기체

01 다음은 기체 발생 장치를 만드는 과정을 순서 없이 나타낸 것입니다. 순서에 맞게 (　　) 안에 알맞은 기호를 쓰시오.

> (가) 짧은 고무관을 끼운 깔때기를 스탠드의 링에 설치하고, 고무관에 핀치 집게를 끼운다.
> (나) 깔때기에 연결한 고무관을 고무마개에 끼운 유리관과 연결한다.
> (다) 유리관을 끼운 고무마개로 가지 달린 삼각 플라스크의 입구를 막는다.
> (라) 물을 $\frac{2}{3}$정도 담은 수조에 물을 가득 채운 집기병을 거꾸로 세워, ㄱ자 유리관을 집기병 입구에 넣는다.
> (마) 가지 달린 삼각 플라스크의 가지 부분에 긴 고무관을 끼우고, 고무관 끝에 ㄱ자 유리관을 연결한다.

(가) – (　　) – (　　) – (　　) – (라)

02 기체 발생 장치에서 오른쪽과 같은 핀치 집게를 사용하는 까닭으로 옳은 것에 ○표, 옳지 않은 것에 ×표 하시오.

(1) 기체 발생 시 역류를 방지하기 위해서 (　　)
(2) 유리관과 고무마개를 고정하기 위해서 (　　)
(3) 깔때기에서 가지 달린 삼각 플라스크로 흘러들어가는 물질의 양을 조절하기 위해서 (　　)

03 기체 발생 장치를 만들 때 ㄱ자 유리관을 집기병에 바르게 장치한 것을 골라 기호를 쓰시오.

㉠
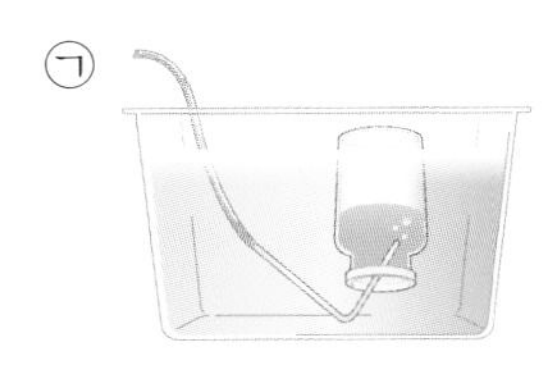
㉡
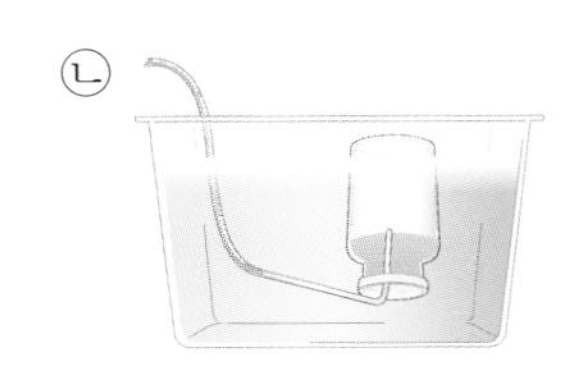

(　　　　)

[04~07] 다음 기체 발생 장치를 이용하여 산소를 발생시키려고 합니다. 물음에 답하시오.

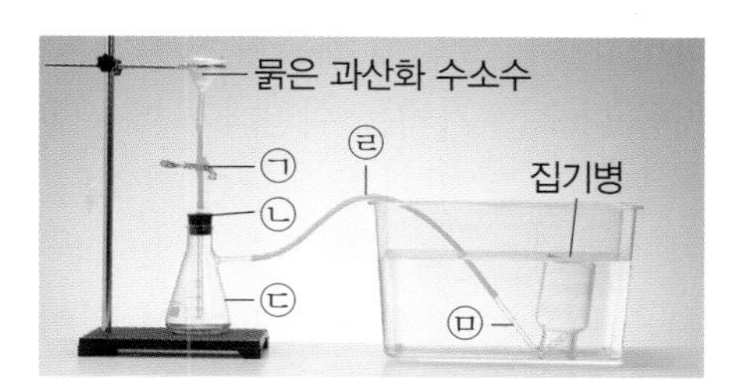

04 위 기체 발생 장치의 ㉢에 넣을 물질로 알맞은 것은 어느 것입니까? (　　)

① 진한 식초
② 조개껍데기
③ 달걀 껍데기
④ 드라이아이스
⑤ 물＋이산화 망가니즈

05 위 기체 발생 장치의 깔때기에 넣은 묽은 과산화 수소수를 조금씩 흘려 보냈을 때, 기체가 발생하고 있다는 것을 알 수 있는 사실로 옳은 것을 모두 고르시오.

(　　　　)

① ㉢에서 거품이 발생한다.
② ㉣에 산소가 지나가는 것이 보인다.
③ 집기병 속 물의 양이 점점 줄어든다.
④ ㉤의 끝에서 거품이 하나둘씩 나온다.
⑤ 집기병 속 물의 색깔이 푸른색으로 변한다.

06 위 기체 발생 장치에서 발생한 기체를 집기병 안에 모을 때 집기병 안에 넣는 관은 어느 것인지 그 기호와 이름을 바르게 연결한 것은 어느 것입니까? (　　)

① ㉠ – 핀치 집게
② ㉡ – 고무마개
③ ㉢ – 가지 달린 삼각 플라스크
④ ㉣ – 고무관
⑤ ㉤ – ㄱ자 유리관

07 앞의 실험에서 집기병에 기체를 모을 때 처음 나오는 기체는 버리고 다시 모읍니다. 이렇게 하는 까닭으로 옳은 것은 어느 것입니까? (　　　)

① 과학자들이 그렇게 해왔기 때문에
② 처음 나오는 기체는 위험하기 때문에
③ 처음 나오는 기체는 이산화 탄소의 비율이 높기 때문에
④ 처음 나오는 기체는 물과 섞여 있어서 순수한 기체가 아니기 때문에
⑤ 처음 나오는 기체는 가지 달린 삼각 플라스크 안에 있던 공기이기 때문에

08 다음 중 산소의 성질로 옳은 것은 어느 것입니까? (　　　)

① 흰색이다.
② 스스로 잘 탄다.
③ 달콤한 냄새가 난다.
④ 자세히 관찰하면 눈에 보인다.
⑤ 다른 물질이 타는 것을 돕는다.

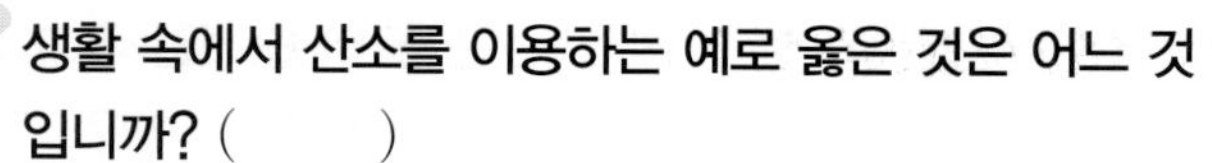

중요
09 생활 속에서 산소를 이용하는 예로 옳은 것은 어느 것입니까? (　　　)

① 과자를 포장하는 데 이용한다.
② 불을 끄는 소화기에 이용한다.
③ 금속을 자르거나 붙일 때 이용한다.
④ 풍선을 공중으로 띄우는 데 이용한다.
⑤ 탄산음료의 톡 쏘는 맛을 내기 위해 이용한다.

10 공기 중에 있는 산소의 양이 지금보다 더 많아지면 생길 수 있는 일을 보기 에서 모두 골라 기호를 쓰시오.

보기
㉠ 불을 끄기 어려울 것이다.
㉡ 금속이 더 빨리 녹슬 것이다.
㉢ 동물의 크기가 작아질 것이다.
㉣ 숨을 쉬는 횟수가 줄어들 것이다.

(　　　　　　　　　　)

[11~12] 다음 기체 발생 장치를 보고, 물음에 답하시오.

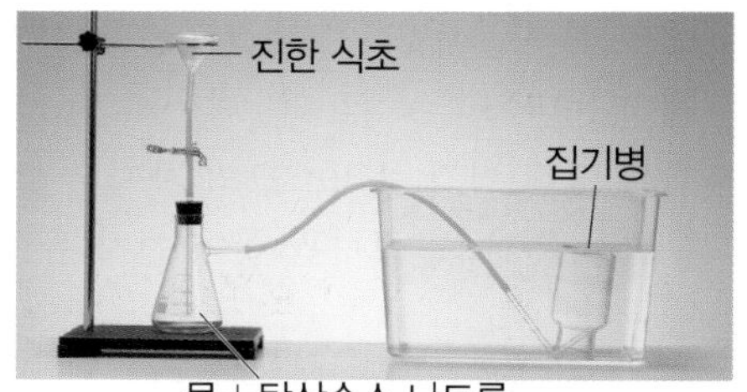

11 위 장치를 통해 발생하는 기체에 관해 바르게 말한 친구는 누구인지 모두 고르시오. (　　　　　)

① 정인: 시큼한 냄새가 나는 기체야.
② 민정: 이 기체로 드라이아이스를 만들 수 있어.
③ 민수: 보통 물질을 더 잘 타게 하려고 할 때 이 기체를 사용해.
④ 아진: 이 기체가 모인 집기병에 석회수를 넣으면 석회수가 뿌옇게 돼.
⑤ 수훈: 흰 종이를 대서 색깔을 확인해 보면 연한 노란색이라는 것을 알 수 있어.

12 위 실험에서 탄산수소 나트륨 대신 넣을 수 있는 물질끼리 바르게 짝 지은 것은 어느 것입니까? (　　　)

① 꽃잎, 분필
② 시트르산, 비누
③ 달걀 껍데기, 식초
④ 대리석, 조개껍데기
⑤ 이산화 망가니즈, 묽은 과산화 수소수

13 다음은 탄산음료에 대한 친구들의 대화입니다. 바르지 않은 내용을 말한 친구의 이름을 쓰시오.

- 은진: 용기 뚜껑을 열면 '칙!' 하는 소리가 나.
- 지빈: 흔들면 거품이 생기기도 해.
- 재민: 빨대를 꽂으면 빨대에 기포들이 달라붙어.
- 윤지: 너희가 이야기한 것은 탄산음료 안에 산소가 녹아 있기 때문에 나타나는 현상이야.

( )

14 생활 속에서 이산화 탄소를 모을 수 있는 방법으로 옳지 않은 것을 골라 기호를 쓰시오.

㉠ 드라이아이스에서 발생한 기체를 모은다.
㉡ 탄산음료를 흔들어 이산화 탄소를 모은다.
㉢ 묽은 염산과 비누를 섞어 발생하는 기체를 모은다.
㉣ 레몬즙과 탄산수소 나트륨을 섞어 발생하는 기체를 모은다.

( )

⊂서술형⊃

15 이산화 탄소를 모은 집기병에 향불을 넣었더니 향불이 꺼졌습니다. 이를 통해 알 수 있는 이산화 탄소의 성질과 이러한 성질을 생활 속에서 어떻게 이용하는지 쓰시오.

____

____

[16~17] 다음은 압력 변화에 따른 기체와 액체의 부피 변화를 알아보는 실험입니다. 물음에 답하시오.

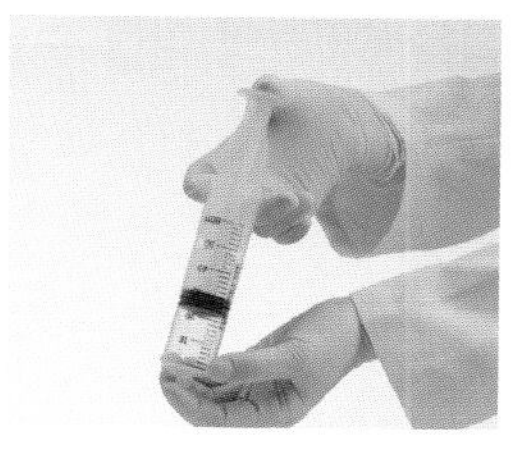
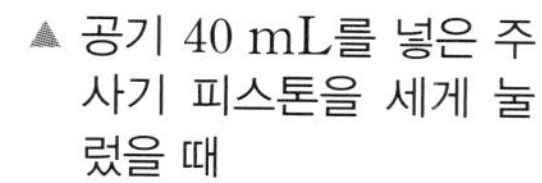
▲ 공기 40 mL를 넣은 주사기 피스톤을 세게 눌렀을 때

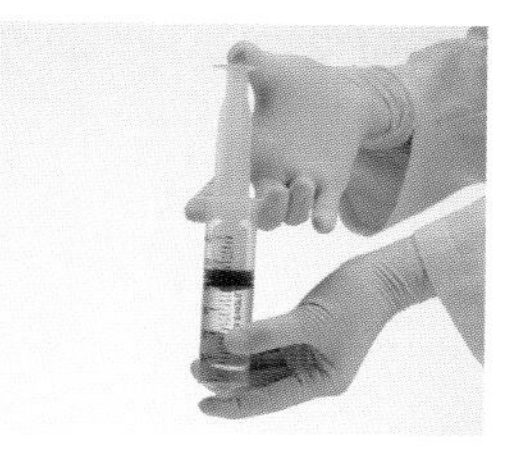
▲ 물 40 mL를 넣은 주사기 피스톤을 세게 눌렀을 때

⊂중요⊃

16 위 실험의 결과를 바르게 설명한 친구의 이름을 쓰시오.

- 여빈: 공기를 넣은 주사기의 부피는 많이 줄어들어.
- 제효: 물을 넣은 주사기의 부피도 많이 줄어들어.

( )

⊂서술형⊃

17 위 16번의 대화 중 바르지 않게 말한 친구의 내용을 바르게 고쳐 쓰시오.

____

____

18 오른쪽과 같이 바닷속에서 잠수부의 날숨으로 생긴 공기 방울은 물 표면으로 올라갈수록 더 크게 부풀어 오릅니다. 이런 현상이 생기는 까닭으로 옳은 것에 ○표 하시오.

(1) 수면 가까이 올라갈수록 물의 온도가 높아지기 때문이다. ( )
(2) 수면 가까이 올라갈수록 물의 압력이 높아지기 때문이다. ( )
(3) 수면 가까이 올라갈수록 물의 압력이 낮아지기 때문이다. ( )

ㄷ서술형ㄷ

19 다음은 고무풍선을 씌운 삼각 플라스크를 뜨거운 물에 넣었다가 얼음물에 넣었을 때의 결과입니다. 이 실험의 결과로 알 수 있는 점을 보기 의 말을 포함하여 쓰시오.

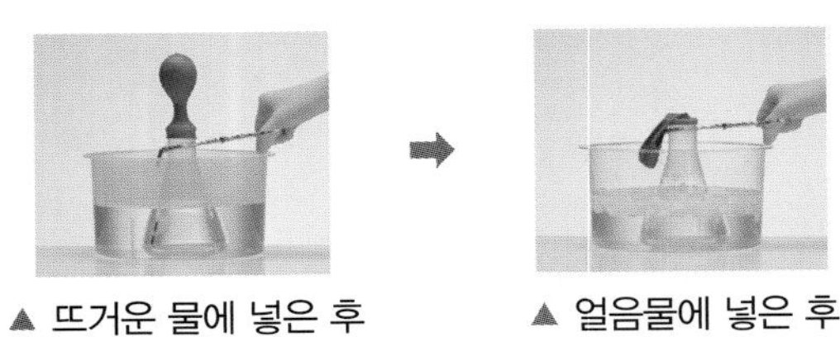

▲ 뜨거운 물에 넣은 후 ➡ ▲ 얼음물에 넣은 후

보기

기체 부피 온도

____

____

20 오른쪽과 같이 물방울이 든 플라스틱 스포이트를 거꾸로 세워 뜨거운 물이 든 비커에 넣었을 때의 결과를 정리한 것입니다. ( ) 안에 들어갈 알맞은 말을 골라 ○표 하시오.

스포이트 안에 든 물방울이 처음보다 ㉠(올라간다 , 내려간다). 이것으로 보아 온도가 높아지면 기체의 부피가 ㉡(줄어든다 , 늘어난다) 것을 알 수 있다.

21 냉장고에서 찌그러진 페트병을 냉장고 바깥에 놓아두고 일정 시간이 지났을 때의 결과와 그에 대한 설명으로 옳은 것은 어느 것입니까? ( )

① 아무런 변화가 없다.
② 페트병이 더 찌그러진다.
③ 찌그러진 페트병이 펴진다.
④ 페트병 속 기체의 부피가 줄어든다.
⑤ 페트병 속 기체의 부피 변화는 냉장고 안과 바깥의 압력 차이 때문에 생긴다.

22 다음 중 공기에 대한 설명으로 알맞지 않은 것을 두 가지 고르시오. (,)

① 여러 가지 기체가 섞인 혼합물이다.
② 공기는 마음만 먹으면 만질 수 있다.
③ 공기를 이루는 기체에는 색깔이 있다.
④ 대부분 질소와 산소로 이루어져 있다.
⑤ 공기를 구성하는 기체는 생활 속에서 다양하게 이용된다.

23 다음의 과자 봉지처럼 음식을 신선하게 보존하기 위해 포장할 때 이용하는 기체는 무엇인지 쓰시오.

( )

24 다음 기체 중에서 비행선이나 풍선 등을 공중에 띄우는 데 이용하거나 목소리를 변조하는 데 이용되는 기체는 어느 것입니까? ( )

① 수소 ② 헬륨
③ 질소 ④ 네온
⑤ 아르곤

25 다음에서 설명하는 기체는 무엇인지 쓰시오.

- 석회수를 뿌옇게 만든다.
- 식물의 생산량을 늘리기 위한 재배에 이용된다.
- 소화기, 드라이아이스, 탄산음료의 재료로 쓰인다.
- 자동 팽창식 구명조끼는 물이 닿으면 이 기체가 분사되어 팽창된다.

( )

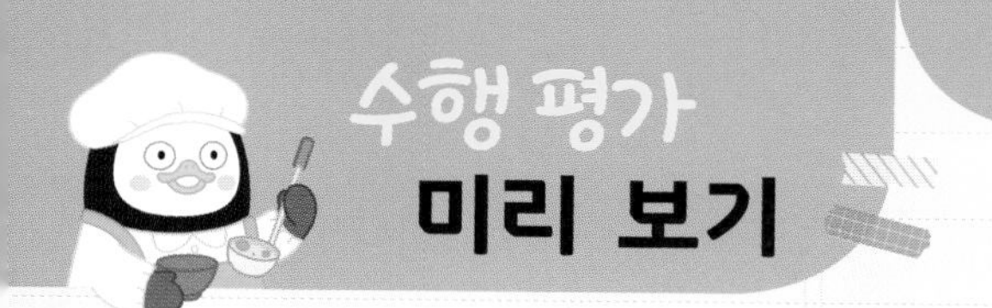

정답과 해설 31쪽

1 다음 기체 발생 장치를 보고, 물음에 답하시오.

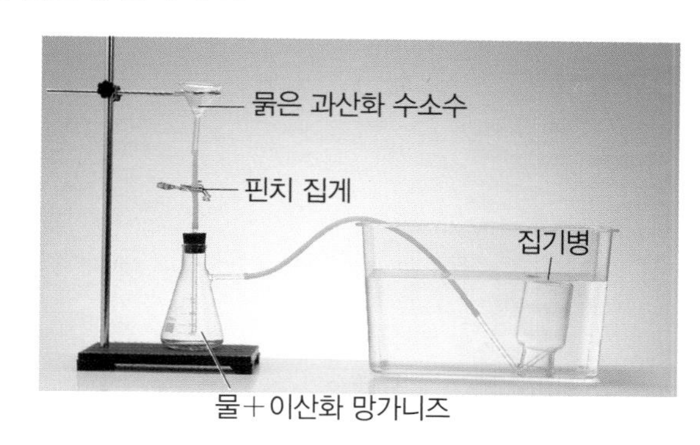

(1) 위 실험에서 핀치 집게를 조절하여 묽은 과산화 수소수를 조금씩 흘려 보냈을 때 집기병에 모이는 기체는 무엇인지 쓰시오.

( )

(2) 위 기체 발생 장치로 모은 기체에 향불을 넣었을 때 어떤 변화가 일어나는지 쓰시오.

2 다음은 공기를 이루는 여러 가지 기체를 생활에서 이용하는 예입니다.

㉠

▲ 식물을 키우는 데 이용함.

㉡

▲ 풍선을 공중에 띄울 때 이용함.

㉢

▲ 조명 기구나 광고에 이용함.

(1) 그림과 관련 있는 기체의 종류를 각각 쓰시오.

㉠ ( ), ㉡ ( ), ㉢ ( )

(2) 위 예시 외에 공기를 이루는 여러 가지 기체가 일상생활에서 활용되는 예를 쓰시오.

5 단원

빛과 렌즈

도시의 야경이나 불꽃놀이를 사진기로 촬영해 본 적이 있나요? 사진기로 촬영할 수 있는 까닭은 사진기에 볼록 렌즈가 들어 있기 때문이에요. 볼록 렌즈는 빛이나 물체에서 반사된 빛을 모아 물체의 모습이 담긴 사진이나 화면을 얻기 위해 사용돼요.

이 단원에서는 프리즘을 이용해 햇빛이 여러 가지 빛깔로 이루어진 것을 알아보고, 빛이 공기와 물의 경계에서 굴절되는 현상을 알아봅니다. 또한 볼록 렌즈를 사용해 물체의 모습을 관찰해 보고, 우리 생활에서 볼록 렌즈를 이용한 기구와 그 쓰임새를 알아봅니다.

단원 학습 목표

(1) 빛의 굴절
- 햇빛이 프리즘을 통과했을 때 나타나는 현상을 알아봅니다.
- 빛이 공기와 물의 경계에서 나아가는 모습과 빛의 굴절에 대해 알아봅니다.

(2) 볼록 렌즈
- 볼록 렌즈의 모양과 특징을 알아봅니다.
- 햇빛이 볼록 렌즈를 통과하면서 나타나는 현상을 평면 유리와 비교해 봅니다.
- 볼록 렌즈를 이용해 간이 사진기를 만들고, 볼록 렌즈를 이용한 기구의 이름과 쓰임새를 알아봅니다.

단원 진도 체크

회차	학습 내용		진도 체크
1차	(1) 빛의 굴절	교과서 내용 학습 + 핵심 개념 문제	✓
2차		중단원 실전 문제 + 서술형·논술형 평가 돋보기	✓
3차	(2) 볼록 렌즈	교과서 내용 학습 + 핵심 개념 문제	✓
4차			✓
5차		중단원 실전 문제 + 서술형·논술형 평가 돋보기	✓
6차	대단원 정리 학습 + 대단원 마무리 + 수행 평가 미리 보기		✓

해당 부분을 공부한 후 ✓표를 하세요.

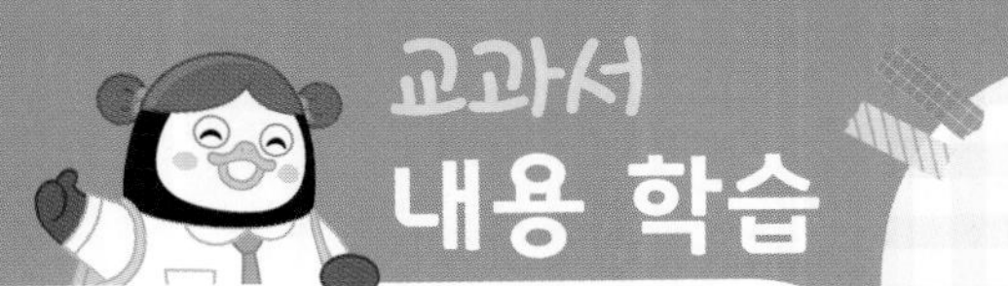

(1) 빛의 굴절

▶ 프리즘

유리나 플라스틱 등으로 만든 투명한 삼각기둥 모양의 기구

1 햇빛이 프리즘을 통과했을 때 나타나는 현상

(1) 프리즘을 통과한 햇빛 관찰하기 ─ 햇빛이 눈에 직접 닿지 않도록 주의하며 관찰합니다.

① 긴 구멍이 뚫린 검은색 도화지를 준비합니다.

② 운동장에 나가 햇빛의 방향을 생각하며 프리즘을 스탠드에 고정합니다.

③ 검은색 도화지의 긴 구멍을 통과한 햇빛이 프리즘을 통과할 수 있도록 프리즘의 위치를 조절합니다.

④ 프리즘을 통과한 햇빛이 닿는 곳에 하얀색 도화지를 놓습니다.

⑤ 햇빛이 프리즘을 통과하면 하얀색 도화지에 어떤 모습으로 나타나는지 관찰해 봅니다.

▶ 선명한 결과를 관찰할 수 있는 방법
프리즘을 통과한 햇빛만 하얀색 도화지에 닿게 하면 선명한 결과를 관찰할 수 있습니다.

▲ 하얀색 도화지에 그늘을 만들지 않았을 때의 결과

▲ 하얀색 도화지에 그늘을 만들었을 때의 결과

(2) 프리즘을 통과한 햇빛이 하얀색 도화지에 나타난 모습과 햇빛의 특징

① 프리즘을 통과한 햇빛이 하얀색 도화지에 나타난 모습

- 하얀색 도화지에 여러 가지 빛깔로 나타납니다.
- 여러 가지 빛깔이 연속해서 나타납니다.

② 햇빛의 특징 ─ 햇빛은 빨강, 주황, 노랑, 초록, 파랑, 남색, 보라색의 일곱 가지 빛깔만으로 이루어져 있는 것이 아니라 더 다양한 빛깔로 이루어져 있습니다.

- 햇빛은 여러 가지 빛깔로 이루어져 있습니다.

(3) 우리 생활에서 햇빛이 여러 가지 빛깔로 나뉘어 보이는 경우 ─ 무지개가 생기는 것은 공기 중에 있는 물방울이 프리즘 구실을 하기 때문입니다.

① 햇빛이 유리의 비스듬하게 잘린 부분을 통과하여 만든 무지개를 볼 수 있습니다.

② 비가 내린 뒤 무지개를 볼 수 있습니다.

③ 햇빛이 프리즘을 통과했을 때 나타나는 여러 가지 빛깔을 건물 내부 장식에 이용하기도 합니다. ─ 태양의 위치가 변함에 따라 건물 내부에서의 여러 가지 빛깔의 위치도 변합니다.

▲ 비가 내린 뒤 볼 수 있는 무지개

▲ 건물의 벽면에 프리즘을 통과한 햇빛이 여러 가지 색의 빛으로 나타난 모습

2 공기와 물, 공기와 유리의 경계에서 빛이 나아가는 모습

(1) 공기와 물의 경계에서 빛이 나아가는 모습 관찰하기

① 레이저 지시기의 빛을 수조 위쪽에서 아래쪽으로 여러 각도에서 비추고, 빛이 나아가는 모습을 관찰합니다.

통과 어떤 곳을 거쳐서 지나감.
연속 끊이지 않고 죽 이어짐.

② 수조를 책상 바깥쪽으로 2~3 cm 뺀 다음 레이저 지시기의 빛을 수조 아래쪽에서 위쪽으로 여러 각도에서 비추고, 빛이 나아가는 모습을 관찰합니다.

▲ 빛이 공기 중에서 물로 나아가는 모습 ▲ 빛이 물에서 공기 중으로 나아가는 모습

- 빛을 공기에서 물로, 물에서 공기로 비스듬하게 비추면 빛이 공기와 물의 경계에서 꺾여 나아갑니다.

(2) 공기와 유리의 경계에서 빛이 나아가는 모습 관찰하기

① 우드록의 한쪽 가장자리에 맞추어 유리를 올려놓고, 레이저 지시기의 빛이 유리에서 공기로 나아가도록 여러 각도에서 비추면서 빛이 나아가는 모습을 관찰합니다.

② 우드록의 한쪽 가장자리에서 5~6 cm 정도 떨어진 위치에 유리를 놓고, 레이저 지시기의 빛이 공기에서 유리로 나아가도록 여러 각도에서 비추면서 빛이 나아가는 모습을 관찰합니다.

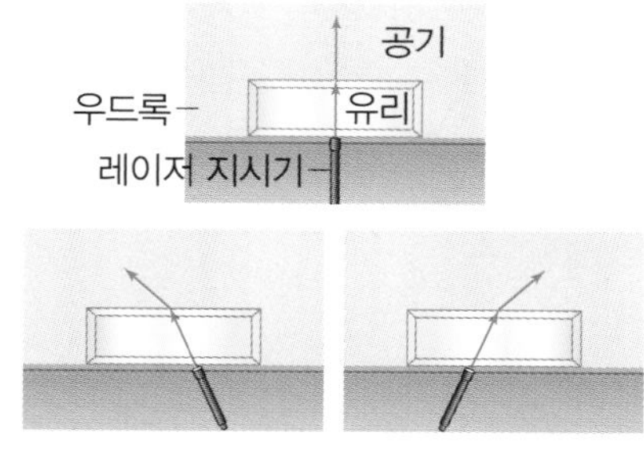

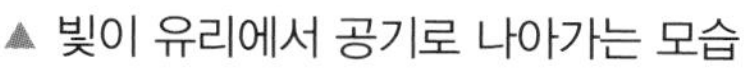
▲ 빛이 유리에서 공기로 나아가는 모습

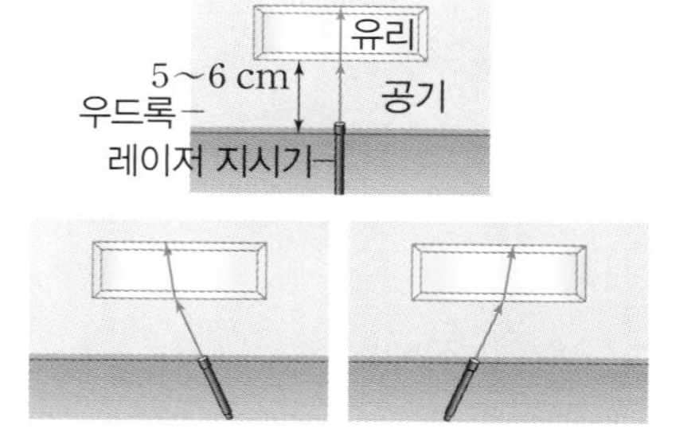

▲ 빛이 공기에서 유리로 나아가는 모습

- 빛을 공기에서 유리로, 유리에서 공기로 비스듬하게 비추면 빛이 공기와 유리의 경계에서 꺾여 나아갑니다.
- 빛을 수직으로 비추면 빛이 공기와 유리의 경계에서 꺾이지 않고 그대로 나아갑니다.

(3) 빛의 굴절

① 빛의 굴절: 서로 다른 물질의 경계에서 빛이 꺾여 나아가는 현상입니다.

② 빛은 공기와 물, 공기와 유리, 공기와 기름 등과 같이 서로 다른 물질이 만나는 경계에서 굴절합니다.

빛이 공기 중에서 나아가는 모습
- 빛은 공기 중에서 직진합니다.
- 공기 중에서 나아가던 빛은 거울과 같은 물체를 만나면 반사합니다.

빛이 굴절하는 까닭

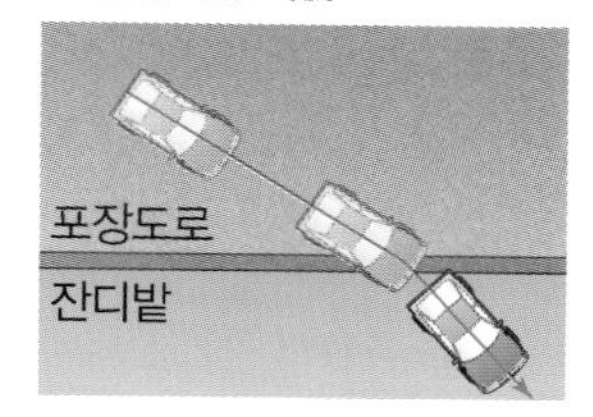

- 자동차가 나아가는 방향에 비유해 빛이 굴절하는 까닭을 설명할 수 있습니다.
- 일정한 속력으로 가던 모형 자동차가 포장도로와 잔디의 경계를 비스듬히 나아가면, 잔디에 먼저 닿는 바퀴가 포장도로 쪽 바퀴보다 속력이 느려져 모형 자동차가 나아가는 방향이 꺾이게 됩니다.
- 이와 같이 물질에 따라 빛이 나아가는 속력이 다르기 때문에 굴절 현상이 나타납니다.

왼쪽 실험에서 우드록을 사용하는 까닭

레이저 지시기의 빛을 우드록 표면에 닿게 하여 빛이 공기 중에서 나아가는 모습을 볼 수 있습니다.

빛이 투명한 물체를 만났을 때의 굴절과 반사
- 공기 중으로 나아가던 빛이 모두 굴절만 하는 것은 아니며 일부는 반사합니다.
- 투명한 유리창에 바깥의 풍경이 비쳐 보이는 것도 빛의 일부가 유리창에서 반사되기 때문입니다.

개념 확인 문제

1 햇빛은 (한 , 여러) 가지 빛깔로 이루어져 있습니다.

2 빛이 공기 중에서 물로 (수직으로 , 비스듬히) 나아갈 때 공기와 물의 경계에서 꺾입니다.

3 공기와 물, 공기와 유리, 공기와 기름 등과 같이 서로 다른 물질이 만나는 경계에서 빛이 꺾여 나아가는 현상을 빛의 (　　　) (이)라고 합니다.

정답 1 여러 2 비스듬히 3 굴절

3 물속에 있는 물체의 모습 관찰하기

(1) 컵 속에 동전을 넣고 물을 부었을 때 동전이 어떻게 보이는지 관찰하기

① 높이가 낮고 불투명한 컵의 바닥에 동전을 넣습니다.

② 컵 속의 동전을 관찰하는 사람은 몸을 앞뒤나 위아래로 천천히 움직이면서 동전이 보이다가 보이지 않는 위치에서 멈추고 컵 속을 바라봅니다. (└ 사람이 움직이는 대신 동전이 든 컵을 움직여도 됩니다.)

③ 한 사람이 천천히 컵에 물을 부으면 다른 사람은 컵 속의 동전 모습을 관찰합니다.

물을 붓지 않았을 때 컵 속의 동전 모습		물을 부었을 때 컵 속의 동전 모습
	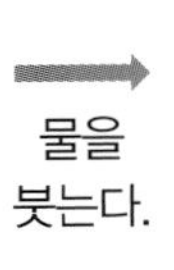	

• 물을 붓지 않았을 때에는 동전이 보이지 않았는데 물을 부은 다음에는 동전이 보입니다.

(2) 컵 속에 젓가락을 넣고 물을 부었을 때 젓가락이 어떻게 보이는지 관찰하기

① 높이가 높고 불투명한 컵에 젓가락을 넣습니다.

② 컵에 물을 붓지 않았을 때와 물을 부었을 때 컵 속의 젓가락의 모습을 관찰합니다.

물을 붓지 않았을 때 컵 속의 젓가락 모습		물을 부었을 때 컵 속의 젓가락 모습

• 물을 붓지 않았을 때에는 젓가락이 반듯했지만 물을 부은 다음에는 젓가락이 꺾여 보입니다.

(3) 물고기가 실제 위치보다 떠올라 있는 것처럼 보이는 현상

① 물고기에 닿아 반사된 빛은 물속에서 공기 중으로 나올 때 물과 공기의 경계에서 굴절해 사람의 눈으로 들어옵니다.

② 그런데 사람은 눈으로 들어온 빛의 연장선에 물고기가 있다고 생각합니다.

③ 하지만 실제 물고기의 위치는 사람이 생각하는 물고기의 위치보다 더 아래쪽에 있습니다.

➡ 공기와 물의 경계에서 빛이 굴절하면 굴절한 빛을 보는 사람은 실제와 다른 위치에 있는 물체의 모습을 보게 됩니다.

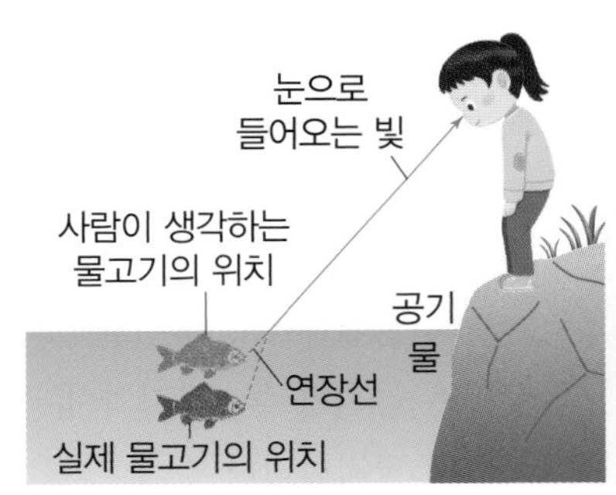

(4) 서로 다른 물질의 경계에서 빛이 굴절하여 나타나는 현상

① 물속의 빨대가 꺾여 보입니다.

② 냇물에서 바닥이 얕아 보입니다.

③ 물속에 있는 다리를 물 밖에서 보면 실제보다 짧아 보입니다.

④ 공기와 프리즘의 경계에서 빛의 색에 따라 굴절하는 정도가 달라서 햇빛이 프리즘을 통과할 때 여러 가지 색의 빛으로 나뉩니다.

▶ 물속에 있는 다리가 짧아 보이는 현상

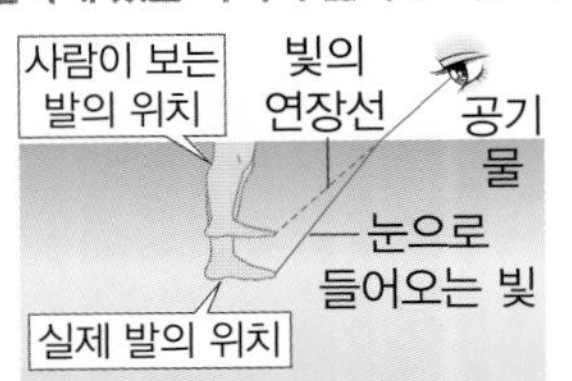

빛이 물속에서 공기 중으로 나올 때 물과 공기의 경계에서 꺾여 나아가기 때문에 물속에 있는 다리가 짧아 보입니다.

▶ 장구 자석을 이용한 빛의 굴절 실험

• 수조의 안과 밖의 같은 위치에 장구 자석을 마주 보도록 붙입니다.
• 장구 자석이 잠기도록 수조에 물을 붓고 위에서 내려다봅니다.
• 물에 잠겨 있는 장구 자석이 바깥에 있는 장구 자석보다 조금 떠 있는 것처럼 보입니다.

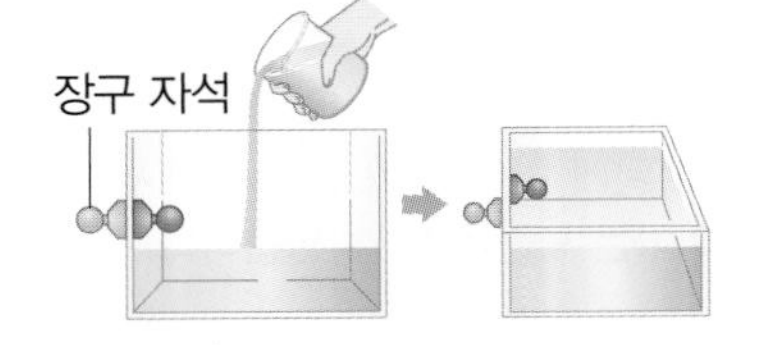

▶ 공기와 프리즘의 경계에서 빛이 굴절하는 모습

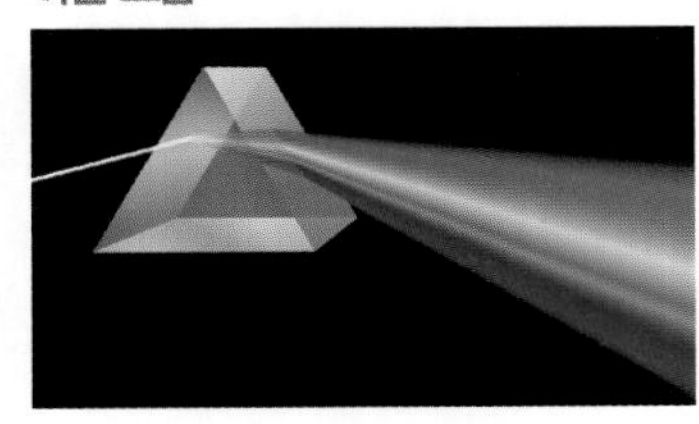

굴절 휘어서 꺾임.
경계 사물이 어떤 기준에 의해 분간되는 한계

이제 실험 관찰로 알아볼까? 공기와 물의 경계에서 빛이 나아가는 모습 관찰하기

[준비물] 투명한 사각 수조, 물, 레이저 지시기, 투명한 아크릴판, 레이저 보안경, 우유, 스포이트, 유리 막대, 향, 점화기

[실험 방법]

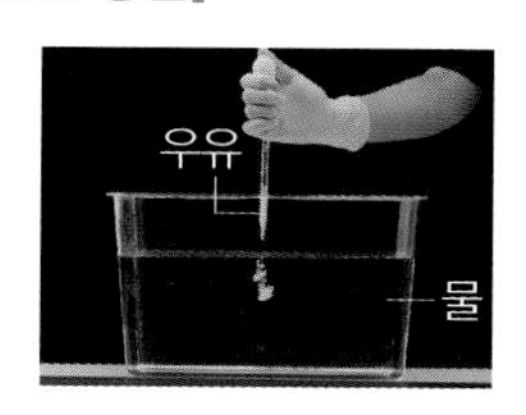

① 투명한 사각 수조에 물을 $\frac{2}{3}$ 정도 채우고, 스포이트로 우유를 두세 방울 떨어뜨린 다음 유리 막대로 저어 줍니다.

② 향을 피워 수면 근처에 가져간 뒤, 투명한 아크릴판으로 덮어 수조에 향 연기를 채웁니다.

③ 레이저 지시기의 빛을 수조 위쪽에서 여러 각도에서 비추고, 빛이 나아가는 모습을 관찰합니다.

④ 수조를 책상 바깥쪽으로 2~3 cm 뺀 다음 레이저 지시기의 빛을 수조 아래쪽에서 위쪽으로 여러 각도에서 비추고, 빛이 나아가는 모습을 관찰합니다.

주의할 점

- 수조의 물에 우유를 떨어뜨릴 때 우유를 너무 많이 넣으면 빛의 경로가 잘 보이지 않습니다. 물의 양에 따라 우유의 양을 적당히 조절하며 넣어 줍니다.
- 수조에 향 연기를 너무 많이 채우면 빛이 가려져 잘 보이지 않습니다.
- 실험하는 곳을 어둡게 하고 관찰하면 빛이 나아가는 모습이 잘 보입니다.
- 레이저 지시기의 빛이 눈에 직접 닿지 않도록 해야 하며, 레이저 보안경을 착용합니다.

[실험 결과]

① 레이저 지시기의 빛을 수조 위쪽에서 아래쪽으로 여러 각도에서 비췄을 때 빛이 나아가는 모습

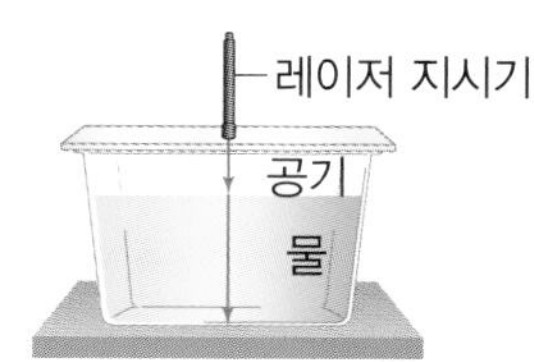

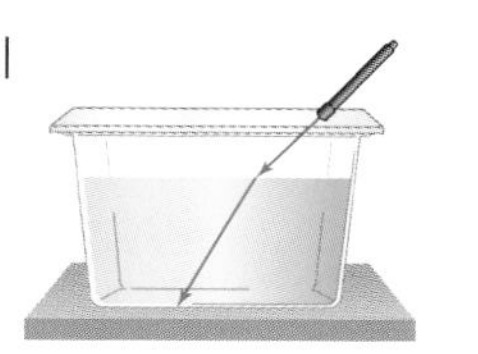

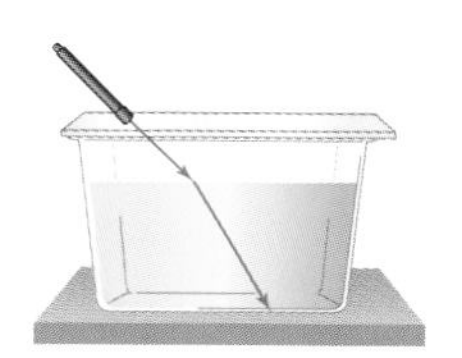

② 레이저 지시기의 빛을 수조 아래쪽에서 위쪽으로 여러 각도에서 비췄을 때 빛이 나아가는 모습

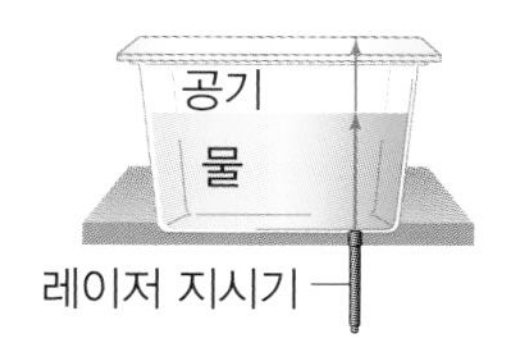

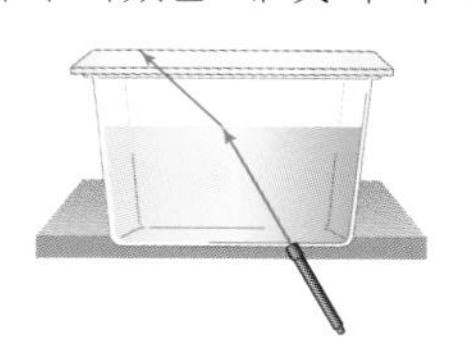

중요한 점

물과 공기의 경계에서 빛이 나아가는 모습을 관찰하며 빛이 굴절하는 현상을 이해하는 것이 중요합니다.

정답과 해설 31쪽

1 레이저 지시기의 빛이 공기와 물의 경계에서 나아가는 모습을 바르게 나타낸 것에 ○표 하시오.

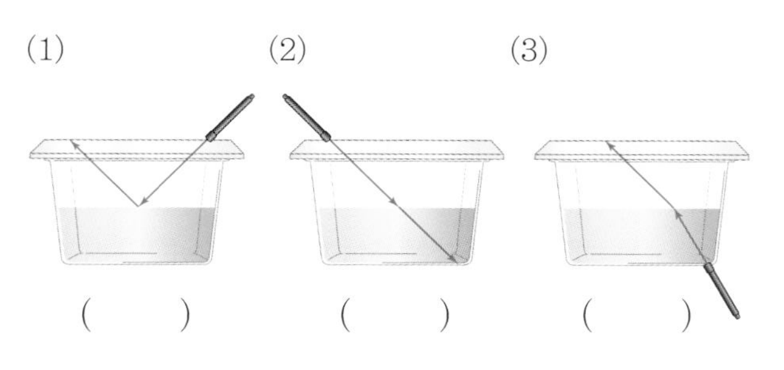

(1) (　　)　(2) (　　)　(3) (　　)

2 다음과 같이 레이저 지시기의 빛을 비추었을 때, 빛이 나아가는 방향을 화살표로 나타내시오.

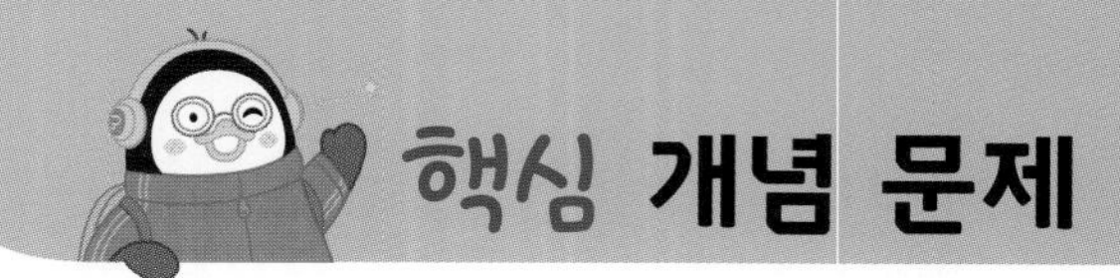

개념 1 햇빛이 프리즘을 통과하면 어떻게 되는지를 묻는 문제

(1) 긴 구멍이 뚫린 검은색 도화지를 준비함.
(2) 운동장에 나가 햇빛의 방향을 생각하며 프리즘을 스탠드에 고정함.
(3) 검은색 도화지의 긴 구멍을 통과한 햇빛이 프리즘을 통과할 수 있도록 프리즘의 위치를 조절함.
(4) 프리즘을 통과한 햇빛이 닿는 곳에 하얀색 도화지를 놓음.
(5) 햇빛을 프리즘에 통과시키면 하얀색 도화지에 어떤 모습으로 나타나는지 관찰함.
- 프리즘을 통과한 햇빛은 하얀색 도화지에 여러 가지 빛깔로 나타남.
- 여러 가지 빛깔이 연속해서 나타남.

→ 햇빛은 여러 가지 빛깔로 이루어져 있음.

01 다음에서 설명하는 실험 기구의 이름을 쓰시오.

- 유리나 플라스틱 등으로 만든 투명한 삼각기둥 모양의 기구이다.
- 이것을 통과한 햇빛은 여러 가지 빛깔로 나타난다.

( )

02 위 01번 답의 실험 기구에 햇빛을 통과시키는 실험을 통해 알 수 있는 사실을 바르게 설명한 친구의 이름을 쓰시오.

- 아름: 햇빛은 여러 가지 빛깔이 연속해서 나타나.
- 정민: 햇빛은 빨강, 주황, 노랑, 초록, 파랑, 남색, 보라색의 7가지 색깔로 이루어져 있어.

( )

개념 2 공기와 물의 경계에서 빛이 나아가는 모습을 관찰하는 실험에 대해 묻는 문제

(1) 투명한 사각 수조에 물을 $\frac{2}{3}$ 정도 채우고, 스포이트로 우유를 두세 방울 떨어뜨린 다음 유리 막대로 저어 줌.
(2) 향을 피워 수면 근처에 가져간 뒤, 투명한 아크릴판으로 덮어 수조에 향 연기를 채움.
(3) 레이저 지시기의 빛이 공기에서 물로 나아가도록 여러 각도에서 비추고, 빛이 나아가는 모습을 관찰함.
(4) 수조를 책상 바깥쪽으로 2~3 cm 뺀 다음 레이저 지시기의 빛을 수조 아래쪽에서 위쪽으로 여러 각도에서 비추고, 빛이 나아가는 모습을 관찰함.

[03~04] 다음은 공기와 물의 경계에서 빛이 나아가는 모습을 관찰하기 위한 실험 과정 중 일부입니다. 물음에 답하시오.

(가)
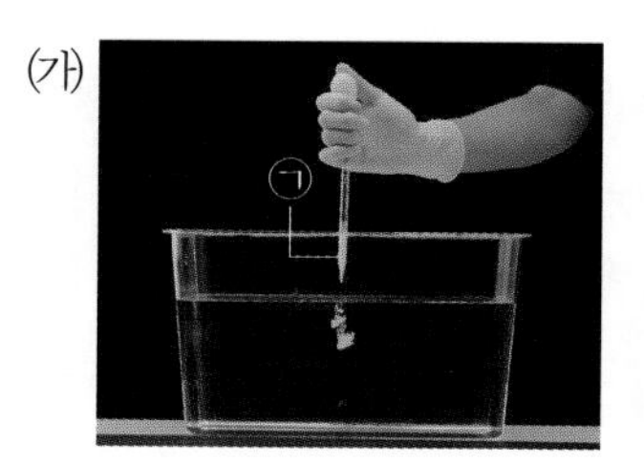

(나)

03 위 (가) 과정에서 수조의 물에 넣는 ㉠ 물질로 알맞은 것은 어느 것입니까? ( )

① 식초 ② 우유
③ 연기 ④ 식용유
⑤ 드라이아이스

04 위의 (가), (나)와 같은 과정을 거치는 까닭을 설명한 것으로 옳은 것에 ○표 하시오.

(1) 주위를 어둡게 하기 위해서이다. ( )
(2) 빛을 이루는 색깔을 볼 수 있게 하기 위해서이다. ( )
(3) 빛이 나아가는 모습을 잘 볼 수 있게 하기 위해서이다. ( )

개념 3 공기와 물의 경계에서 빛이 나아가는 모습을 묻는 문제

(1) 빛을 공기에서 물로 비스듬히 비추면 공기와 물의 경계에서 꺾여 나아감.

(2) 빛을 물에서 공기로 비스듬히 비출 때도 물과 공기의 경계에서 꺾여 나아감.

(3) 빛을 공기에서 물로, 물에서 공기로 수직으로 비추면 빛이 공기와 물의 경계에서 꺾이지 않고 그대로 나아감.

05 다음과 같이 레이저 지시기의 빛을 비추었을 때, 빛이 나아가는 방향으로 옳은 것을 골라 기호를 쓰시오.

( )

06 빛이 물에서 공기로 나아가는 모습을 관찰하기 위해 빛을 여러 각도로 비추었더니 어느 순간 다음과 같은 결과가 나왔습니다. 이를 통해 알 수 있는 사실은 무엇인지 ( ) 안에 들어갈 알맞은 말을 고르시오.

빛을 수면에 수직으로 비추면 빛이 공기와 물의 경계에서 (꺾여 , 꺾이지 않고) 나아간다.

개념 4 공기와 유리의 경계에서 빛이 나아가는 모습과 빛의 굴절에 대해 묻는 문제

(1) 빛을 수직으로 비추면 빛이 공기와 유리의 경계에서 꺾이지 않고 그대로 나아감.

(2) 빛을 비스듬하게 비추면 빛이 공기와 유리의 경계에서 꺾여 나아감.

(3) 빛이 서로 다른 물질의 경계에서 꺾여 나아가는 현상을 빛의 굴절이라고 함.

07 다음은 공기와 유리의 경계에서 빛이 나아가는 모습을 관찰하는 실험입니다. 레이저 지시기의 빛이 나아가는 방향을 화살표로 나타내시오.

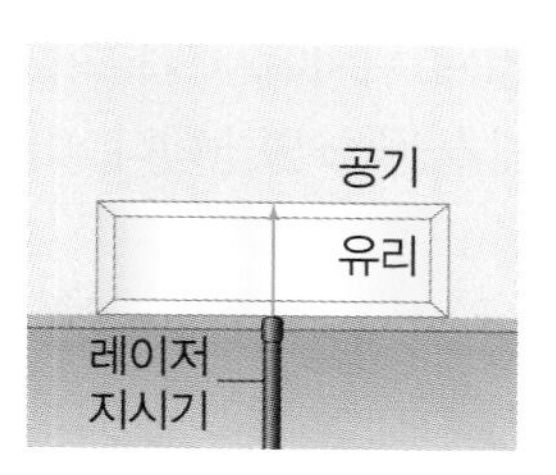

08 다음은 레이저 지시기의 빛을 유리에 비스듬히 비췄을 때의 결과를 나타낸 것입니다. 이와 같이 유리와 공기의 경계에서 빛이 꺾여 나아가는 현상과 관계 깊은 빛의 성질을 보기 에서 골라 기호를 쓰시오.

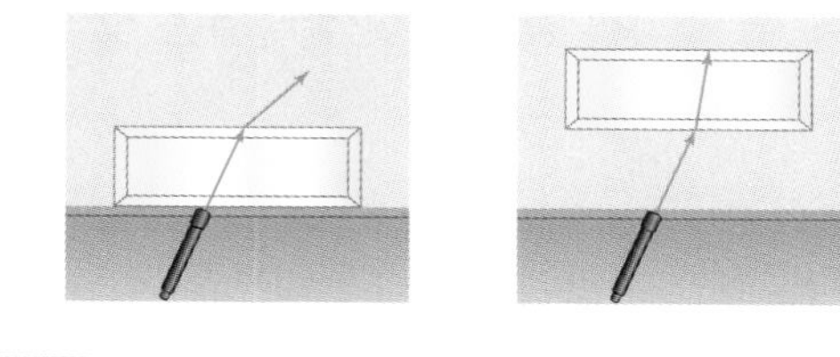

보기

㉠ 빛의 직진 ㉡ 빛의 반사 ㉢ 빛의 굴절

( )

개념 5 물속에 있는 물체의 모습이 실제와 다르게 보이는 까닭을 묻는 문제

(1) 높이가 낮고 불투명한 컵의 바닥에 동전을 넣고 천천히 물을 부으면 보이지 않았던 동전이 보임.
(2) 높이가 높고 불투명한 컵에 젓가락을 넣고 물을 부으면 반듯하게 보였던 젓가락이 꺾여 보임.
(3) 사람이 물속의 물고기를 들여다볼 때 실제 물고기의 위치는 사람이 생각하는 물고기의 위치보다 더 아래쪽에 있음.
(4) 물속에 있는 물체의 모습이 실제와 다르게 보이는 까닭: 공기와 물의 경계에서 빛이 굴절하기 때문임.

09 컵 속에 동전을 넣은 뒤 유라는 몸을 움직여 동전이 보이지 않는 위치에서 컵 속을 바라보고, 준수는 천천히 컵에 물을 부었습니다. 이 실험에 대한 설명으로 옳은 것을 모두 고르시오. (　　　　　)

① 물을 부어도 컵 속의 동전은 보이지 않는다.
② 컵에 물이 차오르면 유라는 컵 속의 동전을 볼 수 있다.
③ 컵 속의 동전에서 기포가 발생하여 물 위로 떠오른다.
④ 실험 결과 물속에 있는 물체의 모습은 실제와 다른 위치에 있는 것처럼 보임을 알 수 있다.
⑤ 이 실험과 관련된 빛의 성질은 빛의 반사이다.

10 다음 (　　) 안에 들어갈 알맞은 말에 ○표 하시오.

사람이 물속의 물고기를 들여다볼 때 실제 물고기의 위치는 사람이 생각하는 물고기의 위치보다 더 (아래쪽 , 위쪽)에 있다.

개념 6 빛의 굴절로 나타나는 현상을 묻는 문제

(1) 물속에 있는 다리를 물 밖에서 보면 짧아 보임.
(2) 물속의 빨대가 꺾여 보임.
(3) 냇물의 바닥이 얕아 보임.
(4) 공기와 프리즘의 경계에서 빛의 색에 따라 굴절하는 정도가 달라서 햇빛이 프리즘을 통과할 때 여러 가지 색의 빛으로 나뉘어 보임.

11 다음 현상과 관계있는 빛의 성질은 무엇인지 쓰시오.

• 물속의 빨대가 꺾여 보인다.
• 냇물의 바닥이 얕아 보인다.
• 물속에 있는 다리가 짧아 보인다.

(　　　　　　　　　　)

12 다음은 햇빛이 프리즘을 통과할 때 여러 가지 색의 빛으로 나뉘는 까닭을 설명한 것입니다. (　　) 안에 들어갈 말을 바르게 짝 지은 것은 어느 것입니까? (　　)

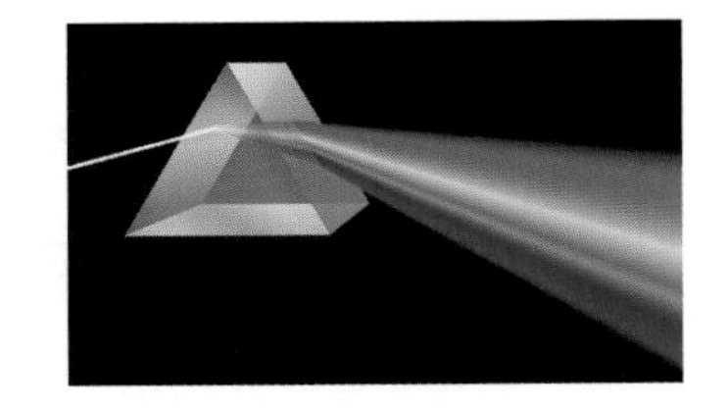

공기와 프리즘의 경계에서 빛의 (㉠)에 따라 (㉡)하는 정도가 달라서 햇빛이 프리즘을 통과할 때 여러 가지 색의 빛으로 나뉜다.

① ㉠ 색, ㉡ 직진
② ㉠ 색, ㉡ 반사
③ ㉠ 색, ㉡ 굴절
④ ㉠ 밝기, ㉡ 반사
⑤ ㉠ 밝기, ㉡ 굴절

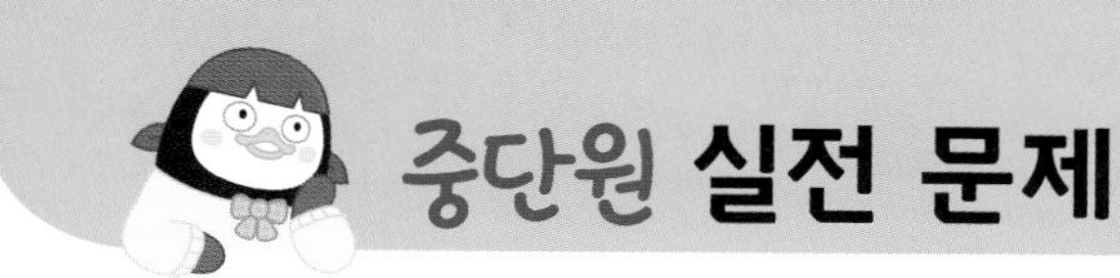

중단원 실전 문제

정답과 해설 32쪽

[01~05] 다음은 햇빛이 프리즘을 통과했을 때 나타나는 현상을 알아보기 위한 실험입니다. 물음에 답하시오.

01 위 실험에서 주의해야 할 내용을 바르게 설명한 친구의 이름을 모두 쓰시오.

- 정규: 햇빛이 눈에 직접 닿지 않도록 주의해야 해.
- 지빈: 결과를 보다 선명하게 관찰하기 위해서 ㉠ 부분에 검은색 도화지를 놓고, 프리즘을 통과한 햇빛이 닿을 수 있도록 해야 해.
- 아진: ㉠ 부분에는 하얀색 도화지를 쓰되, 보다 선명한 결과를 얻기 위해서 하얀색 도화지에 그늘을 만드는 것이 좋아.

( )

02 ㉡의 검은색 도화지에는 구멍을 뚫어 주어야 합니다. 구멍의 모양으로 알맞은 것에 ○표 하시오.

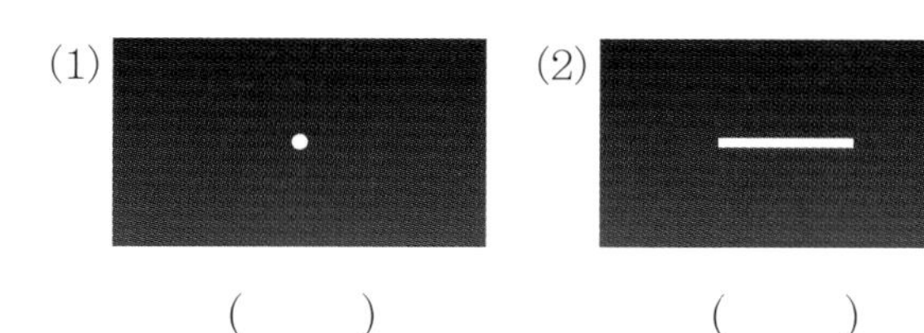

( ) ( )

03 위 실험에 사용된 프리즘에 대한 설명으로 옳은 것을 골라 기호를 쓰시오.

㉠ 프리즘은 반드시 실외에서만 사용해야 한다.
㉡ 프리즘의 크기가 클수록 결과를 관찰하기에 좋다.
㉢ 유리나 플라스틱 등으로 만든 투명한 삼각기둥 모양의 기구이다.

( )

중요

04 앞 실험의 결과 프리즘을 통과한 햇빛이 도화지에 오른쪽과 같이 나타났습니다. 실험 결과 알 수 있는 사실에 맞게 ( ) 안에 들어갈 알맞은 말에 ○표 하시오.

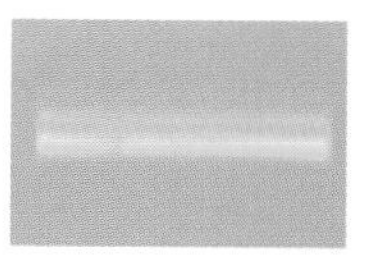

프리즘을 통과한 햇빛은 ㉠(특정한 , 여러 가지) 빛깔이 ㉡(연속해서 , 구분되어) 나타난다.

05 앞 실험의 결과와 같은 모습을 볼 수 있는 경우를 보기 에서 모두 고른 것은 어느 것입니까? ( )

보기

㉠ 햇빛이 나무 막대기를 비추었을 때
㉡ 햇빛이 불투명한 그릇에 담긴 물을 비추었을 때
㉢ 햇빛이 유리의 비스듬하게 잘린 부분을 통과하였을 때
㉣ 햇빛이 건물 천장의 프리즘을 통과하여 건물의 내부 벽면에 여러 가지 빛깔이 생겼을 때

① ㉠ ② ㉠, ㉢
③ ㉡, ㉢ ④ ㉢, ㉣
⑤ ㉠, ㉢, ㉣

06 오른쪽 사진과 관련한 친구들의 대화입니다. 바르게 설명하지 않은 친구의 이름을 쓰시오.

- 이현: 와, 무지개다!
- 재희: 이 무지개는 비가 내린 뒤 볼 수 있어.
- 길병: 빨강, 주황, 노랑, 초록, 파랑, 남색, 보라색으로만 이루어져 있네!
- 주임: 이 현상은 공기 중의 물방울이 프리즘 구실을 하기 때문에 나타나는 거야.

( )

[07~09] 다음 실험 과정을 보고, 물음에 답하시오.

(가) 투명한 사각 수조에 물을 $\frac{2}{3}$ 정도 채우고, 스포이트로 (   )을/를 두세 방울 떨어뜨린 다음 유리 막대로 저어 준다.
(나) 향을 피워 수면 근처에 가져간 뒤, 투명한 아크릴판으로 덮어 수조에 향 연기를 채운다.
(다) 레이저 지시기의 빛이 공기에서 물로 나아가도록 여러 각도에서 비추고, 빛이 나아가는 모습을 관찰한다.

⊂서술형⊃

07 위의 (가) 과정에서 (   ) 안에 들어갈 물질의 이름을 쓰고, 이 물질을 물에 떨어뜨리는 까닭을 쓰시오.

____

____

08 위의 (나) 과정에서 수조에 향 연기를 채운 까닭으로 옳은 것은 어느 것입니까? (   )

① 물을 뿌옇게 흐리게 하기 위해서
② 공기와 물의 경계면이 잘 보이도록 하기 위해서
③ 레이저 지시기에서 나온 빛이 직진하도록 하기 위해서
④ 레이저 지시기에서 나온 빛이 사라지도록 하기 위해서
⑤ 레이저 지시기에서 나온 빛이 공기 중에서 나아가는 모습을 잘 관찰하기 위해서

⊂중요⊃

09 위 (다) 과정에서 레이저 지시기의 빛을 다음과 같이 비추었을 때 빛이 나아가는 모습을 화살표로 나타내시오.

(1) (2)

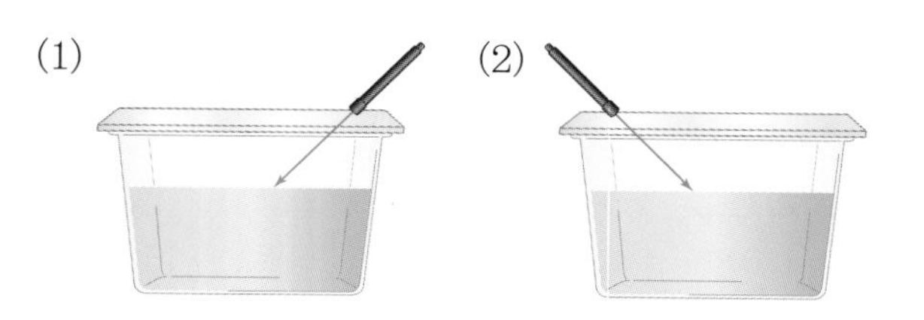

10 빛이 공기와 물의 경계에서 어떻게 나아가는지 바르게 선으로 연결하시오.

(1) 빛을 비스듬하게 비추었을 때 • • ㉠ 빛이 공기와 물의 경계에서 꺾여 나아간다.

(2) 빛을 수직으로 비추었을 때 • • ㉡ 빛이 공기와 물의 경계에서 꺾이지 않고 그대로 나아간다.

[11~14] 다음과 같이 우드록 위에 유리를 올려놓고, 레이저 지시기를 여러 각도에서 비춰 보았습니다. 물음에 답하시오.

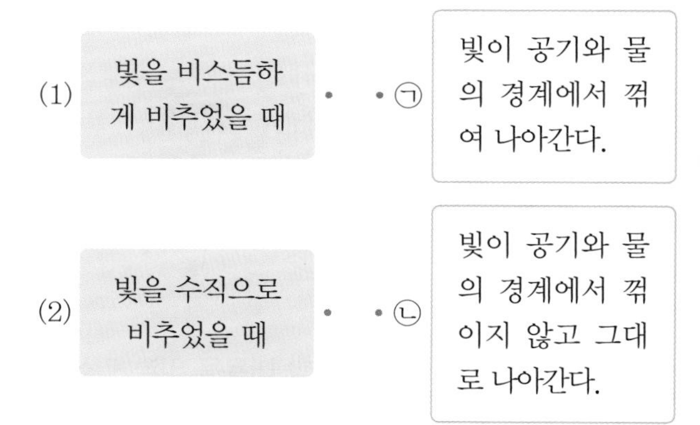

▲ 빛이 유리에서 공기로 나아가도록 비춰 보기

▲ 빛이 공기에서 유리로 나아가도록 비춰 보기

11 위의 실험은 무엇을 알아보기 위한 것입니까? (   )

① 빛은 유리를 잘 통과할까?
② 빛은 유리면에서 어떻게 반사될까?
③ 빛은 공기 중에서 어떻게 나아갈까?
④ 빛은 공기와 물의 경계에서 어떻게 나아갈까?
⑤ 빛은 공기와 유리의 경계에서 어떻게 나아갈까?

12 위 실험을 할 때 유의할 점으로 옳지 않은 것에 ×표 하시오.

(1) 빛이 나아가는 모습이 잘 보이도록 교실을 어둡게 한다. (   )
(2) 레이저 지시기의 빛이 눈에 직접 닿지 않도록 조심한다. (   )
(3) 레이저 지시기의 빛이 우드록의 표면에 닿지 않아야 결과를 관찰할 수 있다. (   )

13 앞의 실험 결과 레이저 지시기의 빛이 나아가는 방향을 화살표로 바르게 나타낸 것을 모두 고르시오.

( )

① 유리 레이저 지시기 ② ③ ④ ⑤

⊂서술형⊃

14 위 13번 답을 고른 까닭을 보기 의 말을 모두 포함하여 쓰시오.

보기

빛, 수직, 비스듬하게, 경계

⊂중요⊃

15 다음 ( ) 안에 들어갈 알맞은 말을 쓰시오.

빛이 서로 다른 물질의 경계에서 꺾여 나아가는 현상을 ( )(이)라고 한다.

( )

16 앞 15번 답에 대한 설명으로 옳지 않은 것은 어느 것입니까? ( )

① 공기와 물의 경계에서 일어난다.
② 공기와 기름의 경계에서 일어난다.
③ 공기와 유리의 경계에서 일어난다.
④ 공기와 다른 물질 사이에서만 일어난다.
⑤ 물속의 빨대가 꺾여 보이는 것은 이 현상 때문이다.

[17~19] 높이가 낮고 불투명한 컵의 바닥에 동전을 넣고, 윤호는 다음과 같이 몸을 천천히 움직이면서 동전이 보이다가 보이지 않는 위치에서 멈추고 컵 속을 바라보았습니다. 물음에 답하시오.

17 위 실험에서 윤호가 움직이지 않고 동전을 볼 수 있게 하는 방법으로 옳은 것은 어느 것입니까? ( )

① 컵에 물을 채운다.
② 컵의 온도를 낮춘다.
③ 컵의 온도를 높인다.
④ 컵에 햇빛을 비춘다.
⑤ 컵에 향 연기를 채운다.

18 위 17번 답을 고른 까닭으로 옳은 것은 어느 것입니까? ( )

① 공기와 물의 경계에서 빛이 꺾여 나아가기 때문에
② 물속에서 물체가 보이는 크기가 온도의 영향을 받기 때문에
③ 온도가 낮은 물속에서 물체를 더 선명하게 볼 수 있기 때문에
④ 향 연기를 통과하면 물속에 넣은 물체가 더 가까이 보이기 때문에
⑤ 많은 양의 빛이 들어갈수록 물속에 넣은 물체의 크기가 더 크게 보이기 때문에

19 앞의 실험으로 확인할 수 있는 현상과 관계있는 것을 보기에서 모두 고르시오.

보기
㉠ 실제 깊이보다 냇물이 얕아 보인다.
㉡ 물속의 물고기의 색이 실제와 달라 보인다.
㉢ 햇빛이 프리즘을 통과할 때 여러 가지 색으로 나뉜다.

( )

20 높이가 높고 불투명한 컵 속에 젓가락을 넣고 물을 부었을 때의 모습으로 옳은 것에 ○표 하시오.

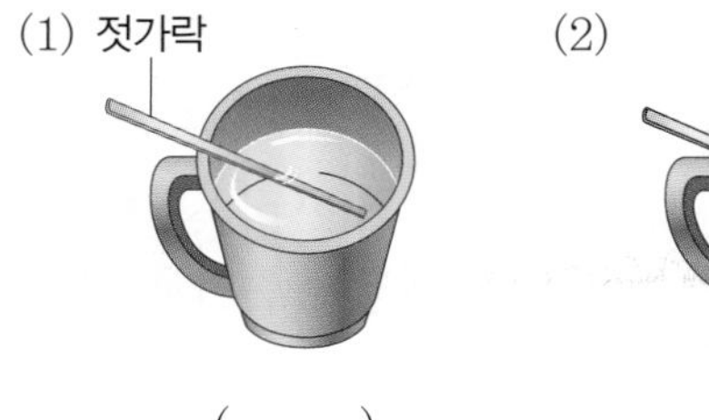

( ) ( )

21 냇가에 놀러 갔더니 물속에 다리를 담근 동생의 모습이 오른쪽 그림과 같이 보였습니다. 물에 잠긴 다리는 실제와 비교하여 어떻게 보입니까? ( )

① 실제와 같게 보인다.
② 실제보다 길어 보인다.
③ 실제보다 짧아 보인다.
④ 실제보다 흐릿하게 보인다.
⑤ 실제보다 선명하게 보인다.

[22~23] 다음은 물고기에 닿아 반사하는 빛이 물속에서 공기 중으로 나와 사람의 눈으로 들어오는 모습을 나타낸 그림입니다. 물음에 답하시오.

22 위 그림에서 실제 물고기가 있는 위치는 어디인지 기호를 쓰시오.

( )

23 위 그림을 보고 친구들이 나눈 대화입니다. 이 중 바르지 않은 설명을 한 친구의 이름을 쓰시오.

- 현수: 물고기에 닿아 반사된 빛은 물속에서 공기 중으로 나올 때 물과 공기의 경계에서 순간적으로 사라졌다가 다시 생겨나서 사람의 눈으로 들어와.
- 지우: 사람은 눈으로 들어온 빛의 연장선에 물고기가 있다고 생각해.
- 승기: 그래서 실제 물고기의 위치와 사람이 생각하는 물고기의 위치가 달라.

( )

⊂서술형⊃
24 가족들과 함께 냇가에 놀러 간 유진이는 다슬기를 발견하고 손을 뻗었지만 다슬기를 잡을 수 없었습니다. 눈에 보이는 다슬기를 한 번에 잡으려면 손을 어떻게 뻗어야 하는지 쓰시오.

서술형·논술형 평가 돋보기

학교에서 출제되는 서술형·논술형 평가를 미리 준비하세요.

연습 문제

정답과 해설 34쪽

1 다음은 유리와 공기의 경계에서 빛이 나아가는 모습을 관찰하는 실험입니다. 물음에 답하시오.

(가) 빛이 (　　　)에서 (　　　)로 비스듬히 나아갈 때

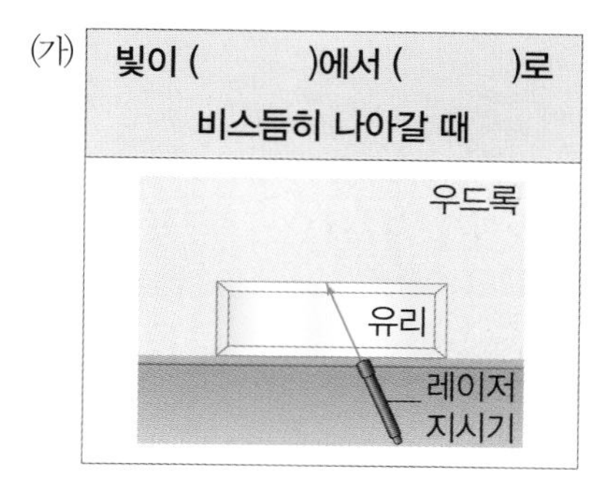

(나) 빛이 (　　　)에서 (　　　)로 비스듬히 나아갈 때

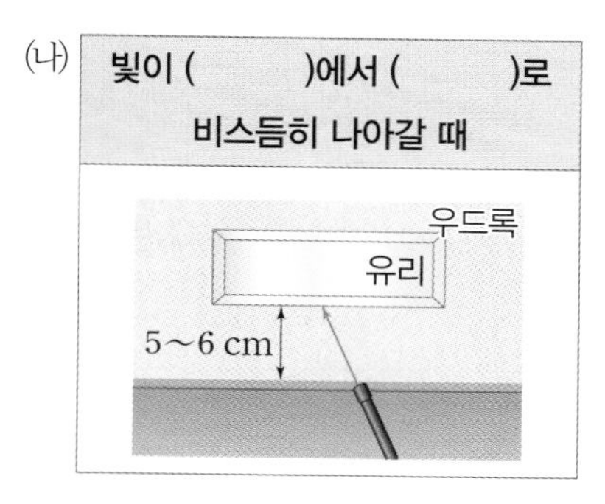

(1) 위 (가)의 (　　) 안에 들어갈 알맞은 말을 순서대로 쓰시오.

(　　　　　　,　　　　　　)

(2) 위 (나)의 (　　) 안에 들어갈 알맞은 말을 순서대로 쓰시오.

(　　　　　　,　　　　　　)

(3) 위의 실험을 통해 알 수 있는 사실을 쓰시오.

빛이 유리에서 공기로, 공기에서 유리로 비스듬히 나아갈 때 빛은 공기와 유리의 경계에서 (　　　　　　　　　　　　).

🔍 **문제 해결 전략**
유리에서 공기로, 공기에서 유리로 빛이 비스듬히 나아갈 때 빛은 공기와 유리의 경계에서 꺾여 나아갑니다. 이 현상을 빛의 굴절이라고 합니다.

🔍 **핵심 키워드**
경계, 빛의 굴절

2 다음은 동전을 넣은 컵에 물을 붓지 않았을 때와 물을 부었을 때 컵 속의 동전 모습입니다.

▲ 물을 붓지 않았을 때

물을 붓는다.

▲ 물을 부었을 때

(1) 이 실험의 결과와 관련된 빛의 성질을 쓰시오.

(　　　　　　　　　　　　)

(2) 다음은 위 실험 결과에 대한 설명입니다. (　　) 안에 들어갈 알맞은 말에 ○표 하시오.

컵에 물을 부으면 동전에서 반사된 빛의 일부가 물속에서 공기 중으로 나올 때 물과 공기의 경계에서 꺾여서 사람의 눈으로 들어온다. 하지만 사람은 이 사실을 알지 못하고 동전에서 반사된 빛의 일부가 곧바로 눈에 도달하는 것으로 생각한다. 실제로 물속에 있는 동전은 사람이 생각하는 것보다 더 (아래에 , 위에) 위치하고 있다.

🔍 **문제 해결 전략**
물과 공기의 경계에서 빛이 꺾여 나아가는 굴절 현상 때문에 사람의 눈에는 동전이 실제보다 더 위에 있는 것처럼 보입니다.

🔍 **핵심 키워드**
빛의 굴절, 물과 공기의 경계

실전 문제

1 다음은 프리즘을 통과한 햇빛이 도화지에 나타난 모습입니다. 이를 통해 알 수 있는 햇빛의 특징을 쓰시오.

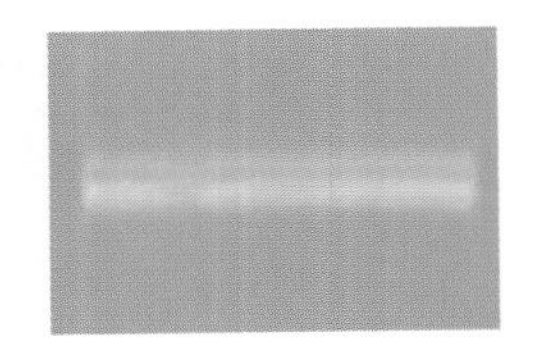

2 다음 현상이 무엇인지를 밝히고, 이 현상이 나타나는 까닭을 보기 의 말을 모두 포함하여 쓰시오.

보기

비, 물방울, 프리즘

3 다음은 물에서 공기로 빛이 나아갈 때 일어나는 현상을 알아보기 위한 실험 결과입니다. (가)와 (나)의 차이점을 생각하며 보기 의 말을 모두 포함하여 이 현상을 설명하시오.

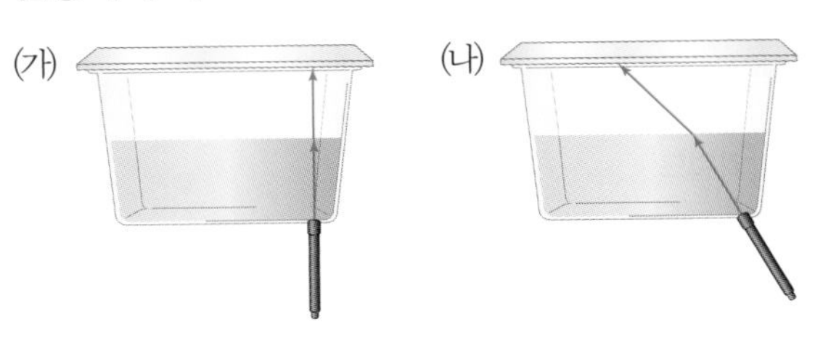

보기

빛, 수직, 비스듬하게, 경계

4 다음과 같이 높이가 높고 불투명한 컵 속에 젓가락을 넣고 컵에 물을 부었습니다. 물음에 답하시오.

(1) 위 실험 결과 젓가락이 어떻게 보이는지 쓰시오.

(2) 젓가락이 위 (1)번의 답처럼 보이는 까닭을 쓰시오.

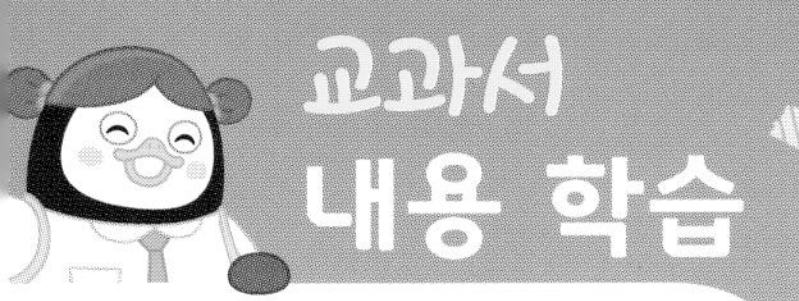

(2) 볼록 렌즈

▶ 볼록 렌즈의 종류

양면 볼록 렌즈 / 평면 볼록 렌즈 / 오목 볼록 렌즈

볼록 렌즈의 종류에는 돋보기에 사용되는 양면 볼록 렌즈 외에 평면 볼록 렌즈, 오목 볼록 렌즈가 있습니다.

▶ 볼록 렌즈의 단면

▶ 3구 레이저로 볼록 렌즈를 관찰할 때 유의점

- 레이저 빛이 상자 표면 위에 잘 보이도록 3구 레이저와 상자의 높이를 잘 맞춥니다.
- 주변이 어두울수록 빛이 나아가는 모습을 잘 관찰할 수 있습니다.

낱말 사전

가장자리 물체의 둘레나 끝에 해당하는 부분

적외선 온도계 주로 고체 물질의 표면 온도를 측정할 때 사용하는 온도계

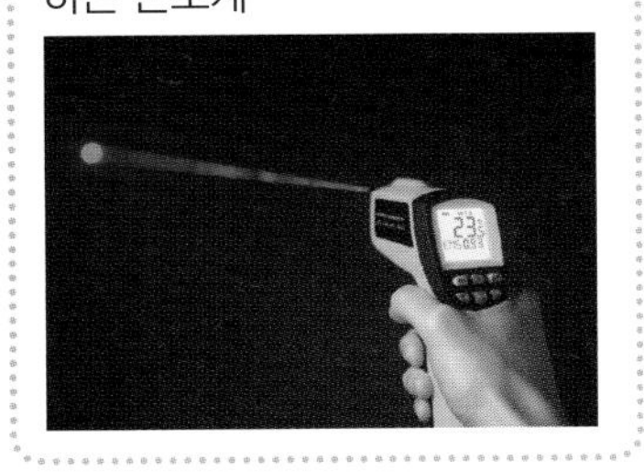

1 볼록 렌즈의 특징

(1) 볼록 렌즈의 모양의 특징

모양	특징
(볼록 렌즈 그림)	렌즈의 가운데 부분이 가장자리보다 두껍다.

(2) 볼록 렌즈로 물체를 보았을 때 보이는 물체의 모습

① 실제보다 크게 보이기도 합니다.

② 실제보다 작게 보이고 물체의 상하좌우가 바뀌어 보이기도 합니다.

▲ 실제보다 크게 보이는 경우

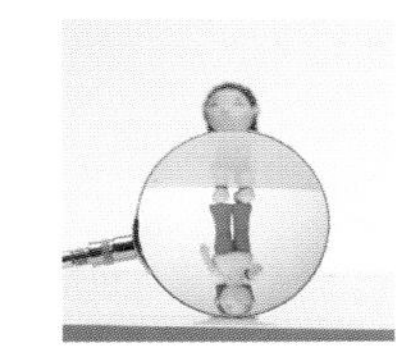

▲ 실제보다 작고 상하좌우가 바뀌어 보이는 경우

(3) 3구 레이저의 스위치를 한 개씩 닫으면서 볼록 렌즈에 레이저 빛을 비춰 보기

① 곧게 나아가던 레이저 빛이 볼록 렌즈의 가장자리를 통과하면 빛은 볼록 렌즈의 두꺼운 가운데 부분으로 꺾여 나아갑니다.

② 곧게 나아가던 레이저 빛이 볼록 렌즈의 가운데 부분을 통과하면 빛은 그대로 직진합니다.

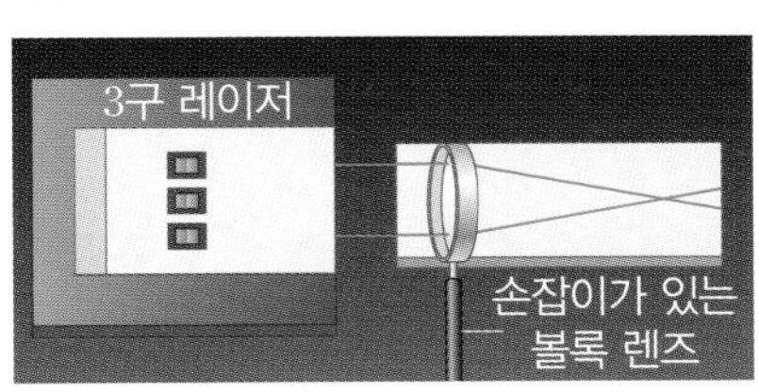

▲ 곧게 나아가던 레이저 빛이 볼록 렌즈의 가장자리를 통과할 때

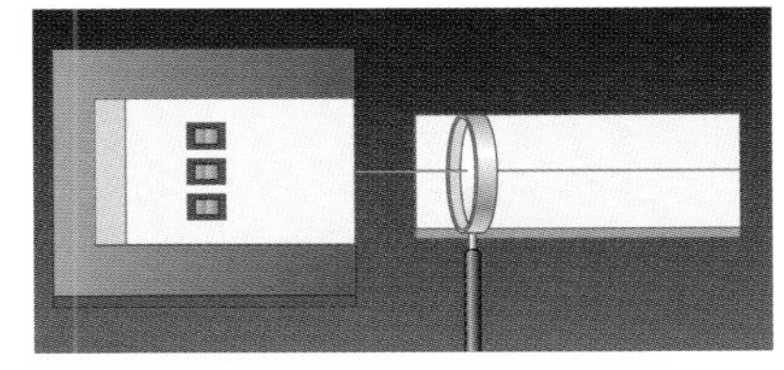

▲ 곧게 나아가던 레이저 빛이 볼록 렌즈의 가운데 부분을 통과할 때

(4) 우리 주위에서 볼록 렌즈의 구실을 하는 물체

① 볼록 렌즈의 구실을 하는 물체: 물방울, 유리 막대, 물이 담긴 둥근 어항, 물이 담긴 둥근 유리잔, 물이 담긴 투명 지퍼 백, 유리구슬 등

② 볼록 렌즈의 구실을 하는 물체의 특징

- 가운데 부분이 가장자리보다 두껍습니다.
- 빛을 통과시킬 수 있습니다.

▲ 물방울

▲ 유리 막대

▲ 물이 담긴 둥근 어항

2 볼록 렌즈를 통과한 햇빛

(1) 볼록 렌즈를 통과한 햇빛 관찰하기

① 운동장에서 태양, 볼록 렌즈, 하얀색 도화지가 일직선이 되게 합니다.

② 볼록 렌즈에서 하얀색 도화지를 점점 멀리하면서 볼록 렌즈를 통과한 햇빛이 만든 원의 크기와, 원 안의 밝기가 어떻게 달라지는지 관찰합니다.

- 햇빛이 만든 원의 크기가 작아졌다가 다시 커집니다.
- 햇빛이 만든 원의 크기에 따라 원의 밝기가 변하고, 원의 크기가 가장 작을 때 원 안의 밝기가 가장 밝습니다.

③ 볼록 렌즈를 통과한 햇빛이 만든 원의 크기를 가장 작게 했을 때 10초 뒤에 하얀색 도화지에 햇빛이 만든 원 안의 온도와 원 밖의 온도를 측정하고 비교합니다.

- 볼록 렌즈로 햇빛을 모은 곳은 주변보다 온도가 높습니다.

④ 평면 유리로 ①~③의 과정을 반복합니다.

- 평면 유리를 통과한 햇빛이 만든 원의 크기는 변하지 않습니다.
- 평면 유리를 통과한 햇빛이 만든 원 안의 밝기는 주변보다 어두우며 평면 유리를 움직여도 밝기가 변하지 않습니다.
- 평면 유리는 햇빛을 모을 수 없어서 주변보다 온도가 높아지지 않습니다.

(2) 볼록 렌즈를 통과한 햇빛을 관찰하는 실험을 통해 알 수 있는 사실

① 햇빛이 볼록 렌즈를 통과하면 볼록 렌즈는 햇빛을 굴절시켜 한곳으로 모을 수 있습니다.

② 볼록 렌즈로 햇빛을 모은 곳은 주변보다 밝기가 밝고 온도가 높습니다.

- 볼록 렌즈를 이용하여 햇빛을 모은 곳은 온도가 높기 때문에 볼록 렌즈로 종이를 태울 수 있습니다.

③ 평면 유리는 빛을 모을 수 없기 때문에 볼록 렌즈와 같은 결과를 얻을 수 없습니다.

▲ 볼록 렌즈를 통과하는 햇빛

▲ 평면 유리를 통과하는 햇빛

▶ 볼록 렌즈로 햇빛을 모아 종이 태우기

▶ 열 변색 종이를 활용하여 볼록 렌즈와 평면 유리를 통과한 햇빛 관찰하기

- 볼록 렌즈를 통과한 햇빛으로 열 변색 종이 위에 그림을 그릴 수 있습니다.
- 평면 유리를 통과한 햇빛으로는 열 변색 종이 위에 그림을 그릴 수 없습니다.
- 볼록 렌즈는 햇빛을 굴절시켜 한곳으로 모을 수 있으므로 볼록 렌즈를 이용하여 햇빛을 모은 곳은 온도가 높지만, 평면 유리는 햇빛을 모을 수 없어서 주변보다 온도가 높아지지 않기 때문입니다.

개념 확인 문제

1 볼록 렌즈는 가운데 부분이 가장자리보다 (두껍습니다 , 얇습니다).

2 곧게 나아가던 빛이 볼록 렌즈의 가장자리를 통과하면 빛은 그대로 직진합니다. (○ , ×)

3 물방울, 물이 담긴 둥근 어항, 유리구슬 등은 (　　　) 렌즈의 구실을 할 수 있습니다.

4 볼록 렌즈로 햇빛을 모은 곳은 주변보다 밝기가 (밝고 , 어둡고) 온도가 (낮습니다 , 높습니다).

정답 1 두껍습니다 2 × 3 볼록 4 밝고, 높습니다

3 간이 사진기로 물체 보기

(1) **간이 사진기**: 물체에서 반사된 빛을 겉 상자에 있는 볼록 렌즈로 모아 물체의 모습이 속 상자의 기름종이에 나타나게 하는 간단한 사진기입니다.

(2) **간이 사진기를 만들어 물체 관찰하기**

① 간이 사진기 만들기

▲ 간이 사진기 전개도로 겉 상자를 만듭니다.

▲ 겉 상자의 동그란 구멍이 뚫린 부분에 셀로판테이프로 볼록 렌즈를 붙입니다.

▲ 간이 사진기 전개도로 속 상자를 만들고 한쪽 끝에 기름종이를 붙입니다.

▲ 겉 상자에 속 상자를 넣어 간이 사진기를 완성합니다.

② 간이 사진기로 물체 관찰하기

- 칠판에 ㄱ자를 쓴 종이를 붙이고, 간이 사진기로 관찰합니다.

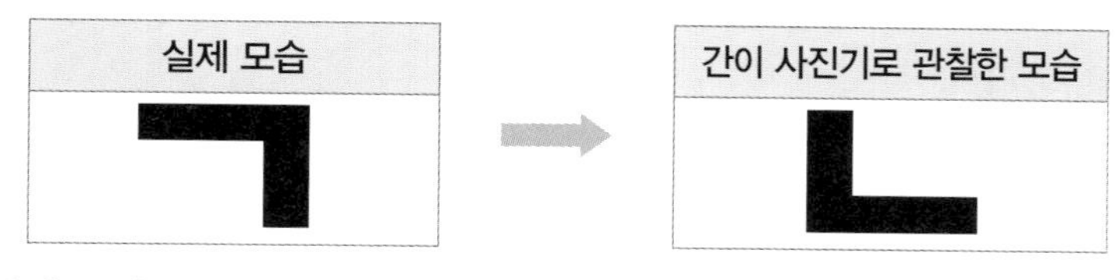

- 겉 상자를 앞뒤로 움직이면서 주변의 여러 가지 물체를 관찰하고, 물체의 실제 모습과 간이 사진기로 관찰한 모습을 비교해 차이점을 찾아봅니다.

▲ 실제 모습

▲ 간이 사진기로 본 모습

(3) **간이 사진기로 본 물체의 모습**

① 간이 사진기로 물체를 보면 속 상자에 붙인 기름종이에서 물체의 모습을 볼 수 있습니다.

② 간이 사진기로 본 물체의 모습은 실제 모습과 다릅니다. → 물체의 모습이 상하좌우가 바뀌어 보입니다.

③ 그 까닭은 간이 사진기에 있는 볼록 렌즈가 빛을 굴절시켜 상하좌우가 다른 물체의 모습을 기름종이에 맺히게 하기 때문입니다.

◗ 사진기
물체에서 반사된 빛을 볼록 렌즈로 모아 물체의 모습이 스크린에 나타나게 하는 기구입니다.

◗ 간이 사진기에서 기름종이의 역할
볼록 렌즈가 빛을 굴절시키는 역할을 한다면 기름종이는 물체의 상이 맺히는 스크린의 역할을 합니다.

◗ 물체의 실제 모습과 간이 사진기로 본 모습

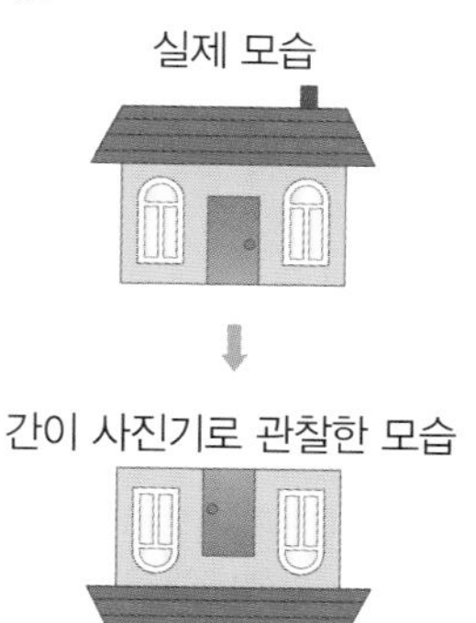

◗ 간이 사진기로 보는 물체의 특징
- 기름종이에는 실제 물체와 상하좌우가 바뀐 모습이 나타납니다.
- 물체가 멀리 있을수록 기름종이에 맺힌 물체의 크기는 작아집니다.

낱말 사전
간이 물건의 내용, 형식이나 시설 따위를 줄이거나 간편하게 하여 이용하기 쉽게 한 상태를 이름.

교과서 **내용 학습**

4 우리 생활에 이용되는 볼록 렌즈

–사람들은 빛을 모으는 볼록 렌즈의 성질을 이용해 여러 가지 기구를 만들어 사용합니다.

(1) 우리 생활에서 볼록 렌즈를 이용해 만든 기구의 이름과 쓰임새

기구의 이름	쓰임새
돋보기 안경	물체나 글씨를 크게 보이게 한다.
사진기	빛을 모아 사진을 촬영한다.
현미경	물체를 확대해 자세히 관찰할 수 있다
망원경	멀리 있는 물체를 확대하여 볼 수 있다.
의료용 장비	치료할 곳을 확대해 자세히 관찰할 수 있다.
휴대 전화 사진기	빛을 모아 사진이나 영상을 촬영한다.

▶ 볼록 렌즈를 이용해 만든 기구에서 볼록 렌즈가 쓰인 부분

(2) 우리 생활에서 이용하는 볼록 렌즈의 성질

① 볼록 렌즈에서 빛이 굴절되어 물체가 실제보다 크게 보이는 성질을 이용합니다. 시계의 날짜를 확대해서 볼 때, 상품 정보를 확인할 때 등의 경우에 볼록 렌즈를 사용합니다.

▲ 곤충을 관찰할 때

▲ 화석을 관찰할 때

▲ 소품을 제작할 때

▲ 책을 읽을 때

② 볼록 렌즈가 빛을 모으는 성질을 이용해 사진이나 영상을 촬영합니다.

(3) 우리 생활에서 볼록 렌즈를 사용했을 때의 좋은 점

① 물체의 모습을 확대해서 볼 수 있기 때문에 작은 물체나 멀리 있는 물체를 자세히 관찰할 수 있습니다.

② 섬세한 작업을 할 때 도움이 됩니다.

③ 가까운 것이 잘 보이지 않는 사람의 시력을 교정하는 데 도움을 줍니다.

▶ 현미경에서의 볼록 렌즈의 쓰임

- 현미경은 볼록 렌즈인 대물렌즈와 접안렌즈를 이용하여 작은 물체의 모습을 확대해서 볼 수 있게 만든 기구입니다.
- 현미경에서 대물렌즈는 작은 물체에서 온 빛을 모이게 하여 물체의 모습을 거꾸로 크게 맺히게 합니다.
- 접안렌즈는 맺힌 물체의 모습을 더 크게 보이게 합니다.

5 우리가 찾은 볼록 렌즈로 세상 보기

(1) **볼록 렌즈의 구실을 하는 물체 찾아보기:** 유리 막대, 물방울이 맺힌 유리판, 물이 담긴 둥근 유리컵, 물이 담긴 투명한 일회용 비닐장갑, 물이 담긴 지퍼 백 등

(2) **볼록 렌즈의 구실을 하는 물체의 조건**

① 물체의 가운데 부분이 가장자리보다 두꺼운 모양이어야 합니다.

② 빛이 통과해야 하기 때문에 투명한 물질로 되어 있어야 하고 두께가 충분해야 합니다.

③ 물체에 따라서 물이 필요한지도 생각해 보아야 합니다. 둥근 유리컵과 같은 물체는 볼록 렌즈의 구실을 할 수 있으려면 물을 넣어야 하기 때문입니다.

▲ 물이 담긴 둥근 유리컵으로 관찰한 화분

▲ 물이 담긴 둥근 유리컵으로 관찰한 배경 무늬

▲ 물이 담긴 비닐봉지로 관찰한 친구의 얼굴

▲ 유리구슬로 관찰한 인형

이제 실험 관찰로 알아볼까?

볼록 렌즈를 통과한 햇빛 관찰하기

[준비물] 손잡이가 있는 볼록 렌즈(지름 76 mm), 손잡이가 있는 평면 유리(지름 76 mm), 스탠드, 하얀색 도화지, 색안경, 적외선 온도계, 자(30 cm), 초시계

[실험 방법]

① 운동장에서 태양, 볼록 렌즈, 하얀색 도화지가 일직선이 되게 합니다.
② 볼록 렌즈에서 하얀색 도화지를 점점 멀리할 때, 하얀색 도화지에 햇빛이 만든 원의 크기가 어떻게 달라지는지 관찰해 봅니다.
③ 볼록 렌즈와 하얀색 도화지 사이의 거리를 약 25 cm로 했을 때, 하얀색 도화지에 햇빛이 만든 원의 밝기를 관찰하고 주변과 비교해 봅니다.
④ 볼록 렌즈와 하얀색 도화지 사이의 거리를 약 25 cm로 했을 때, 10초 뒤에 하얀색 도화지에 햇빛이 만든 원 안의 온도와 원 밖의 온도를 측정하고 비교합니다.
⑤ 볼록 렌즈 대신 평면 유리를 사용하여 ①~④의 활동을 해 봅니다.

적외선 온도계
손잡이가 있는 볼록 렌즈
하얀색 도화지

주의할 점

- 볼록 렌즈로 태양을 보면 위험하므로 절대 보지 않도록 하며, 실험하는 동안 색안경을 벗지 않습니다.
- 햇빛과 볼록 렌즈가 하얀색 도화지에 만든 원을 오랫동안 바라보거나, 원이 피부에 닿지 않도록 주의합니다.

[실험 결과]

① 볼록 렌즈와 평면 유리에서 하얀색 도화지를 점점 멀리할 때, 하얀색 도화지에 햇빛이 만든 원의 크기 관찰 결과

볼록 렌즈와 하얀색 도화지 사이의 거리		
가까울 때 (5 cm)	중간일 때 (25 cm)	멀 때 (45 cm)
○	●	○

평면 유리와 하얀색 도화지 사이의 거리		
가까울 때 (5 cm)	중간일 때 (25 cm)	멀 때 (45 cm)
○	○	○

② 볼록 렌즈와 평면 유리를 통과한 햇빛이 하얀색 도화지에 만든 원 안의 밝기와, 10초 뒤에 원 안의 온도와 원 밖의 온도를 측정하였을 때의 결과

구분	볼록 렌즈를 통과한 햇빛이 만든 원 안		평면 유리를 통과한 햇빛이 만든 원 안	
밝기	주변보다 밝다.		주변보다 어둡다.	
온도(℃)	원 안	원 밖	원 안	원 밖
	50.0	25.0	24.5	25.0

중요한 점

볼록 렌즈는 햇빛을 한곳으로 모을 수 있으며, 볼록 렌즈로 햇빛을 모은 곳은 밝고 온도가 높습니다.

[실험 결과로 알 수 있는 점]

① 볼록 렌즈는 평면 유리와 달리 햇빛을 모을 수 있다.
② 볼록 렌즈로 햇빛을 모은 곳은 밝기가 밝고, 온도가 높다.

탐구 문제

정답과 해설 35쪽

1 오른쪽 실험에서 ㉠을 통과한 햇빛을 하얀색 도화지에 모을 수 있었습니다. ㉠은 볼록 렌즈와 평면 유리 중 무엇인지 쓰시오.

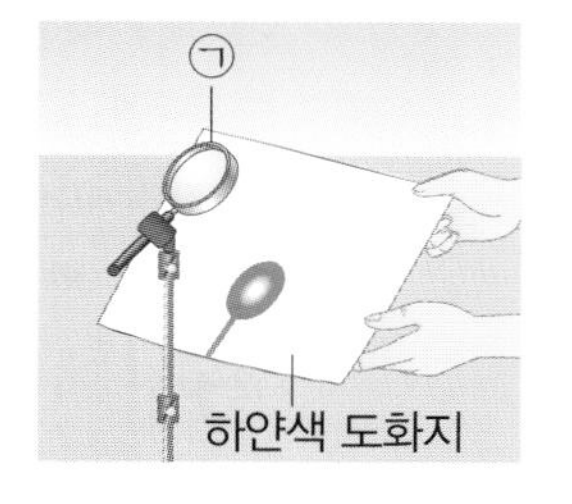

( )

2 다음 ( ) 안에 들어갈 알맞은 말에 ○표 하시오.

볼록 렌즈로 햇빛을 모은 곳은 밝기가 ㉠(밝고 , 어둡고), 온도가 ㉡(높다 , 낮다).

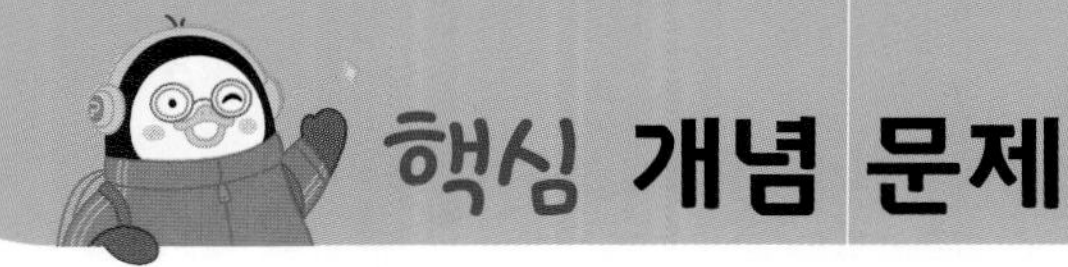

개념 1 **볼록 렌즈의 모양과 볼록 렌즈로 물체를 보았을 때 보이는 물체의 모습을 묻는 문제**

(1) 볼록 렌즈는 렌즈의 가운데 부분이 가장자리보다 두꺼움.

(2) 볼록 렌즈로 물체를 보았을 때 보이는 물체의 모습

① 실제보다 크게 보이기도 함.

② 물체가 실제보다 작고 상하좌우가 바뀌어 보이기도 함.

01 **볼록 렌즈에 대한 설명으로 옳지 않은 것을 두 가지 고르시오. (　　,　　)**

① 렌즈의 가운데 부분이 가장자리보다 두껍다.

② 렌즈는 유리와 같이 투명한 물질로 만들어져 있다.

③ 양면 볼록 렌즈, 평면 볼록 렌즈, 오목 볼록 렌즈가 있다.

④ 볼록 렌즈로 물체를 보면 실제 물체보다 항상 크게 보인다.

⑤ 볼록 렌즈로 물체를 보면 물체는 항상 상하좌우가 바뀌어 보인다.

02 **볼록 렌즈로 물체를 보았을 때 관찰한 모습으로 옳은 것에 모두 ○표 하시오.**

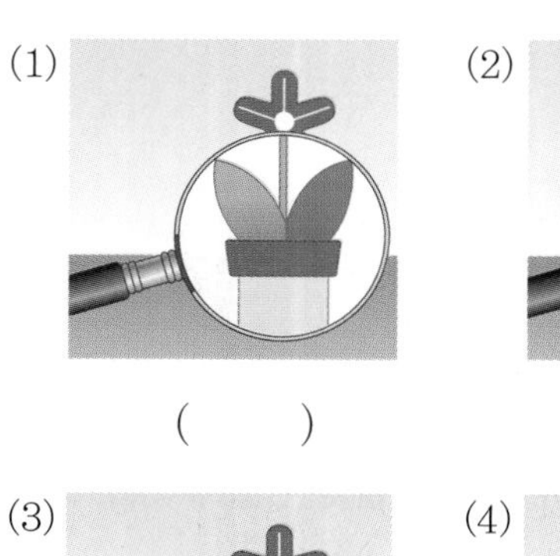

(1) (　　)　(2) (　　)

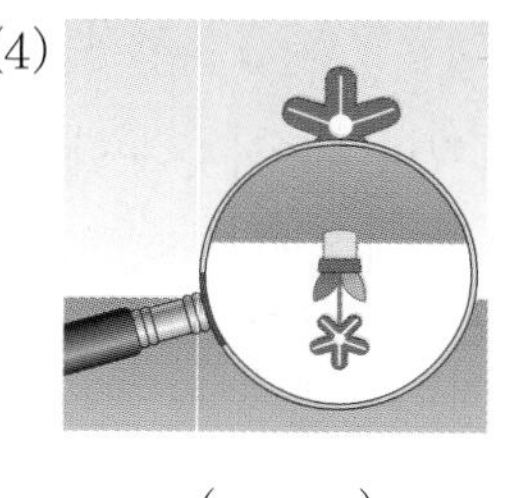

(3) (　　)　(4) (　　)

개념 2 **3구 레이저 빛이 볼록 렌즈를 통과했을 때의 모습을 묻는 문제**

(1) 곧게 나아가던 레이저 빛이 볼록 렌즈의 가장자리를 통과하면 빛은 볼록 렌즈의 두꺼운 가운데 부분으로 꺾여 나아감.

(2) 곧게 나아가던 레이저 빛이 볼록 렌즈의 가운데 부분을 통과하면 빛은 그대로 직진함.

03 **볼록 렌즈를 통과한 레이저 빛이 나아가는 방향을 화살표로 나타내시오.**

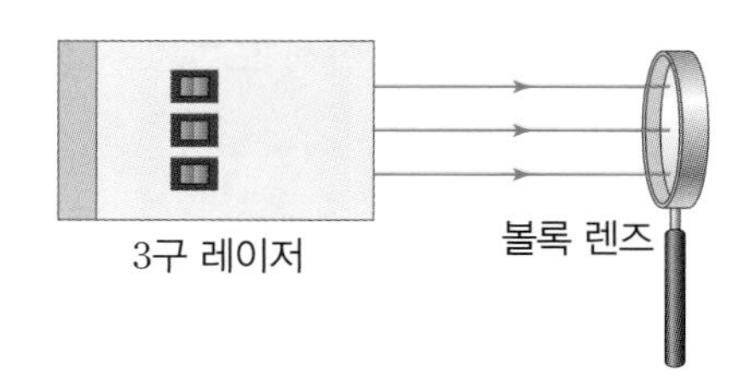

04 **볼록 렌즈에 레이저 빛을 비춘 결과가 다음과 같이 나타난 까닭으로 옳은 것은 어느 것입니까? (　　)**

> 볼록 렌즈의 가장자리 부분은 빛이 가운데 부분으로 꺾여 나아가고, 가운데 부분은 빛이 꺾이지 않고 그대로 나아간다.

① 렌즈가 빛을 반사하기 때문이다.

② 렌즈가 빛을 흡수하기 때문이다.

③ 볼록 렌즈의 가운데 부분이 가장자리보다 두껍기 때문이다.

④ 빛이 볼록 렌즈를 통과하면 모든 부분에서 굴절되기 때문이다.

⑤ 볼록 렌즈의 가운데 부분이 가장자리보다 불투명하기 때문이다.

개념 3 볼록 렌즈와 평면 유리를 통과한 햇빛의 특징을 비교하여 묻는 문제

(1) 볼록 렌즈는 햇빛을 모을 수 있지만 평면 유리는 햇빛을 모을 수 없음.

(2) 볼록 렌즈는 평면 유리와 달리 하얀색 도화지에 만든 원 안의 밝기가 주변보다 밝음.

(3) 볼록 렌즈는 평면 유리와 달리 하얀색 도화지에 만든 원 안의 온도가 주변보다 높음.

05 다음은 햇빛을 볼록 렌즈와 평면 유리에 통과시켰을 때 하얀색 도화지에 나타난 원의 모습입니다. 볼록 렌즈를 통과한 햇빛이 만든 원의 모습에 ○표 하시오.

(1)

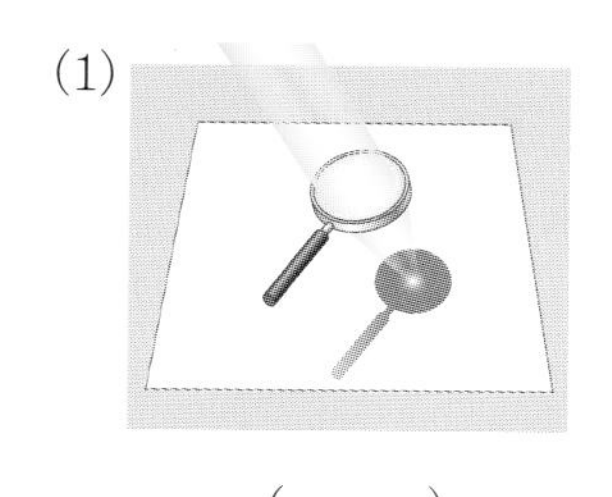

( )

(2)

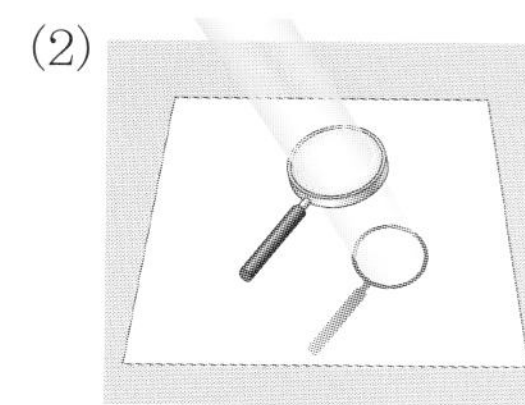

( )

06 오른쪽 실험에서 평면 유리를 통과한 햇빛이 하얀색 도화지에 만든 원의 모습을 표로 정리하였습니다. 실험 결과로 옳지 않은 것의 기호를 쓰시오.

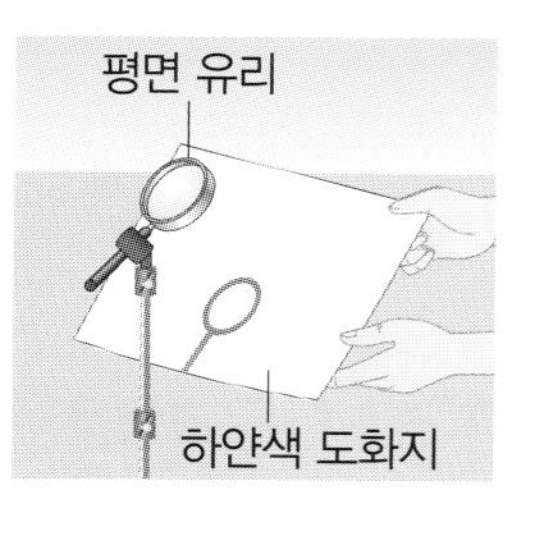

평면 유리와 하얀색 도화지 사이의 거리		
㉠ 가까울 때 (5 cm)	㉡ 중간일 때 (25 cm)	㉢ 멀 때 (45 cm)
○	●	○

( )

개념 4 햇빛을 볼록 렌즈에 통과시켰을 때의 특징을 묻는 문제

(1) 햇빛을 볼록 렌즈에 통과시키면 볼록 렌즈는 햇빛을 굴절시켜 한곳으로 모을 수 있음.

(2) 볼록 렌즈로 햇빛을 모은 곳은 주변보다 밝기가 밝고 온도가 높음.

(3) 볼록 렌즈를 이용하여 햇빛을 모은 곳은 온도가 높기 때문에 볼록 렌즈로 종이를 태울 수 있음.

(4) 볼록 렌즈를 이용하여 햇빛을 모은 곳은 온도가 높기 때문에 열 변색 종이 위에 그림을 그릴 수 있음.

07 다음은 어떤 렌즈의 특징인지 쓰시오.

- 이 렌즈는 햇빛을 굴절시켜 한곳으로 모을 수 있다.
- 이 렌즈로 햇빛을 모은 곳은 주변보다 밝기가 밝다.
- 이 렌즈를 이용하여 종이를 태울 수 있다.

( )

08 다음은 볼록 렌즈를 이용하여 열 변색 종이 위에 그림을 그릴 수 있는 까닭을 설명한 것입니다. ( ) 안에 들어갈 알맞은 말을 쓰시오.

볼록 렌즈를 이용하여 햇빛을 모은 곳은 ( ) 이/가 높기 때문에 볼록 렌즈를 통과한 햇빛을 이용하여 열 변색 종이 위에 그림을 그릴 수 있다.

( )

개념 5 간이 사진기를 만드는 방법을 묻는 문제

(1) 간이 사진기 전개도로 겉 상자를 만듦.
(2) 겉 상자의 동그란 구멍이 뚫린 부분에 셀로판테이프로 볼록 렌즈를 붙임.
(3) 간이 사진기 전개도로 속 상자를 만들고 한쪽 끝에 기름종이를 붙임.
(4) 겉 상자에 속 상자를 넣어 간이 사진기를 완성함.

09 다음 보기 에서 간이 사진기를 만들 때 필요한 준비물을 모두 고르시오.

보기
㉠ 기름종이
㉡ 거름종이
㉢ 볼록 렌즈
㉣ 간이 사진기 전개도

( )

10 다음은 간이 사진기를 만드는 과정입니다. ( ) 안에 들어갈 알맞은 실험 도구는 어느 것입니까? ( )

(가) 간이 사진기 전개도로 겉 상자를 만든다.
(나) 겉 상자의 동그란 구멍이 뚫린 부분에 셀로판테이프로 ( )을/를 붙인다.
(다) 간이 사진기 전개도로 속 상자를 만들고 한쪽 끝에 기름종이를 붙인다.
(라) 겉 상자에 속 상자를 넣어 간이 사진기를 완성한다.

① 유리 ② 물방울
③ 아크릴판 ④ 볼록 거울
⑤ 볼록 렌즈

개념 6 간이 사진기로 본 물체의 모습을 묻는 문제

(1) 간이 사진기로 물체를 보면 속 상자에 붙인 기름종이에서 물체의 모습을 볼 수 있음.
(2) 이때 간이 사진기로 본 물체의 모습은 실제 모습과 다름.
(3) 간이 사진기로 물체를 보면 물체의 모습은 상하좌우가 바뀌어 보임.
(4) 그 까닭은 간이 사진기에 있는 볼록 렌즈가 빛을 굴절시켜 기름종이에 상하좌우가 다른 물체의 모습을 만들기 때문임.

11 간이 사진기에 대한 설명으로 옳지 않은 것은 어느 것입니까? ( )

① 렌즈를 이용하여 빛을 모은다.
② 오목 렌즈를 이용하여 만든다.
③ 간이 사진기로 본 물체의 모습은 실제 모습과 다르다.
④ 간이 사진기로 물체를 보면 물체의 모습은 상하좌우가 바뀌어 보인다.
⑤ 간이 사진기로 물체를 보면 속 상자에 붙인 기름종이에서 물체의 모습을 볼 수 있다.

12 다음 모양을 간이 사진기로 보았을 때 보이는 모습을 그리시오.

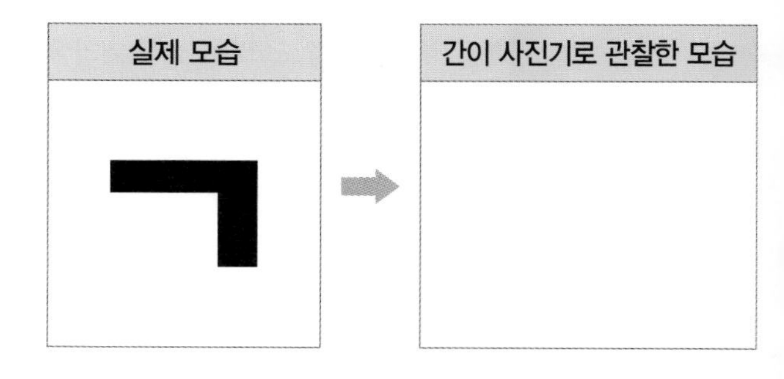

개념 7 우리 생활에서 볼록 렌즈를 이용해 만든 기구의 이름과 쓰임새를 묻는 문제

(1) 사람들은 빛을 모으는 볼록 렌즈의 성질을 이용해 여러 가지 기구를 만들어 사용함.

(2) 우리 생활에서 볼록 렌즈를 이용해 만든 기구의 이름과 쓰임새

기구의 이름	쓰임새
돋보기 안경	물체나 글씨를 크게 보이게 함.
사진기	빛을 모아 사진을 촬영함.
현미경	물체를 확대해 자세히 관찰할 수 있음.
망원경	멀리 있는 물체를 확대하여 볼 수 있음.
의료용 장비	치료할 곳을 확대해 자세히 관찰할 수 있음.
휴대 전화 사진기	빛을 모아 사진이나 영상을 촬영함.

13 볼록 렌즈를 사용하는 상황으로 알맞지 않은 것은 어느 것입니까? (　　　)

 ①

▲ 곤충을 관찰할 때

 ②

▲ 상품 정보를 확인할 때

 ③

▲ 책을 읽을 때

④

▲ 축구를 할 때

 ⑤

▲ 소품을 제작할 때

14 오른쪽 현미경에서 볼록 렌즈가 사용된 곳에 모두 ○표 하시오.

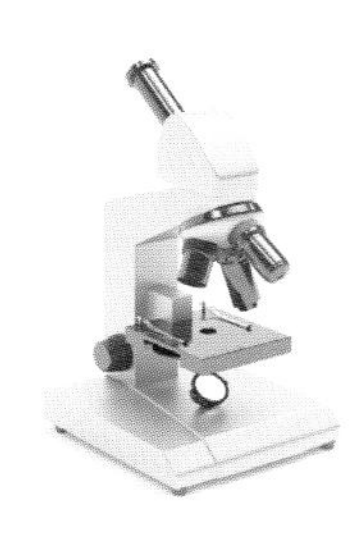

개념 8 볼록 렌즈의 구실을 하는 물체에 관한 문제

(1) 볼록 렌즈의 구실을 하는 물체 찾아보기: 유리 막대, 물방울이 맺힌 유리판, 물이 담긴 둥근 유리컵, 물이 담긴 투명한 일회용 비닐장갑, 물이 담긴 지퍼 백 등

(2) 볼록 렌즈의 구실을 하는 물체의 조건

① 물체의 모양은 가운데 부분이 가장자리보다 두꺼워야 함.

② 빛이 통과해야 하기 때문에 투명한 물질로 되어 있어야 하고 두께가 충분해야 함.

③ 물체에 따라서 물이 필요한지도 생각해 보아야 함. 둥근 유리컵과 같은 물체는 볼록 렌즈의 구실을 할 수 있으려면 물을 넣어야 하기 때문임.

15 볼록 렌즈의 구실을 할 수 있는 물체를 모두 고르시오. (　　　　　)

① 유리구슬
② 나무 막대
③ 플라스틱 숟가락
④ 물이 담긴 비닐봉지
⑤ 검은색 도화지로 만든 원통

16 다음은 볼록 렌즈의 구실을 할 수 있는 물체에 대한 설명입니다. (　　) 안에 공통으로 들어갈 알맞은 말을 쓰시오.

> 볼록 렌즈의 구실을 할 수 있는 물체를 찾을 때는 물체에 따라서 (　　　　)이/가 필요한지도 생각해 보아야 한다. 둥근 유리컵과 같은 물체는 볼록 렌즈의 구실을 할 수 있으려면 (　　　　)을/를 넣어야 하기 때문이다.

(　　　　　　　　　　)

중단원 실전 문제

01 볼록 렌즈인 것에 모두 ○표 하시오.

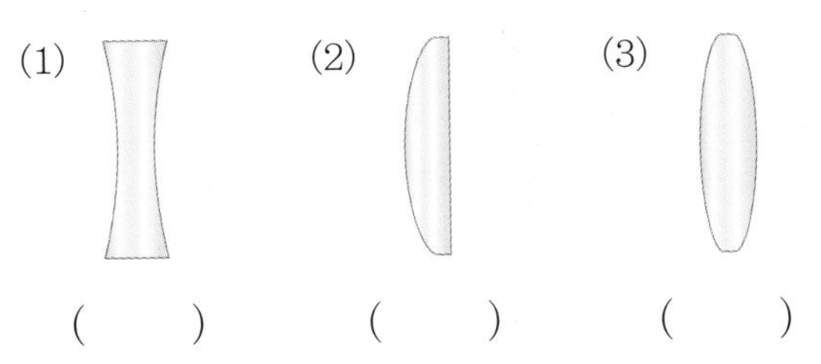

(1) ( ) (2) ( ) (3) ( )

⊂서술형⊃

02 위 01번의 답을 고른 까닭을 볼록 렌즈의 생김새와 관련지어 쓰시오.

____

____

⊂중요⊃

03 볼록 렌즈로 물체를 관찰했을 때의 모습으로 알맞은 것을 골라 기호를 쓰시오.

㉠ 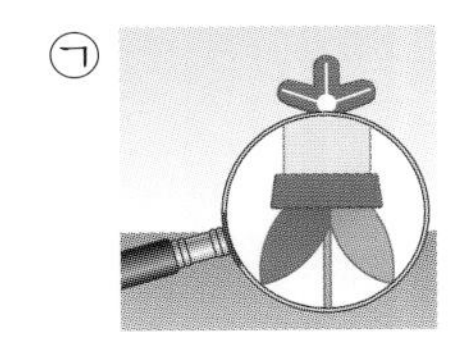 ㉡ 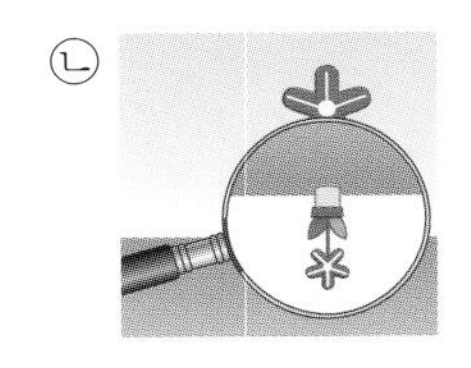

( )

04 물이 담긴 비닐봉지로 물체를 보았을 때 보이는 모습에 대한 설명으로 옳은 것을 골라 기호를 쓰시오.

㉠ 물체가 실제보다 항상 작게 보인다.
㉡ 물체가 실제보다 크게 보이기도 한다.
㉢ 물체의 상하좌우가 항상 바뀌어 보인다.

( )

[05~06] 다음과 같은 3구 레이저 스위치를 이용하여 볼록 렌즈를 통과한 빛이 어떻게 나아가는지를 확인하려고 합니다. 물음에 답하시오.

05 위의 실험에서 곧게 나아가던 레이저 빛이 볼록 렌즈의 가장자리를 통과할 때의 모습으로 옳은 것에 ○표 하시오.

(1) 빛이 꺾이지 않고 그대로 나아간다. ( )
(2) 빛이 볼록 렌즈의 두꺼운 가운데 부분으로 꺾여 나아간다. ( )
(3) 빛이 볼록 렌즈의 얇은 가장자리 부분으로 퍼져 나아간다. ( )

06 위 실험에서 볼록 렌즈를 통과한 레이저 빛이 나아가는 모습을 화살표로 바르게 나타낸 것을 골라 기호를 쓰시오.

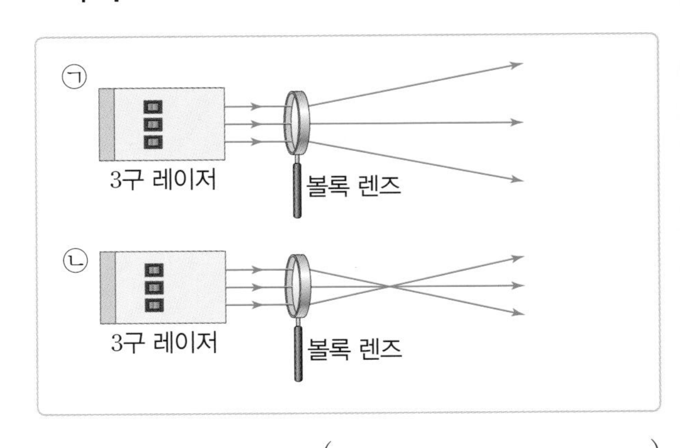

( )

[07~10] 다음은 볼록 렌즈와 평면 유리를 통과하는 햇빛을 비교하는 실험입니다. 물음에 답하시오.

(가) 운동장에서 태양, 볼록 렌즈, 하얀색 도화지가 일직선이 되게 한다.
(나) 볼록 렌즈에서 하얀색 도화지를 점점 멀리하면서 볼록 렌즈를 통과한 햇빛이 만든 원의 크기와 원 안의 밝기가 어떻게 달라지는지 관찰한다.
(다) 볼록 렌즈를 통과한 햇빛이 만든 원의 크기를 가장 작게 했을 때 10초 뒤에 하얀색 도화지에 햇빛이 만든 원 안의 온도와 원 밖의 온도를 측정하고 비교한다.
(라) 평면 유리로 (가)~(다)의 과정을 반복한다.

적외선 온도계 / 손잡이가 있는 볼록 렌즈 / 하얀색 도화지

07 위 실험의 (나) 과정을 통해 알 수 있는 사실로 옳은 것에 ○표, 옳지 않은 것에 ×표 하시오.

(1) 볼록 렌즈를 통과한 햇빛이 만든 원의 밝기가 변한다. ( )
(2) 볼록 렌즈를 통과한 햇빛이 만든 원의 크기가 변하지 않는다. ( )
(3) 볼록 렌즈를 통과한 햇빛이 만든 원의 크기에 따라 밝기도 달라진다. ( )

⊂중요⊃

08 위 실험에서 볼록 렌즈와 평면 유리를 통과하는 햇빛이 만든 원의 모습을 바르게 선으로 연결하시오.

(1) 볼록 렌즈를 통과하는 햇빛 • • ㉠
(2) 평면 유리를 통과하는 햇빛 • • ㉡

09 앞 실험의 (다) 과정에서 볼록 렌즈를 통과한 햇빛이 만든 원 안의 처음 온도가 25 ℃였을 때, 10초 뒤의 원 안 온도로 가능하지 않은 것은 어느 것입니까? ( )

① 20 ℃ ② 35 ℃
③ 40 ℃ ④ 45 ℃
⑤ 50 ℃

10 앞 실험을 통해 알 수 있는 사실로 옳은 것을 모두 고르시오.

㉠ 평면 유리는 햇빛을 한곳으로 모을 수 있다.
㉡ 볼록 렌즈로 햇빛을 모은 곳은 주변보다 밝다.
㉢ 햇빛을 볼록 렌즈에 통과시키면 볼록 렌즈는 햇빛을 굴절시켜 한곳으로 모을 수 있다.

( )

⊂서술형⊃

11 다음은 볼록 렌즈를 통과한 햇빛으로 열 변색 종이 위에 그림을 그리는 모습입니다. 볼록 렌즈 대신 평면 유리를 이용했더니 열 변색 종이 위에 그림을 그릴 수 없었습니다. 왜 이런 결과가 나타나는지 쓰시오.

12 다음 보기 에서 간이 사진기를 만들 때 필요한 준비물을 모두 골라 기호를 쓰시오.

보기
㉠ 거울 ㉡ 손전등
㉢ 기름종이 ㉣ 볼록 렌즈
㉤ 셀로판테이프 ㉥ 간이 사진기 전개도

( )

13 다음은 간이 사진기를 만드는 과정의 일부입니다. 겉 상자의 동그란 구멍이 뚫린 부분에 붙이는 ㉠은 무엇인지 쓰시오.

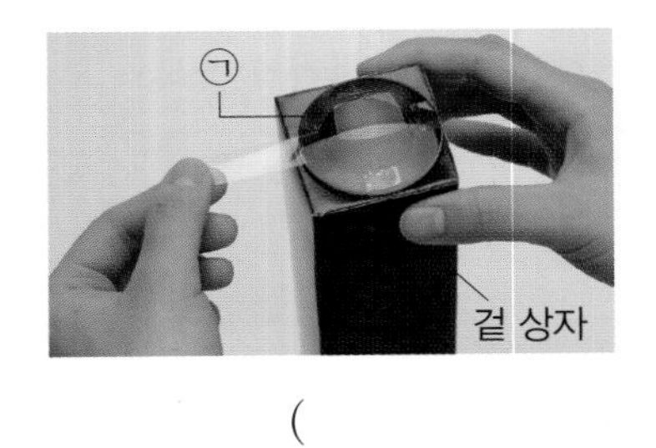

( )

14 위 13번의 답이 간이 사진기에서 하는 역할을 설명한 것으로 옳은 것은 어느 것입니까? ( )

① 빛을 굴절시키는 역할을 한다.
② 빛이 직진할 수 있도록 해 준다.
③ 빛이 반사할 수 있도록 해 준다.
④ 모든 물체를 크게 볼 수 있도록 해 준다.
⑤ 물체의 모습이 맺히는 스크린의 역할을 한다.

15 다음의 모양을 간이 사진기로 관찰하면 어떻게 보이는지 그리시오.

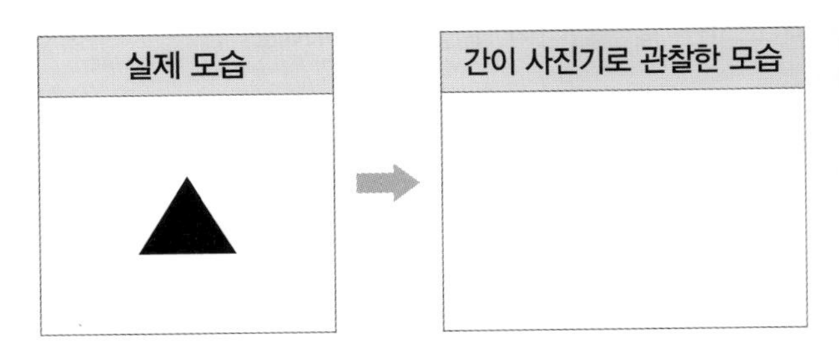

16 간이 사진기로 본 물체의 모습을 설명한 것입니다. ( ) 안에 들어갈 알맞은 말에 ○표 하시오.

간이 사진기로 물체를 보면 물체의 모습이 (상하 , 좌우 , 상하좌우)가 바뀌어 보인다.

중요

17 다음 중 간이 사진기로 보았을 때의 모습이 실제의 모습과 같은 것은 어느 것입니까? ( )

①  ②  ③ 
④  ⑤ ∂

중요

18 다음 중 볼록 렌즈를 이용한 물체가 아닌 것은 어느 것입니까? ( )

①  ②  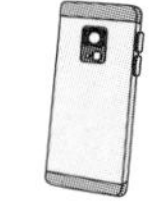 ③ 
④  ⑤ 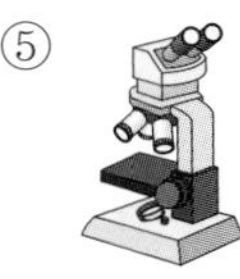

19 우리 생활에서 볼록 렌즈를 이용하는 예와 그 쓰임을 짝 지은 것으로 옳지 않은 것은 어느 것입니까? (　　　)

① 루페 – 작은 곤충을 관찰할 때 사용한다.
② 망원경 – 멀리 있는 별을 관찰할 때 사용한다.
③ 돋보기 안경 – 멀리 있는 물체를 잘 보지 못하는 사람들이 사용한다.
④ 나비 박물관의 확대경 – 나비의 모습을 자세히 관찰할 때 사용한다.
⑤ 대형 마트의 확대경 – 구입하려고 하는 물품의 정보가 적힌 안내문을 크게 보려고 할 때 사용한다.

⊂서술형⊃

20 다음 그림을 바탕으로 우리 생활에서 볼록 렌즈를 사용했을 때의 좋은 점을 쓰시오.

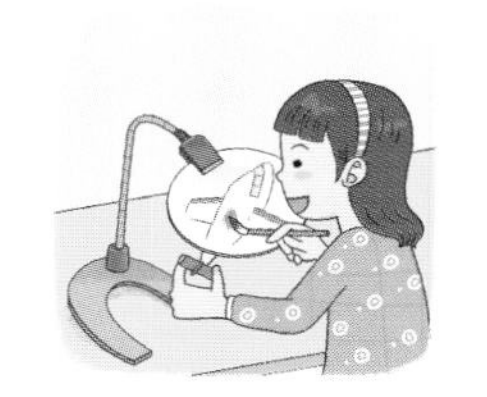

▲ 소품을 제작하는 모습

____

____

21 볼록 렌즈의 구실을 할 수 있는 물체의 조건으로 옳은 것을 모두 고르시오.

㉠ 투명해야 한다.
㉡ 빛을 통과시킬 수 있어야 한다.
㉢ 가운데 부분이 가장자리 부분보다 두꺼워야 한다.
㉣ 가장자리의 색깔이 가운데 부분보다 어두워야 한다.

(　　　　　　　　)

22 볼록 렌즈의 구실을 할 수 있는 물체를 모두 고르시오. (　　　　　)

① 프리즘
② 유리구슬
③ 검정 비닐봉지
④ 검은색 알사탕
⑤ 물이 담긴 어항

23 볼록 렌즈를 이용한 재미있는 사진을 찍기 위해 친구들끼리 나눈 대화입니다. 알맞지 않은 내용을 말한 친구의 이름을 쓰시오.

• 서준: 우리 주위에는 볼록 렌즈와 같은 구실을 하는 물체가 많이 있어. 우리도 직접 찾아서 재미있는 사진을 찍어 보자.
• 기연: 우리가 찍으려는 물체 앞에 유리판을 놓아두면 어때?
• 소희: 물이 담긴 비닐장갑을 무늬가 있는 물체 위에 올려놓아도 좋을 것 같아.

(　　　　　　　　)

24 볼록 렌즈 구실을 하는 물체로 찍은 사진입니다. 사진에 대해 바르게 설명한 친구의 이름을 쓰시오.

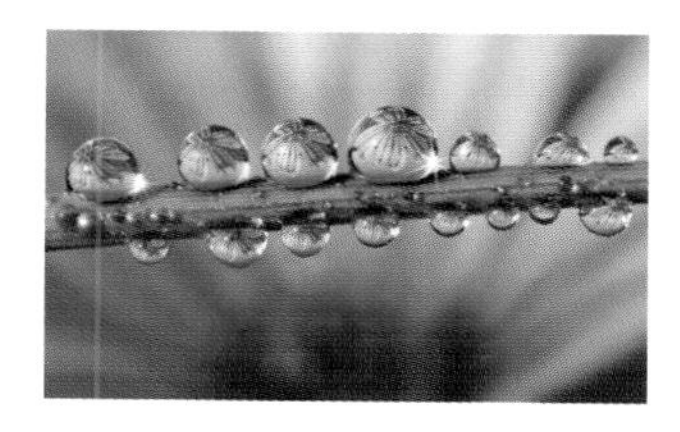

• 여름: 이슬을 오목 렌즈처럼 이용한 사진이네.
• 준혁: 물방울에 비친 물체는 실제와 크기가 같아.
• 미소: 물방울에 비친 물체는 실제보다 작게 보여.

(　　　　　　　　)

서술형·논술형 평가 돋보기

학교에서 출제되는 서술형·논술형 평가를 미리 준비하세요.

연습 문제

🔍 문제 해결 전략
볼록 렌즈로 햇빛을 모은 곳은 주변보다 온도가 높습니다.

🔍 핵심 키워드
볼록 렌즈, 온도

1 볼록 렌즈와 평면 유리를 통과한 햇빛이 하얀색 도화지에 만든 원의 모습을 나타낸 것입니다. 물음에 답하시오.

볼록 렌즈와 하얀색 도화지 사이의 거리	평면 유리와 하얀색 도화지 사이의 거리
중간일 때(25 cm)	중간일 때(25 cm)
㉠—●—㉡	㉢—○—㉣

(1) ㉠~㉣ 중에서 온도가 가장 높이 올라가는 곳은 어디입니까?
( )

(2) 볼록 렌즈의 특징에 대한 다음의 설명에서 ( ) 안에 들어갈 알맞은 말을 쓰시오.

> 평면 유리를 통과한 햇빛의 모습과 비교했을 때, 일정 거리에서 볼록 렌즈를 통과한 햇빛은 더 작아졌다. 이를 통해 볼록 렌즈는 ( ) 을/를 굴절시켜 한곳으로 모은다는 것을 알 수 있다.

🔍 문제 해결 전략
간이 사진기는 볼록 렌즈를 붙인 겉 상자와 기름종이를 붙인 속 상자로 이루어져 있습니다. 볼록 렌즈는 빛을 굴절시켜 실제 물체의 상하좌우가 바뀐 모습이 기름종이에 맺히게 합니다.

🔍 핵심 키워드
간이 사진기, 볼록 렌즈, 빛의 굴절

2 다음은 간이 사진기로 물체를 보는 모습입니다. 물음에 답하시오.

(1) 위와 같이 간이 사진기로 'ㄱ'을 보았을 때 보이는 모습을 그리시오.
( )

(2) 위와 같이 간이 사진기로 본 물체의 모습이 실제 모습과 다른 까닭을 쓰시오.

> 간이 사진기에 있는 ( )이/가 빛을 굴절시켜 기름종이에 ( )이/가 바뀐 물체의 모습을 만들기 때문이다.

실전 문제

1 다음과 같이 볼록 렌즈를 이용하여 종이를 태울 수 있는 까닭을 쓰시오.

2 다음은 물방울, 유리 막대, 물이 담긴 둥근 어항으로 물체를 본 모습입니다. 물방울과 유리 막대, 물이 담긴 둥근 어항의 공통점을 쓰고, 어떤 렌즈의 구실을 할 수 있는지 쓰시오.

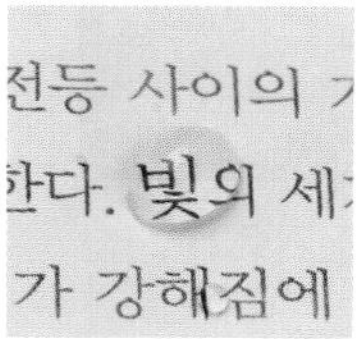

▲ 물방울

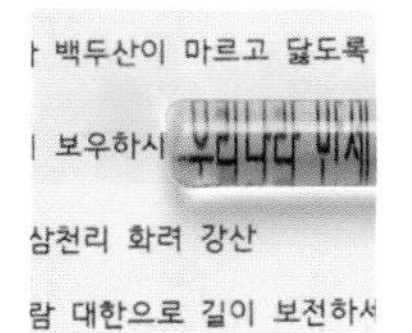

▲ 유리 막대

▲ 물이 담긴 둥근 어항

3 다음 그림은 우리 생활에서 볼록 렌즈를 사용하는 상황입니다. 각 상황에서 볼록 렌즈를 어떻게 사용하고 있는지 쓰시오.

(1)

(2)

4 우리 생활에서 볼록 렌즈를 사용할 수 없게 된다면 어떤 불편함이 생길 수 있는지 쓰시오.

1 빛의 굴절

• 프리즘을 통과한 햇빛이 하얀색 도화지에 나타난 모습과 햇빛의 특징
- 햇빛이 하얀색 도화지에 여러 가지 빛깔로 나타남.
- 여러 가지 빛깔이 연속해서 나타남.
- 햇빛은 여러 가지 빛깔로 이루어져 있음.

• 공기와 물, 공기와 유리의 경계에서 빛이 나아가는 모습

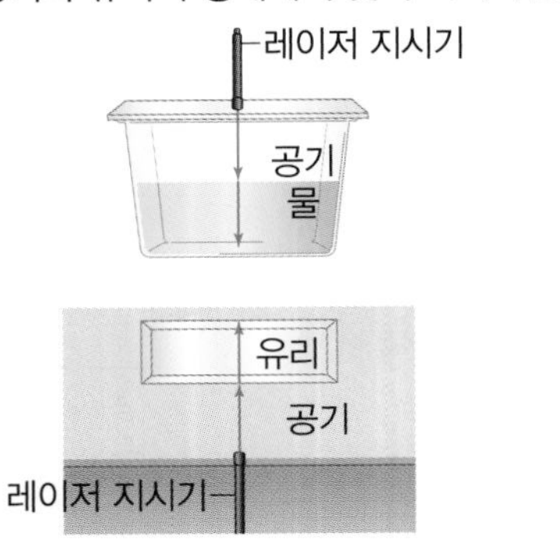

- 빛이 서로 다른 물질의 경계에서 수직으로 나아갈 때는 꺾이지 않고 그대로 나아감.

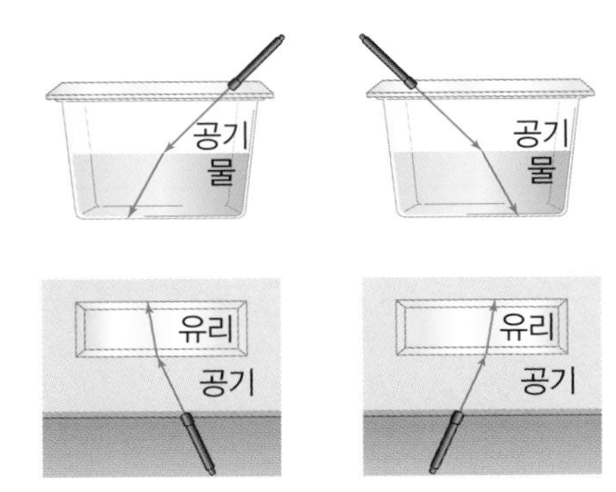

- 빛이 서로 다른 물질의 경계에서 비스듬히 나아갈 때는 꺾여 나아감.

➡ 서로 다른 물질의 경계에서 빛이 꺾여 나아가는 현상을 빛의 굴절이라고 함.

2 볼록 렌즈

• 볼록 렌즈의 특징
- 볼록 렌즈는 가운데 부분이 가장자리보다 두꺼움.
- 볼록 렌즈로 본 물체의 모습

▲ 실제 물체보다 크게 보일 수 있음.

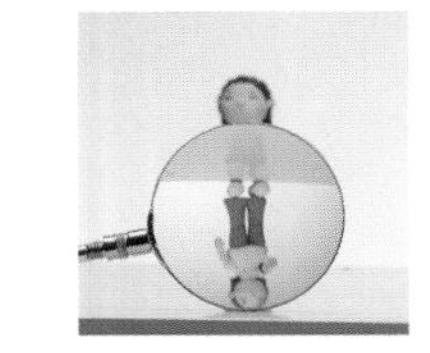

▲ 물체가 작고 상하좌우가 바뀌어 보일 수 있음.

- 볼록 렌즈는 빛을 굴절시킴.

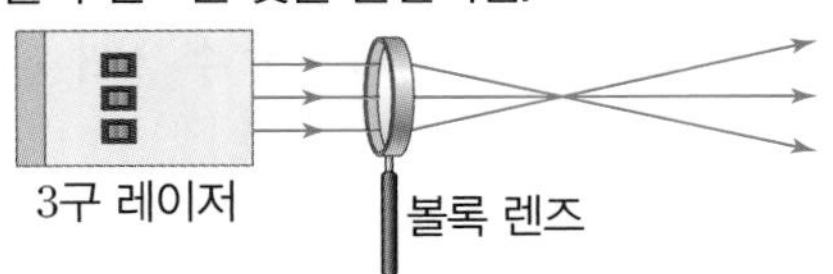

- 볼록 렌즈의 구실을 하는 물체: 물방울, 유리구슬, 유리 막대, 물이 담긴 둥근 어항 등

• 볼록 렌즈를 통과한 햇빛
- 볼록 렌즈는 햇빛을 굴절시켜 한곳으로 모을 수 있음.
- 볼록 렌즈로 햇빛을 모은 곳은 밝기가 밝고 온도가 높음.

• 간이 사진기로 본 물체의 모습

▲ 실제 모습

▲ 간이 사진기로 본 모습

- 물체의 상하좌우가 바뀌어 보임.

• 우리 생활에서 이용되는 볼록 렌즈
- 돋보기 안경, 확대경, 사진기, 현미경, 망원경 등
- 볼록 렌즈를 사용하면 작은 물체나 멀리 있는 물체를 자세히 관찰할 수 있고, 섬세한 작업을 할 때 도움을 줌.

대단원 마무리

5. 빛과 렌즈

01 햇빛을 프리즘에 통과시켰을 때 햇빛이 흰 도화지에 나타난 모습을 바르게 그린 것을 보기 에서 모두 골라 기호를 쓰시오.

보기

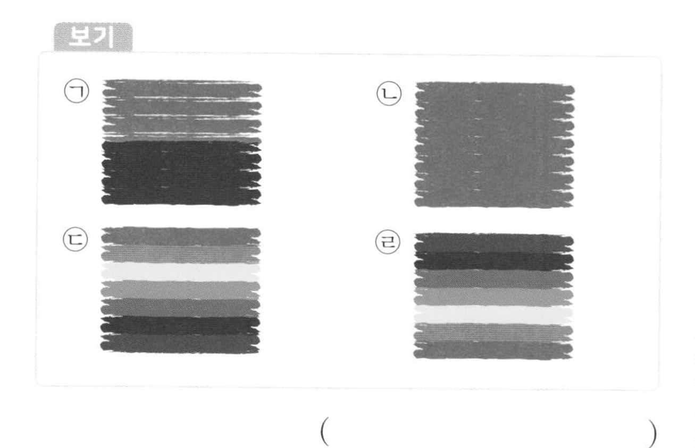

( )

02 프리즘에 대한 설명으로 옳은 것끼리 짝 지어진 것은 어느 것입니까? ( )

㉠ 대부분의 빛을 반사시킨다.
㉡ 장소에 상관없이 언제나 무지개를 만드는 기구이다.
㉢ 유리나 플라스틱 등으로 만든 투명한 삼각기둥 모양의 기구이다.
㉣ 햇빛이 어떤 빛깔로 이루어졌는지를 확인할 수 있게 하는 기구이다.

① ㉡
② ㉣
③ ㉠, ㉣
④ ㉡, ㉢
⑤ ㉢, ㉣

03 하늘에 떠 있는 무지개에 대한 설명으로 옳은 것을 모두 고르시오. ( )

① 7가지 색깔로만 이루어져 있다.
② 하늘에 구름이 없을 때 나타나는 것이다.
③ 연속적으로 맑은 날 하늘에 나타나는 것이다.
④ 여러 가지 빛깔이 연속해서 나타나는 것이다.
⑤ 공기 중에 있는 물방울이 프리즘 구실을 하여 나타나는 것이다.

04 오른쪽 모습에 대한 설명으로 옳은 것을 모두 골라 기호를 쓰시오.

㉠ 햇빛이 여러 가지 빛깔로 나뉘어 보이는 경우이다.
㉡ 건물의 벽면에 프리즘을 통과한 햇빛이 여러 가지 빛깔로 나타난 것이다.
㉢ 태양의 위치와 상관 없이 벽면에 나타난 빛깔의 위치는 항상 고정되어 있다.

( )

[05~07] 다음은 공기와 물의 경계에서 빛이 나아가는 모습을 관찰하는 실험입니다. 물음에 답하시오.

(가) 물이 담긴 투명한 사각 수조에 스포이트로 우유를 두세 방울 떨어뜨린 다음 유리 막대로 젓는다.
(나) 향을 피워 수면 근처에 가져간 뒤, 투명한 아크릴판으로 덮어 수조에 향 연기를 채운다.
(다) 레이저 지시기의 빛을 수조 위쪽에서 아래쪽으로 여러 각도에서 비추고, 빛이 나아가는 모습을 관찰한다.
(라) 레이저 지시기의 빛을 수조 아래쪽에서 위쪽으로 여러 각도에서 비추고, 빛이 나아가는 모습을 관찰한다.

⊂서술형⊃

05 위의 (가) 과정에서 물에 우유를 떨어뜨리는 까닭을 쓰시오.

06 위의 (다) 과정에서 레이저 지시기를 다음과 같이 비추었을 때 빛이 나아가는 모습을 화살표로 나타내시오.

07 앞의 ㈃ 과정의 결과 빛이 나아가는 모습을 화살표로 바르게 나타낸 것에 ○표 하시오.

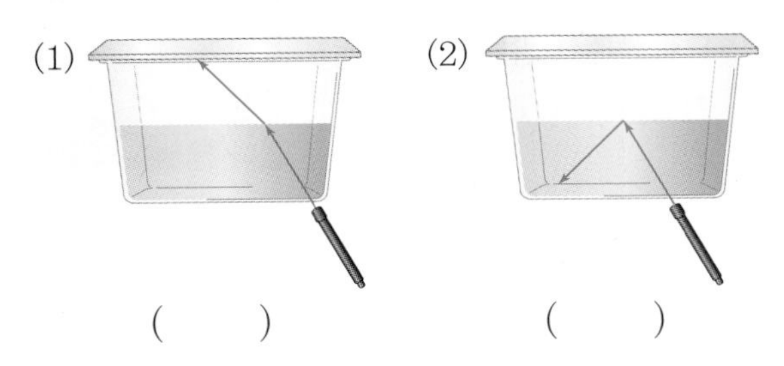

( ) ( )

08 다음은 빛을 유리에서 공기로 비추고, 빛이 나아가는 모습을 관찰한 결과입니다. 이를 통해 알 수 있는 사실은 무엇인지 ( ) 안에 들어갈 알맞은 말을 쓰시오.

빛을 유리에서 공기로 비스듬하게 비추면 유리와 공기의 ( )에서 꺾여 나아간다.

( )

⊂중요⊃

09 위 08번에서 관찰할 수 있는 빛의 성질은 어느 것입니까? ( )

① 빛의 반사 ② 빛의 흡수
③ 빛의 굴절 ④ 빛의 소멸
⑤ 빛의 통과

⊂서술형⊃

10 다음과 같이 레이저 지시기의 빛을 수조 뚜껑에서 반투명한 유리판으로 비추었습니다. 빛이 반투명한 유리판을 통과해 수조 바닥까지 도달하였다고 했을 때 빛이 꺾여 나아가는 부분의 기호와 그렇게 생각한 까닭을 쓰시오.

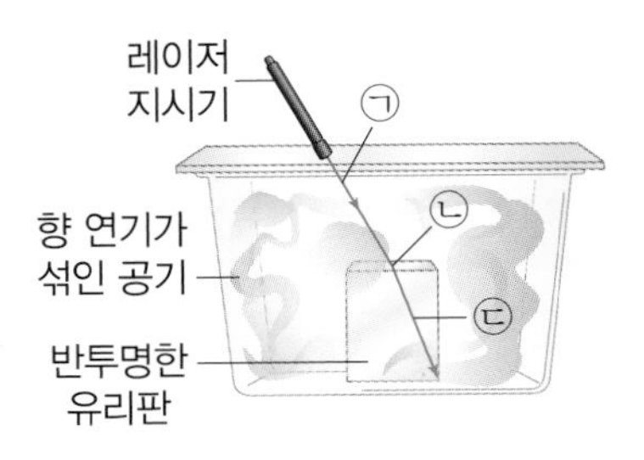

11 다음과 같이 동전을 넣은 컵에 물을 부었더니 보이지 않던 동전이 보였습니다. 이러한 변화에 대한 설명으로 옳은 것에 ○표, 옳지 않은 것에 ×표 하시오.

(1) 실제로 두 동전의 위치가 다르다. ( )
(2) 물을 부으면 동전이 떠올라서 생기는 현상이다. ( )
(3) 공기와 물의 경계에서 빛이 꺾여 나아가기 때문에 나타나는 현상이다. ( )

12 위 11번에서 컵에 물을 부었을 때 컵 속의 동전이 보이는 까닭과 관련된 예를 설명한 것으로 옳지 않은 것은 어느 것입니까? ( )

① 냇물에서 바닥이 얕아 보인다.
② 물속에 잠긴 다리가 길어 보인다.
③ 물속에 있는 빨대가 꺾여 보인다.
④ 햇빛이 프리즘을 통과할 때 여러 가지 색깔의 빛깔로 보인다.
⑤ 강에서 눈에 보이는 다슬기를 향해 손을 뻗었지만 다슬기를 잡을 수 없었다.

13 다음 그림은 물고기에서 반사된 빛이 나오는 모습을 나타낸 것입니다. 사람이 생각하는 물고기의 위치를 골라 기호를 쓰시오.

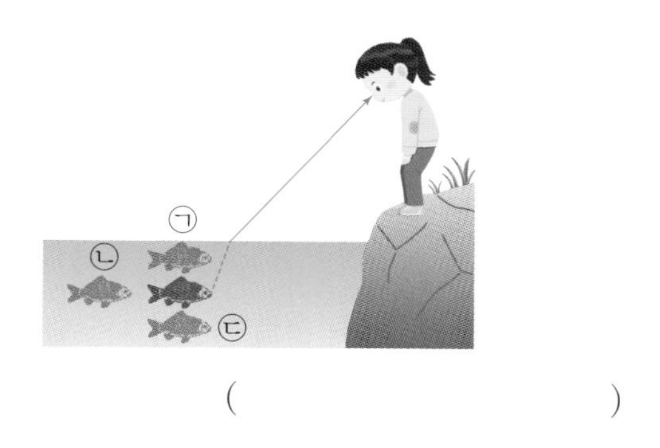

(　　　　　　　　　　)

14 다음은 볼록 렌즈에 대한 설명입니다. (　　) 안에 들어갈 말이 잘못 연결된 것은 어느 것입니까? (　　)

- 볼록 렌즈는 (㉠) 부분이 (㉡)보다 두꺼운 렌즈를 말한다.
- 대부분의 모양이 (㉢), 빛을 통과시킬 수 있는 (㉣)(으)로 만들어졌다.
- 볼록 렌즈의 종류에는 돋보기에 사용되는 (㉤)뿐 아니라, 평면 볼록 렌즈, 오목 볼록 렌즈도 있다.

① ㉠ – 가운데
② ㉡ – 가장자리
③ ㉢ – 동그랗고
④ ㉣ – 나무
⑤ ㉤ – 양면 볼록 렌즈

15 볼록 렌즈를 통해 본 물체의 모습으로 옳은 것을 모두 골라 기호를 쓰시오.

㉠ ㉡ ㉢

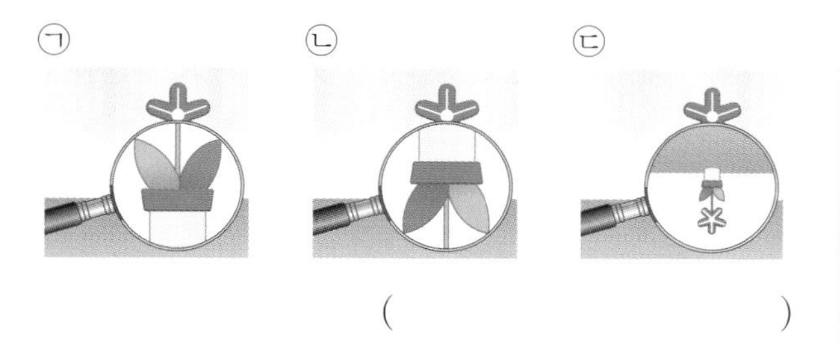

(　　　　　　　　　　)

16 ㉠~㉢의 빛 중에서 곧게 나아가던 레이저 빛이 볼록 렌즈를 통과하면서 꺾여서 나아가는 것을 모두 고른 것은 어느 것입니까? (　　)

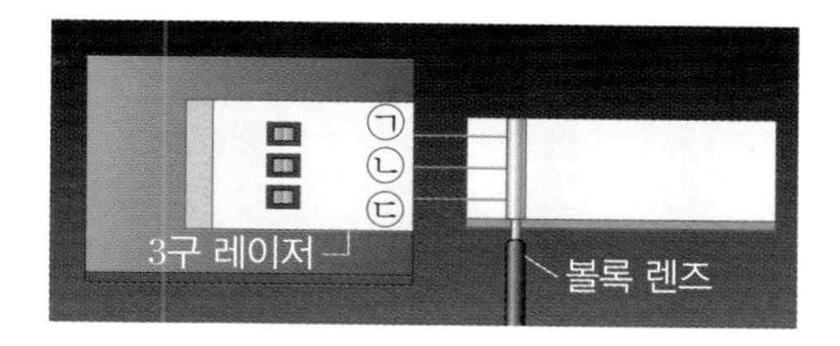

① ㉠
② ㉢
③ ㉠, ㉡
④ ㉠, ㉢
⑤ ㉠, ㉡, ㉢

[17~20] 오른쪽은 볼록 렌즈와 평면 유리를 통과한 햇빛이 어떻게 되는지 알아보는 실험입니다. 물음에 답하시오.

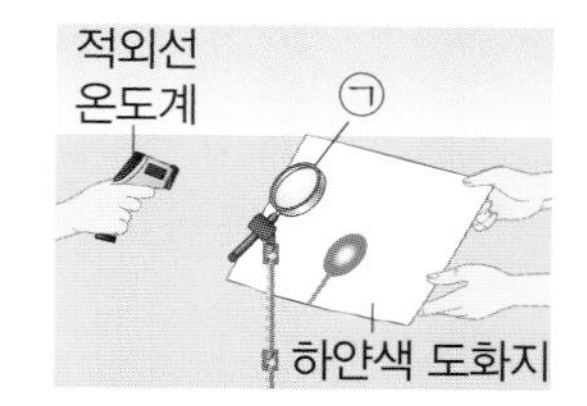

17 위의 ㉠을 통과한 햇빛이 하얀색 도화지에 만든 원의 모습이 다음과 같았습니다. ㉠에 사용한 것은 볼록 렌즈와 평면 유리 중 무엇인지 쓰시오.

㉠과 도화지 사이의 거리		
가까울 때	중간일 때	멀 때
○	●	○

(　　　　　　　　　　)

18 위의 실험에서 볼록 렌즈를 통과한 햇빛이 하얀색 도화지에 만든 원의 밝기를 관찰했을 때의 결과를 바르게 말한 친구의 이름을 쓰시오.

- 유성: 햇빛이 만든 원의 크기에 따라 원의 밝기는 변해.
- 승엽: 햇빛이 만든 원의 크기와는 상관없이 원의 밝기는 일정해.
- 주원: 햇빛이 만든 원의 크기가 가장 클 때 원 안의 밝기가 가장 밝아.

(　　　　　　　　　　)

19 앞의 실험에서 볼록 렌즈와 평면 유리를 통과한 햇빛이 하얀색 도화지에 만든 원 안의 온도와 원 밖의 온도가 다음과 같았습니다. 이 결과로 알 수 있는 볼록 렌즈의 특징과 가장 거리가 먼 것은 어느 것입니까? (　　)

구분	볼록 렌즈를 통과한 햇빛이 만든 원		평면 유리를 통과한 햇빛이 만든 원	
온도(℃)	원 안	원 밖	원 안	원 밖
	50.0	25.0	24.5	25.0

① 볼록 렌즈로 햇빛을 모은 곳은 온도가 높다.
② 볼록 렌즈로 햇빛을 모아서 종이를 태울 수 있다.
③ 평면 유리를 통과한 햇빛으로도 종이를 태울 수 있다.
④ 볼록 렌즈로 햇빛을 모아서 열 변색 종이에 그림을 그릴 수 있다.
⑤ 볼록 렌즈로 햇빛을 모아서 검은 종이를 태워 그림을 그릴 수 있다.

20 앞의 실험을 할 때 주의할 점으로 알맞지 않은 것에 ×표 하시오.

(1) 색안경을 착용한다. (　　)
(2) 볼록 렌즈로 태양을 관찰하면 위험하므로 절대 보지 않는다. (　　)
(3) 햇빛과 볼록 렌즈가 하얀색 도화지에 만든 원을 오랫동안 관찰하여 결과를 기록한다. (　　)

[21~22] 다음은 간이 사진기의 모습입니다. 물음에 답하시오.

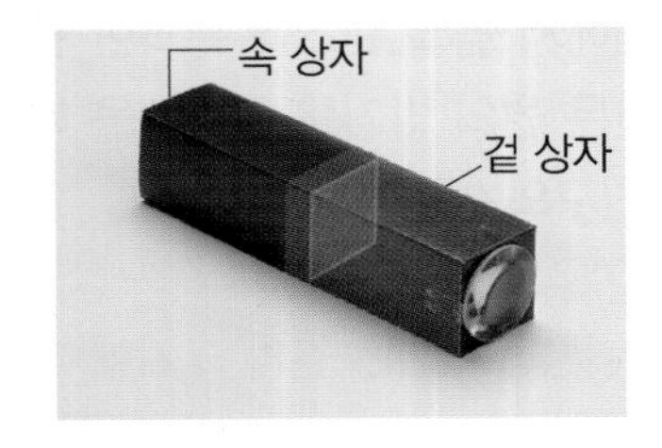

21 위 간이 사진기를 만들 때 빛을 모으기 위해 이용하는 것은 어느 것입니까? (　　)

① 거울　② 기름종이
③ 평면 유리　④ 볼록 렌즈
⑤ 검은색 도화지

22 간이 사진기로 보았을 때 실제의 모습과 같은 글자는 어느 것입니까? (　　)

① 응　② 가　③ 평
④ 홍　⑤ 수

23 우리 생활에서 볼록 렌즈가 사용되는 기구와 그 쓰임새를 바르게 연결하지 않은 것은 어느 것입니까? (　　)

① 현미경 – 물체를 확대해 자세히 관찰한다.
② 쌍안경 – 가까이 있는 물체를 보는 데 사용한다.
③ 망원경 – 멀리 있는 물체를 크게 보는 데 사용한다.
④ 확대경 – 개미의 생김새를 관찰하는 데 사용한다.
⑤ 의료용 장비 – 치료할 곳을 확대해 자세히 관찰한다.

⊂서술형⊃

24 우리 생활에서 볼록 렌즈를 사용했을 때 좋은 점을 쓰시오.

25 다음 중 볼록 렌즈의 구실을 하는 것으로 알맞지 않은 것은 어느 것입니까? (　　)

① 유리구슬
② 유리 막대
③ 파란색 플라스틱 컵
④ 물이 들어간 비닐장갑
⑤ 물이 담긴 둥근 유리컵

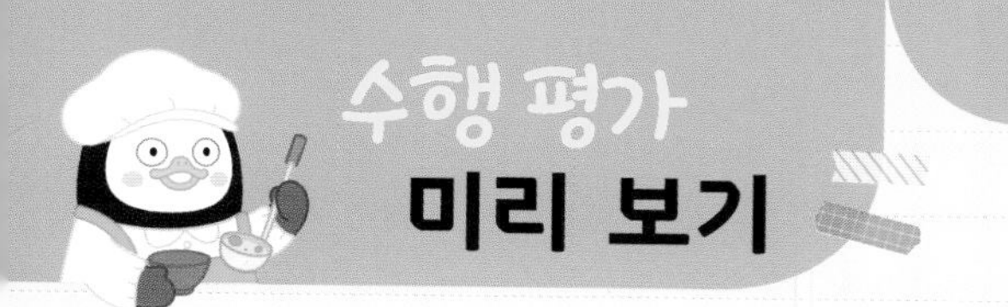

정답과 해설 39쪽

1 다음은 어떤 렌즈를 이용하여 열 변색 종이에 그림을 그리는 모습입니다. 물음에 답하시오.

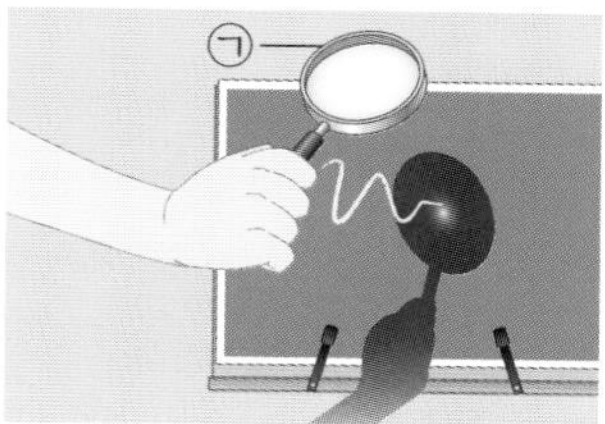

(1) 위 실험에서 ㉠에 해당하는 렌즈는 무엇인지 이름을 쓰시오.

( )

(2) 열 변색 종이에 그림을 그릴 수 있는 것은 ㉠의 어떤 특징 때문인지 쓰시오.

2 다음은 볼록 렌즈의 구실을 하는 물체를 찾아 재미있는 사진을 찍는 과정의 일부입니다. 물음에 답하시오.

> (가) 볼록 렌즈의 구실을 하는 물체를 찾아본다.
> (나) 볼록 렌즈의 구실을 하는 물체의 조건을 알아본다.
> • 물체의 모양은 가운데 부분이 가장자리보다 (㉠) 한다.
> • 빛이 통과해야 하기 때문에 (㉡) 물질로 되어 있어야 하고 두께가 충분해야 한다.
> • 물체에 따라서 (㉢)이/가 필요한지도 생각해 보아야 한다. 둥근 유리컵과 같은 물체는 볼록 렌즈의 구실을 할 수 있으려면 (㉢)을/를 넣어야 하기 때문이다.
> (다) 볼록 렌즈의 구실을 하는 물체를 이용하여 재미있는 사진을 찍어 본다.

(1) 위 (나) 과정의 ( ) 안에 들어갈 알맞은 말을 각각 쓰시오.

㉠ ( ) ㉡ ( ) ㉢ ( )

(2) 위 (다) 과정에서 찍을 수 있는 사진의 예시를 쓰시오.

MEMO

BOOK 1

개념책

BOOK 1 개념책으로 **학습 개념**을
확실하게 공부했나요?

BOOK 2

실전책

BOOK 2 실전책에는 **요점 정리**가
있어서 **공부한 내용을 복습**할 수 있어요!
단원평가가 들어 있어
내 실력을 확인해 볼 수 있답니다.

EBS

인터넷·모바일·TV
무료 강의 제공

초 | 등 | 부 | 터 EBS

예습, 복습, 숙제까지 해결되는

교과서 완전 학습서

만점왕

BOOK 2
실전책

과학 6-1

EBS

초등부터 EBS

연산 드릴 일일 학습서

만점왕 연산

단/계/별/구/성

- Pre 1 ~ 2단계 예비 초
- 1 ~ 2단계 초1
- 3 ~ 4단계 초2
- 5 ~ 6단계 초3
- 7 ~ 8단계 초4
- 9 ~ 10단계 초5
- 11 ~ 12단계 초6

하루 2쪽	주제별 원리와 연산 드릴 문제	군더더기 없는 구성
가벼운 학습	반복 훈련	연산 최적화

BOOK 2
실전책
만점왕
과학
6-1

자기 주도 활용 방법

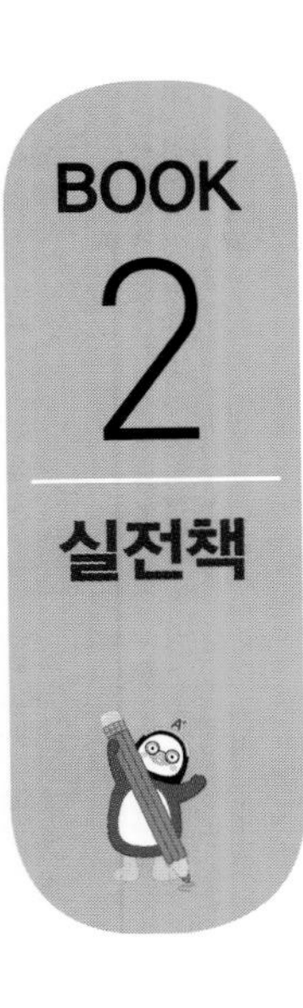

시험 2주 전 공부

핵심을 복습하기

시험이 2주 남았네요. 이럴 땐 먼저 핵심을 복습해 보면 좋아요.

만점왕 북2 실전책을 펴 보면

각 단원별로 핵심 정리와 쪽지 시험이 있습니다.

정리된 핵심을 읽고 확인 문제를 풀어 보세요.

확인 문제가 어렵게 느껴지거나 자신 없는 부분이 있다면

북1 개념책을 찾아서 다시 읽어 보는 것도 도움이 돼요.

시험 1주 전 공부

시간을 정해 두고 연습하기

앗, 이제 시험이 일주일 밖에 남지 않았네요.

시험 직전에는 실제 시험처럼 시간을 정해 두고 문제를 푸는 연습을 하는 게 좋아요.

그러면 시험을 볼 때에 떨리는 마음이 줄어드니까요.

이때에는 **만점왕 북2의 중단원 확인 평가, 대단원 종합 평가,**

서술형·논술형 평가를 풀어 보면 돼요.

시험 시간에 맞게 풀어 본 후 맞힌 개수를 세어 보면

자신의 실력을 알아볼 수 있답니다.

이 책의 **차례**

BOOK 2 실전책

* 1단원은 특별 단원이므로 문항은 출제되지 않습니다.

중단원 핵심 복습 2단원 (1)

❶ 태양과 달의 위치 변화 관찰 방법

① 관찰 장소 정하기
표식을 하여 같은 장소에서 관찰할 수 있도록 함.

② 방위 확인하기
- 나침반을 놓고 남쪽 하늘을 향해 섬.
- 왼쪽이 동쪽, 오른쪽이 서쪽임.

③ 주변 건물이나 나무 등의 위치 표시하기
태양과 달의 위치를 정확히 기록할 수 있도록 기준이 될 수 있는 건물이나 나무 등을 표시함.

④ 태양과 달의 위치 나타내기
일정한 시간 간격으로 관찰한 태양과 달의 위치를 보고서 등에 기록함.

※ 태양을 관찰할 때는 태양 관찰 안경 또는 태양 관찰용 필름을 반드시 사용해야 함.

❷ 하루 동안 태양과 달의 위치 변화

- 동쪽에서 떠서 남쪽 하늘을 거쳐 서쪽으로 움직임.
- 떠오른 후에 높이가 점점 높아지다가 남쪽 하늘의 중앙에서 가장 높게 뜨고, 다시 점점 낮아지다가 지평선 아래로 짐.

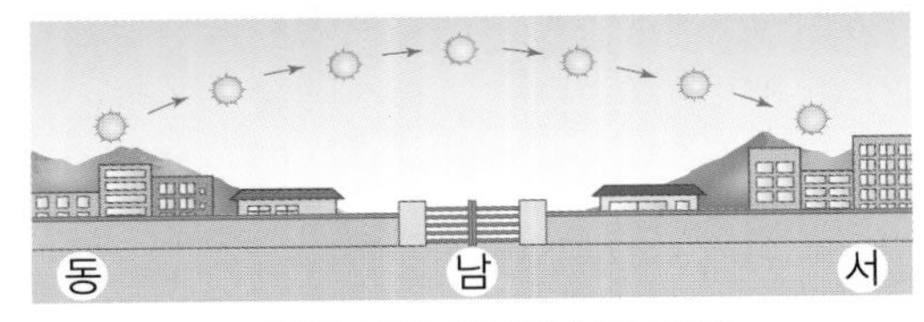

▲ 하루 동안 태양의 위치 변화

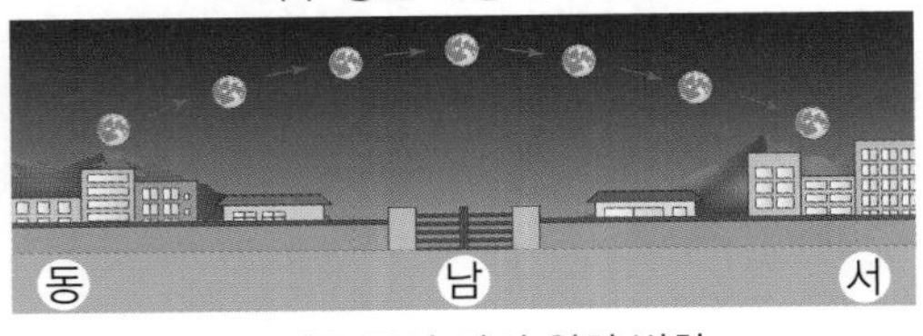

▲ 하루 동안 달의 위치 변화

❸ 하루 동안 지구의 움직임 알아보기

- 전등은 움직이지 않고 지구의만 서쪽에서 동쪽으로 회전시킴.
- 지구의 위에 있는 관찰자 모형에게 전등은 지구의가 움직이는 방향과 반대 방향인 동쪽에서 서쪽으로 움직이는 것처럼 보임.

모형	실제	움직이는 방향
지구의	지구	서쪽 → 동쪽
전구	태양	동쪽 → 서쪽 (관찰자 모형에게 보이는 모습)

❹ 지구의 자전

- 자전축: 지구의 북극과 남극을 이은 가상의 직선
- 지구의 자전: 지구가 자전축을 중심으로 하루에 한 바퀴씩 서쪽에서 동쪽으로 회전하는 것
- 지구가 서쪽에서 동쪽으로 자전하기 때문에 하루 동안 천체(태양, 달 등)의 위치가 동쪽에서 서쪽으로 움직이는 것처럼 보임.

❺ 낮과 밤의 특징

낮	밤
태양이 동쪽에서 떠오를 때부터 서쪽으로 완전히 질 때까지의 시간	태양이 서쪽으로 진 때부터 다시 동쪽에서 떠오르기 전까지의 시간
• 밝아서 불이 필요 없음. • 사람들이 주로 일을 함. • 태양이 하늘에 있음.	• 어두워서 불이 필요함. • 사람들이 주로 집에서 쉼. • 태양이 하늘에 없음.

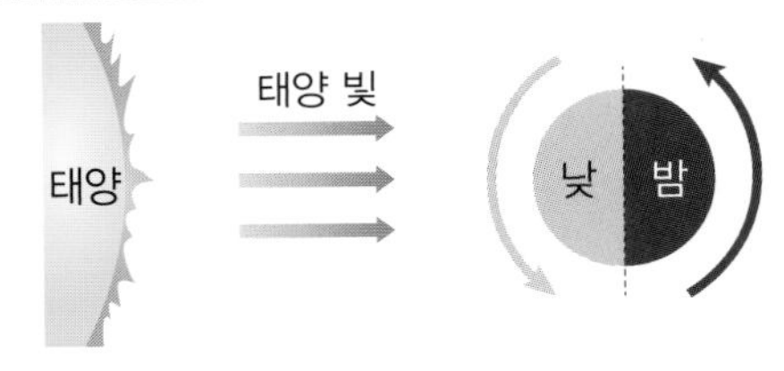

❻ 우리나라가 낮일 때와 밤일 때 관찰자의 위치

구분	낮	밤
관찰자 모형의 위치	전등 빛이 비치는 곳에 있음.	전등 빛이 비치지 않는 곳에 있음.

❼ 낮과 밤이 생기는 까닭

- 지구가 자전하면서 태양 빛을 받는 쪽과 태양 빛을 받지 않는 쪽이 생김.
- 태양 빛을 받는 쪽은 낮이 되고, 태양 빛을 받지 못하는 쪽은 밤이 됨.

중단원 쪽지 시험

2 (1) 지구의 자전

정답과 해설 40쪽

01 하루 동안 태양과 달의 위치 변화를 관찰할 때에는 관찰할 장소를 정하고 ( ) 장소에서 일정한 시간 간격으로 관찰하여 기록합니다.

02 태양을 관찰할 때 맨눈으로 태양 빛을 보면 매우 위험합니다. 안전하게 태양을 관찰하려면 어떻게 해야 합니까?

( )

03 하루 동안 태양의 위치 변화를 관찰할 때 태양의 높이가 가장 높은 때는 태양이 어느 쪽 하늘에 있을 때입니까?

( )

04 하루 동안 달은 ( ) 하늘에서 떠서 남쪽 하늘을 거쳐 ( ) 하늘로 집니다.

05 직접 태양이나 달을 관찰할 수 없을 때는 컴퓨터나 스마트 기기의 ( )을/를 이용하면 흐르는 시간의 속도를 빠르게 하여 태양과 달의 위치 변화를 쉽게 확인할 수 있습니다.

06 지구의 북극과 남극을 이은 가상의 직선을 무엇이라고 합니까?

( )

07 지구가 자전축을 중심으로 하루에 한 바퀴씩 서쪽에서 동쪽으로 회전하는 것을 무엇이라고 합니까?

( )

08 (낮 , 밤)에는 밝아서 불이 필요 없지만, (낮 , 밤)에는 어두워서 불이 필요합니다.

09 지구가 서쪽에서 동쪽으로 ( )하기 때문에 하루 동안 태양의 위치가 동쪽에서 서쪽으로 움직이는 것처럼 보입니다.

10 태양이 동쪽에서 떠오를 때부터 서쪽으로 완전히 질 때까지의 시간을 무엇이라고 합니까?

( )

11 지구의의 우리나라 위치에 있는 관찰자 모형이 전등 빛이 비치는 곳에 있을 때 우리나라는 낮과 밤 중 어느 때입니까?

( )

12 지구가 ( )하면서 태양 빛을 받는 쪽은 낮이 되고, 태양 빛을 받지 못하는 쪽은 밤이 됩니다.

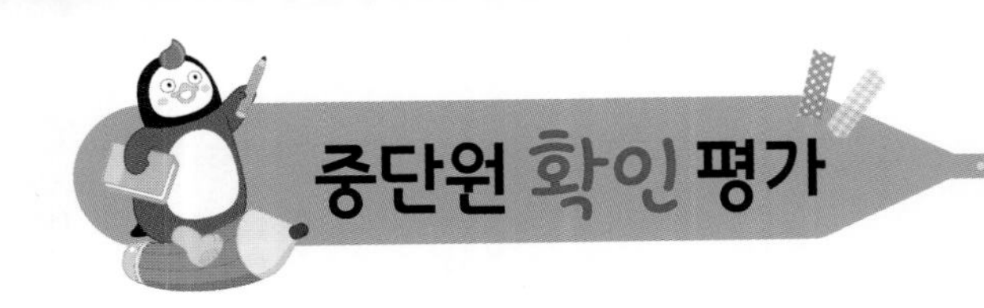

중단원 확인 평가

2 (1) 지구의 자전

01 **다음 중 태양과 달을 관찰할 때 주의해야 할 점으로 옳은 것은 어느 것입니까? (　　　)**

① 낮에는 밝아서 혼자 관찰 장소에 가도 된다.
② 안전을 위해 너무 늦은 밤까지 관찰하지 않는다.
③ 사람이 많고 차가 많이 다니는 곳이 안전한 관찰 장소이다.
④ 나무나 건물로 둘러싸여 바람이 잘 불지 않는 곳이 관찰 장소로 좋다.
⑤ 태양을 관찰할 때 태양 관찰 안경이 없으면 우선 맨눈으로 관찰을 시작한다.

중요

02 **하루 동안 태양의 위치 변화에 대한 설명입니다. ㉠~㉢에 들어갈 방위를 바르게 짝 지은 것은 어느 것입니까? (　　　)**

> 태양은 (　㉠　) 하늘에서 떠서 (　㉡　) 하늘을 지나 (　㉢　) 하늘로 진다.

	㉠	㉡	㉢
①	동쪽	북쪽	서쪽
②	동쪽	남쪽	동쪽
③	동쪽	남쪽	서쪽
④	서쪽	남쪽	동쪽
⑤	서쪽	남쪽	서쪽

03 **하루 동안 태양과 달의 위치 변화를 관찰하였을 때 어떤 공통점이 있는지 옳게 설명한 것은 어느 것입니까? (　　　)**

① 서쪽에서 떠서 동쪽으로 진다.
② 한낮에 북쪽 하늘 높이 떠 있다.
③ 떠오른 후 계속 높이가 점점 높아진다.
④ 남쪽 하늘 중앙에서 높이가 가장 낮다.
⑤ 동쪽에서 떠서 남쪽에 위치할 때까지 높이가 점점 높아진다.

04 **하루 동안 지구의 움직임을 알아보는 실험 결과를 정리한 것입니다. ㉠과 ㉡에 들어갈 말을 차례대로 나열한 것은 어느 것입니까? (　　　)**

> 지구의를 서쪽에서 동쪽(시계 반대 방향)으로 돌리면 관찰자 모형에게 전등이 (　㉠　)에서 (　㉡　)으로 움직이는 것처럼 보인다.

① 서쪽, 동쪽　　② 서쪽, 남쪽
③ 동쪽, 서쪽　　④ 북쪽, 남쪽
⑤ 남쪽, 북쪽

05 **오른쪽은 어느 날 12시 30분 무렵에 본 태양의 위치입니다. 5시간이 지난 후에 하늘을 보았을 때 태양의 위치로 알맞은 것에 ○표 하시오.**

(1) 동 남 서 (　　　)
(2) 동 남 서 (　　　)
(3) 동 남 서 (　　　)

06 **지구의 자전과 관련된 설명으로 옳지 <u>않은</u> 것은 어느 것입니까? (　　　)**

① 지구는 서쪽에서 동쪽으로 자전한다.
② 자전축을 중심으로 일주일에 한 바퀴씩 회전한다.
③ 낮과 밤은 지구의 자전으로 인해 생기는 현상이다.
④ 하루 동안 달의 움직임은 지구의 자전과 관련이 있다.
⑤ 하루 동안 태양이 움직이는 방향은 지구의 자전 방향과 반대 방향이다.

중요

07 하루 동안 지구의 움직임을 알아보는 실험에 대한 설명으로 옳은 것은 어느 것입니까? (　　　)

① 지구는 하루에 두 바퀴씩 회전한다.
② 지구는 자전축을 중심으로 회전한다.
③ 지구는 동쪽에서 서쪽(시계 방향)으로 회전한다.
④ 관찰자 모형은 항상 전등 빛이 비치는 곳에 있다.
⑤ 관찰자 모형에게 전등은 서쪽에서 동쪽으로 움직이는 것처럼 보인다.

08 낮에 대한 설명으로 옳지 않은 것을 두 가지 고르시오. (　　　,　　　)

① 하늘에 태양이 떠 있다.
② 하늘이 어두워 별이 잘 보인다.
③ 밖에서 많은 사람을 볼 수 있다.
④ 보통 밤보다 낮에 기온이 더 높다.
⑤ 어둠을 밝혀 줄 불이나 빛이 필요하다.

09 다음은 무엇을 설명한 것인지 쓰시오.

> 태양이 동쪽에서 떠오를 때부터 서쪽으로 완전히 질 때까지의 시간

(　　　　　　　　　　)

10 다음과 같이 전등 빛이 지구의를 비출 때 관찰자 모형이 있는 곳은 낮과 밤 중 어느 때인지 쓰시오.

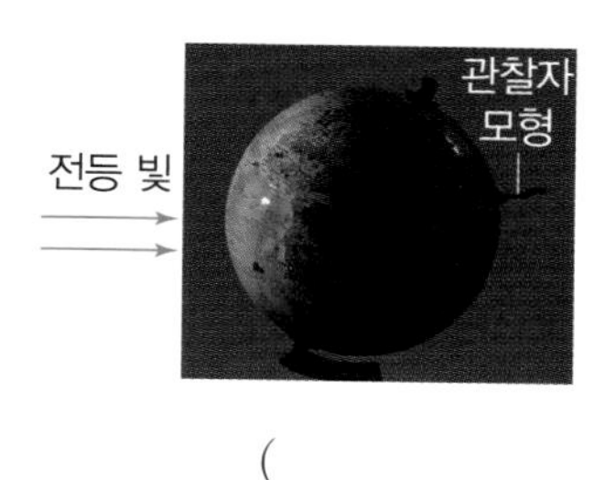

(　　　　　　　　　　)

11 다음은 낮과 밤 중 어느 때에 볼 수 있는 모습인지 쓰시오.

> • 태양이 없어 어둡다.
> • 사람들이 주로 집에서 머물거나 잔다.

(　　　　　　　　　　)

중요

12 낮과 밤이 생기는 까닭과 관련이 깊은 천체의 운동은 어느 것입니까? (　　　)

① 태양의 운동
② 지구의 공전
③ 지구의 자전
④ 달의 운동
⑤ 달의 회전

중단원 핵심 복습 2단원 (2)

❶ 별자리 관찰하기

- 별자리는 항상 떠 있지만 태양이 있는 낮에는 태양의 빛이 너무 강해 보이지 않음.
- 밤에는 태양의 반대 방향을 바라보게 되므로 별자리를 관찰할 수 있음.
- 계절별 별자리 관찰 시기: 1년(12달)을 사계절로 구분하고 각 기간의 한가운데 날에 관찰하면 계절별 별자리를 관찰하기 좋음.

❷ 계절별 볼 수 있는 별자리(저녁 9시 무렵)

- 별자리들은 한 계절에만 보이는 것이 아니라 두 계절이나 세 계절에 걸쳐 보임.
- 대표적인 별자리는 각 계절의 밤하늘에서 오랜 시간 볼 수 있는 별자리로 저녁 9시 무렵 남동쪽 하늘이나 남쪽 하늘에서 볼 수 있음.

계절	하늘에서 볼 수 있는 별자리	대표적인 별자리
봄	봄(4월 15일 무렵) 목동자리, 쌍둥이자리, 사자자리, 오리온자리, 처녀자리, 큰개자리 (동 남 서)	• 목동자리 • 처녀자리 • 사자자리
여름	여름(7월 15일 무렵) 백조자리, 거문고자리, 목동자리, 사자자리, 독수리자리, 처녀자리 (동 남 서)	• 거문고자리 • 독수리자리 • 백조자리
가을	가을(10월 15일 무렵) 안드로메다자리, 백조자리, 거문고자리, 물고기자리, 페가수스자리, 독수리자리 (동 남 서)	• 물고기자리 • 안드로메다자리 • 페가수스자리
겨울	겨울(1월 15일 무렵) 쌍둥이자리, 안드로메다자리, 오리온자리, 물고기자리, 페가수스자리, 큰개자리 (동 남 서)	• 쌍둥이자리 • 오리온자리 • 큰개자리

❸ 일 년 동안 지구의 움직임 알아보기

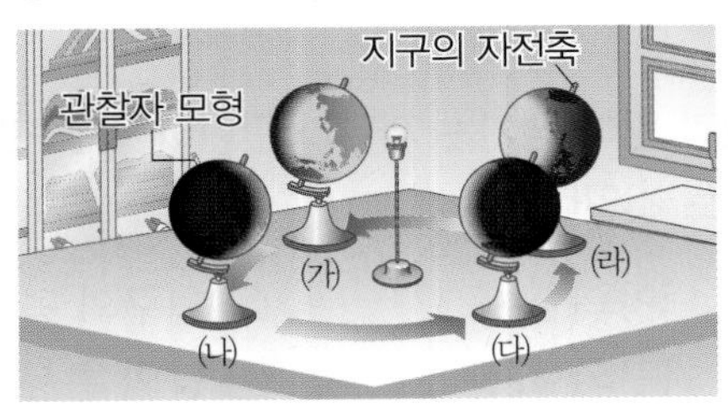

지구의 위치	(가)	(라)
보이는 교실 모습	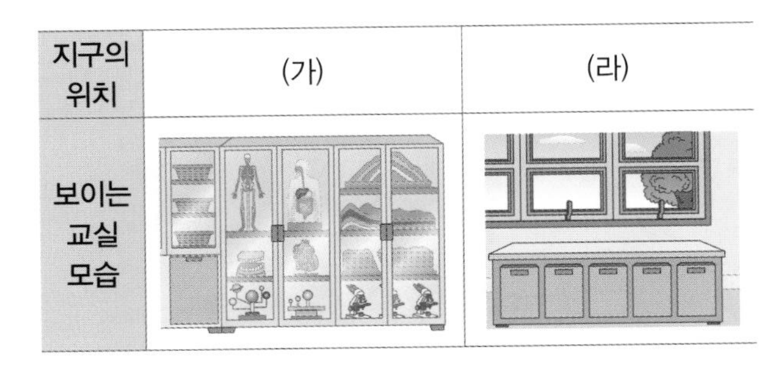	

- 지구의가 놓인 위치가 바뀌면 관찰자 모형에게 보이는 교실의 모습도 달라짐.

❹ 별자리의 변화 모습

- 계절마다 남쪽 하늘에서 볼 수 있는 별자리가 달라짐.
- 여러 날에 걸쳐 같은 장소와 시간에 별자리를 관찰하면 별자리의 위치가 점점 서쪽으로 이동함.

❺ 지구의 위치와 계절별 별자리의 관계

- 태양과 지구를 둘러싸는 여러 별자리가 있는데, 낮에는 태양 빛 때문에 보이지 않다가 밤이 되면 보이기 시작함.
- 별자리가 동쪽에서 서쪽으로 이동하는 것처럼 보임.
- 지구의 위치가 일 년에 한 바퀴씩 (가) → (나) → (다) → (라) 순으로 변하면서 태양을 중심으로 서쪽에서 동쪽으로 돎.

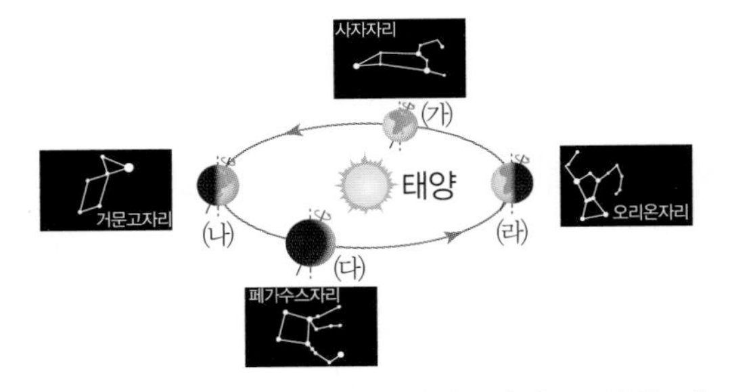

- 지구의 공전: 지구가 1년마다 태양 주위를 한 바퀴씩 회전하는 것

❻ 계절에 따라 별자리가 달라지는 까닭

- 지구의 공전으로 계절에 따라 지구의 위치가 바뀜.
- 우리가 별자리를 보는 남쪽 하늘의 방향이 달라짐.
- 계절에 따라 달라진 하늘의 방향에 있는 별자리를 보게 됨.

중단원 쪽지 시험

2 (2) 지구의 공전

정답과 해설 41쪽

01 낮에 별자리를 볼 수 없는 까닭은 무엇입니까?

( )

02 계절별 대표적인 별자리는 각 계절 밤하늘에 떠 있는 별자리 중 ( ) 시간 동안 볼 수 있는 별자리입니다.

03 계절별 대표적인 별자리는 저녁 9시 무렵에 어느 쪽 하늘에서 볼 수 있습니까?

( )

04 사자자리는 어느 계절의 대표적인 별자리입니까?

( )

05 밤하늘에서 거문고자리, 독수리자리, 백조자리를 오랜 시간 볼 수 있는 계절은 언제입니까?

( )

06 가을의 대표적인 별자리에는 ( ), 안드로메다자리, 페가수스자리가 있습니다.

07 일 년 동안 지구의 움직임을 알아보는 실험에서 지구의가 놓인 ( )이/가 바뀌면 관찰자 모형에게 보이는 교실의 ( )도 달라집니다.

08 일 년 동안 같은 장소와 시간에 별자리를 관찰하면 별자리가 점점 (동쪽 , 서쪽)으로 이동합니다.

09 지구가 태양을 중심으로 일 년에 한 바퀴씩 회전하는 것을 무엇이라고 합니까?

( )

10 지구의 ( )(으)로 ( )에 따라 지구의 위치가 바뀝니다.

11 계절에 따라 보이는 별자리가 달라지는 것과 관계있는 지구의 운동은 무엇입니까?

( )

12 봄철에 가을철 대표적인 별자리인 페가수스자리를 볼 수 없는 까닭은 무엇입니까?

( )

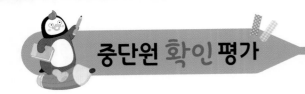

[01~02] 저녁 9시경 여름과 겨울에 볼 수 있는 별자리입니다. 물음에 답하시오.

▲ 여름(7월 15일 무렵)

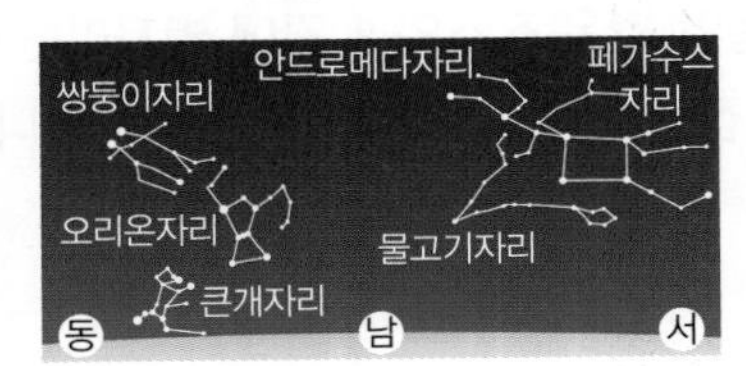

▲ 겨울(1월 15일 무렵)

01 여름철 대표적인 별자리는 어느 것입니까? (　　　)

① 쌍둥이자리　② 독수리자리
③ 물고기자리　④ 페가수스자리
⑤ 안드로메다자리

02 겨울철 밤하늘에서 오랜 시간 관찰할 수 있는 별자리를 위의 그림에서 3개 골라 쓰시오.

(　　　　,　　　　,　　　　)

03 계절별 별자리에 대한 설명으로 옳은 것은 어느 것입니까? (　　　)

① 오리온자리는 일 년 내내 관찰할 수 있다.
② 계절마다 밤하늘에서 관찰되는 대표적인 별자리가 달라진다.
③ 페가수스자리는 겨울에 가장 오래 관찰할 수 있는 별자리이다.
④ 저녁 9시 무렵 서쪽 하늘에 있는 별자리를 가장 오랜 시간 볼 수 있다.
⑤ 겨울철 대표적인 별자리에는 백조자리, 거문고자리, 독수리자리가 있다.

04 다음은 일 년 동안 지구의 움직임을 알아보는 실험입니다. 이 실험에 대한 설명으로 옳은 것은 어느 것입니까? (　　　)

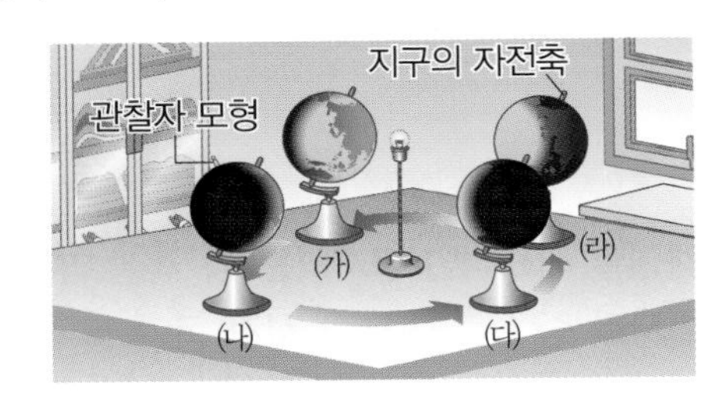

① 전등은 지구의 역할을 한다.
② 관찰자 모형이 있는 지역은 낮이다.
③ (나) 위치에서는 관찰자 모형에게 교실 창문이 잘 보인다.
④ 지구의가 놓인 위치는 시계 반대 방향의 순서대로 옮겨진다.
⑤ 지구의가 놓인 위치에 상관없이 관찰자 모형에게 잘 보이는 모습은 같다.

중요

05 다음은 위 04번 실험 결과를 정리한 것입니다. (　　) 안에 들어갈 알맞은 말을 쓰시오.

> 지구의가 (　　　　)을/를 중심으로 위치가 바뀌기 때문에 우리나라가 한밤일 때 바라보는 교실의 모습은 지구의가 놓인 위치에 따라 달라진다.

(　　　　　　　　)

06 계절에 따른 별자리의 변화에 대한 설명으로 옳은 것은 어느 것입니까? (　　　)

① 사자자리는 일 년 내내 볼 수 있다.
② 오늘 본 별자리는 1년 후에 볼 수 있다.
③ 별자리는 동쪽에서 서쪽으로 점점 이동한다.
④ 계절마다 볼 수 있는 별자리는 변하지 않는다.
⑤ 계절이 바뀔수록 별자리의 크기가 점점 커진다.

07 다음 (   ) 안에 들어갈 알맞은 별자리를 두 개 고르시오. (,   )

> 4월 15일 저녁 9시 무렵 남동쪽 하늘에 있던 (   )가 두 달 후에 같은 장소, 같은 시간에 관찰하면 지난번의 위치보다 더 서쪽에 있다.

① 사자자리
② 백조자리
③ 처녀자리
④ 거문고자리
⑤ 독수리자리

[08~09] 다음은 지구의의 우리나라에 관찰자 모형을 붙인 다음, 계절에 따라 별자리가 달라지는 까닭을 알아보는 실험입니다. 물음에 답하시오.

08 우리나라가 한밤일 때 관찰자 모형에게 페가수스자리가 잘 보이는 지구의의 위치를 찾아 기호를 쓰시오.

(   )

09 봄부터 겨울까지 지구의의 위치를 차례대로 나열한 것은 어느 것입니까? (   )

① (가) → (나) → (다) → (라)
② (가) → (라) → (다) → (나)
③ (나) → (다) → (라) → (가)
④ (라) → (가) → (나) → (다)
⑤ (라) → (다) → (나) → (가)

10 다음 그림의 별자리 중에서 봄철에 보기 힘든 별자리를 찾아 이름을 쓰시오.

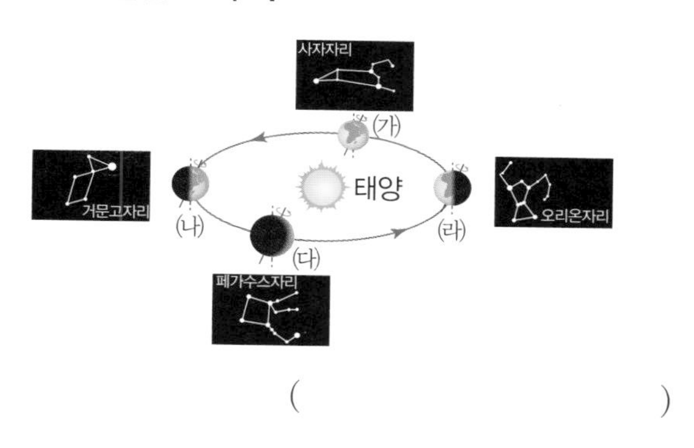

(   )

11 다음 (   ) 안에 들어갈 알맞은 말을 쓰시오.

> 지구는 (   )을/를 중심으로 일 년에 한 바퀴씩 서쪽에서 동쪽으로 회전한다.

(   )

중요

12 계절에 따라 보이는 별자리가 달라지는 까닭에 대한 설명으로 옳지 않은 것은 어느 것입니까? (   )

① 지구의 공전으로 일어나는 현상이다.
② 여러 별자리가 태양과 지구 주변을 둘러싸고 있다.
③ 지구가 일 년에 한 바퀴씩 태양의 주변을 회전하기 때문이다.
④ 별 사이의 거리가 바뀌면서 별자리의 모양이 바뀌기 때문이다.
⑤ 지구의 위치에 따라 한밤에 지구에서 바라보는 방향이 달라지기 때문이다.

❶ 달에 대한 경험

- 낮에 달을 본 경험
- 정월 대보름, 추석 때 보름달을 보고 소원을 빈 경험

❷ 여러 날 동안 달의 모양 관찰하기

① 관찰할 기간을 정하고 기록장에 날짜 적기
② 여러 날 동안 달의 모양을 관찰하기
③ 관찰한 달과 같은 모양의 붙임딱지 붙이기
④ 여러 날 동안 달의 모양 변화 확인하기

❸ 달의 모양 변화

- 달의 모양: 초승달, 상현달, 보름달, 하현달, 그믐달
- 15일 동안 점점 커지다가 보름달이 되면 이후 15일 동안 점점 작아짐.
- 모양 변화 주기: 약 30일

❹ 음력으로 보는 달의 모양 변화

- 음력: 달의 모양을 기준으로 만든 달력
- 음력 날짜별 볼 수 있는 달의 모양

모양	초승달	상현달	보름달	하현달	그믐달
날짜	2~3일 무렵	7~8일 무렵	15일 무렵	22~23일 무렵	27~28일 무렵

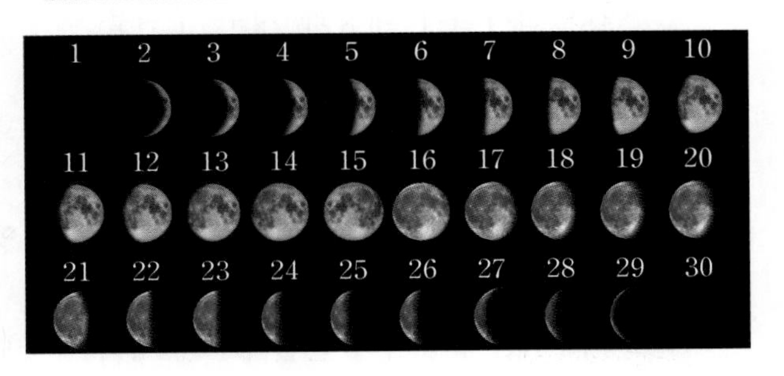

❺ 여러 날 동안 달의 위치 변화 관찰하기

① 일몰 시각을 확인하고 달 관찰 시각 정하기
② 달을 관찰하려는 장소에서 방위 확인하기
③ 남쪽을 중심으로 주변 건물, 나무 등의 위치 표시하기
④ 정해진 시각에 달의 위치와 모양 기록하기
⑤ 여러 날 동안 달을 관찰하고 기록하는 것 반복하기

- 달을 관찰할 때는 부모님이나 어른과 함께하고, 너무 늦은 시간까지 관찰하지 않도록 함.

❻ 여러 날 동안 달의 위치 조사하기

- 천체 관측 프로그램을 활용한 조사 방법
- 달의 모양 확인하기: 달을 선택한 뒤에 확대함.

① 음력 1일인 날짜를 선택하기
② 고른 날짜의 일몰 시각 확인하기
③ 천체 관측 프로그램에서 관측 시각 설정하기
④ 날짜만 하루씩 늘리면서 달의 위치 기록하기

❼ 여러 날 동안 달의 위치(저녁 7시 무렵)

- 태양이 진 후에 달이 보이는 위치가 다름.
- 여러 날 동안 같은 시각에 관찰한 달의 위치는 서쪽에서 동쪽으로 날마다 조금씩 옮겨 감.

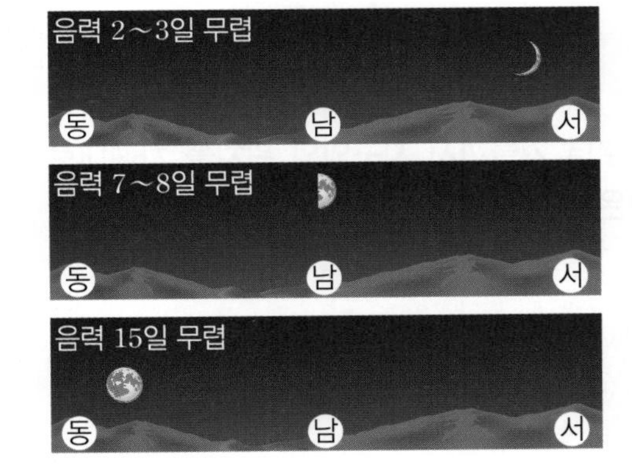

중단원 쪽지 시험 2 (3) 달의 운동

정답과 해설 41쪽

01 다음은 무엇을 보았던 경험을 말한 것입니까?

> • 저녁에 어머니 심부름을 가다가 서쪽 하늘에 떠 있는 눈썹 모양처럼 생긴 걸 보았어.
> • 정월 대보름 때 가족과 함께 소원을 빌었어.

(　　　　　　　　　　)

02 달의 모양에는 (　　　　　), 상현달, 보름달, 하현달, 그믐달이 있습니다.

03 달은 15일 동안 점점 커지다가 (　　　　　)이/가 되면 이후 15 동안 점점 작아집니다.

04 달 모양의 변화 주기는 약 며칠입니까?

(　　　　　　　　　　)

05 달의 모양을 기준으로 만든 달력은 무엇입니까?

(　　　　　　　　　　)

06 음력 7~8일 무렵에 볼 수 있는 달은 무엇입니까?

(　　　　　　　　　　)

07 여러 날 동안에 일어나는 달의 위치 변화를 알아보기 위해서는 먼저 일몰 시각을 확인하고 (　　　　　) 시각을 정해야 합니다.

08 달을 관찰하고 달의 위치 변화를 정확히 기록하기 위해서 (남쪽 , 북쪽)을 중심으로 주변 건물이나 나무 등의 위치를 기록지에 그립니다.

09 천체 관측 프로그램에서 달의 모양을 자세히 보고 싶을 때는 달을 (　　　　　)한 뒤에 (　　　　　)합니다.

10 태양이 진 직후에 동쪽 하늘에서 보이는 달은 (　　　　　) 입니다.

11 초승달은 태양이 진 직후 어느 쪽 하늘에서 볼 수 있습니까?

(　　　　　　　　　　)

12 여러 날 동안 같은 시각과 같은 장소에서 관찰한 달의 위치는 (　　　　　)에서 (　　　　　)(으)로 날마다 조금씩 옮겨 갑니다.

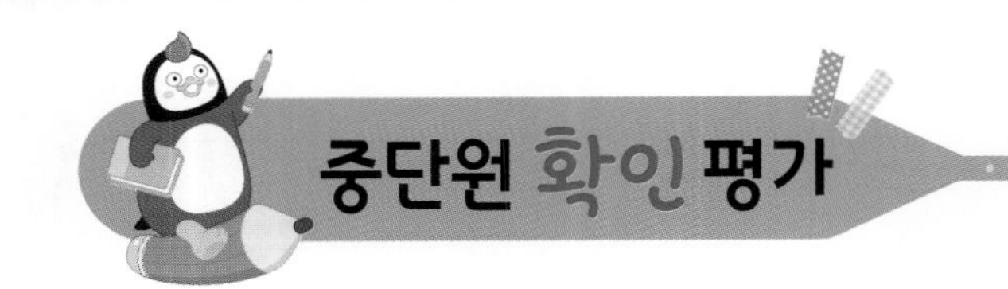

중단원 확인 평가

정답과 해설 42쪽

01 다음 친구가 본 달의 모양으로 알맞은 것은 어느 것입니까? (　　)

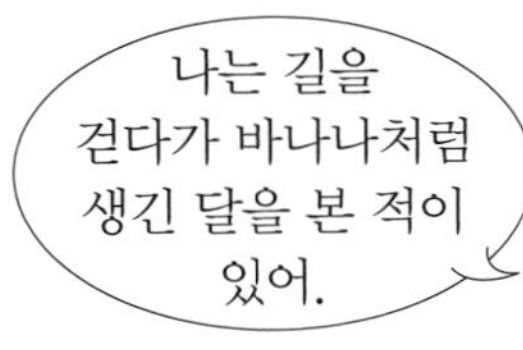

나는 길을
걷다가 바나나처럼
생긴 달을 본 적이
있어.

① 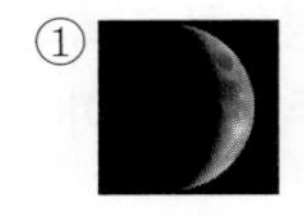 ② 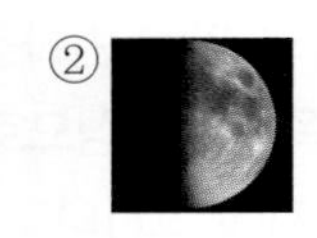 ③ 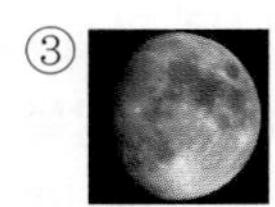

④ 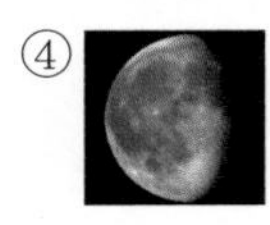 ⑤ 

02 다음은 지희네 모둠에서 달에 대해 이야기한 것입니다. 옳지 않은 내용을 말한 친구는 누구입니까?
(　　)

① 지희: 달은 낮에도 볼 수 있어.
② 민우: 쟁반 모양인 달을 본 적이 있어.
③ 희정: 눈썹처럼 가느다란 모양의 달도 있어.
④ 윤하: 그믐달은 가장 밝아서 사람들이 소원을 빌기도 해.
⑤ 한수: 반달이라는 노래에 나오는 달은 상현달이나 하현달이었을 거야.

03 다음 모양의 달은 어느 것입니까? (　　)

① 초승달　② 상현달　③ 보름달
④ 하현달　⑤ 그믐달

중요
04 달의 모양 변화에 대한 설명으로 옳지 않은 것은 어느 것입니까? (　　)

① 가장 밝고 큰달의 모양은 보름달이다.
② 달의 모양은 약 30일 주기로 반복된다.
③ 초승달에서 상현달을 거쳐 보름달이 된다.
④ 보름달은 초승달이 되었다가 하현달이 된다.
⑤ 15일 동안 점점 커지다가 보름달이 되면 이후 15일 동안 점점 작아진다.

05 다음 모양의 달을 볼 수 있는 음력 날짜는 언제입니까? (　　)

① 음력 2~3일 무렵
② 음력 7~8일 무렵
③ 음력 15일 무렵
④ 음력 22~23일 무렵
⑤ 음력 27~28일 무렵

06 여러 날 동안 달의 위치 변화를 관찰하는 과정에 대한 설명으로 옳은 것은 어느 것입니까? (　　)

① 나침반을 이용하여 남쪽을 확인한다.
② 관찰 장소에 혼자 조용히 가서 관찰한다.
③ 기록할 때는 주변 건물 등을 빼고 달만 그린다.
④ 해가 뜨는 시각을 알아보고 관찰 시간을 정한다.
⑤ 생각날 때마다 시간 간격에 상관없이 기록한다.

07 다음에서 설명하는 달의 모양은 어느 것입니까? (　　　)

음력 2~3일 무렵에 볼 수 있다.

①  ② 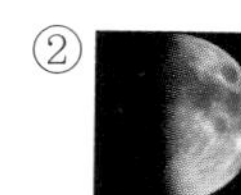 ③ 

④ 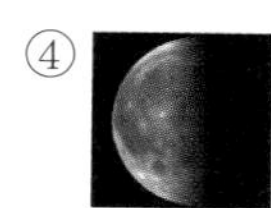 ⑤ 

08 음력 22~23일 무렵에 관찰할 수 있는 달은 어느 것입니까? (　　　)

① 초승달　　② 그믐달
③ 보름달　　④ 상현달
⑤ 하현달

중요

09 다음 달의 모양 변화 과정에서 (가) 위치에 들어갈 달의 이름을 쓰시오.

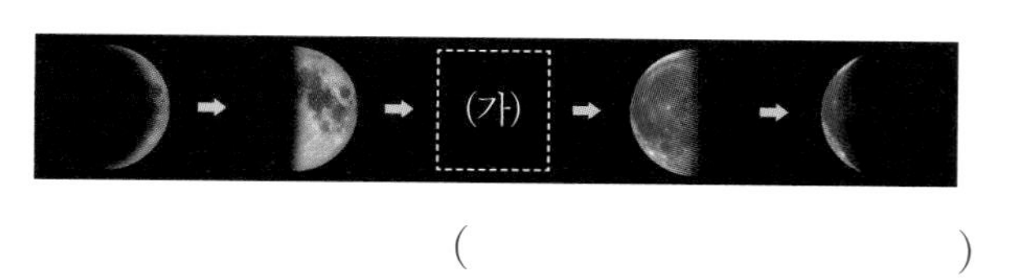

(　　　　　　　　　　　)

10 음력 7~8일 저녁 7시 무렵에 남쪽 하늘에서 볼 수 있는 달을 보기 에서 찾아 기호를 쓰시오.

보기
㉠ 초승달　　㉡ 상현달　　㉢ 보름달

(　　　　　　　　　　　)

중요
11 여러 날 동안 달의 모양과 위치 변화에 대한 설명으로 옳은 것은 어느 것입니까? (　　　)

① 달은 동쪽에서 서쪽으로 이동한다.
② 초승달이 뜨고 2주 후 그믐달이 뜬다.
③ 태양이 진 후 상현달은 남쪽 하늘에서 보인다.
④ 보름달이 될 때까지 달의 크기는 점점 작아진다.
⑤ 음력 27~28일 무렵에 가장 밝고 커다란 달을 볼 수 있다.

12 다음 ㉠과 ㉡에 들어갈 알맞은 말을 바르게 짝 지은 것은 어느 것입니까? (　　　)

여러 날 동안 같은 시각에 관찰한 달의 위치는 (　㉠　)에서 (　㉡　)으로 날마다 조금씩 옮겨 간다.

	㉠	㉡		㉠	㉡
①	서쪽	동쪽	②	동쪽	남쪽
③	남쪽	북쪽	④	동쪽	서쪽
⑤	서쪽	북쪽			

대단원 종합 평가

01 하루 동안 달의 위치 변화를 관찰하는 방법으로 알맞지 않은 것은 어느 것입니까? (　　　)

① 일정한 시간 간격으로 기록한다.
② 여러 날 동안 반복하여 관찰한다.
③ 부모님이나 어른과 함께 관찰한다.
④ 너무 늦은 시간까지 관찰하지 않도록 한다.
⑤ 높은 건물이나 나무가 없는 곳에서 관찰한다.

중요
02 다음과 같이 하루 동안 태양의 위치 변화를 관찰하여 알 수 있는 사실로 옳은 것은 어느 것입니까? (　　　)

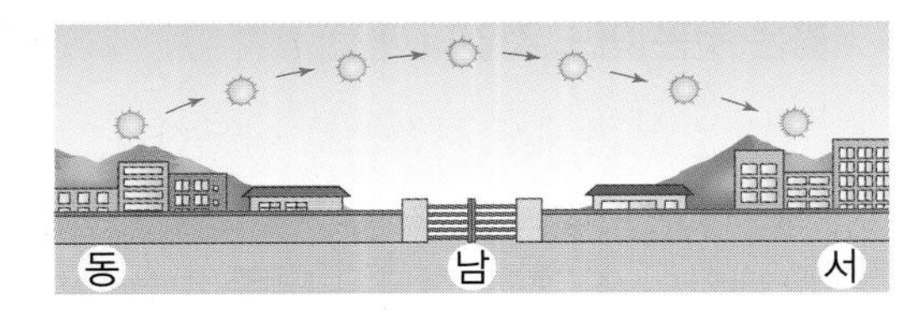

① 태양의 높이는 일정하다.
② 태양의 높이는 점점 낮아진다.
③ 태양은 점점 동쪽으로 이동한다.
④ 태양은 동쪽에서 떠서 서쪽으로 진다.
⑤ 태양은 북쪽 하늘에서 가장 높게 뜬다.

03 다음 기차를 탔던 경험과 지구의 움직임을 비교하여 (나)에서 움직이는 것과 움직이지 않는 것을 구분하여 쓰시오.

(가)

(나)

상황	(가)	(나)
움직이는 것	기차, 나	(1) (　　　)
움직이지 않는 것	건물, 나무	(2) (　　　)

04 다음은 하루 동안 지구의 움직임을 알아보는 실험입니다. 이 실험에 대한 설명으로 옳은 것은 어느 것입니까? (　　　)

① 전등은 지구의 역할을 한다.
② 전등은 자전축을 중심으로 회전한다.
③ 지구의는 자전축을 중심으로 시계 반대 방향으로 돌린다.
④ 지구의가 한 바퀴 도는 과정은 실제 지구에서는 일주일 걸린다.
⑤ 관찰자 모형에게 전등이 서쪽에서 동쪽으로 움직이는 것처럼 보인다.

05 다음에서 설명하는 것은 어느 것입니까? (　　　)

지구의 남극과 북극을 이은 가상의 선

① 적도　　② 경도
③ 위도　　④ 자전축
⑤ 수직선

06 다음은 지구의 자전과 관련된 설명입니다. (　　) 안에 들어갈 알맞은 말을 쓰시오.

지구가 서쪽에서 동쪽으로 자전하기 때문에 태양과 달이 (　　　　) 동안 동쪽에서 서쪽으로 움직이는 것처럼 보인다.

(　　　　　　　　)

07 하루 중 오른쪽과 같은 때의 특징으로 알맞은 것을 보기 에서 모두 골라 기호를 쓰시오.

보기

㉠ 태양이 하늘에 있다.
㉡ 태양이 하늘에 없다.
㉢ 밝아서 불이 필요 없다.
㉣ 어두워서 불이 필요하다.
㉤ 사람들이 주로 일을 한다.
㉥ 사람들이 주로 집에서 쉰다.

( )

08 낮에 대한 설명으로 옳은 것에 ○표 하시오.

(1) 태양이 동쪽에서 떠오를 때부터 서쪽으로 완전히 질 때까지의 시간 ( )
(2) 태양이 서쪽으로 진 때부터 다시 동쪽에서 떠오르기 전까지의 시간 ( )

09 오른쪽과 같이 우리나라 위에 관찰자 모형을 붙이고 전등을 켠 상황에 대한 설명으로 옳지 않은 것은 어느 것입니까? ( )

① 우리나라는 낮이다.
② 하늘에 태양이 있다.
③ 밝아서 불이 필요 없다.
④ 사람들이 주로 집에 머문다.
⑤ 관찰자 모형은 빛이 있는 곳에 있다.

10 다음 ( ) 안에 들어갈 알맞은 말을 각각 쓰시오.

계절별 대표적인 별자리는 밤하늘에서 오랜 시간 볼 수 있는 별자리로 보통 저녁 (㉠)시 무렵 남동쪽 하늘이나 (㉡) 하늘에 위치한 별자리이다.

㉠ ( ), ㉡ ( )

11 다음 보기 에서 여름철 저녁 9시쯤에 볼 수 있는 별자리를 모두 골라 기호를 쓰시오.

보기

㉠ 백조자리 ㉡ 쌍둥이자리
㉢ 오리온자리 ㉣ 독수리자리

( )

중요

12 다음 그림에 대한 설명으로 옳지 않은 것은 어느 것입니까? ( )

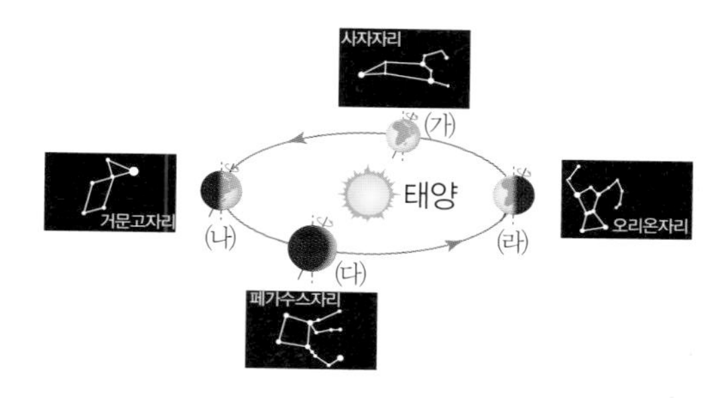

① 지구가 태양의 주변을 돈다.
② 지구의 위치는 계절에 따라 바뀐다.
③ 태양이 있는 쪽에 있는 별자리를 볼 수 있다.
④ 지구의 위치에 따라 보이는 별자리가 달라진다.
⑤ 한밤 남쪽 하늘에 떠 있는 별자리는 태양과 반대 방향에 있다.

13 지구의의 우리나라에 관찰자 모형을 붙이고 다음과 같은 실험을 하였습니다. (가), (나), (다), (라) 각각의 위치에서 우리나라가 한밤일 때 관찰자 모형에게 잘 보이는 별자리를 차례대로 쓰시오.

사자자리 → ( ) → 페가수스자리 → ( )

14 다음 두 실험과 관련이 있는 지구의 운동은 무엇인지 쓰시오.

( )

중요
15 지구의 자전과 공전에 대한 설명으로 옳은 것은 어느 것입니까? ( )

① 지구는 자전축을 중심으로 자전한다.
② 지구의 공전으로 인해 낮과 밤이 생긴다.
③ 지구는 태양을 중심으로 동쪽에서 서쪽으로 회전한다.
④ 지구의 공전은 하루 동안 태양의 위치 변화와 관련이 깊다.
⑤ 지구가 자전하기 때문에 계절에 따라 별자리가 다르게 보인다.

16 다음 중 달을 관찰하는 데 필요한 준비물로 알맞지 않은 것은 어느 것입니까? ( )

① 나침반 ② 손전등
③ 기록장 ④ 필기도구
⑤ 태양 관찰용 필름

17 여러 날 동안 달의 모양 변화에 대한 설명으로 옳은 것은 어느 것입니까? ( )

① 가장 밝은 달은 보름달이다.
② 쟁반을 닮은 달은 상현달이다.
③ 보름달은 15일마다 볼 수 있다.
④ 음력 2~3일은 그믐달이 뜨는 날이다.
⑤ 달의 모양은 약 15일을 주기로 반복된다.

18 다음 ( ) 안에 들어갈 알맞은 말을 쓰시오.

음력은 ( )의 모양을 기준으로 만든 것이다.

( )

19 다음과 같은 달을 볼 수 있는 음력 날짜를 바르게 선으로 연결하시오.

(1) 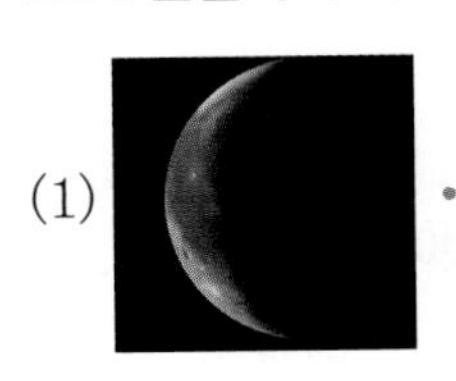 • • ㉠ 음력 7~8일

(2)  • • ㉡ 음력 27~28일

20 다음 모형에서 두 개의 원판이 나타내는 천체의 움직임을 보기 에서 고른 것으로 옳은 것은 어느 것입니까? ( )

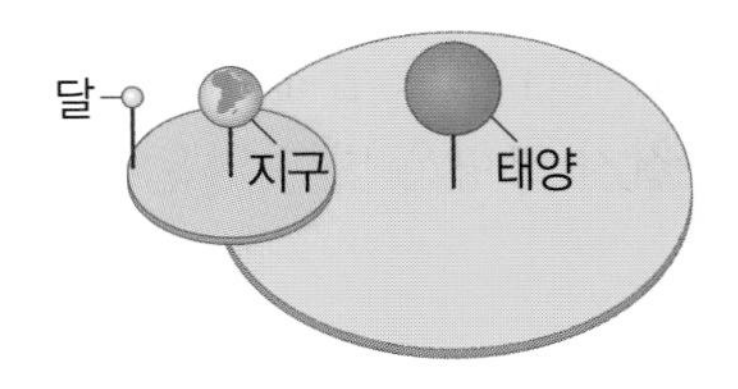

보기
㉠ 태양의 운동 ㉡ 지구의 공전
㉢ 지구의 자전 ㉣ 달의 운동

① ㉠, ㉡ ② ㉠, ㉢
③ ㉠, ㉣ ④ ㉡, ㉣
⑤ ㉢, ㉣

서술형·논술형 평가 2단원

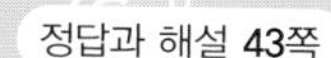

정답과 해설 43쪽

01 다음과 같이 우리나라에 관찰자 모형을 붙이고 지구의를 서쪽에서 동쪽으로 돌렸습니다. 물음에 답하시오.

(1) 지구의를 한 바퀴 돌릴 때마다 관찰자 모형의 위치에 어떤 변화가 있는지 쓰시오.

(2) 위 실험과 관련된 지구의 운동은 무엇인지 쓰시오.

( )

02 다음은 어느 날 저녁 2시간 동안 밤하늘을 관찰한 모습입니다. 물음에 답하시오.

(1) 몇 시간 후 달이 ㈎ 위치에 있을 때 달의 모양을 그리고, 그렇게 그린 까닭을 쓰시오.

(2) 위 관찰 사실로 알 수 있는 하루 동안 달의 위치 변화를 쓰시오.

03 다음은 겨울철 저녁 9시 무렵에 바라본 하늘의 모습입니다. 물음에 답하시오.

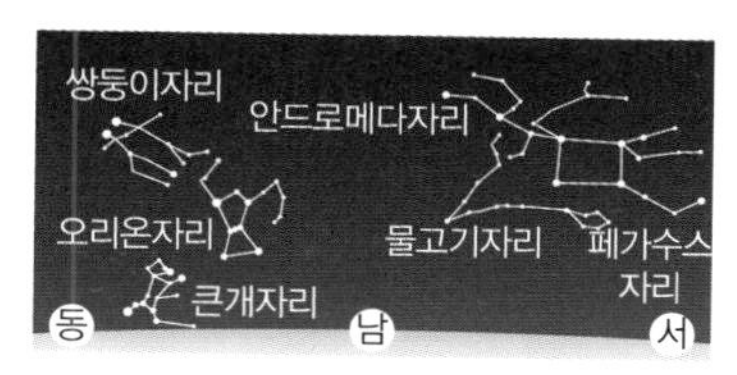

▲ 겨울(1월 15일 9시 무렵)

(1) 위 그림에서 겨울철 대표적인 별자리를 세 개 찾아 쓰시오.

(, ,)

(2) 위 (1)번 답의 별자리를 대표적인 별자리라고 생각한 까닭을 쓰시오.

04 여러 날 동안 달의 위치와 모양 변화를 관찰한 결과입니다. 물음에 답하시오.

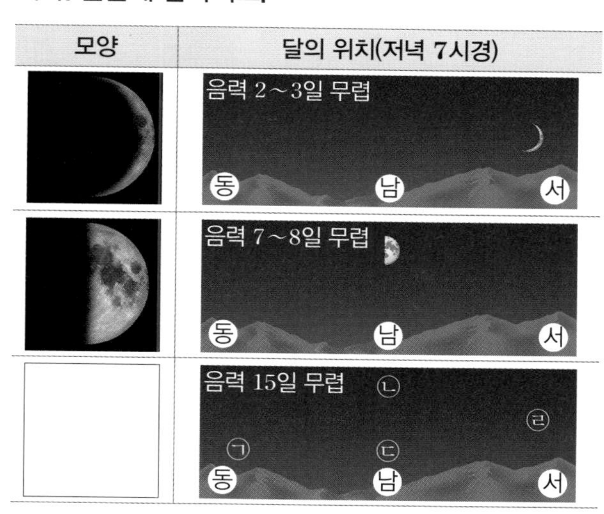

(1) 음력 15일 무렵의 달 위치의 기호와 그렇게 생각한 까닭을 쓰시오.

• 달의 위치: ( )

• 까닭 :

(2) 위의 빈칸에 음력 15일 무렵의 달 모양을 그리시오.

중단원 핵심 복습 3단원 (1)

❶ 세포 관찰하는 방법

- 광학 현미경 사용 방법 익히기: 가장 낮은 배율로 맞추기 → 표본을 재물대에 올리기 → 세포 관찰하기 → 더 높은 배율로 관찰하기

❷ 식물 세포와 동물 세포

- 모든 생물은 세포로 이루어져 있음.
- 세포는 핵, 세포막, 세포벽 등으로 구성되어 있으며, 대부분 아주 작아 맨눈으로 볼 수 없음.
- 동물 세포는 식물 세포와 달리 세포막으로만 둘러싸여 있고, 세포벽은 없음.

핵	• 각종 유전 정보를 포함하고 있음. • 생명 활동을 조절함.
세포막	세포 내부와 외부를 드나드는 물질의 출입을 조절함.
세포벽	• 세포의 모양을 일정하게 유지함. • 세포를 보호함.

❸ 뿌리의 생김새

- 굵고 곧은 형태의 뿌리: 고추, 우엉, 당근 등
- 굵기가 비슷한 여러 가닥 형태의 뿌리: 파, 잔디 등

❹ 뿌리가 하는 일

- 흡수 기능: 뿌리를 자르지 않은 양파 쪽 컵의 물이 더 많이 줄어듦. → 뿌리를 자르지 않은 양파는 물을 흡수했지만, 뿌리를 자른 양파는 물을 거의 흡수하지 못했기 때문임.
- 지지 기능: 식물이 쓰러지지 않도록 땅에 식물을 고정함.
- 저장 기능: 잎에서 만든 양분을 뿌리에 저장함.

❺ 줄기의 생김새

- 줄기의 생김새는 다양함.

곧은줄기	위로 곧게 뻗어 자람. 예 소나무, 봉선화, 해바라기 등
감는줄기	가늘고 긴 줄기로 다른 식물을 감고 올라감. 예 박주가리, 메꽃, 나팔꽃 등
기는줄기	가늘고 길어 땅 위를 기고 줄기 마디에서 뿌리가 남. 예 딸기, 토끼풀, 잔디 등
저장 줄기	양분을 저장하고 있어 줄기가 크고 두꺼움. 예 감자, 토란, 마늘 등

- 줄기가 높이 자라거나 다른 물건을 감고 오르면 식물은 햇빛을 많이 받을 수 있음.

❻ 줄기가 하는 일

- 줄기는 물의 이동 통로 역할을 함.

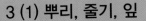

가로로 자른 단면	세로로 자른 단면
붉은 점들이 줄기에 퍼져 있음.	여러 개의 붉은 선이 줄기를 따라 이어져 있음.

- 지지 기능: 식물이 꼿꼿하게 서 있음.
- 저장 기능: 양분을 줄기에 저장함.

❼ 잎의 광합성

- 녹말과 아이오딘-아이오딘화 칼륨 용액이 만나면 청람색으로 변함.
- 빛을 받지 못한 잎과 빛을 받은 잎에 아이오딘-아이오딘화 칼륨 용액 떨어뜨리기: 빛을 받은 잎에서는 청람색으로 변하고, 빛을 받지 못한 잎에서는 색깔의 변화가 없음.
- 빛을 받은 잎에서만 양분이 만들어짐.
- 광합성: 식물이 빛을 이용하여 물과 이산화 탄소로 양분을 만드는 것.

❽ 잎의 증산 작용

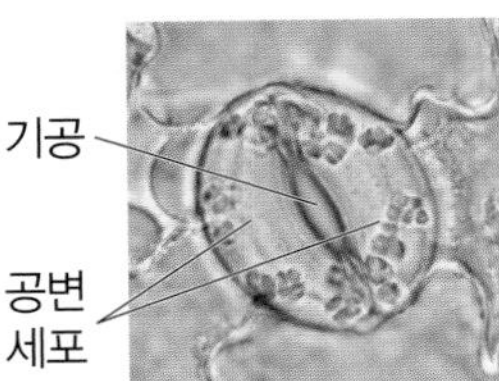

- 뿌리에서 흡수한 물은 광합성에 사용되고, 일부 남은 물은 기공을 통해 식물의 밖으로 빠져나감.
- 증산 작용: 잎에 도달한 물이 기공을 통해 식물 밖으로 빠져나가는 것
- 기공: 잎 표면의 작은 구멍으로 두 개의 공변세포에 의해 열리고 닫히는 것이 조절됨.
- 증산 작용은 물을 식물의 꼭대기까지 끌어 올릴 수 있도록 돕고 식물의 온도를 조절함.

중단원 쪽지 시험

3 (1) 뿌리, 줄기, 잎

정답과 해설 44쪽

01 현미경으로 세포를 관찰할 때는 낮은 배율로 맞춘 후 (　　　　　)을/를 재물대에 올리고 세포를 관찰합니다.

02 모든 생물은 (　　　　　)(으)로 이루어져 있습니다. 동물 세포에는 식물 세포와 달리 (　　　　　)이/가 없습니다.

03 고추, 파, 잔디 중 굵고 곧은 뿌리 주변으로 가는 뿌리들이 나 있는 것은 무엇입니까?

(　　　　　　　　　　)

04 식물이 쓰러지지 않도록 땅에 식물을 고정하는 뿌리의 기능을 무엇이라고 합니까?

(　　　　　　　　　　)

05 소나무, 봉선화와 같이 위로 곧게 뻗어 자라는 줄기의 형태를 (　　　　　)(이)라고 합니다.

06 감자, 토란, 마늘의 줄기는 (　　　　　)을/를 저장하고 있어 크고 두껍습니다.

07 붉은 색소 물에 넣어 둔 백합 줄기를 가로로 자른 단면에 붉은 점들이 퍼져 있는 까닭은 무엇입니까?

(　　　　　　　　　　　　　　　　　　　　)

08 식물이 햇빛을 이용하여 물과 이산화 탄소로 양분을 만드는 것을 무엇이라고 합니까?

(　　　　　　　　　　)

09 아이오딘-아이오딘화 칼륨 용액은 (　　　　　)와/과 만나면 청람색으로 변합니다. 빛을 받은 잎에 아이오딘-아이오딘화 칼륨 용액을 떨어뜨리면 청람색으로 변하는데, 이를 통해 빛을 받은 잎에서 양분이 만들어졌음을 알 수 있습니다.

10 뿌리에서 흡수한 물은 광합성에 사용되고, 일부 남은 물은 어디를 통해 식물 밖으로 빠져나갑니까?

(　　　　　　　　　　)

11 잎에 도달한 물이 (　　　　　)을/를 통해 식물 밖으로 빠져나가는 것을 (　　　　　) 작용이라고 합니다.

12 (　　　　　) 작용은 물을 식물의 꼭대기까지 끌어 올릴 수 있도록 돕고 식물의 (　　　　　)을/를 조절합니다.

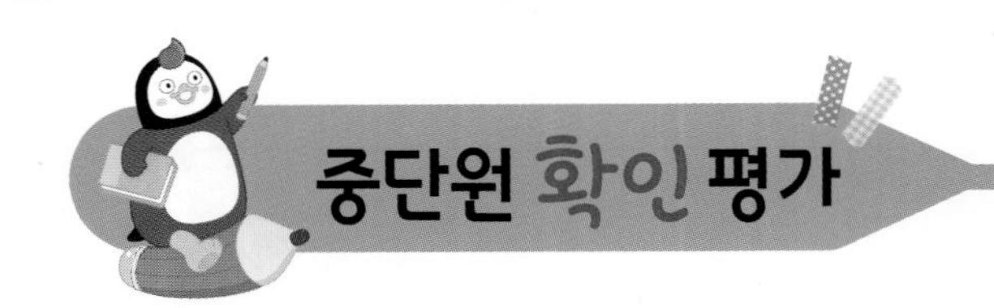

01 세포에 대한 설명으로 옳은 것은 어느 것입니까? ( )

① 세포벽은 생명 활동을 조절한다.
② 핵은 세포를 보호하는 역할을 한다.
③ 생물 중 동물만 세포로 이루어져 있다.
④ 동물 세포는 세포벽과 세포막으로 둘러싸여 있다.
⑤ 대부분의 세포는 크기가 매우 작아 현미경을 사용해야 관찰할 수 있다.

중요
02 다음 ㉠과 ㉡에 들어갈 말을 바르게 짝 지은 것은 어느 것입니까? ( )

> 생물은 모두 (㉠)(으)로 이루어져 있고, 식물 세포에서는 동물 세포에 없는 (㉡)을 관찰할 수 있다.

	㉠	㉡
①	세포	핵
②	세포	세포막
③	세포	세포벽
④	핵	세포막
⑤	핵	세포벽

03 다음과 같은 형태의 세포를 가진 생물은 어느 것입니까? ( )

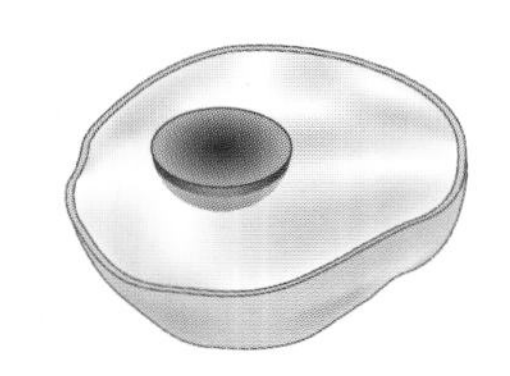

① 장미 ② 양파
③ 고양이 ④ 나팔꽃
⑤ 해바라기

04 뿌리의 생김새가 다음 그림과 같은 식물은 어느 것입니까? ( )

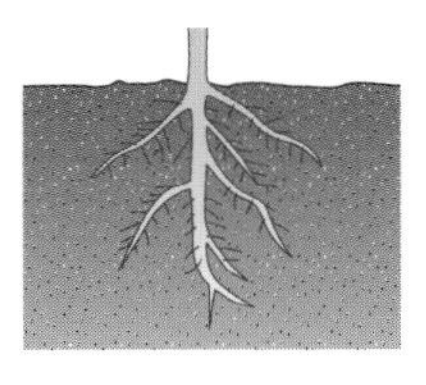

① 파 ② 양파
③ 잔디 ④ 우엉
⑤ 강아지풀

05 뿌리에 양분을 저장하는 식물로 알맞은 것은 어느 것입니까? ( )

① 감자 ② 양파
③ 고추 ④ 고구마
⑤ 사과나무

중요
06 다음 실험을 통해 알 수 있는 뿌리의 기능으로 옳은 것은 어느 것입니까? ( )

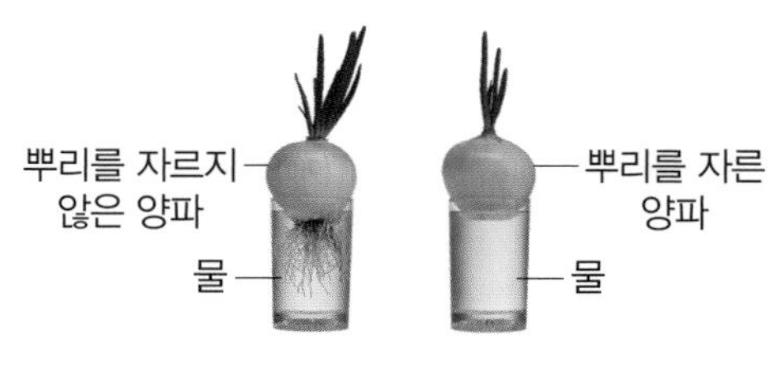

① 뿌리는 양분을 저장한다.
② 뿌리는 식물을 땅에 고정한다.
③ 뿌리는 땅속의 물을 흡수한다.
④ 뿌리는 햇빛을 이용하여 양분을 만든다.
⑤ 뿌리는 물이 이동하는 통로 역할을 한다.

07 다음에서 설명하는 식물의 줄기 형태를 쓰시오.

해바라기의 줄기는 곧고 높게 자라 커다란 잎과 꽃을 달고 있다.

( )

08 감자의 줄기를 통해 알 수 있는 줄기의 기능으로 옳은 것은 어느 것입니까? ( )

① 지지 기능
② 저장 기능
③ 생산 기능
④ 흡수 기능
⑤ 번식 기능

09 다음과 같이 붉은 색소 물에 넣어 둔 백합 줄기의 단면을 관찰해 보았습니다. 이 실험을 통해 알 수 있는 줄기의 기능으로 옳은 것은 어느 것입니까? ( )

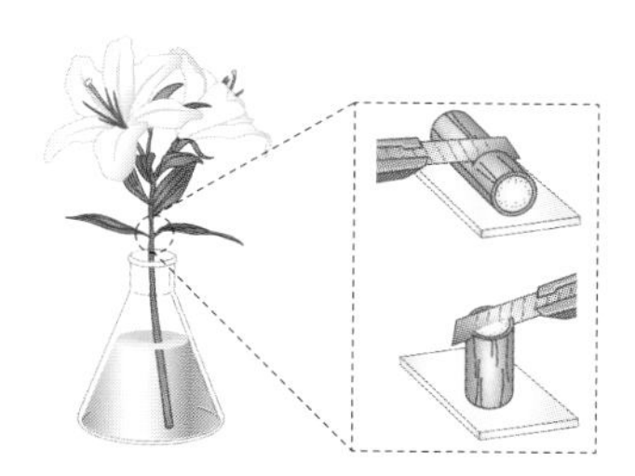

① 식물의 몸을 지지한다.
② 땅속의 물을 흡수한다.
③ 잎이 만든 양분을 저장한다.
④ 햇빛을 이용하여 양분을 만든다.
⑤ 물이 이동하는 통로 역할을 한다.

10 아이오딘-아이오딘화 칼륨 용액을 떨어뜨렸을 때 청람색으로 변하는 것을 보기 에서 모두 골라 기호를 쓰시오.

보기

㉠ 밥	㉡ 햇빛을 받은 잎
㉢ 감자	㉣ 햇빛을 받지 않은 잎

( )

11 식물의 증산 작용과 가장 관련이 있는 것은 어느 것입니까? ( )

① 씨
② 기공
③ 씨방
④ 열매
⑤ 뿌리털

중요

12 증산 작용이 식물에 어떤 도움을 주는지 옳게 설명한 것을 모두 고른 것은 어느 것입니까? ( )

㉠ 식물의 온도를 조절한다.
㉡ 식물을 땅에 단단히 고정한다.
㉢ 살아가는 데 필요한 양분을 만든다.
㉣ 물을 식물 꼭대기까지 끌어 올릴 수 있도록 돕는다.

① ㉠, ㉡
② ㉠, ㉢
③ ㉠, ㉣
④ ㉡, ㉢
⑤ ㉡, ㉣

중단원 핵심 복습 3단원 (2)

❶ 꽃의 생김새

- 꽃은 식물에 따라 크기, 모양 등이 다양함.
- 꽃은 대부분 암술, 수술, 꽃잎, 꽃받침으로 이루어져 있음.

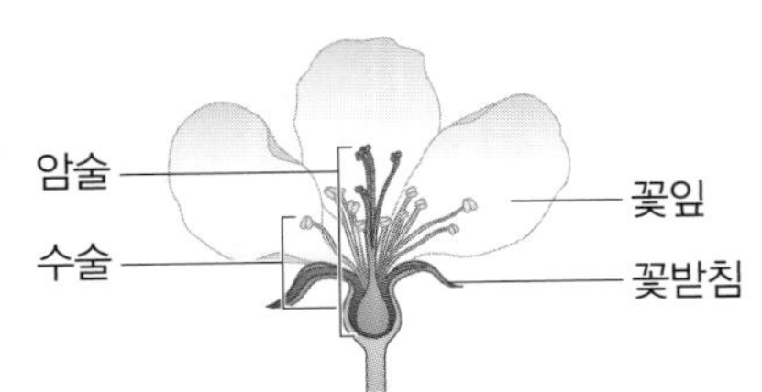

▲ 사과꽃의 구조

꽃의 부분	각 부분이 하는 일
암술	• 씨가 될 밑씨가 들어 있음. • 꽃가루받이가 이루어지는 곳임.
수술	꽃가루를 만듦.
꽃잎	• 암술과 수술을 보호함. • 곤충을 꽃으로 끌어들여 꽃가루받이가 잘 이루어지도록 함.
꽃받침	꽃잎을 받치고 보호함.

❷ 꽃이 하는 일

- 꽃은 씨를 만드는 일을 함.
- 씨를 만들기 위해 먼저 꽃가루받이가 이루어져야 함.
- 꽃가루받이: 암술이 수술에서 만든 꽃가루를 받는 것으로 수분이라고도 함.
- 꽃가루받이 방법은 식물마다 다름.

풍매화	꽃가루가 바람에 날려 암술로 옮겨짐. 예 소나무, 옥수수, 부들, 벼 등
수매화	꽃가루가 물에 의해 암술로 옮겨짐. 예 검정말, 물수세미, 나사말 등
충매화	꽃가루가 곤충에 의해 암술로 옮겨짐. 예 코스모스, 매실나무, 사과나무 등
조매화	꽃가루가 새에 의해 옮겨짐. 예 동백나무, 바나나 등

❸ 열매가 자라는 과정

- 꽃가루받이가 이루어지고 나면 열매가 맺힘.
- 꽃가루받이가 된 암술 속에서는 씨가 생겨 자람.
- 씨가 자라는 동안 씨를 싸고 있는 암술이나 꽃받침 등이 함께 자라 열매가 됨.

❹ 열매의 생김새

- 열매의 생김새는 식물의 종류에 따라 다양함.
- 열매는 씨와 씨를 둘러싼 껍질 부분으로 되어 있음.

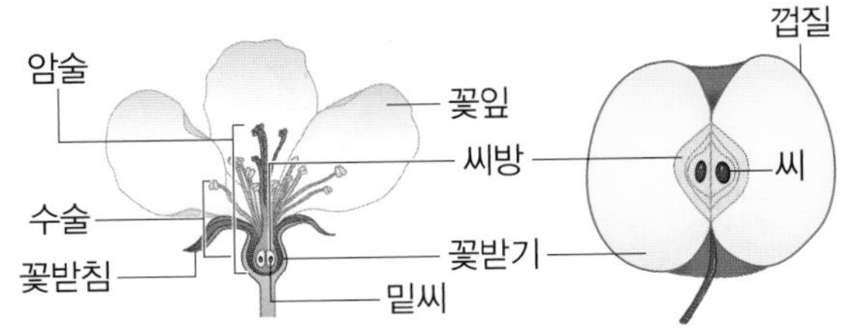

▲ 사과꽃과 사과 열매

❺ 열매가 하는 일

- 어린 씨를 보호함.
- 익은 씨를 멀리 퍼뜨리는 일을 함.
- 씨를 퍼뜨리는 방법은 열매의 생김새에 따라 다양함.

씨를 퍼뜨리는 방법	식물 이름
가벼운 솜털을 이용하여 바람에 날려서 퍼짐.	예 박주가리, 버드나무, 민들레 등
날개가 있어 바람에 빙글빙글 돌며 날아감.	예 단풍나무, 가죽나무 등
열매껍질이 터지면서 씨가 멀리 튀어 나감.	예 봉선화, 제비꽃, 콩 등
갈고리가 있어 동물의 털이나 사람의 옷에 붙어서 퍼짐.	예 도꼬마리, 우엉, 가막사리, 도깨비바늘 등
동물에게 먹힌 뒤에 씨가 똥과 함께 나와 퍼짐.	예 벚나무, 겨우살이, 참외 등
물에 떠서 이동함.	예 연꽃, 수련, 코코야자 등
동물이 땅에 저장한 뒤 찾지 못한 것에서 싹이 틈.	예 잣나무, 상수리나무 등

▲ 박주가리

▲ 도꼬마리

▲ 벚나무

- 동물에게 먹혀 씨를 퍼뜨리는 열매는 동물을 유인하기 위해 껍질에 많은 양의 수분과 당분을 저장함.
- 바람이나 동물의 털 등에 붙어 씨를 퍼뜨리는 열매는 껍질이 씨에 바짝 붙어 있어 열매가 아닌 씨로 착각하기 쉬움.

중단원 쪽지 시험 3 (2) 꽃과 열매

정답과 해설 45쪽

01 꽃은 대부분 암술, (　　　　　), 꽃잎, 꽃받침으로 이루어져 있습니다.

02 꽃잎은 벌이나 나비와 같은 곤충을 끌어들여 (　　　　　)이/가 잘 이루어지도록 합니다.

03 꽃의 구조 중 꽃잎을 받치고 보호하는 역할을 하는 것은 무엇입니까?

(　　　　　　　　)

04 꽃의 크기와 모양은 다양하지만 꽃이 하는 일은 비슷한데, 꽃은 (　　　　　)을/를 만드는 일을 합니다.

05 꽃의 암술이 수술에서 만든 꽃가루를 받는 것을 무엇이라고 합니까?

(　　　　　　　　)

06 꽃가루받이 방법에 따라 풍매화, 수매화, (　　　　　), 조매화로 구분합니다.

07 꽃가루받이가 이루어지고 나면 (　　　　　)이/가 맺힙니다.

08 씨가 자라는 동안 씨를 싸고 있는 암술이나 꽃받침 등이 함께 자라면서 무엇이 됩니까?

(　　　　　　　　)

09 열매는 (　　　　　)와/과 씨를 둘러싼 (　　　　　) 부분으로 되어 있습니다.

10 열매는 어린 (　　　　　)을/를 보호하고, 익은 (　　　　　)을/를 멀리 퍼뜨리는 일을 합니다.

11 박주가리와 버드나무의 씨가 바람에 날려서 멀리 퍼질 수 있는 까닭은 무엇입니까?

(　　　　　　　　　　　　　　　　)

12 다음과 같은 특징이 있는 열매는 대체로 어떤 방법으로 씨를 퍼뜨립니까?

> 열매의 껍질 부분에 많은 양의 수분과 당분을 저장한다.

(　　　　　　　　　　　　　　　　)

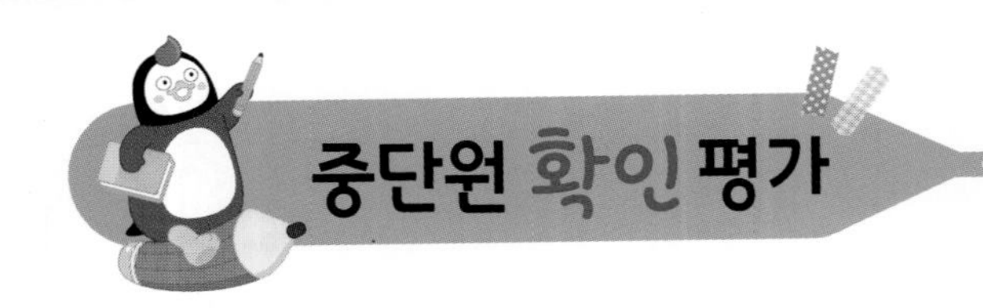

01 꽃에 대한 설명으로 옳지 않은 것은 어느 것입니까? (　　)

① 꽃의 모양은 다양하다.
② 꽃은 크기가 다양하다.
③ 모든 꽃은 꽃잎이 2장 이상 있다.
④ 꽃은 주로 씨를 만드는 역할을 한다.
⑤ 꽃잎의 밑동 부분이 떨어져 있는 꽃도 있다.

중요
02 다음 꽃의 구조에서 꽃가루를 만드는 부분을 찾아 기호를 쓰시오.

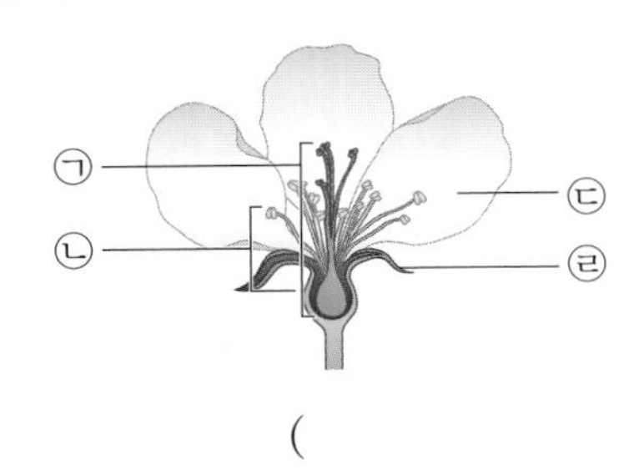

(　　　　　　　　)

03 다음 꽃의 생김새에 대한 설명으로 옳은 것을 찾아 바르게 선으로 연결하시오.

(1)

(2)

㉠ 꽃잎의 밑동이 갈라져 있다.

㉡ 꽃잎 전체가 하나로 붙어 있다.

04 꽃의 각 부분이 하는 일에 대한 설명으로 옳지 않은 것은 어느 것입니까? (　　)

① 수술은 꽃가루를 만든다.
② 꽃잎은 암술을 보호한다.
③ 암술에는 씨가 될 부분이 있다.
④ 꽃받침은 꽃잎을 받치고 보호한다.
⑤ 수술에서 꽃가루받이가 이루어진다.

05 다음과 같이 암술이 꽃가루를 받는 것을 무엇이라고 하는지 쓰시오.

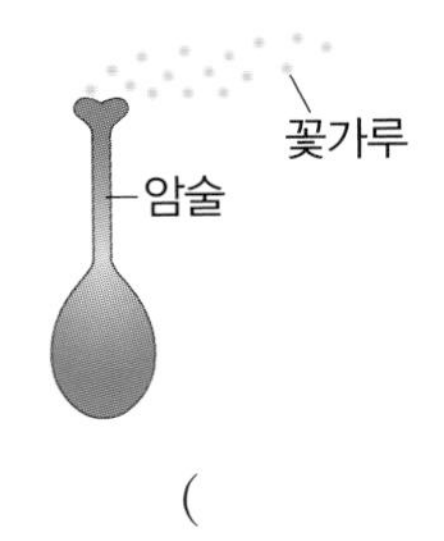

(　　　　　　　　)

06 코스모스의 꽃가루받이 방법에 대한 설명으로 옳은 것은 어느 것입니까? (　　)

① 물에 의해 꽃가루받이가 이루어진다.
② 새에 의해 꽃가루받이가 이루어진다.
③ 벌에 의해 꽃가루받이가 이루어진다.
④ 바람에 의해 꽃가루받이가 이루어진다.
⑤ 청설모에 의해 꽃가루받이가 이루어진다.

07 다음 중 암술과 수술이 하는 일에 대한 설명으로 옳은 것은 어느 것입니까? (　　　)

① 암술은 꽃잎을 보호한다.
② 수술은 곤충을 유인한다.
③ 암술은 꽃가루를 만든다.
④ 암술에는 밑씨가 들어 있다.
⑤ 수술은 꽃잎과 꽃받침을 받친다.

중요
08 다음과 같은 역할을 하는 식물의 구조를 쓰시오.

• 어린 씨를 보호한다.
• 다 자란 씨를 멀리 퍼뜨린다.

(　　　　　　　　　　)

09 다음은 사과의 생김새를 나타낸 것입니다. 씨와 껍질을 바르게 짝 지은 것은 어느 것입니까? (　　　)

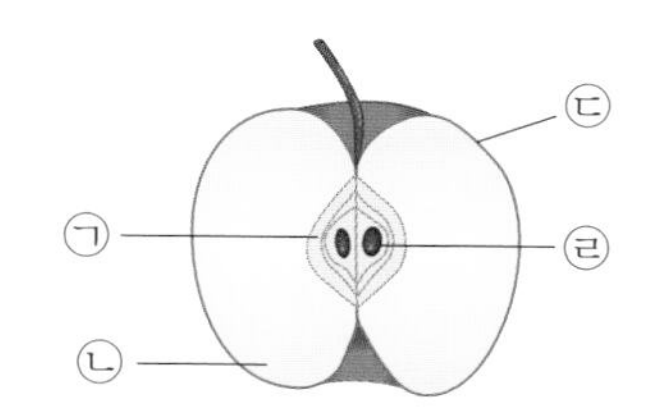

	씨	껍질
①	㉠	㉣
②	㉡	㉢
③	㉢	㉠
④	㉣	㉡
⑤	㉣	㉢

중요
10 다음의 단풍나무가 씨를 퍼뜨리는 방법을 설명한 것으로 옳은 것은 어느 것입니까? (　　　)

① 물에 떠서 씨가 멀리 퍼진다.
② 동물에게 먹혀서 씨가 멀리 퍼진다.
③ 동물의 털에 붙어서 씨가 멀리 퍼진다.
④ 가벼운 솜털을 이용하여 씨가 멀리 퍼진다.
⑤ 날개를 이용하여 바람에 날려 씨가 멀리 퍼진다.

11 다음 코코야자와 같은 방법으로 씨를 퍼뜨리는 식물은 어느 것입니까? (　　　)

① 연꽃　　② 우엉
③ 민들레　　④ 잣나무
⑤ 겨우살이

12 다음 (　　) 안에 들어갈 알맞은 말을 쓰시오.

봉선화와 제비꽃은 (　　　　　)이/가 터지면서 씨가 멀리 튀어 나간다.

▲ 봉선화　　▲ 제비꽃

(　　　　　　　　　　)

대단원 종합 평가

01 양파 세포를 관찰하기 위한 표본을 만드는 과정입니다. ㉠과 ㉡에 들어갈 말을 바르게 짝 지은 것은 어느 것입니까? (　　)

> 양파 표피를 벗겨 (　㉠　)에 올리고 물을 한 방울 떨어뜨린다.

⬇

> (　㉡　)를 한쪽에서부터 덮고 염색액을 흘려보낸다.

⬇

> 거름종이를 대어 물과 염색액을 흡수한다.

	㉠	㉡
①	받침 유리	재물대
②	받침 유리	덮개 유리
③	덮개 유리	재물대
④	덮개 유리	받침 유리
⑤	재물대	받침 유리

[02~03] 다음은 생물을 이루는 세포의 모습입니다. 물음에 답하시오.

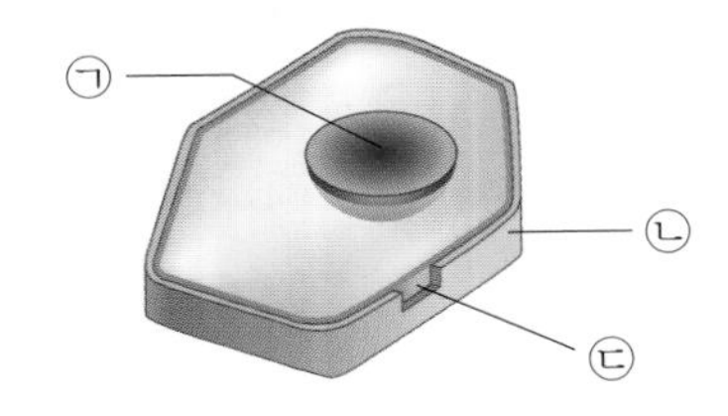

중요
02 다음과 같은 역할을 하는 것을 위 그림에서 찾아 기호를 쓰시오.

> 각종 유전 정보를 포함하고 있으며 생명 활동을 조절한다.

(　　　　　　　　)

03 위와 같은 형태의 세포를 관찰할 수 있는 생물은 어느 것입니까? (　　)

① 사슴　② 고양이　③ 코끼리
④ 고구마　⑤ 너구리

04 세포에 대해 잘못 설명한 친구는 누구입니까? (　　)

① 민호: 핵에는 여러 가지 유전 정보가 들어 있어.
② 준기: 식물 세포에는 생명 활동을 조절하는 핵이 있어.
③ 수현: 핵은 세포의 모양을 일정하게 유지할 수 있도록 해.
④ 태원: 동물 세포는 세포막으로 물질의 출입을 조절할 수 있어.
⑤ 정윤: 핵과 세포막은 식물 세포와 동물 세포에서 모두 관찰할 수 있어.

05 뿌리의 형태가 비슷한 식물끼리 바르게 짝 지은 것은 어느 것입니까? (　　)

① 무 – 잔디　② 고추 – 잔디
③ 우엉 – 양파　④ 고추 – 우엉
⑤ 무 – 강아지풀

06 뿌리의 생김새가 다음의 (가)와 (나)처럼 생긴 식물을 짝 지은 것으로 옳은 것은 어느 것입니까? (　　)

(가)
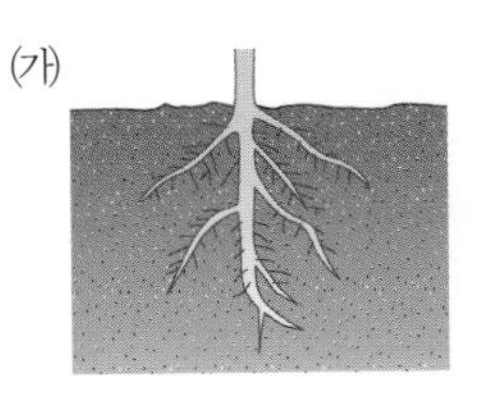

(나)
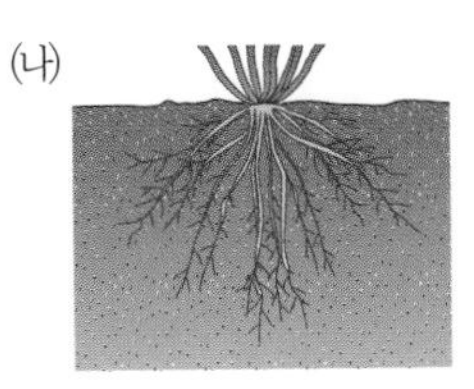

	(가)	(나)
①	무	고추
②	고추	우엉
③	당근	잔디
④	파	강아지풀
⑤	잔디	강아지풀

07 뿌리의 지지 기능에 대한 설명으로 옳은 것은 어느 것입니까? (　　　)

① 흙 속의 양분을 흡수한다.
② 식물에 있는 물을 밖으로 내보낸다.
③ 잎에서 만든 양분을 뿌리에 저장한다.
④ 식물이 쓰러지지 않게 땅에 고정한다.
⑤ 햇빛을 이용하여 필요한 양분을 만든다.

08 다음은 무엇에 대한 설명인지 쓰시오.

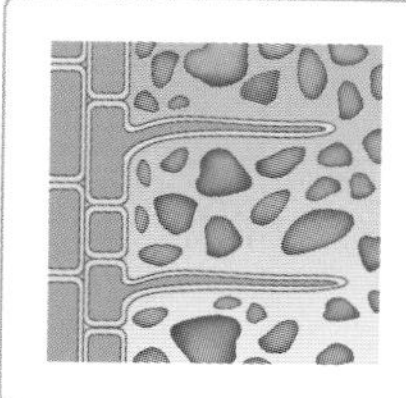

뿌리에 있는 것으로 땅과 만나는 표면적을 넓혀 주어 물을 더 잘 흡수하도록 돕는다.

(　　　　　　　　　　)

09 다음 실험을 통해 알 수 있는 사실로 옳은 것은 어느 것입니까? (　　　)

① 큰 양파에서 흡수 작용이 활발하다.
② 뿌리가 있는 양파의 흡수 작용이 활발하다.
③ 물의 양이 많을수록 흡수 작용이 활발하다.
④ 컵이 클수록 양파의 흡수 작용이 활발하다.
⑤ 양파의 줄기가 클수록 흡수 작용이 활발하다.

10 다음 식물 중 양분을 저장하는 위치가 다른 하나는 어느 것입니까? (　　　)

① 파　　② 양파
③ 감자　　④ 마늘
⑤ 고구마

11 다음 식물의 줄기 모양으로 옳은 것은 어느 것입니까? (　　　)

① 곧은줄기　　② 감는줄기
③ 기는줄기　　④ 부착줄기
⑤ 저장 줄기

중요
12 다음과 같은 특징을 가진 식물끼리 짝 지은 것은 어느 것입니까? (　　　)

줄기가 꼿꼿하게 서 있어 식물이 쓰러지지 않게 한다.

① 고추, 나팔꽃　　② 메꽃, 토마토
③ 가지, 토마토　　④ 토끼풀, 박주가리
⑤ 해바라기, 박주가리

13 다음 (　　) 안에 들어갈 알맞은 말은 어느 것입니까? (　　　)

줄기 모양이 가늘고 길어 땅 위를 기는 줄기는 줄기의 마디마다 (　　　　)이/가 난다.

① 잎　　② 꽃
③ 씨　　④ 뿌리
⑤ 열매

14 다음의 두 식물과 관련이 있는 줄기의 기능은 무엇인지 쓰시오.

▲ 마늘

▲ 양파

( )

15 다음 ( ) 안에 들어갈 알맞은 말에 ○표 하시오.

식물의 잎이 하는 일을 알아보기 위해 사용하는 아이오딘-아이오딘화 칼륨 용액은 ㉠(산소 , 녹말)와/과 만나면 ㉡(청람색 , 황갈색)으로 변한다.

중요

16 광합성에 대한 설명으로 옳지 않은 것은 어느 것입니까? ( )

① 광합성은 식물의 잎에서만 일어난다.
② 식물이 양분을 만들 때 햇빛을 이용한다.
③ 광합성에는 물과 이산화 탄소가 필요하다.
④ 광합성으로 만들어진 양분의 일부는 식물의 몸에 저장된다.
⑤ 광합성으로 만들어진 양분은 식물 전체로 이동하여 필요한 곳에 쓰인다.

17 오른쪽 사진의 ㉠에 대한 설명으로 옳은 것에 ○표, 옳지 않은 것에 ×표 하시오.

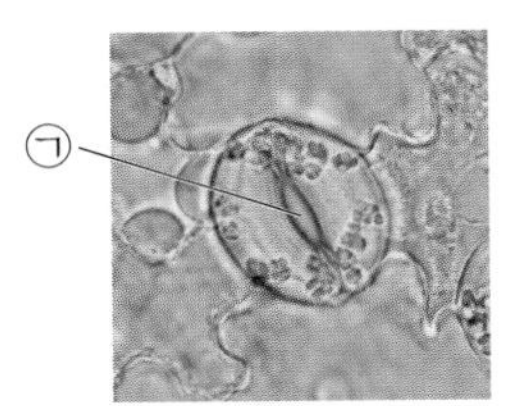

(1) 증산 작용과 관련이 깊다. ( )
(2) 주로 잎에서 많이 관찰된다. ( )
(3) 식물 밖으로 물을 내보낸다. ( )
(4) 공기 중의 수증기를 흡수한다. ( )

18 다음에서 설명하는 꽃가루받이 과정에 등장하지 않은 꽃의 구조를 그림에서 찾아 기호를 쓰시오.

꽃잎이 꿀벌을 유인해 꿀벌이 꽃 속으로 들어오면 수술에 있는 꽃가루가 꿀벌 몸에 붙는다. 꿀벌이 다른 꽃의 암술에 꽃가루를 묻히면 꽃가루받이가 일어난다.

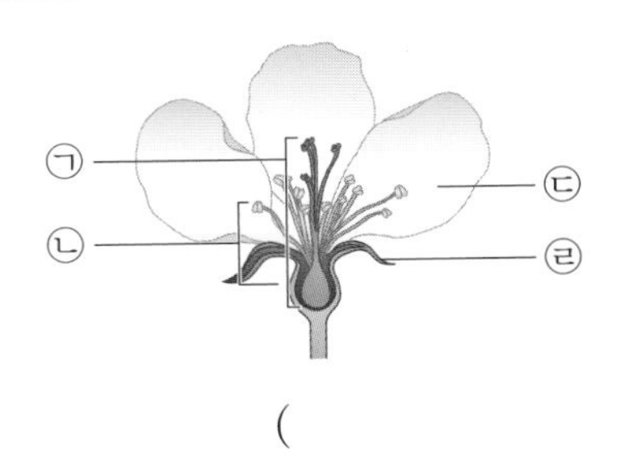

( )

19 다음 열매의 ㉠ 부분의 이름을 쓰시오.

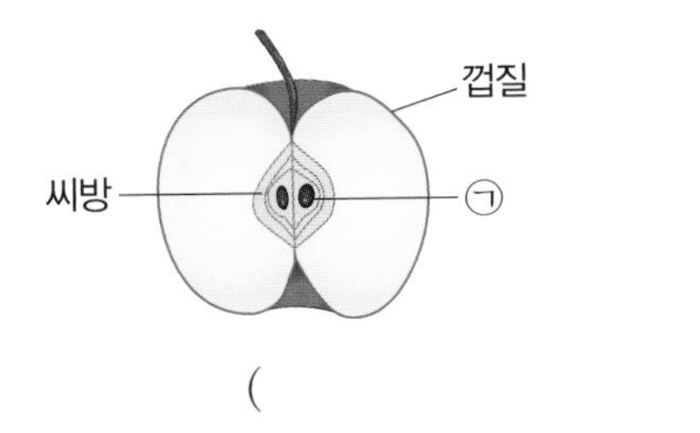

( )

20 봉선화 씨가 퍼지는 방법에 대한 설명으로 옳은 것은 어느 것입니까? ( )

① 바람에 의해 씨가 퍼진다.
② 동물에게 먹혀서 씨가 멀리 퍼진다.
③ 씨에 날개가 있어 바람에 날려 퍼진다.
④ 열매껍질이 물에 떠서 씨를 멀리 퍼뜨린다.
⑤ 열매껍질이 터지면서 씨가 멀리 튀어 나간다.

서술형·논술형 평가 3단원

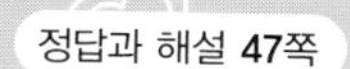
정답과 해설 47쪽

01 붉은 색소 물에 넣어 둔 백합 줄기를 잘라서 관찰한 결과입니다. 물음에 답하시오.

가로로 자른 단면	세로로 자른 단면

(1) 백합 줄기의 단면에서 붉게 물든 부분은 무엇인지 쓰시오.

____

____

(2) 뿌리에서 흡수한 물이 잎까지 어떻게 이동하는지 쓰시오.

____

____

02 다음은 햇빛을 받지 못한 잎과 햇빛을 받은 잎에 각각 아이오딘-아이오딘화 칼륨 용액을 떨어뜨린 후의 모습입니다. 물음에 답하시오.

햇빛을 받지 못한 잎	햇빛을 받은 잎

(1) 위 실험과 관련이 있는 식물의 작용을 쓰시오.

( )

(2) 햇빛을 받은 잎의 색깔이 변한 까닭을 쓰시오.

____

____

03 다음은 잎이 하는 일을 알아보기 위한 실험입니다. 물음에 답하시오.

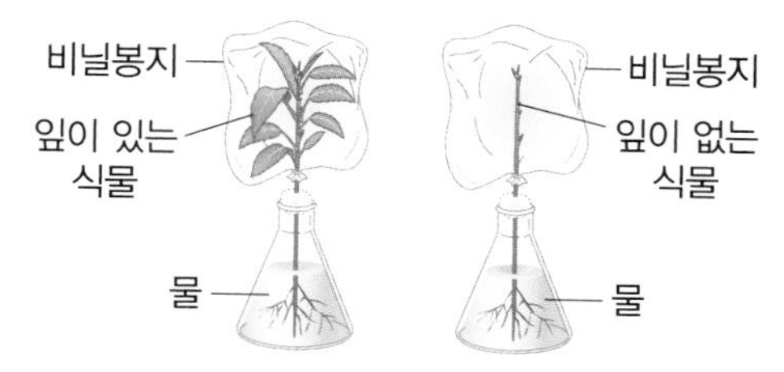

(1) 위 실험과 관련이 있는 식물의 작용을 쓰시오.

( )

(2) 다음은 위의 실험 결과를 정리한 것입니다. 이와 같은 실험 결과가 나온 까닭을 쓰시오.

> 잎이 있는 모종의 비닐봉지 안쪽에 물방울이 생기고 삼각 플라스크의 물도 더 많이 줄어든다.

____

____

04 다음은 소나무의 씨입니다. 물음에 답하시오.

(1) 소나무는 씨를 멀리 퍼뜨리기 위해 무엇을 이용하는지 보기 에서 찾아 쓰시오.

보기

> 물, 바람, 동물, 열매껍질

( )

(2) 위 (1)번 답과 같이 생각한 까닭을 씨의 생김새와 관련지어 쓰시오.

____

____

❶ 기체 발생 장치 꾸미기

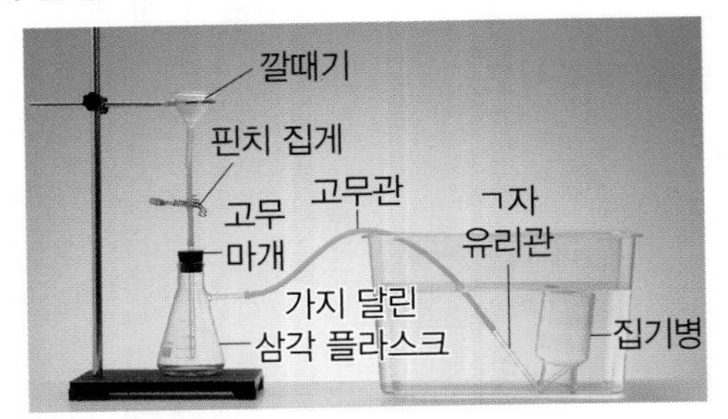

- 짧은 고무관을 끼운 깔때기를 스탠드의 링에 설치하고 고무관에 핀치 집게를 끼움.
- 유리관을 끼운 고무마개로 가지 달린 삼각 플라스크의 입구를 막음.
- 깔때기에 연결한 고무관을 고무마개에 끼운 유리관과 연결함.
- 가지 달린 삼각 플라스크의 가지 부분에 긴 고무관을 끼우고 반대쪽 끝은 ㄱ자 유리관을 연결함.
- 물이 $\frac{2}{3}$ 정도 담긴 수조에 물을 가득 채운 집기병을 거꾸로 세우고 ㄱ자 유리관을 집기병의 입구에 넣음.

❷ 기체 발생 장치를 꾸며 산소 발생시키기

- 가지 달린 삼각 플라스크에 물을 조금 넣은 뒤 이산화 망가니즈를 한 숟가락 넣음.
- 묽은 과산화 수소수를 깔때기에 $\frac{1}{2}$ 정도 부음.
- 핀치 집게를 조절하여 묽은 과산화 수소수를 조금씩 흘려 보냄. → 가지 달린 삼각 플라스크 내부에서 거품이 발생함. ㄱ자 유리관 끝에서 거품이 나오는 것으로 기체가 나오고 있음을 알 수 있음.

❸ 산소의 성질

- 색깔과 냄새가 없음.
- 스스로 타지 않지만 다른 물질이 타는 것을 도움. 산소가 든 집기병에 향불을 넣으면 불꽃이 커짐.
- 철이나 구리와 같은 금속을 녹슬게 함.

❹ 산소의 이용

- 잠수부나 소방관이 사용하는 압축 공기통에 넣어 이용됨.
- 응급 환자에게 산소를 공급해서 생명을 유지할 수 있도록 함.
- 산소 캔에 담아 이용됨.

❺ 공기 중에 산소의 양이 지금보다 더 많아지면 생길 수 있는 일

- 화재가 자주 발생할 것임.
- 불을 끄기 어려울 것임.
- 금속이 쉽게 녹슬 것임.
- 한 번 숨을 쉴 때 들이마시는 산소의 양이 많아져 숨을 쉬는 횟수가 줄어들 것임.

❻ 기체 발생 장치를 꾸며 이산화 탄소 발생시키기

- 가지 달린 삼각 플라스크에 물을 조금 넣은 뒤 탄산수소 나트륨을 네다섯 숟가락 정도 넣음. → 탄산수소 나트륨 대신 탄산 칼슘, 대리석, 조개껍데기, 석회석, 달걀 껍데기 등을 사용할 수 있음.
- 진한 식초를 깔때기에 $\frac{1}{2}$ 정도 부음.→ 진한 식초 대신 레몬즙을 사용할 수 있음.
- 핀치 집게를 조절하여 진한 식초를 조금씩 흘려 보냄.

❼ 이산화 탄소의 성질

- 색깔과 냄새가 없음.
- 물질이 타는 것을 막는 성질이 있음. 이산화 탄소를 모은 집기병에 향불을 넣으면 향불이 꺼짐.
- 석회수를 뿌옇게 만드는 성질이 있음.

❽ 이산화 탄소의 이용

- 물질이 타는 것을 막는 성질이 있어 소화기의 재료로 이용함. → 이산화 탄소 자체가 불을 끄는 성질이 있는 것이 아니라 산소와의 접촉을 막아 물질이 타는 것을 막아 줌.
- 음식을 차갑게 보관하는 데 필요한 드라이아이스의 재료로 이용함.
- 탄산음료의 톡 쏘는 맛을 내는 데 이용함.
- 위급할 때 순식간에 부풀어 오르는 자동 팽창식 구명조끼에 이용함.
- 액상 소화제를 만들 때 이용함.

❾ 공기 중에 이산화 탄소의 양이 지금보다 더 많아지면 생길 수 있는 일

- 물질이 잘 타지 않을 것임.

중단원 쪽지 시험 4 (1) 산소와 이산화 탄소

정답과 해설 48쪽

01 기체 발생 장치에서 사용되는 오른쪽 기구의 이름은 무엇입니까?

(　　　　　　　　)

02 오른쪽은 기체의 어떤 성질을 알아보기 위한 실험입니까?

(　　　　　　　　)

03 기체 발생 장치를 꾸며 산소를 발생시키기 위한 실험에서 가지 달린 삼각 플라스크에 넣는 물질 두 가지는 무엇입니까?

(　　　　　　,　　　　　　)

04 기체 발생 장치를 꾸며 산소를 발생시키기 위한 실험에서 깔때기에 넣는 물질은 무엇입니까?

(　　　　　　　　)

05 다음에서 설명하는 기체는 무엇입니까?

- 냄새가 나지 않는다.
- 스스로 타지 않지만 다른 물질이 타는 것을 돕는다.
- 철이나 구리와 같은 금속을 녹슬게 한다.

(　　　　　　　　)

06 (　　　　)은/는 우리가 숨을 쉴 때 필요한 기체이기 때문에, 응급 환자가 위급할 때 (　　　　)을/를 공급해서 생명을 유지할 수 있도록 하기도 한다.

07 산소의 성질을 설명한 것으로 옳은 것을 고르시오.

㉠ 산소는 스스로 타면서 다른 물질이 타는 것을 돕는다.
㉡ 산소는 스스로 타지 않지만 다른 물질이 타는 것을 돕는다.

(　　　　　　　　)

08 탄산음료를 컵에 따르면 거품을 볼 수 있습니다. 이 거품은 탄산음료에 녹아 있던 (　　　　　　)이/가 나온 것입니다.

09 기체 발생 장치를 꾸며 이산화 탄소를 발생시키기 위해 가지 달린 삼각 플라스크에 물과 탄산수소 나트륨을 넣었습니다. 깔때기에 넣어야 하는 물질은 무엇입니까?

(　　　　　　　　)

10 이산화 탄소를 발생시키기 위한 실험을 할 때, 탄산수소 나트륨 대신 사용할 수 있는 물질에는 무엇이 있습니까?

(　　　　　　　　)

11 다음 물질에 공통으로 이용된 기체는 무엇입니까?

▲ 소화기

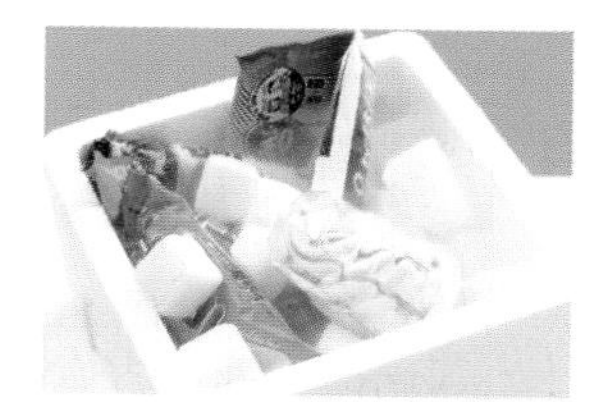
▲ 드라이아이스

(　　　　　　　　)

12 생활 속에서 이산화 탄소 기체를 모을 수 있는 방법에는 무엇이 있습니까?

(　　　　　　　　　　　　)

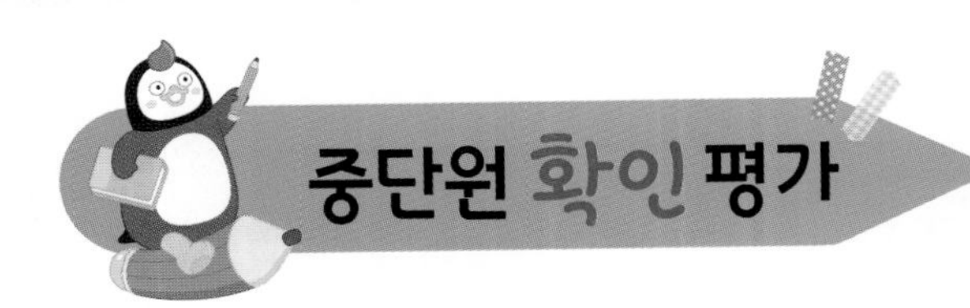

중단원 확인 평가

[01~04] 산소를 발생시키기 위하여 다음과 같은 기체 발생 장치를 꾸몄습니다. 물음에 답하시오.

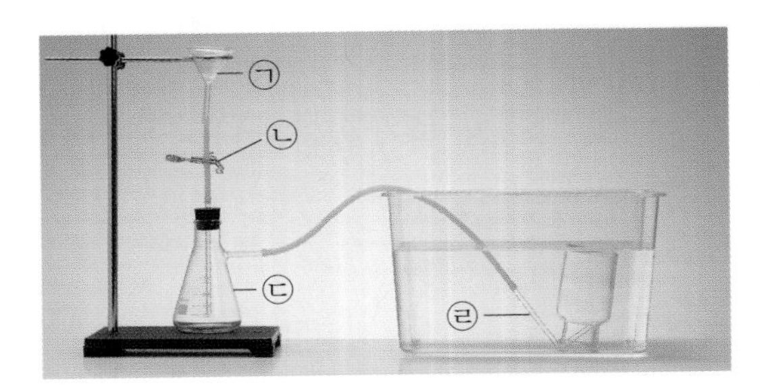

01 위의 ㉠과 ㉢에 넣을 물질을 바르게 짝 지은 것은 어느 것입니까? (　　　)

	㉠	㉢
①	물	이산화 망가니즈
②	탄산수소 나트륨	이산화 망가니즈
③	진한 식초	묽은 과산화 수소수
④	묽은 과산화 수소수	탄산수소 나트륨
⑤	묽은 과산화 수소수	물, 이산화 망가니즈

02 깔때기에 넣은 물질이 흘러내리는 양을 조절할 때 사용하는 기구의 기호와 이름을 쓰시오.

(　　　　　　,　　　　　　　　　　)

03 위 실험을 할 때의 주의 사항으로 알맞지 않은 것은 어느 것입니까? (　　　)

① 약품이 옷이나 피부에 닿지 않게 주의한다.
② 유리 기구를 사용할 때에는 깨지지 않게 주의한다.
③ ㉢에서 기체가 발생할 때에는 ㉡을 열지 않아야 한다.
④ ㉢에 고무마개를 끼울 때는 고무마개에 물을 묻힌 뒤에 살살 돌려 가며 꽉 끼운다.
⑤ ㉣을 집기병의 깊숙한 곳으로 넣을수록 기체가 더 잘 모인다.

04 앞 실험에서 산소가 발생할 때 ㉣의 끝부분에 나타나는 현상을 바르게 설명한 친구의 이름을 쓰시오.

- 준엽: 아무 변화도 나타나지 않아.
- 승기: 거품이 나와.
- 은경: 색깔이 변해.

(　　　　　　　　　　)

중요

05 오른쪽과 같이 산소가 든 집기병에 향불을 넣었을 때의 변화로 옳은 것에 ○표 하시오.

(1) 향불이 꺼진다. (　　　)
(2) 향불의 불꽃이 커진다. (　　　)
(3) 향불이 꺼졌다 켜졌다를 반복한다. (　　　)

06 오른쪽의 철못을 산소가 가득 들어 있는 곳에 넣어두었습니다. 시간이 오래 흐른 뒤 철못의 모습으로 바른 것을 찾아 기호를 쓰시오.

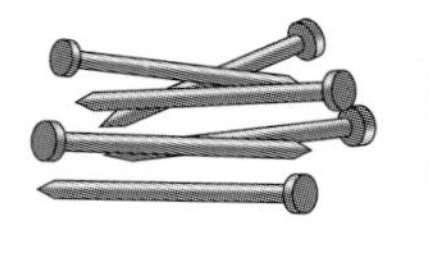

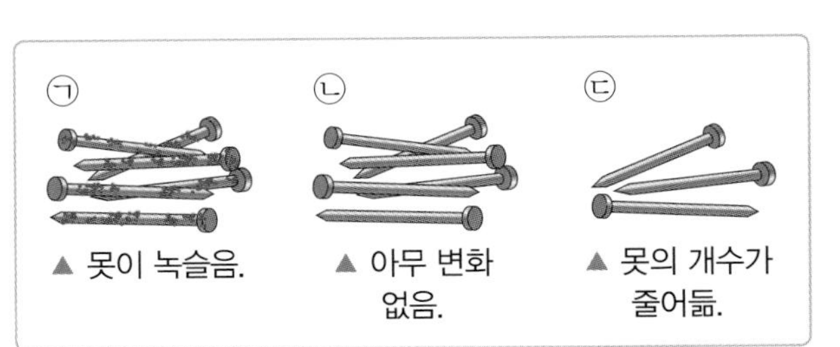

(　　　　　　　　　　)

07 산소를 이용한 목적이 나머지와 다른 하나는 어느 것입니까? (　　　)

① 운동 후 숨이 찰 때 산소 캔을 이용한다.
② 호흡이 곤란한 환자에게 산소 호흡기를 사용한다.
③ 로켓을 쏘아 올릴 때 연료를 태우는 용도로 사용한다.
④ 잠수부가 물속에서 호흡을 하기 위해 압축 공기통을 사용한다.
⑤ 높은 산을 등산하며 호흡이 가빠질 때 휴대용 산소 캔을 이용한다.

[08~09] 이산화 탄소를 발생시키기 위해서 다음과 같이 기체 발생 장치를 꾸몄습니다. 물음에 답하시오.

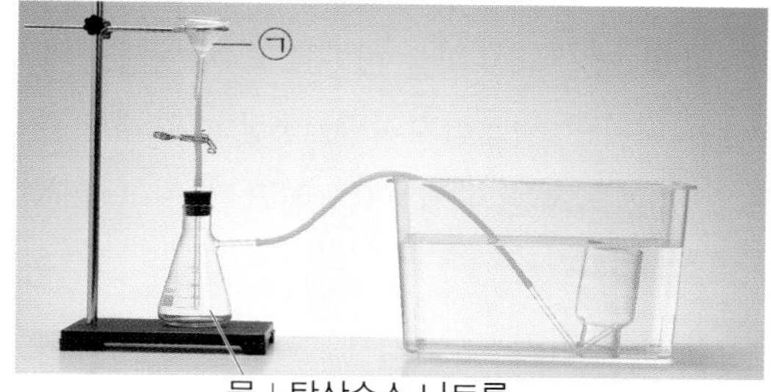

물+탄산수소 나트륨

08 위 기체 발생 장치의 ㉠에는 어떤 물질을 넣어야 하는지 쓰시오.

(　　　　　　　　　　)

09 위의 실험에서 탄산수소 나트륨 대신 사용하기에 알맞지 않은 물질은 어느 것입니까? (　　　)

① 석회석
② 대리석
③ 탄산 칼슘
④ 달걀 껍데기
⑤ 이산화 망가니즈

10 이산화 탄소를 모은 집기병에 석회수를 $\frac{1}{4}$ 정도 넣고 흔들었을 때 석회수의 변화로 옳은 것을 골라 기호를 쓰시오.

㉠ 석회수의 양이 늘어난다.
㉡ 아무 변화도 일어나지 않는다.
㉢ 투명하던 석회수가 뿌옇게 된다.

(　　　　　　　　　　)

[11~12] 다음 실험 과정 및 결과를 읽고, 물음에 답하시오.

[실험 과정]
(가) 탄산음료가 $\frac{1}{3}$ 정도 담긴 페트병에 설탕을 조금 넣는다.
(나) 페트병 안에서 발생한 거품이 가라앉을 때까지 기다린다.
(다) 촛불을 켠 뒤 페트병을 기울여 페트병에 있는 기체를 조금씩 촛불에 내보내어 결과를 관찰한다.
[실험 결과]
촛불이 꺼졌다.

11 이 실험에 대한 설명으로 알맞지 않은 것을 골라 기호를 쓰시오.

㉠ 탄산음료에 설탕을 넣으면 반응이 격렬하게 일어난다.
㉡ 탄산음료가 든 페트병에서 나온 기체는 다른 물질이 타는 것을 막는다.
㉢ 위 실험에서 촛불을 꺼지게 한 기체는 탄산음료를 흔들었을 때 나오는 거품과 관련이 없다.

(　　　　　　　　　　)

중요
12 위 실험에서 촛불을 꺼지게 한 기체는 무엇인지 쓰시오.

(　　　　　　　　　　)

중단원 핵심 복습 4단원 (2)

❶ 압력 변화에 따른 기체의 부피 변화 관찰하기

- 플라스틱 스포이트에 공간을 약간 남기고 물을 채운 뒤에 입구를 손가락으로 막음.
- 플라스틱 스포이트의 머리 부분을 손가락으로 누르면 공기의 부피가 줄어듦.

❷ 압력 변화에 따른 기체와 액체의 부피 변화 관찰하기

- 공기가 든 주사기 입구를 손가락으로 막고 피스톤을 약하게 누를 때와 세게 누를 때 공기의 부피 변화를 각각 관찰함. → 공기가 든 주사기는 압력을 가한 정도에 따라 부피가 달라짐.
- 물이 든 주사기 입구를 손가락으로 막고 피스톤을 약하게 누를 때와 세게 누를 때 물의 부피 변화를 각각 관찰함. → 물이 든 주사기는 압력을 가해도 부피가 거의 변하지 않음.

❸ 생활 속에서 기체에 압력을 가할 때 기체의 부피가 줄어드는 현상

- 풍선 놀이 틀 위에 올라서면 풍선 놀이 틀의 부피가 줄어듦.
- 밑창에 공기 주머니가 있는 신발을 신고 걸으면 공기 주머니의 부피가 줄어듦.
- 공을 강하게 차면 순간적으로 공이 찌그러짐.
- 자동차가 부딪쳤을 때 부풀어 올랐던 에어백은 충격을 받아 부피가 줄어듦.
- 샴푸 통이나 보습제 통의 꼭지를 누르면 통 안의 압력이 커지면서 기체의 부피가 줄어들고, 압력의 차이 때문에 내용물이 바깥으로 나옴.

❹ 생활 속에서 기체에 가해지는 압력이 작아짐에 따라 기체의 부피가 늘어나는 현상

- 물속에서 잠수부가 내뿜은 공기 방울은 수면에 가까워질수록 점점 커짐.
- 비행기 안에 있는 과자 봉지는 땅에서보다 하늘을 나는 동안 더 많이 부풀어 오름.
- 풍선이 하늘 높이 올라갈수록 점점 커지다가 터짐.
- 비행기를 타거나 높은 산에 올라가면 귀가 먹먹해짐.

❺ 온도에 따른 기체의 부피 변화 관찰하기

- 삼각 플라스크 입구에 고무풍선을 씌운 뒤 삼각 플라스크를 뜨거운 물이 든 수조에 넣음. → 고무풍선이 점점 부풀어 오름.
- 뜨거운 물에 넣었던 삼각 플라스크를 얼음물이 든 수조에 넣음. → 고무풍선이 점점 오므라듦.

❻ 온도에 따른 기체의 부피 변화

- 기체는 온도에 따라 부피가 달라짐.
- 온도가 높아지면 기체의 부피는 늘어나고, 온도가 낮아지면 기체의 부피는 줄어듦.

❼ 생활 속에서 온도 변화에 따라 기체의 부피가 달라지는 현상

- 따뜻한 음식에 비닐 랩을 씌우면 처음에는 윗면이 부풀어 오르지만, 비닐 랩으로 포장한 음식이 식으면 윗면이 오목하게 들어감.
- 물이 조금 담긴 페트병을 마개로 막아 냉장고에 넣고 시간이 지나면 찌그러지지만, 냉장고 안에서 찌그러져 있던 페트병을 밖에 꺼내 놓으면 찌그러진 부분이 펴짐.

❽ 공기를 이루는 여러 가지 기체

- 공기는 여러 가지 기체가 섞여 있는 혼합물임.
- 공기는 대부분 질소와 산소로 이루어져 있음.
- 공기에는 이 밖에도 이산화 탄소, 수소, 헬륨, 네온, 아르곤 등이 있음.

❾ 생활 속에서 이용하는 기체의 쓰임새

기구의 이름	쓰임새
질소	과자 등을 포장할 때 이용함.
산소	고기 포장, 금속의 절단 및 용접에 이용함.
이산화 탄소	소화기, 드라이아이스, 탄산음료 등의 재료로 이용함. 식물을 키우는 데 이용함.
수소	수소 발전소에서는 수소 기체를 이용해 전기를 만듦. 수소 자동차 등에 이용함.
네온	조명 기구에 이용함.
헬륨	비행선, 풍선을 공중에 띄움. 목소리를 변조하는 데 이용함.

중단원 쪽지 시험

4 (2) 압력과 온도에 따른 기체의 부피 변화

정답과 해설 49쪽

01 높은 산 위에서 빈 페트병을 마개로 닫은 뒤 산 아래로 내려오면 페트병이 (팽팽해진다 , 찌그러진다). 이것은 높은 산 위와 산 아래의 공기 (온도 , 압력) 이/가 다르기 때문이다.

02 기체에 압력을 가하면 기체의 부피는 어떻게 됩니까?

( )

03 물이 든 주사기 입구를 손가락으로 막고 피스톤을 약하게 또는 세게 눌렀을 때 물의 부피는 어떻게 됩니까?

( )

04 하늘을 나는 비행기 안의 과자 봉지의 모습을 골라 ○표 하시오.

(1) 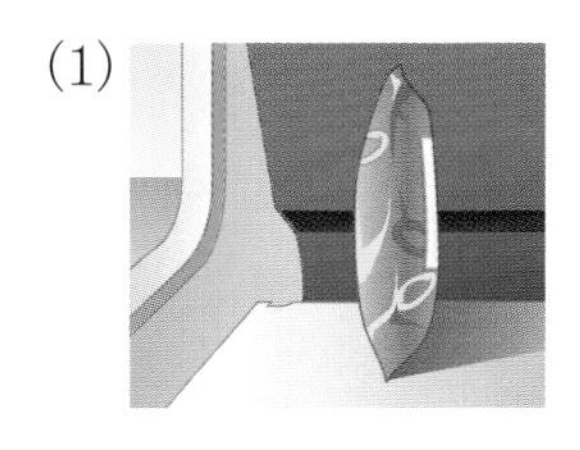 ( )

(2) 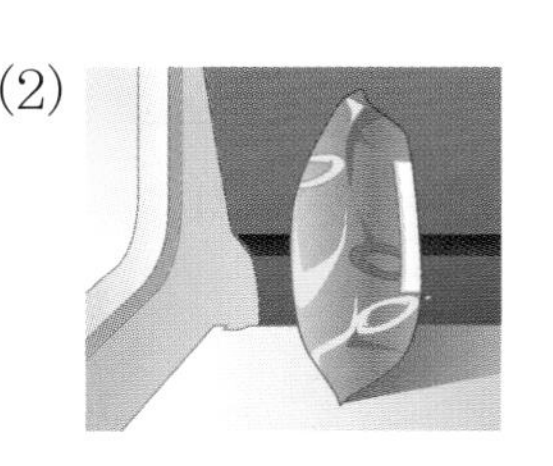 ( )

05 일상생활에서 기체의 부피 변화와 관련된 예를 설명한 것으로 옳은 것은 ○표, 옳지 않은 것은 ×표 하시오.

(1) 풍선 놀이 틀 위에 사람이 올라서면 풍선 놀이 틀의 부피가 줄어든다. ( )

(2) 샴푸 통이나 보습제 통의 꼭지를 누르면 통 안의 온도가 높아지면서 내용물이 바깥으로 나오게 된다. ( )

06 기체의 온도가 높아지면 부피가 (줄어들고 , 늘어나고), 기체의 온도가 낮아지면 부피가 (줄어든다 , 늘어난다).

07 고무풍선을 씌운 삼각 플라스크를 뜨거운 물에 넣었을 때의 모습을 찾아 ○표 하시오.

(1)  ( )

(2) 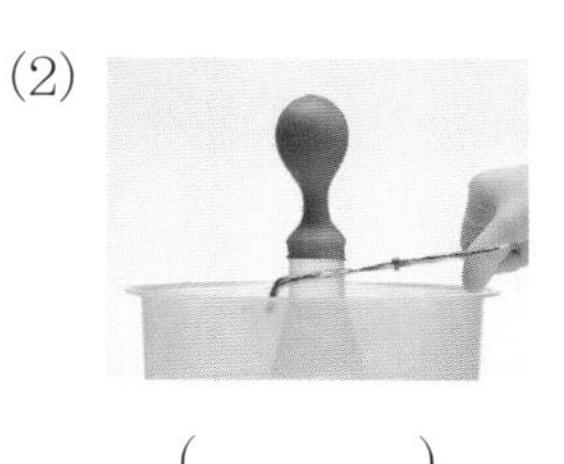 ( )

08 찌그러진 탁구공을 뜨거운 물에 담가두었을 때 어떤 변화가 생깁니까?

( )

09 공기는 여러 가지 기체가 섞여 있는 ( )(이)다.

10 공기의 대부분을 이루는 기체 두 가지는 무엇입니까?

(,)

11 특유의 빛을 내는 조명 기구에 이용되는 기체는 무엇입니까?

( )

12 다음에서 설명하는 기체는 무엇입니까?

- 비행선, 풍선을 공중에 띄울 때 이용된다.
- 목소리를 변조할 때 이용된다.

( )

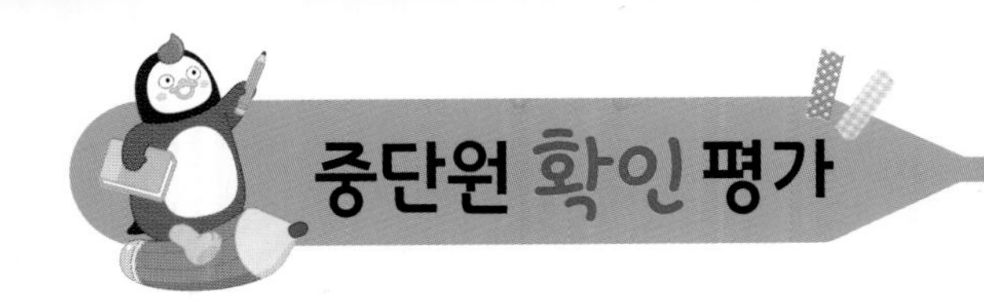

[01~03] 다음은 기체의 부피 변화를 관찰하기 위한 실험입니다. 물음에 답하시오.

(가) 주사기에 공기를 40 mL 넣은 뒤 주사기 입구를 손가락으로 막는다.
(나) 주사기의 피스톤을 약하게 눌러 공기의 부피 변화를 관찰한다.
(다) 주사기의 피스톤을 세게 눌러 공기의 부피 변화를 관찰한다.

중요

01 다음은 위 실험 결과를 나타낸 것입니다. (다) 과정의 결과로 알맞은 것을 골라 기호를 쓰시오.

㉠ 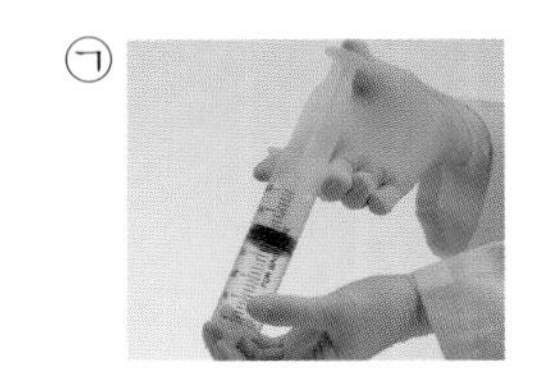

㉡ 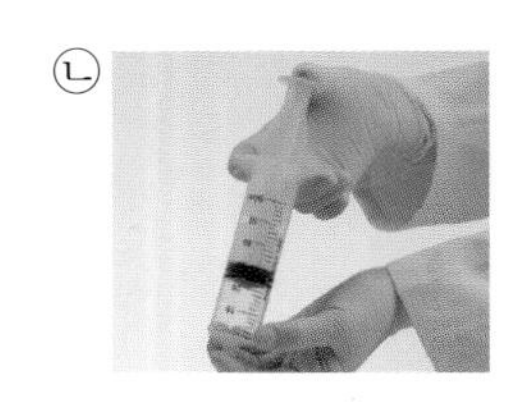

( )

02 위 실험에서 기체의 부피 변화에 영향을 준 것으로 옳은 것은 어느 것입니까? ( )

① 속도
② 압력
③ 온도
④ 주사기 색깔
⑤ 주사기 무게

03 위 02번 답과 같은 원인에 따라 기체의 부피가 달라지는 예로 알맞은 것을 두 가지 고르시오.

(,)

① 여름철 고무 자전거 바퀴가 팽팽해졌다.
② 풍선 놀이 틀에 올라서면 풍선 놀이 틀의 부피가 줄어든다.
③ 따뜻한 음식에 비닐 랩을 씌웠더니 비닐 랩의 윗면이 부풀어 오른다.
④ 자동차가 부딪쳤을 때 부풀어 오른 에어백은 운전자와 부딪치면서 부피가 줄어든다.
⑤ 냉장고 안에 넣어 둔 페트병을 냉장고 바깥에 놓아두었더니 페트병이 펴졌다.

04 오른쪽과 같이 물을 넣은 주사기의 입구를 손가락으로 막고 피스톤을 누르는 세기를 달리하며 변화를 관찰하였습니다. 이 실험에 대한 설명으로 옳은 것을 모두 고르시오.

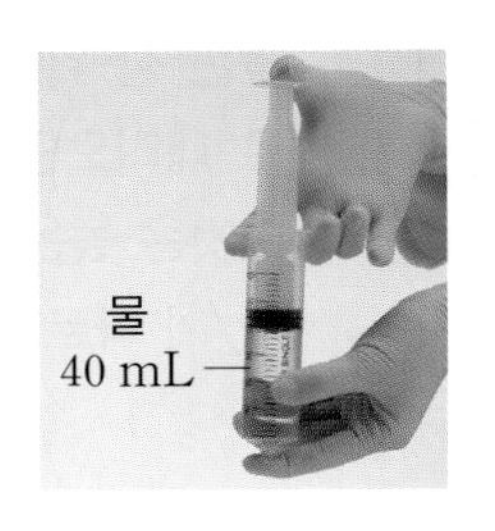

㉠ 피스톤을 세게 누르면 피스톤이 많이 들어간다.
㉡ 피스톤을 세게 눌러도 피스톤이 잘 들어가지 않는다.
㉢ 피스톤을 약하게 누르면 물의 부피가 많이 줄어든다.
㉣ 액체는 압력을 가해도 부피가 거의 변화하지 않는다.

( )

05 잠수부가 내뿜은 공기 방울의 크기는 그림과 같이 수면으로 갈수록 더 커집니다. ㉠과 ㉡ 중 압력이 더 낮은 곳의 기호를 쓰시오.

( )

06 오른쪽과 같이 물방울이 든 플라스틱 스포이트를 뒤집어 뜨거운 물이 든 비커와 얼음물이 든 비커에 각각 넣어 보는 실험을 하였습니다. 스포이트 안에 든 물방울이 아래쪽으로 움직이는 것은 어느 비커에 넣었을 때인지 기호를 쓰시오.

( )

중요

07 다음은 빈 페트병을 냉장고에 넣어 두었을 때 페트병이 찌그러지는 까닭을 설명한 것입니다. (　　) 안에 들어갈 알맞은 말에 ○표 하시오.

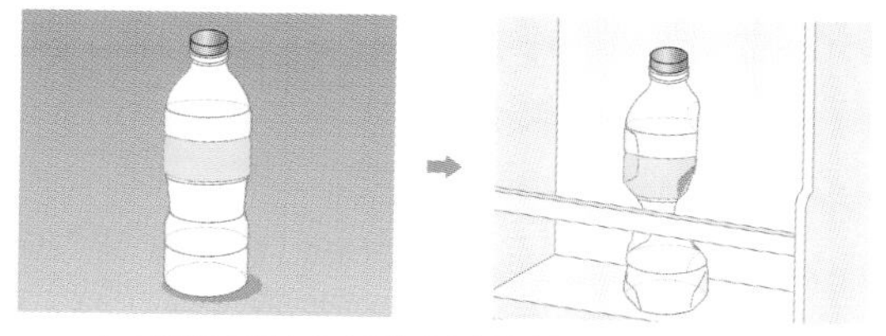

▲ 냉장고에 넣기 전과 넣은 후 페트병의 변화

냉장고 안이 냉장고 바깥보다 온도가 ㉠(높아 , 낮아) 기체의 부피가 ㉡(줄어들기, 늘어나기) 때문이다.

08 다음의 실험을 실행하였을 때, 고무풍선의 변화에 맞게 차례대로 기호를 쓰시오.

(가) 삼각 플라스크 입구에 고무풍선을 씌운다.
(나) 삼각 플라스크를 뜨거운 물이 든 수조에 넣는다.
(다) (나)의 삼각 플라스크를 얼음물이 담긴 수조에 넣는다.

㉡ → (　　　　) → (　　　　)

09 기체의 부피가 변화하는 모습이 나머지와 다른 하나는 어느 것입니까? (　　)

① 축구공을 강하게 찼다.
② 풍선을 하늘로 올려 보냈다.
③ 탱탱볼을 햇볕에 놓아두었다.
④ 찌그러진 탁구공을 뜨거운 물 위에 올려두었다.
⑤ 뜯지 않은 과자 봉지를 들고 비행기를 타서 이륙했다.

10 다음 (　　) 안에 들어갈 말을 바르게 짝 지은 것은 어느 것입니까? (　　)

공기는 여러 가지 기체가 섞여 있는 (㉠)이며, 대부분 질소와 (㉡)(으)로 이루어져 있다.

① ㉠ 용액, ㉡ 헬륨
② ㉠ 용액, ㉡ 산소
③ ㉠ 혼합물, ㉡ 산소
④ ㉠ 물질, ㉡ 이산화 탄소
⑤ ㉠ 혼합물, ㉡ 이산화 탄소

11 다음의 설명에 알맞은 기체는 어느 것입니까? (　　)

- 혈액, 세포 등을 보존할 때 이용된다.
- 사과와 같은 과일을 신선하게 보관하는 데 이용한다.
- 과자, 차, 분유, 견과류 등을 포장할 때 이용한다.
- 비행기 타이어나 자동차 에어백을 채우는 데 이용한다.

① 질소　② 산소
③ 수소　④ 네온
⑤ 이산화 탄소

12 친구들이 설명하고 있는 이 기체는 무엇인지 쓰시오.

- 은정: 이 기체는 식물의 생산량을 늘리기 위한 재배에 이용돼.
- 동규: 자동 팽창식 구명조끼에도 이 기체를 이용한대.
- 주영: 이 기체를 이용한 소화기도 있어.

(　　　　　　　　)

대단원 종합 평가

[01~03] 다음의 기체 발생 장치를 이용하여 산소를 발생시키려고 합니다. 물음에 답하시오.

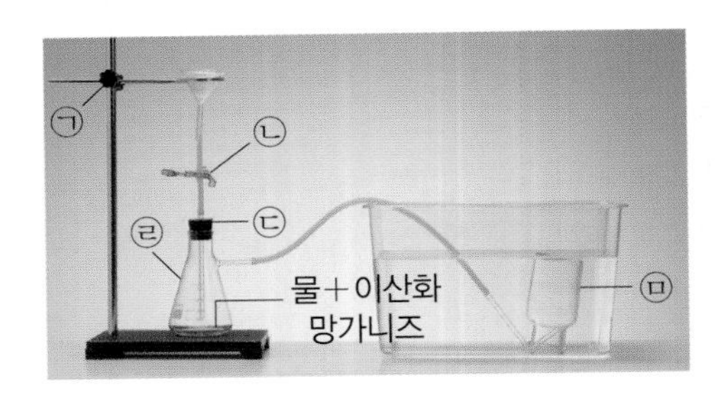

01 기체 발생 장치의 각 부분의 이름과 설명이 바르게 짝지어지지 않은 것은 어느 것입니까? (　　)

① ㉠ 집게 잡이 – 나사를 조절하여 링을 스탠드에 고정하고 링의 높이를 조절한다.
② ㉡ 핀치 집게 – 고무관을 통과하여 액체나 기체가 이동하는 경우 그 흐름을 조절한다.
③ ㉢ 고무마개 – 발생한 기체의 일부가 밖으로 새어 나가야 안전하므로 입구를 느슨하게 막는 역할을 한다.
④ ㉣ 가지 달린 삼각 플라스크 – 플라스크에서 발생한 기체가 가지를 통해 이동한다.
⑤ ㉤ 집기병 – 기체가 모인다.

02 위 실험에서 깔때기에 넣는 물질로 바른 것은 어느 것입니까? (　　)

① 탄산 칼슘　② 묽은 염산
③ 진한 식초　④ 탄산수소 나트륨
⑤ 묽은 과산화 수소수

03 위 02번 답의 물질을 깔때기에 넣고 삼각 플라스크로 조금씩 흘려 보냈을 때 관찰할 수 있는 결과를 정리한 것입니다. (　　) 안에 공통으로 들어갈 알맞은 말을 쓰시오.

> 가지 달린 삼각 플라스크 내부에서 (　　　　)이/가 발생하고, 수조의 ㄱ자 유리관 끝에서 (　　　　)이/가 나온다.

(　　　　　　　　)

중요

04 다음과 같은 성질을 가진 기체는 무엇인지 쓰시오.

> • 색깔이 없다.
> • 냄새가 나지 않는다.
> • 이 기체가 든 집기병에 향불을 넣었더니 향불의 불꽃이 커졌다.

(　　　　　　　　)

05 오른쪽 사진으로 알 수 있는 산소의 성질은 어느 것입니까? (　　)

① 색깔이 있다.
② 냄새가 난다.
③ 금속을 녹슬게 한다.
④ 물체의 변화에 영향을 끼치지 않는다.
⑤ 생명 활동을 유지하는 데 중요한 역할을 한다.

[06~09] 다음 실험 장치를 보고, 물음에 답하시오.

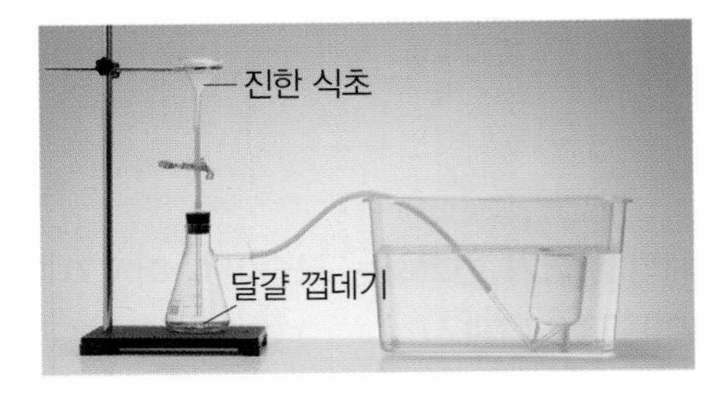

06 위 실험 장치는 어떤 기체를 발생시키기 위한 것입니까? (　　)

① 산소　② 질소
③ 네온　④ 수소
⑤ 이산화 탄소

07 앞 실험에 대한 설명으로 옳지 않은 것은 어느 것입니까? (　　　)

① 달걀 껍데기 대신 대리석을 넣어도 실험의 결과는 같다.
② 기체가 발생하면 ㄱ자 유리관 끝에서 거품이 나온다.
③ 기체가 발생하면 집기병 안 물의 높이가 낮아진다.
④ ㄱ자 유리관을 통해 처음 나온 기체가 가장 순수한 이산화 탄소이다.
⑤ 기체가 집기병에 가득 차면 집기병 밖으로 거품이 새어 나온다.

08 앞 실험을 통해 집기병에 기체를 모은 다음, 이 집기병에 향불을 넣었습니다. 향불의 변화를 옳게 설명한 것을 골라 기호를 쓰시오.

㉠ 향불이 꺼진다.
㉡ 아무 변화 없다.
㉢ 향불의 불꽃이 커진다.

(　　　　　　　　　　)

09 앞 실험에서 모은 기체의 성질을 다음과 같은 방법으로 알아보려고 합니다. 바르게 말하지 않은 친구의 이름을 쓰시오.

- 아림: 기체의 색깔을 알아보기 위한 실험이야.
- 유민: 이 기체의 색깔은 흰색이야.
- 지웅: 흰 종이를 댔기 때문에 흰색이라고 착각할 수 있지만 이 기체는 아무런 색깔이 없어.

(　　　　　　　　　　)

10 기체 발생 장치를 이용하여 집기병에 기체를 모은 뒤 집기병에 석회수를 넣고 흔들었더니 석회수가 뿌옇게 흐려졌습니다. 집기병에 든 기체는 무엇인지 쓰시오.

(　　　　　　　　　　)

11 우리 생활에서 이산화 탄소가 이용되는 예가 아닌 것은 어느 것입니까? (　　　)

① 소화기　　② 탄산음료
③ 압축 공기통　　④ 액상 소화제
⑤ 자동 팽창식 구명조끼

12 오른쪽 사진의 ㉠ 물질에 대한 설명으로 옳은 것에 모두 ○표 하시오.

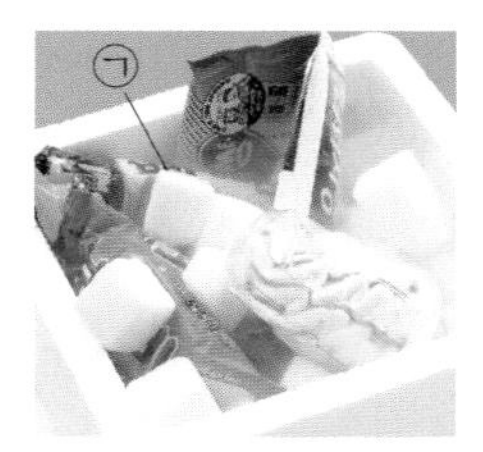

(1) 고체 상태의 물질이다. (　　)
(2) 산소를 이용하여 만든 물질이다. (　　)
(3) 맨손으로 만지면 동상의 위험이 있다. (　　)
(4) 아이스크림 등을 오랫동안 차갑게 보관하기 위해 사용된다. (　　)

13 높은 산 위에서 빈 페트병을 마개로 닫은 뒤 산 아래로 내려왔을 때 페트병의 변화를 설명한 것으로 옳은 것은 어느 것입니까? (　　　)

① 아무 변화 없다.
② 페트병이 찌그러진다.
③ 페트병이 부풀어 오른다.
④ 페트병의 색깔이 변한다.
⑤ 페트병의 모습이 다른 것은 공기의 온도와 관련이 있다.

[14~15] 다음은 주사기의 피스톤을 최대한 뺀 다음 주사기의 입구를 고무마개에 대고, 피스톤을 약하게 또는 세게 누르는 모습입니다. 물음에 답하시오.

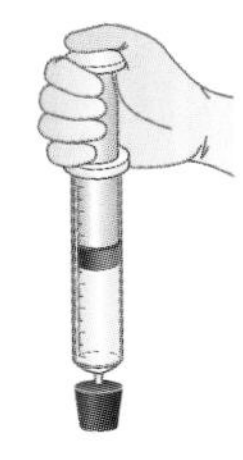

중요
14 위 실험에서 주사기의 피스톤을 세게 누를 때는 약하게 누를 때보다 주사기 안 공기의 부피가 어떻게 되는지 쓰시오.

( )

15 위 주사기 안에 물을 넣고 같은 실험을 했을 때의 결과를 정리한 것입니다. ( ) 안에 들어갈 알맞은 말을 쓰시오.

> 주사기의 피스톤을 누르는 세기에 관계없이 물의 부피는 변하지 않았다. 따라서 액체는 압력을 가해도 부피 변화가 ( ).

( )

16 다음은 공기 주입 마개를 이용해 페트병 안 풍선에 압력을 가했을 때의 모습입니다. 공기 주입 마개를 가장 많이 눌렀을 때의 모습은 어느 것인지 기호를 쓰시오.

㉠

㉡

㉢

( )

17 다음 ( ) 안에 들어갈 알맞은 말에 ○표 하시오.

> 여름철 차 안에 물이 조금 담긴 페트병의 마개를 막아 놓아두었을 때 페트병은 (팽팽해진다 , 찌그러진다).

18 찌그러진 탁구공을 원래 상태로 펴려고 합니다. 어떤 방법을 사용하면 되는지 바르게 말한 친구의 이름을 쓰시오.

> • 여수: 찌그러진 반대쪽을 손으로 누르면 탁구공 안쪽 공기가 밀리면서 찌그러진 부분이 다시 펴져.
> • 경주: 뜨거운 물에 탁구공을 넣으면 뜨거운 물에 의해 탁구공 안 부피가 커지면서 탁구공이 펴져.

( )

19 다음은 뜨거운 음식을 비닐 랩으로 씌웠을 때와 이 그릇을 냉장고에 넣어 두었을 때의 모습입니다. 이 그림과 같은 현상에 대해 잘못 말한 친구의 이름을 쓰시오.

▲ 냉장고에 넣기 전

▲ 냉장고에 넣은 후

> • 보문: 기체의 부피는 온도의 영향을 받아.
> • 이수: 뜨거운 음식이 들어 있는 그릇 안의 기체는 높은 온도 때문에 부피가 늘어나.
> • 남영: 부피가 늘어나서 그릇을 감싼 비닐 랩이 부푼다고 할 수 있지.
> • 상수: 기체의 부피 변화는 쉽게 일어나는 현상이 아니기 때문에 비닐 랩은 부푼 상태를 유지해.

( )

20 오른쪽 사진에 대한 설명으로 옳지 않은 것은 어느 것입니까? ( )

> 풍선을 띄우기 위해 이용되는 기체는 ①색깔과 냄새가 없고 다른 기체에 비해 ②가벼운 ③질소이다. 이 기체는 ④목소리를 변조하거나 ⑤비행선을 띄울 때에도 사용된다.

서술형·논술형 평가 4단원

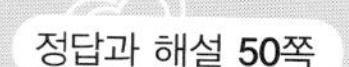
정답과 해설 50쪽

01 산소를 모은 집기병에 촛불을 가까이 대어 보았습니다. 물음에 답하시오.

(1) 산소를 모은 집기병에 촛불을 가까이 대었을 때 결과는 어떠합니까?

촛불의 불꽃이 (커지고, 꺼지고), 불꽃이 더욱 (어두워진다 , 밝아진다).

(2) 이 실험의 결과로 알 수 있는 산소의 성질을 쓰시오.

02 소화기에 사용되는 기체는 무엇이며, 이 기체에는 어떤 성질이 있는지 소화기와 관련지어 쓰시오.

▲ 소화기

03 비행기 안에 있는 과자 봉지는 비행기가 하늘을 나는 동안 부풀어 오릅니다. 이러한 현상이 나타나는 까닭을 압력과 관련지어 쓰시오.

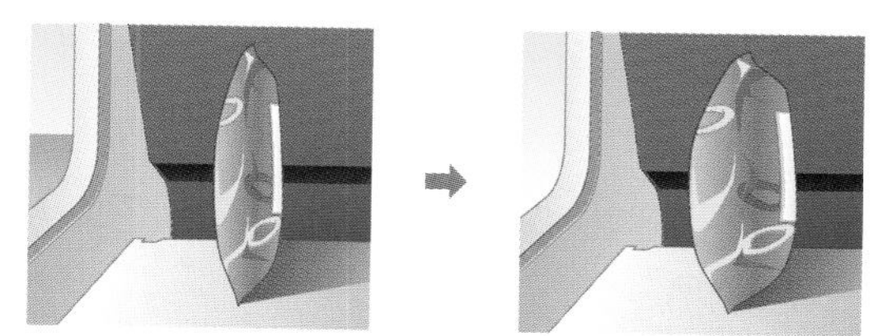

▲ 비행기 이륙 전과 이륙 후 비행기 안 과자 봉지의 변화

04 과자 봉지 안에 이용되는 기체와 하늘로 떠오르는 풍선 안에 이용된 기체를 서로 바꾼다면 어떤 일이 일어날 수 있는지 쓰시오.

중단원 핵심 복습 5단원 (1)

❶ 프리즘을 통과한 햇빛이 하얀색 도화지에 나타난 모습

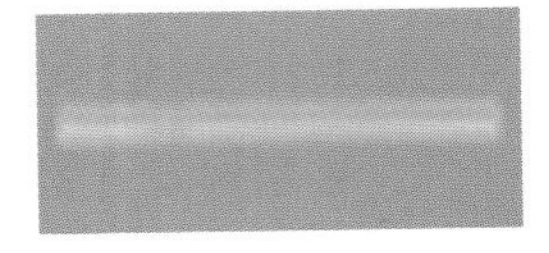

- 프리즘을 통과한 햇빛이 하얀색 도화지에 나타날 때 여러 가지 빛깔로 나타남.
- 여러 가지 빛깔이 연속해서 나타남.
- 햇빛은 여러 가지 빛깔로 이루어져 있음.

❷ 우리 생활에서 햇빛이 여러 가지 빛깔로 나뉘어 보이는 경우

- 유리의 비스듬하게 잘린 부분을 통과한 햇빛이 만든 무지개를 볼 수 있음.
- 공기 중에 있는 물방울이 프리즘 구실을 하기 때문에 비가 내린 뒤 무지개를 볼 수 있음.
- 햇빛을 프리즘에 통과시켰을 때 나타나는 여러 가지 빛깔을 건물 내부 장식에 이용하기도 함.

❸ 공기와 물의 경계에서 빛이 나아가는 모습

- 투명한 사각 수조에 물을 $\frac{2}{3}$ 정도 채우고, 스포이트로 우유를 두세 방울 떨어뜨린 다음 유리 막대로 저어 줌. → 물속에서 빛이 더 잘 보이도록 하기 위함임.
- 향을 피워 수면 근처에 가져간 뒤, 투명한 아크릴판으로 덮어 수조에 향 연기를 채움. → 공기 중의 빛이 더 잘 보이도록 하기 위함임.
- 레이저 지시기의 빛이 공기에서 물로 나아가도록 여러 각도에서 비추고, 빛이 나아가는 모습을 관찰함.

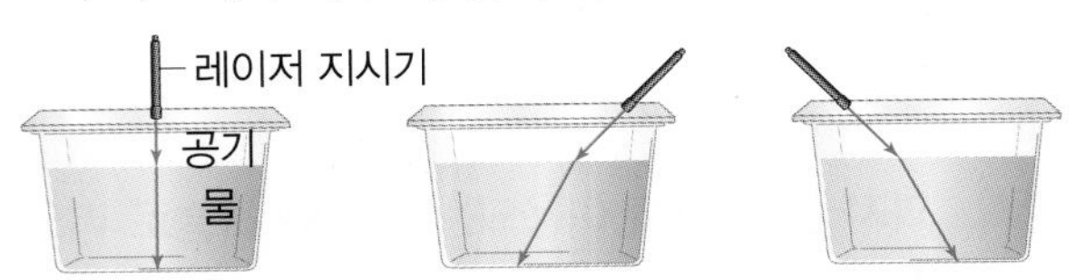

- 레이저 지시기의 빛을 수조 아래쪽에서 위쪽으로 여러 각도에서 비추고, 물에서 공기로 빛이 나아가는 모습을 관찰함.

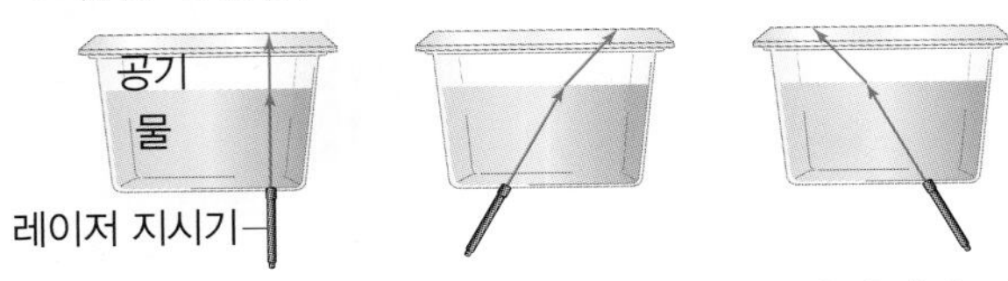

- 빛을 수직으로 비추면 빛이 공기와 물의 경계에서 꺾이지 않고 그대로 나아가며, 빛을 비스듬하게 비추면 빛이 공기와 물의 경계에서 꺾여 나아감.

❹ 공기와 유리의 경계에서 빛이 나아가는 모습

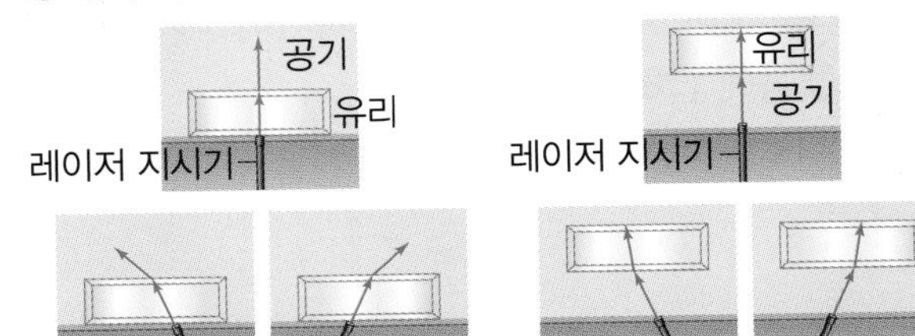

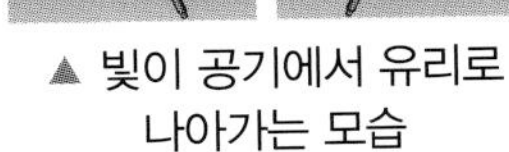

▲ 빛이 유리에서 공기로 나아가는 모습 ▲ 빛이 공기에서 유리로 나아가는 모습

- 빛을 수직으로 비추면 빛이 공기와 유리의 경계에서 꺾이지 않고 그대로 나아가며, 빛을 비스듬하게 비추면 빛이 공기와 유리의 경계에서 꺾여 나아감.

❺ 빛의 굴절

- 서로 다른 물질의 경계에서 빛이 꺾여 나아가는 현상을 빛의 굴절이라고 함.
- 빛은 공기와 물, 공기와 유리 등 서로 다른 물질이 만나는 경계에서 굴절함.

❻ 물속에 있는 물체의 모습 관찰

- 컵 속에 동전을 넣고 물을 붓지 않았을 때에는 동전이 보이지 않지만 물을 부은 다음에는 동전이 보임.
- 컵 속에 젓가락을 넣고 물을 붓지 않았을 때에는 젓가락이 반듯하지만 물을 부은 다음에는 젓가락이 꺾여 보임.
- 물속에 있는 물고기에 닿아 반사된 빛은 물속에서 공기 중으로 나올 때 물과 공기의 경계에서 굴절해 사람의 눈으로 들어옴.

→ 공기와 물의 경계에서 빛이 굴절하면 굴절한 빛을 보는 사람은 실제와 다른 위치에 있는 물체의 모습을 보게 됨.

❼ 서로 다른 물질의 경계에서 빛이 굴절하여 나타나는 현상

- 물속에 있는 다리가 짧아 보임.
- 냇물에서 바닥이 얕아 보임.
- 공기와 프리즘의 경계에서 빛의 색에 따라 굴절하는 정도가 달라서 햇빛이 프리즘을 통과할 때 여러 가지 색의 빛으로 나뉨.

중단원 쪽지 시험

5 (1) 빛의 굴절

정답과 해설 51쪽

01 유리나 플라스틱 등으로 만든 투명한 삼각기둥 모양의 기구를 (　　　　)(이)라고 하며, 햇빛이 이 기구를 통과하면 (　　　　) 가지 빛깔로 나타납니다.

02 우리 생활에서 햇빛이 여러 가지 빛깔로 나뉘어 보이는 경우를 고르시오.

> ㉠ 유리의 비스듬하게 잘린 부분을 통과한 햇빛이 만든 무지개를 보았을 때
> ㉡ 색안경을 끼고 햇빛을 바라보았을 때

(　　　　　　　　)

03 다음은 공기와 물의 경계에서 빛이 나아가는 모습을 알아보기 위한 실험 과정입니다. (　　) 안에 들어갈 알맞은 재료는 각각 무엇입니까?

> ㈎ 투명한 사각 수조에 물을 $\frac{2}{3}$ 정도 채우고, 스포이트로 (　㉠　)을/를 두세 방울 떨어뜨린 다음 유리 막대로 저어 준다.
> ㈏ (　㉡　)을/를 피워 수면 근처에 가져간 뒤, 투명한 아크릴판으로 덮어 수조에 연기를 채운다.

㉠ (　　　　　　), ㉡ (　　　　　　)

04 빛을 공기에서 물로, 물에서 공기로 비스듬하게 비추면 빛이 공기와 물의 경계에서 (꺾이지 않고 그대로 , 꺾여) 나아갑니다.

05 빛을 공기에서 물로, 물에서 공기로 (수직으로 , 비스듬하게) 비추면 빛이 공기와 물의 경계에서 그대로 나아갑니다.

06 빛을 유리에서 공기로 비스듬하게 비추었을 때 빛이 나아가는 방향을 화살표로 나타내시오.

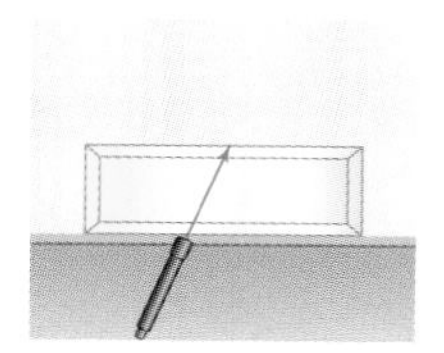

07 서로 다른 물질의 경계에서 빛이 꺾여 나아가는 현상을 무엇이라고 합니까?

(　　　　　　　　)

08 컵 속에 동전을 넣고 몸을 앞, 뒤, 위, 아래로 움직이면서 동전이 보이지 않는 위치에서 멈추고 컵을 바라보았습니다. 이때 컵에 물을 부으면 어떤 변화가 나타납니까?

(　　　　　　　　)

09 컵 속에 젓가락을 넣고 물을 부으면 컵속의 젓가락이 어떻게 보입니까?

(　　　　　　　　)

10 물속에 있는 물고기를 물 밖에서 보면 물고기가 실제 위치보다 ㉠(위에 , 아래에) 있는 것처럼 보입니다. 그 까닭은 물고기에 닿아 반사된 빛이 물속에서 공기 중으로 나올 때 물과 공기의 경계에서 ㉡(꺾여 , 수직으로) 나아가 사람의 눈으로 들어오기 때문입니다.

11 서로 다른 물질의 경계에서 빛이 꺾여 나아가기 때문에 나타나는 현상으로 옳은 것을 고르시오.

> ㉠ 물속에 있는 다리가 실제보다 길어 보인다.
> ㉡ 냇물에서 바닥이 얕아 보인다.

(　　　　　　　　)

12 다음을 읽고, 옳은 것에 ○표, 옳지 않은 것에 ×표 하시오.

(1) 길이가 긴 물체를 물속에 똑바로 세워서 넣으면 물속에 잠긴 부분이 짧게 보인다. (　　)

(2) 길이가 긴 물체를 물속에 비스듬히 넣으면 수면에서 꺾인 것처럼 보인다. (　　)

중단원 확인 평가

01 오른쪽은 맑은 날 프리즘을 통과한 햇빛이 하얀색 도화지에 나타난 모습입니다. 이 모습을 통해 알 수 있는 사실로 옳은 것을 모두 골라 기호를 쓰시오.

㉠ 햇빛은 여러 가지 색의 빛으로 되어 있다.
㉡ 햇빛이 프리즘을 통과할 때 색에 따라 꺾이는 정도가 달라서 여러 가지 색으로 나타난다.
㉢ 프리즘을 통과한 햇빛은 반드시 위와 같은 모습으로만 나타난다.

( )

02 오른쪽 사진에서 관찰할 수 있는 현상에 대한 설명으로 옳은 것을 모두 고르시오.

㉠ 비가 내린 뒤에 볼 수 있는 현상이다.
㉡ 공기 중에 떠다니는 물방울이 프리즘 역할을 하기 때문에 나타난다.
㉢ 분수, 댐, 폭포 등의 주변에서도 관찰할 수 있다.
㉣ 빨강, 주황, 노랑, 초록, 파랑, 남색, 보라색으로만 이루어져 있다.

( )

03 햇빛이 여러 가지 색의 빛으로 보이는 상황이나 이에 대한 설명으로 옳지 않은 것은 어느 것입니까? ( )

① 유리창이나 잘린 유리면을 통과한 빛이 여러 가지 색의 빛으로 보인다.
② 햇빛이 여러 가지 색으로 나타날 때는 색이 분명하게 구분되어 보인다.
③ 햇빛이 여러 가지 색으로 나타날 때는 연속적인 색깔로 나타나 보인다.
④ 세차장에서 물을 뿌렸을 때 여러 가지 색의 빛으로 나타난 무지개를 관찰할 수도 있다.
⑤ 햇빛이 비치는 화단에 분무기로 물을 뿌렸을 때 여러 가지 색이 나타나는 것을 관찰할 수도 있다.

[04~06] 다음은 빛이 물을 통과하여 나아가는 모습을 관찰하기 위한 실험입니다. 물음에 답하시오.

(1) 투명한 사각 수조에 물을 $\frac{1}{2}$ 정도 채우고 받침대에 올린 다음, 스포이트로 우유를 두세 방울 떨어뜨리고 유리 막대로 저어 준다.
(2) 페트리 접시에 향꽂이를 올린 다음, 향을 피워 수조에 넣고 뚜껑을 덮어 수조 안을 향 연기로 채운다.
(3) 레이저 지시기의 빛을 수조 위쪽과 아래쪽에서 여러 각도로 비추면서 빛이 나아가는 모습을 관찰한다.

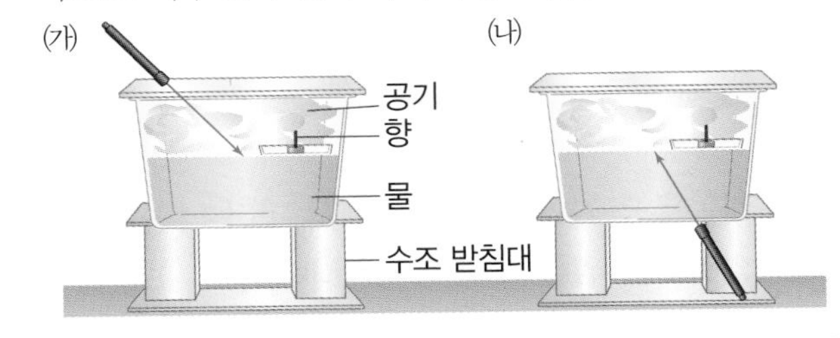

04 위 (1)과 (2) 과정에서 우유와 향을 사용하는 까닭을 설명한 것입니다. ( ) 안에 들어갈 알맞은 말에 ○표 하시오.

레이저 지시기의 빛이 나아가는 모습을 잘 관찰하기 위해 사용한다. ㉠(우유 , 향)은/는 공기 중에서 레이저 지시기의 빛을 잘 보기 위해 사용하고, ㉡(우유 , 향)은/는 물속에서 레이저 지시기의 빛을 잘 보기 위해 사용한다.

05 위 (가)와 (나) 중 빛이 공기에서 물로 나아가는 모습을 관찰하기 위한 실험은 어느 것입니까?

( )

중요

06 위 (나) 실험에서 빛이 나아가는 방향을 화살표로 나타내시오.

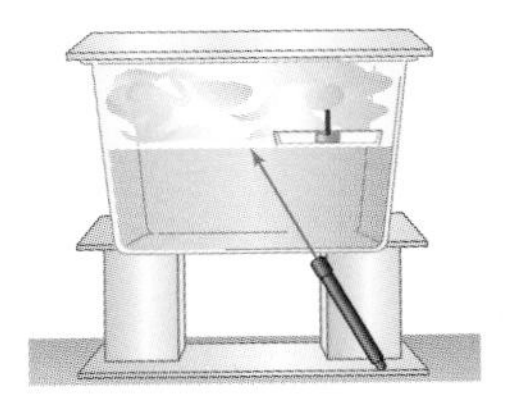

07 다음과 같이 수조에 유리판을 넣고 향 연기를 채운 다음 레이저 지시기의 빛을 비추었을 때 빛이 나아가는 방향을 바르게 나타낸 것을 골라 기호를 쓰시오.

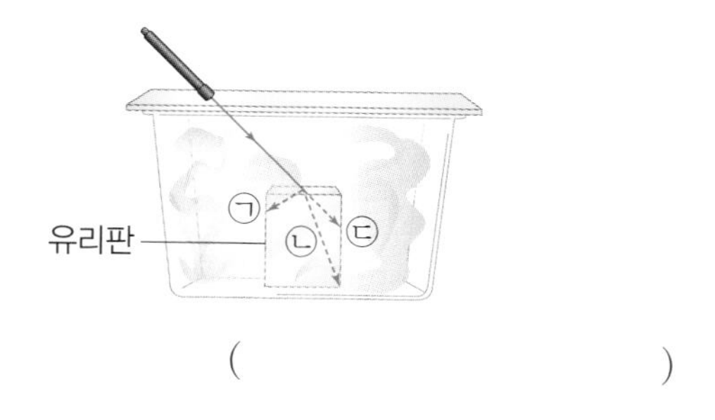

( )

중요
08 다음 친구들의 대화에서 알맞지 않은 내용을 말한 친구의 이름을 쓰시오.

- 서연: 빛은 공기 중에서 물로 비스듬히 나아갈 때 공기와 물의 경계에서 꺾여.
- 해솔: 공기와 물의 경계뿐만이 아니라 공기 중에서 유리로 비스듬히 나아갈 때도 꺾이는 것을 볼 수 있어.
- 은솔: 이렇게 서로 다른 물질의 경계에서 빛이 꺾이는 현상을 빛의 반사라고 해.

( )

09 다음과 같이 스테인리스 빨대가 들어 있는 그릇에 물을 부으면 스테인리스 빨대가 어떻게 보이는지 수면 아래의 모습을 그림으로 나타내시오.

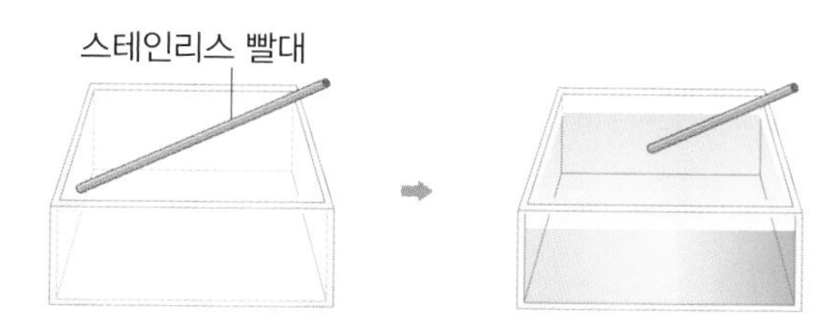

10 물속에 있는 물체의 모습을 관찰하기 위하여 장구 자석을 이용해 실험하는 모습입니다. 빨간색 장구 자석이 잠기는 데까지 물을 부었을 때 위에서 내려다본 장구 자석의 모습으로 옳은 것을 골라 기호를 쓰시오.

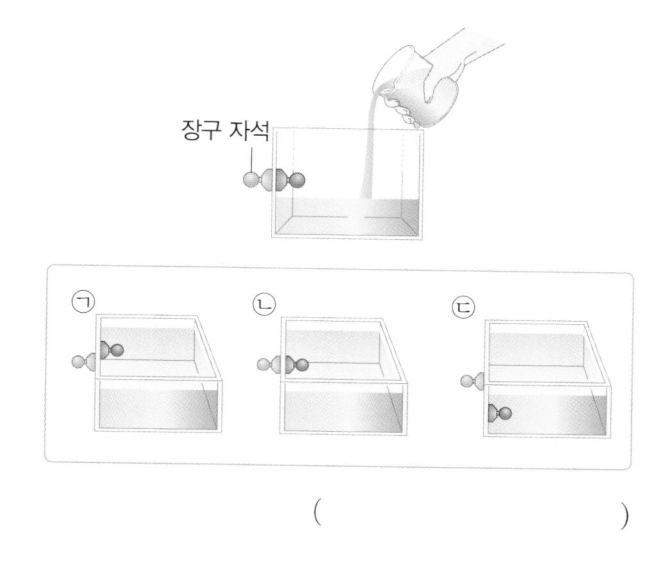

( )

11 다음 설명 중 옳지 않은 것은 어느 것입니까? ( )

① 물에 반 정도 잠긴 연필이 꺾여 보인다.
② 목욕탕에서 물에 반 정도 잠긴 나의 다리가 짧아 보인다.
③ 물속에 있는 다슬기가 우리 눈에 보이는 위치와 실제 다슬기의 위치는 같다.
④ 물속에 있는 물체에서 반사한 빛이 물을 지나 공기로 나아갈 때 물과 공기의 경계면에서 꺾여 나아간다.
⑤ 물속에 있는 물체를 보고 있는 사람은 눈으로 들어온 빛의 연장선에 물체가 있다고 인식하기 때문에 물체가 실제 위치보다 떠올라 보인다.

12 불투명한 컵에 동전을 넣고 물을 부었더니 물을 붓지 않았을 때 보이지 않던 동전이 조금씩 보이기 시작했습니다. 이와 관련 있는 빛의 성질은 무엇인지 쓰시오.

( )

❶ 볼록 렌즈의 특징

- 볼록 렌즈는 가운데 부분이 가장자리보다 두꺼운 렌즈를 말함.

❷ 볼록 렌즈로 물체를 보았을 때 보이는 물체의 모습

- 실제보다 크게 보이기도 함.
- 실제보다 작게 보이고 상하좌우가 바뀌어 보이기도 함.
- 실제 모습과 다르게 보임.

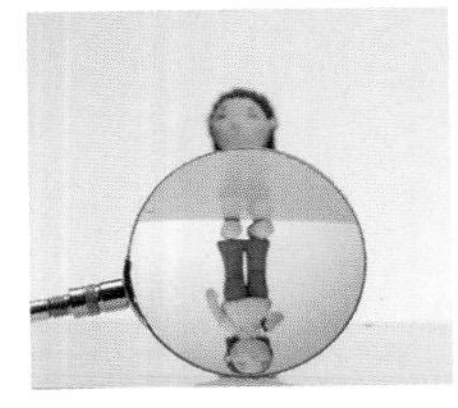

▲ 볼록 렌즈로 관찰한 물체가 보이는 모습

❸ 볼록 렌즈에 빛을 통과시켰을 때

- 곧게 나아가던 빛은 볼록 렌즈의 가장자리를 통과하면 볼록 렌즈의 두꺼운 가운데 부분으로 꺾여 나아감.
- 곧게 나아가던 빛이 볼록 렌즈의 가운데 부분을 통과하면 빛은 그대로 직진함.

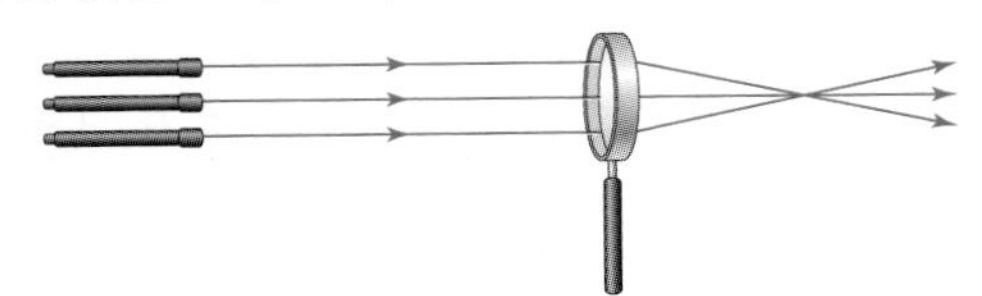

▲ 빛이 볼록 렌즈를 통과할 때

❹ 우리 주위에서 볼록 렌즈의 구실을 하는 물체

- 예: 물방울, 유리 막대, 물이 담긴 둥근 어항, 물이 담긴 둥근 유리잔, 물이 담긴 투명 지퍼 백, 유리구슬 등
- 특징: 가운데 부분이 가장자리보다 두꺼움. 빛을 통과시킬 수 있음. 물체에 따라 물이 필요할 수 있음.

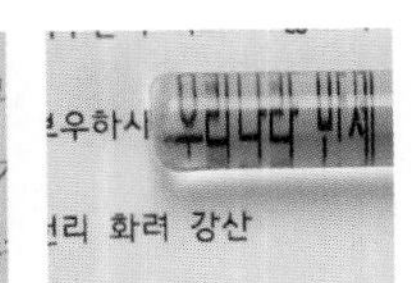

▲ 물방울 ▲ 유리 막대 ▲ 물이 담긴 둥근 어항

❺ 볼록 렌즈를 통과한 햇빛 관찰하기

- 햇빛을 볼록 렌즈에 통과시키면 볼록 렌즈는 햇빛을 굴절시켜 한곳으로 모음.
- 볼록 렌즈로 햇빛을 모은 곳은 주변보다 밝기가 밝고 온도가 높음.
- 볼록 렌즈로 햇빛을 모은 곳은 온도가 높기 때문에 종이를 태울 수도 있음.
- 평면 유리는 빛을 모을 수 없기 때문에 볼록 렌즈와 같은 결과를 얻을 수 없음.

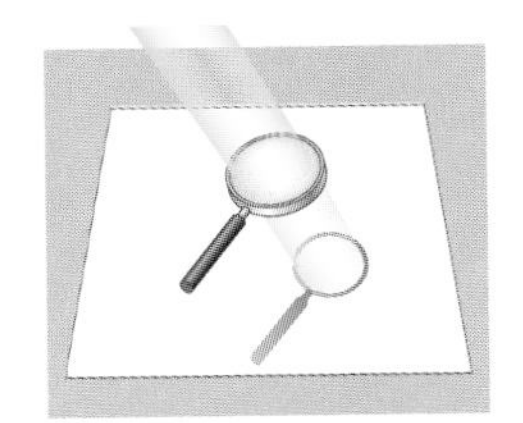

▲ 볼록 렌즈를 통과하는 햇빛 ▲ 평면 유리를 통과하는 햇빛

❻ 간이 사진기로 물체 보기

- 간이 사진기: 물체에서 반사된 빛을 겉 상자에 있는 볼록 렌즈로 모아 물체의 모습이 속 상자의 기름종이에 나타나게 하는 간단한 사진기

▲ 실제 모습 ▲ 간이 사진기로 관찰한 모습

- 간이 사진기에 있는 볼록 렌즈가 빛을 굴절시키기 때문에 간이 사진기로 물체를 보면 물체의 상하좌우가 바뀌어 보임.

❼ 우리 생활에 이용되는 볼록 렌즈

기구의 이름	쓰임새
돋보기 안경	물체나 글씨를 크게 보이게 함.
사진기	빛을 모아 사진을 촬영함.
현미경	물체를 확대해 자세히 관찰할 수 있음.
망원경	멀리 있는 물체를 확대하여 볼 수 있음.
의료용 장비	치료할 곳을 확대해 자세히 관찰할 수 있음.

❽ 우리 생활에서 이용하는 볼록 렌즈의 성질

- 볼록 렌즈에서 빛이 굴절되어 물체가 실제보다 크게 보이는 성질을 이용함.
- 볼록 렌즈가 빛을 모으는 성질을 이용해 사진이나 영상을 촬영함.

정답과 해설 52쪽

01 볼록 렌즈는 가운데 부분이 가장자리보다 (오목한 , 두꺼운) 렌즈를 말합니다.

02 볼록 렌즈의 가운데 부분에 빛을 비추면 빛은 어떻게 나아갑니까?

( )

03 볼록 렌즈로 물체를 관찰했을 때의 결과를 설명한 것입니다. 옳은 것은 ○표, 옳지 않은 것은 ×표 하시오.

(1) 항상 실제보다 크게 보인다. ( )
(2) 실제보다 작게 보이기도 한다. ( )
(3) 상하좌우가 바뀌어 보이기도 한다. ( )

04 다음 ㉠과 ㉡ 중 볼록 렌즈의 구실을 하는 것은 무엇입니까?

( )

05 볼록 렌즈와 평면 유리 중에서 햇빛을 한곳으로 모을 수 있는 것은 무엇입니까?

( )

06 볼록 렌즈와 평면 유리를 통과한 햇빛을 관찰한 결과를 설명한 것입니다. 옳은 것은 ○표, 옳지 않은 것은 ×표 하시오.

(1) 평면 유리를 통과한 햇빛이 만든 원의 크기는 변하지 않는다. ( )
(2) 볼록 렌즈를 통과한 햇빛이 만든 원의 크기에 관계없이 원 안의 밝기는 모두 같다. ( )

07 볼록 렌즈로 빛을 한곳에 모으면 주변보다 온도가 (높습니다 , 낮습니다).

08 운동장에서 볼록 렌즈에 햇빛을 비추어 검은색 도화지에 비추었습니다. 검은색 도화지에 생긴 밝은 부분이 가장 작게 되도록 볼록 렌즈 위치를 조절하고 유지하였을 때 검은색 도화지에 어떤 변화가 나타납니까?

( )

09 다음에서 설명하는 것은 무엇입니까?

물체에서 반사된 빛을 겉 상자에 있는 볼록 렌즈로 모아 물체의 모습이 속 상자의 기름종이에 나타나게 하는 도구

( )

10 위 09번의 도구를 이용하여 'ㄱ'자를 보았을 때 어떻게 보이는지 나타내시오.

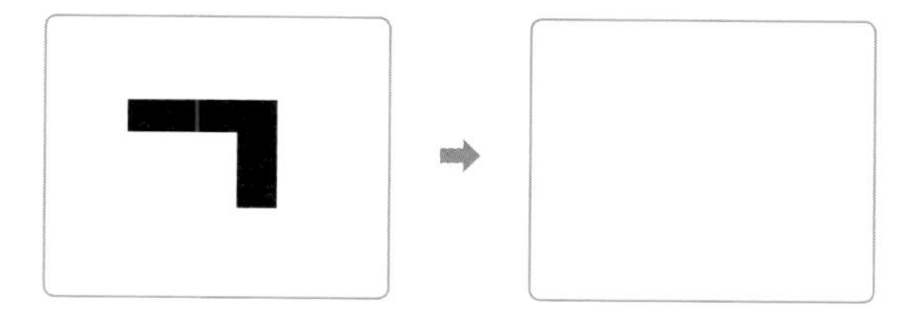

11 우리 생활에서 볼록 렌즈는 어떤 상황에서 사용합니까?

( )

12 볼록 렌즈의 구실을 할 수 있는 물체에는 무엇이 있습니까?

( )

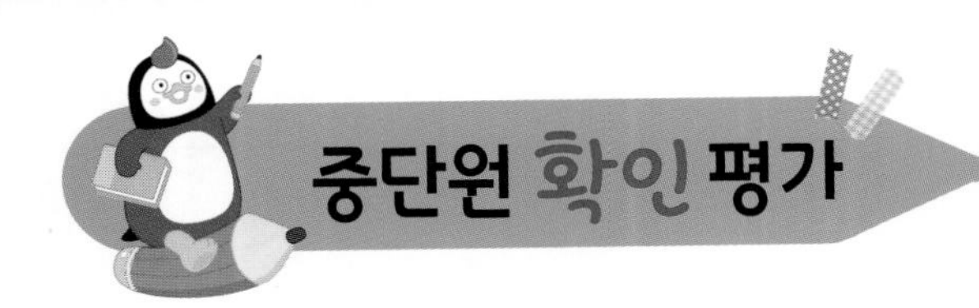

01 볼록 렌즈에 대한 설명으로 옳은 것을 모두 골라 기호를 쓰시오.

㉠ 유리로만 만들 수 있다.
㉡ 대체로 동그란 모양이며 투명하다.
㉢ 가운데 부분이 가장자리보다 두꺼운 렌즈를 말한다.

( )

02 볼록 렌즈로 물체를 관찰했을 때의 모습으로 알맞은 것을 골라 기호를 쓰시오.

㉠ 

㉡ 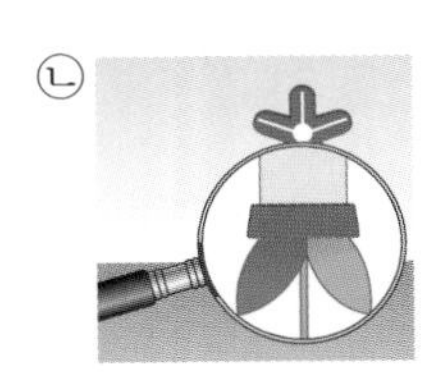

( )

03 오른쪽의 물체를 볼록 렌즈를 이용하여 관찰하였습니다. 이때 관찰한 결과로 알맞은 것은 어느 것입니까? ( )

① 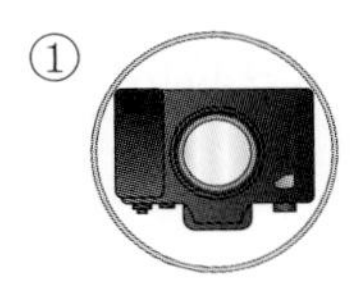

② 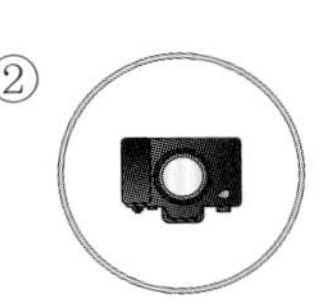

③ 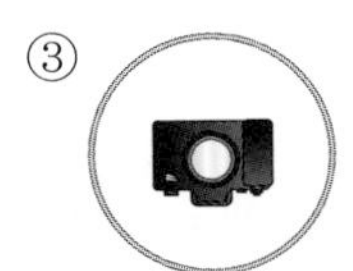

④ 

⑤ 

04 다음은 물이 담긴 둥근 어항으로 고양이를 본 모습을 정리한 것입니다. ( ) 안에 들어갈 알맞은 말에 ○표 하시오.

- 물이 담긴 둥근 어항으로 본 고양이의 모습은 실제보다 ㉠(크게 , 작게) 보였다.
- 물이 담긴 둥근 어항은 ㉡(거울 , 볼록 렌즈)의 구실을 할 수 있다.

05 다음과 같이 볼록 렌즈에 레이저 지시기의 빛을 비추었습니다. 실험 결과 빛이 어떻게 나아가는지 ( ) 안에 들어갈 알맞은 말을 쓰시오.

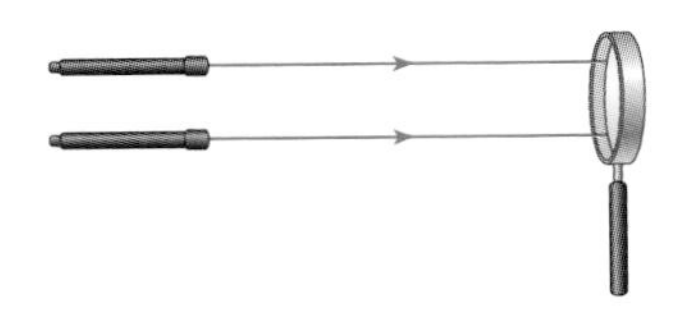

공기 중에서 곧게 나아가던 레이저 지시기의 빛이 볼록 렌즈의 가장자리를 통과하면 빛은 가운데 부분으로 ( ).

( )

06 볼록 렌즈에 레이저 지시기의 빛을 다음과 같이 비추었을 때 빛이 나아가는 모습을 화살표로 나타내시오.

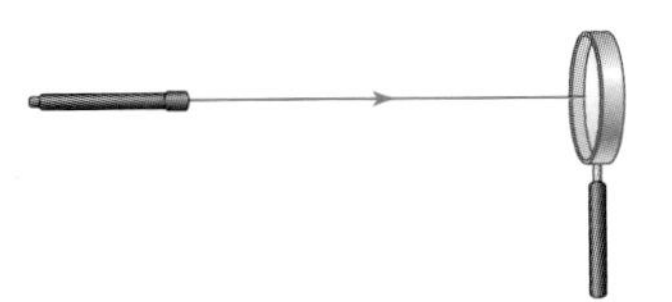

중요

07 볼록 렌즈에 손전등의 빛을 비추고, 반대편에 흰 도화지를 대고 볼록 렌즈에서부터 조금씩 멀어지면서 손전등의 빛이 어떤 형태를 이루는지를 관찰하였습니다. 다음 중 손전등의 빛이 볼록 렌즈를 통과하여 만든 원 안의 온도가 가장 높은 것은 어느 것입니까?

(　　)

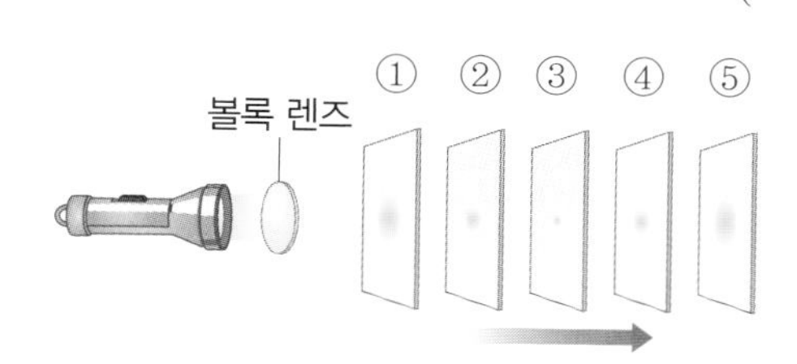

08 다음은 볼록 렌즈와 평면 유리에 각각 햇빛을 통과시켰을 때의 모습입니다. 볼록 렌즈에서 아래와 같은 현상이 나타날 수 있는 까닭으로 옳은 것을 모두 골라 기호를 쓰시오.

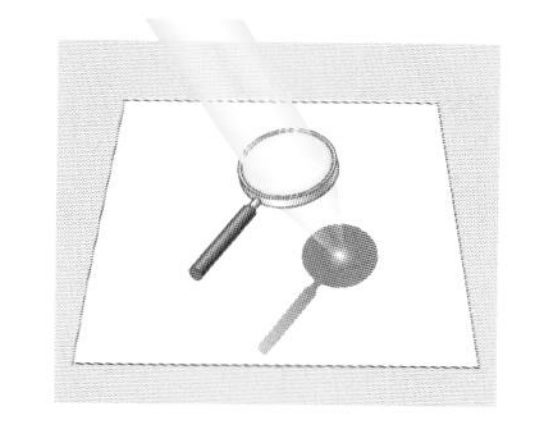

▲ 볼록 렌즈를 통과하는 햇빛

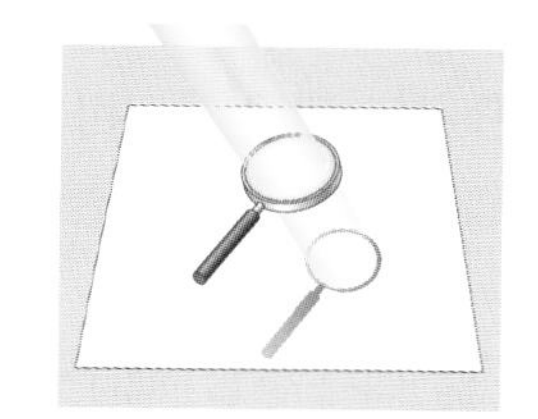

▲ 평면 유리를 통과하는 햇빛

㉠ 볼록 렌즈가 편평하기 때문에
㉡ 볼록 렌즈의 가운데 부분이 가장자리보다 두껍기 때문에
㉢ 볼록 렌즈는 빛을 한곳으로 모을 수 있기 때문에

(　　　　　　)

[09~10] 다음과 같은 형태의 간이 사진기를 통해 물체를 관찰하였습니다. 물음에 답하시오.

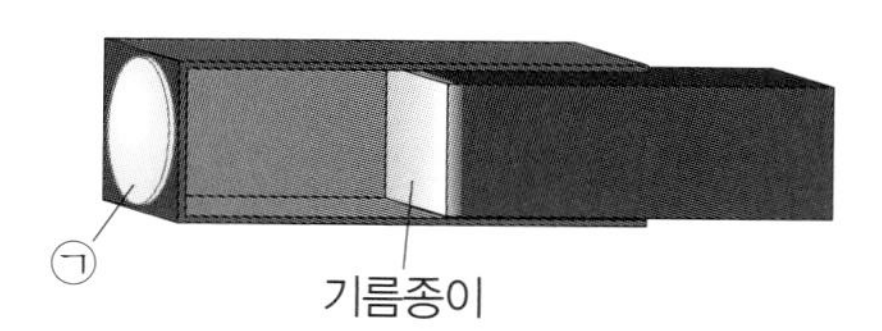

09 간이 사진기에 사용된 ㉠은 무엇인지 쓰시오.

(　　　　　　)

10 오른쪽 물체를 간이 사진기로 관찰하였을 때 기름종이에 보이는 물체의 모습으로 옳은 것은 어느 것입니까? (　　)

①

②

③

④

⑤

11 다음 중 볼록 렌즈가 사용되지 않은 것은 어느 것입니까? (　　)

① 보온병　② 망원경
③ 사진기　④ 현미경
⑤ 돋보기 안경

12 다음은 볼록 렌즈의 구실을 할 수 있는 물체들입니다. 이와 관련하여 바르게 설명한 친구를 모두 고른 것은 어느 것입니까? (　　)

▲ 물방울

▲ 유리구슬

• 상효: 볼록 렌즈의 구실을 하는 물체는 가운데 부분이 가장자리보다 두꺼워야 해.
• 윤서: 빛이 통과해야 하기 때문에 투명한 물질로 되어 있어야 해.
• 수빈: 물체에 따라서는 물이 필요할 수도 있어.

① 상효　② 윤서
③ 상효, 윤서　④ 윤서, 수빈
⑤ 상효, 윤서, 수빈

대단원 종합 평가

[01~04] 햇빛이 비치는 날 운동장에 나가 오른쪽과 같은 관찰 상자를 설치하여 나타나는 현상을 관찰했습니다. 물음에 답하시오.

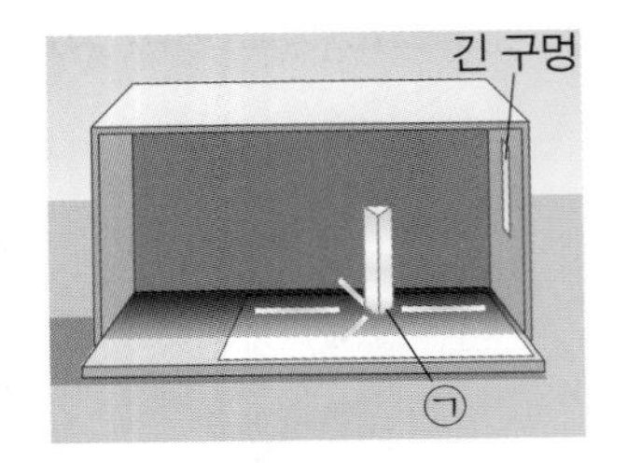

01 다음은 ㉠ 물체에 대한 설명입니다. 이 물체의 이름을 쓰시오.

> 유리나 플라스틱 등으로 만든 투명한 삼각기둥 모양의 기구이다.

( )

02 햇빛이 ㉠을 통과하도록 하였더니 흰 종이에 오른쪽과 같은 모습이 나타났습니다. 이에 대해 바르게 말한 친구를 모두 고른 것은 어느 것입니까? ( )

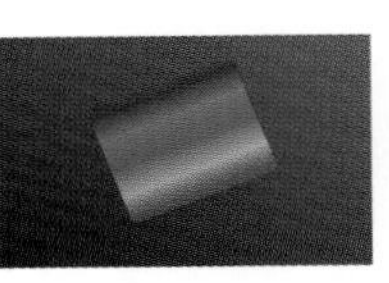

> • 유진: 햇빛이 ㉠을 통과하면 여러 가지 색의 빛으로 나타나.
> • 연이: 왜냐하면 햇빛이 여러 가지 색의 빛으로 되어 있기 때문이야.
> • 우수: 특히 햇빛이 연속된 여러 가지 색의 빛으로 되어 있다는 사실을 알 수 있어.

① 유진 ② 유진, 연이 ③ 연이, 우수
④ 유진, 우수 ⑤ 유진, 연이, 우수

03 위 실험의 결과와 같은 현상을 관찰할 수 없는 경우를 골라 기호를 쓰시오.

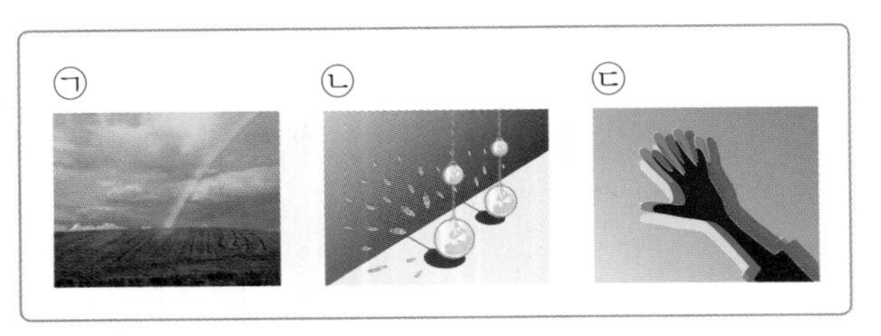

( )

04 다음은 앞 실험의 결과를 일상 생활 속에서 발견한 친구들의 대화입니다. 바르지 않은 내용을 말한 친구의 이름을 쓰시오.

> • 재이: 나는 이 실험의 결과와 비슷한 현상을 분수 주변에서 본 적이 있어.
> • 승찬: 햇빛이 내리쬐는 날 분무기로 물을 뿌렸더니 그 주위에 실험 결과와 비슷한 현상이 나타났어.
> • 여준: 그건 공기 중에 있는 물방울이 ㉠과 같은 역할을 해서 나타나는 현상이야.
> • 재운: 그럼 날이 가물고 공기 중에 수분이 충분하지 않을 때 더 잘 관찰할 수 있겠네.

( )

[05~07] 물을 통과하는 빛을 관찰하기 위하여 다음과 같이 실험 장치를 꾸며 실험을 진행하였습니다. 물음에 답하시오.

> (가) 투명한 사각 수조에 물을 반 정도 넣고 스포이트로 우유를 네다섯 방울 떨어뜨린 다음 유리 막대로 젓는다.
> (나) 수조 옆면에 고무찰흙으로 향을 붙여 고정하고 향에 불을 붙인다.
> (다) 수조 뚜껑을 덮어 수조 안에 향 연기를 채운다.
> (라) 수조 위쪽에서 레이저 지시기로 물에 빛을 비추면서 빛이 나아가는 모습을 관찰한다.

05 위 실험의 결과 레이저 지시기의 빛이 나아가는 방향을 오른쪽 그림에 화살표로 나타내시오.

06 다음은 위 실험 결과를 정리한 것입니다. ( ) 안에 들어갈 알맞은 말에 ○표 하시오.

> 빛이 공기 중에서 물로 비스듬히 들어갈 때, 빛은 공기와 물의 경계에서 (꺾여 , 그대로) 나아간다.

중요

07 앞 06번과 같은 현상과 관계 있는 빛의 성질은 어느 것입니까? (   )

① 빛의 산란　　② 빛의 굴절
③ 빛의 반사　　④ 빛의 직진
⑤ 빛의 진행

[08~10] 유리를 통과한 빛이 나아가는 모습을 관찰하기 위해 다음과 같이 실험을 하였습니다. 물음에 답하시오.

(가)

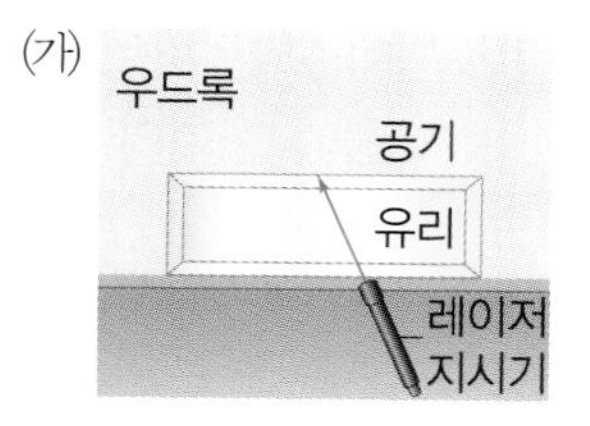

(나)

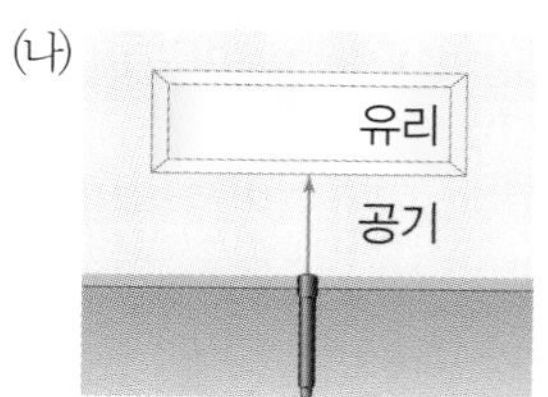

08 위 실험에 대한 설명으로 옳은 것을 골라 기호를 쓰시오.

㉠ 레이저 지시기의 빛이 눈에 직접 닿지 않도록 조심한다.
㉡ 교실을 밝게 하고 관찰하면 빛이 나아가는 모습이 잘 보인다.
㉢ (가) 실험에서 빛이 유리를 바로 통과하지 않도록 유리로부터 적당히 떨어진 곳에서 레이저 지시기를 비춘다.

(   )

09 위 (가) 실험의 결과 빛이 나아가는 방향을 나타낸 것으로 옳은 것은 어느 것입니까? (   )

①
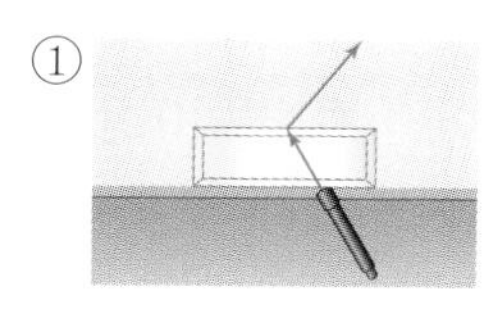

②
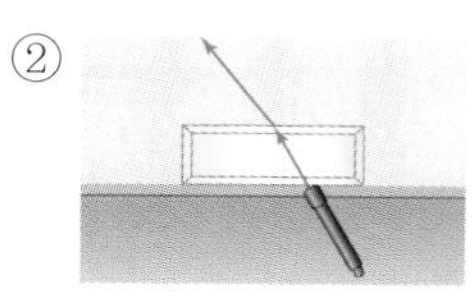

③
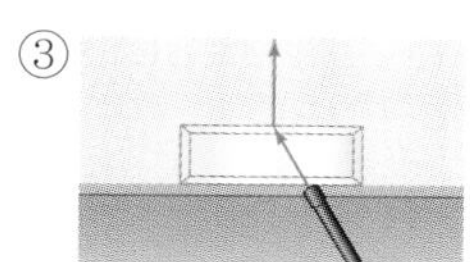

④
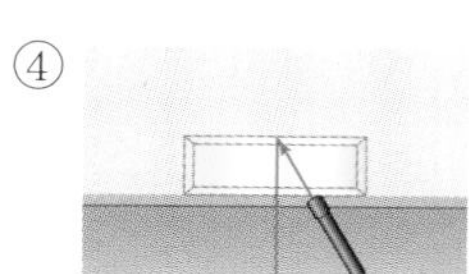

⑤
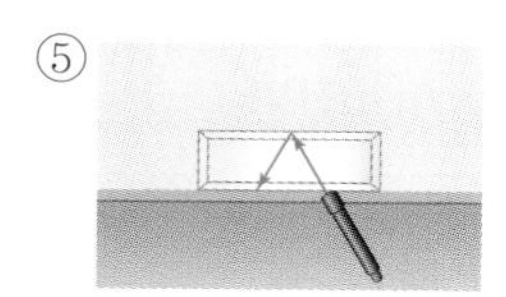

10 앞의 (나) 실험 결과 빛이 나아가는 방향을 설명한 것으로 옳은 것에 ○표 하시오.

(1) 빛이 유리와 공기의 경계에서 꺾여 나아간다. (   )
(2) 빛이 유리와 공기의 경계에서 구불구불 휘어져 나아간다. (   )
(3) 빛이 유리와 공기의 경계에서 꺾이지 않고 그대로 나아간다. (   )

11 다음 중 볼록 렌즈를 모두 골라 기호를 쓰시오.

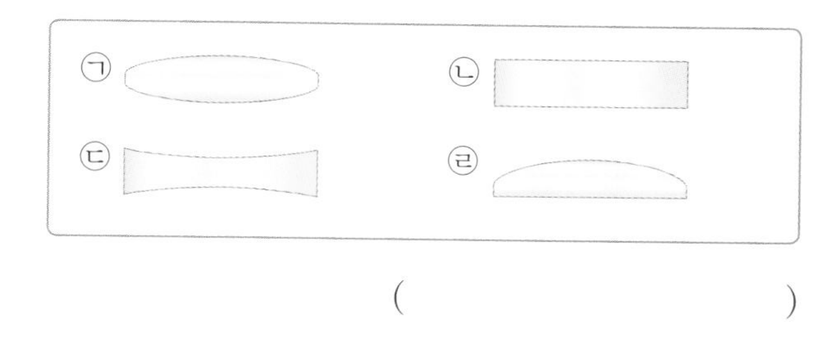

(   )

12 손잡이가 있는 볼록 렌즈의 가장자리에 레이저 지시기의 빛을 비추었을 때 빛이 나아가는 모습을 화살표로 나타내시오.

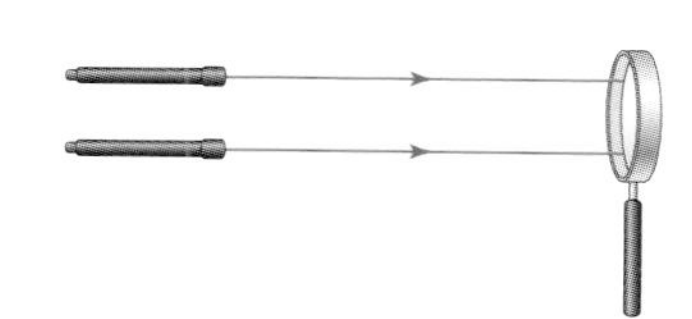

13 다음과 같이 열 변색 종이 위에 햇빛으로 그림을 그릴 수 있는 까닭을 설명한 것입니다. (   ) 안에 들어갈 알맞은 말에 ○표 하시오.

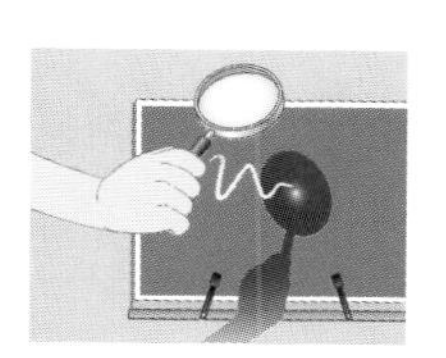

㉠(볼록 렌즈 , 평면 유리)를 통과한 햇빛이 한곳에 모이면 그 부분은 온도가 ㉡(낮기 , 높기) 때문이다.

14 다음 그림의 (가)~(다) 말풍선에 들어갈 말을 연결한 것으로 알맞지 않은 것에 ×표 하시오.

(1) (가) – 물이 얕아 보여. ( )

(2) (나) – 물에 잠긴 다리가 실제보다 길어 보여. ( )

(3) (다) – 물에 잠긴 막대가 꺾여 보여. ( )

[15~16] 물속에 있는 물체의 모습을 관찰하기 위한 실험입니다. 물음에 답하시오.

> (가) 컵 속에 동전을 넣는다.
> (나) 몸을 앞뒤나 위아래로 천천히 움직이면서 동전이 보이다가 보이지 않는 위치에서 멈춘다.
> (다) 다른 사람이 컵에 천천히 물을 부을 때 컵 속의 동전을 관찰하는 사람은 컵 바닥과 동전의 모습을 관찰한다.

15 위 (가) 과정에서 사용하기에 알맞은 컵을 모두 고르시오. ( )

①  ②  ③ 

④ 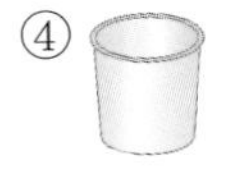 ⑤ 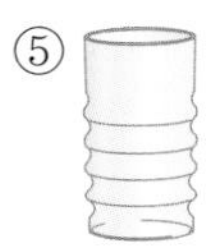

16 위 (다) 과정의 결과를 나타낸 것으로 옳은 것을 골라 기호를 쓰시오.

( )

중요

17 다음은 컵 속에 연필을 넣은 다음 천천히 물을 부었을 때 나타나는 현상을 정리한 것입니다. ( ) 안에 들어갈 알맞은 말을 쓰시오.

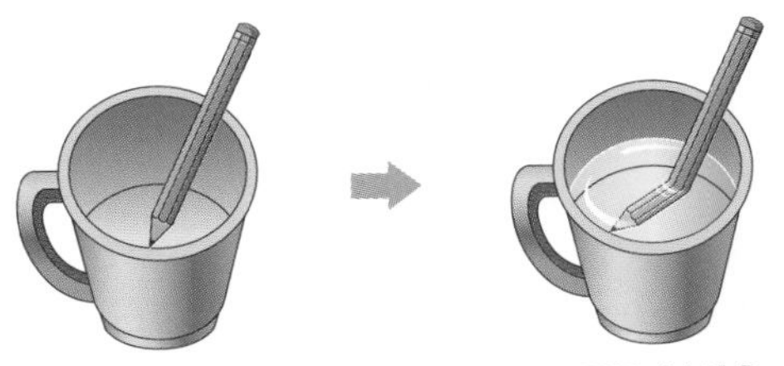

▲ 물을 붓지 않았을 때 ▲ 물을 부었을 때

> 컵에 물을 부었을 때 연필이 꺾여 보인다. 이것은 물속의 연필에서 반사된 빛이 물과 공기의 경계에서 ( )되어 나아가기 때문이다.

( )

18 간이 사진기로 오른쪽 글자를 관찰했을 때 기름종이에 나타난 모습으로 옳은 것은 어느 것입니까? ( )

과학

① 과학 ② ③ ④ ⑤

19 다음 중 볼록 렌즈가 사용되지 않은 도구는 어느 것입니까? ( )

① 망원경 ② 돋보기 ③ 쌍안경
④ 유리컵 ⑤ 확대경

20 사진기에는 볼록 렌즈의 어떤 특징을 이용하는지 옳게 설명한 것을 골라 기호를 쓰시오.

> ㉠ 볼록 렌즈가 빛을 모으는 특징을 이용한다.
> ㉡ 볼록 렌즈가 플라스틱으로 만들어지기도 한다는 것을 이용한다.
> ㉢ 볼록 렌즈로 물체를 보았을 때 실제와 같은 모습으로 보이는 특징을 이용한다.

( )

서술형·논술형 평가 5단원

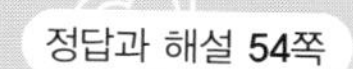

정답과 해설 54쪽

01 다음 사진을 보고, 물음에 답하시오.

▲ 분수 주변에 생긴 무지개

▲ 비가 그친 뒤 하늘에 생긴 무지개

(1) 위 현상을 통해 알 수 있는 햇빛의 특징을 쓰시오.

햇빛은 (   ) 색으로 이루어져 있다.

(   )

(2) 분수 주변이나 비가 그친 뒤 하늘에 무지개가 생기는 까닭을 쓰시오.

____

____

02 다음과 같은 실험 장치에서 빛을 유리판에 비스듬히 비추면 빛이 꺾여 나아갑니다. 물음에 답하시오.

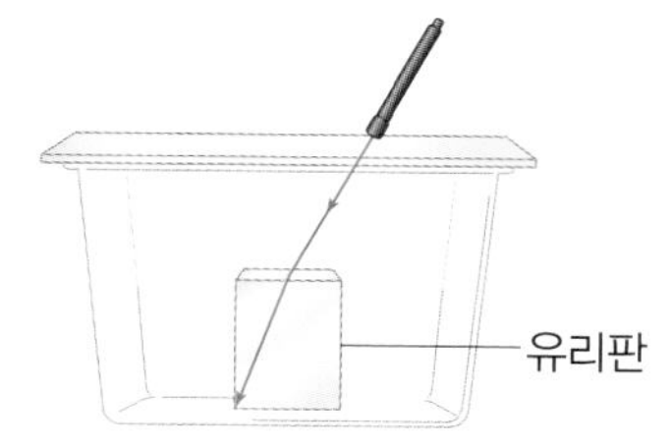

▲ 유리판에 비스듬히 비출 때

(1) 서로 다른 물질의 경계에서 빛이 꺾여 나아가는 현상을 무엇이라고 하는지 쓰시오.

(   )

(2) 우리 주위에서 이러한 현상을 관찰할 수 있는 경우는 언제인지 쓰시오.

____

____

03 다음은 우리 주변에서 볼록 렌즈의 역할을 하는 물체들입니다. 우리 주변의 물체가 볼록 렌즈의 구실을 하기 위해 공통적으로 갖추어야 할 조건은 무엇인지 쓰시오.

전등 사이의 거
한다. 빛의 세기
가 강해짐에 따

▲ 물방울

▲ 유리 막대

▲ 물이 담긴 둥근 컵

____

____

____

04 옛날에는 볼록 렌즈 모양의 얼음으로 햇빛을 모아 불을 붙이기도 하였습니다. 볼록 렌즈 모양의 어떤 성질이 이와 같은 현상을 가능하게 하는지 쓰시오.

____

____

____

MEMO

EBS

초등부터 EBS

교과서 기본과
응용 문제,
한 번에 잡자!

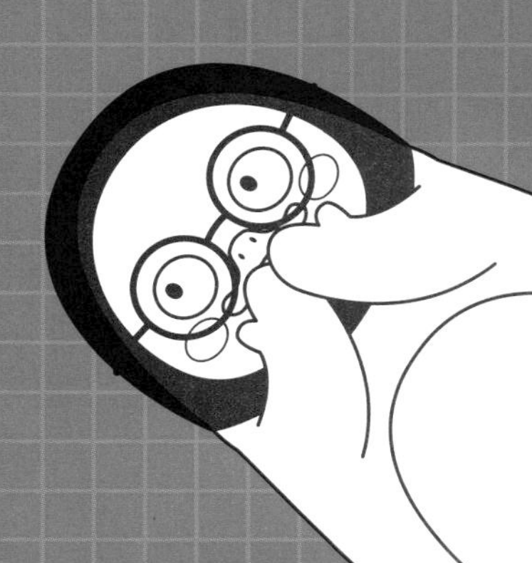

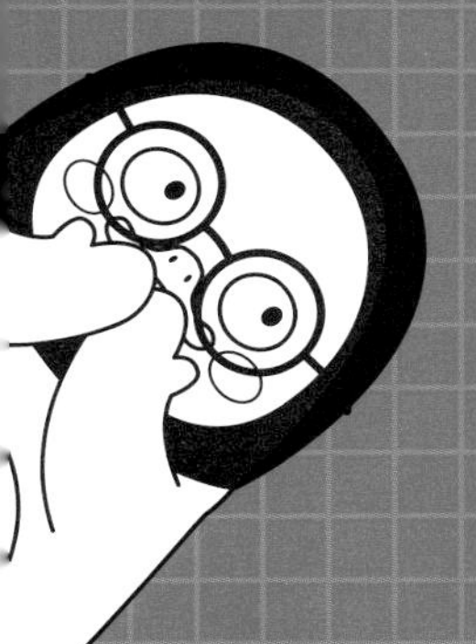

초 1~6학년, 학기별 발행

만점왕 수학 플러스

만점왕 수학이 쉬운
중위권 학생을 위한
문제 중심 수학 학습서

교과서 개념과
응용 문제로 키우는
문제 해결력

인터넷·모바일·TV로
제공하는 무료 강의

효과가 상상 이상입니다.

예전에는 아이들의 어휘 학습을 위해 학습지를 만들어 주기도 했는데,
이제는 이 교재가 있으니 어휘 학습 고민은 해결되었습니다.
아이들에게 아침 자율 활동으로 할 것을 제안하였는데,
"선생님, 더 풀어도 되나요?"라는 모습을 보면,
아이들의 기초 학습 습관 형성에도 큰 도움이 되고 있다고 생각합니다.

ㄷ초등학교 안00 선생님

어휘 공부의 힘을 느꼈습니다.

학습에 자신감이 없던 학생도 이미 배운 어휘가 수업에 나왔을 때 반가워합니다.
어휘를 먼저 학습하면서 흥미도가 높아지고
동기 부여가 되는 것을 보면서 어휘 공부의 힘을 느꼈습니다.

ㅂ학교 김00 선생님

학생들 스스로 뿌듯해해요.

처음에는 어휘 학습을 따로 한다는 것 자체가 부담스러워했지만,
공부하는 내용에 대해 이해도가 높아지는 경험을 하면서
스스로 뿌듯해하는 모습을 볼 수 있었습니다.

ㅅ초등학교 손00 선생님

앞으로도 활용할 계획입니다.

학생들에게 확인 문제의 수준이 너무 어렵지 않으면서도
교과서에 나오는 낱말의 뜻을 확실하게 배울 수 있었고,
주요 학습 내용과 관련 있는 낱말의 뜻과 용례를
정확하게 공부할 수 있어서 효과적이었습니다.

ㅅ초등학교 지00 선생님

학교 선생님들이 확인한
어휘가 문해력이다의 학습 효과!
직접 경험해 보세요

학기별 교과서 어휘 완전 학습
<어휘가 문해력이다>
— 예비 초등 ~ 중학 3학년 —

2024 강원 동계청소년올림픽대회

WINTER YOUTH OLYMPIC GAMES GANGWON 2024

01.19-02.01

GET YOUR TICKETS GANGWON2024.COM

경기티켓 무료예매

GROW TOGETHER SHINE FOREVER

뭉초
MOONGCHO

본 교재 광고의 수익금은 콘텐츠 품질개선과 공익사업에 사용됩니다.

EBS 초등ON

https://on.ebs.co.kr

★★★★★

초등 공부의 모든 것

EBS 초등ON

제대로 배우고 익혀서 (溫)

더 높은 목표를 향해 위로 올라가는 비법 (ON)

초등온과 함께 **즐거운 학습경험**을 쌓으세요!

아직 기초가 부족해서 차근차근 공부하고 싶어요.

조금 어려운 내용에 **도전해보고 싶어요.**

영어의 모든 것! 체계적인 영어공부를 원해요.

조금 어려운 내용에 **도전해보고 싶어요.**

학습 고민이 있나요?

초등온에는 친구들의 **고민에 맞는 다양한 강좌**가 준비되어 있답니다.

학교 진도에 맞춰 공부하고 싶어요.

초등ON 이란?

EBS가 직접 제작하고 분야별 전문 교육업체가 개발한 다양한 콘텐츠를 바탕으로,

대표강좌

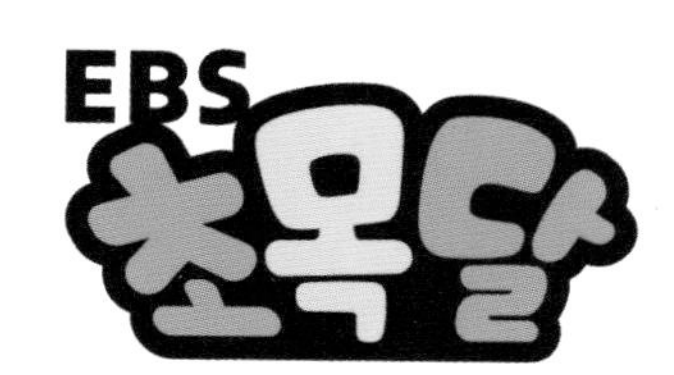

초등 목표달성을 위한 <**초등온**>**서비스**를 제공합니다.

BOOK 3

해설책

BOOK 3 해설책으로
틀린 문제의 해설도 확인해 보세요!

EBS

인터넷·모바일·TV
무료 강의 제공

초 | 등 | 부 | 터 EBS

예습, 복습, 숙제까지 해결되는

교과서 완전 학습서

만점왕

BOOK 3
해설책

과학 6-1

당신의 문해력

평생을 살아가는 힘, **문해력**을 키워 주세요!

문해력을 가장 잘 아는 EBS가 만든 문해력 시리즈

예비 초등 ~ 중학

문해력을 이루는 핵심 분야별/학습 단계별 교재

어휘 | 쓰기 | ERI 독해 | 배경지식 | 디지털독해

우리 아이의 **문해력 수준은?**

더욱 효과적인 문해력 학습을 위한
EBS 문해력 진단 테스트

https://primary.ebs.co.kr/course/literacy

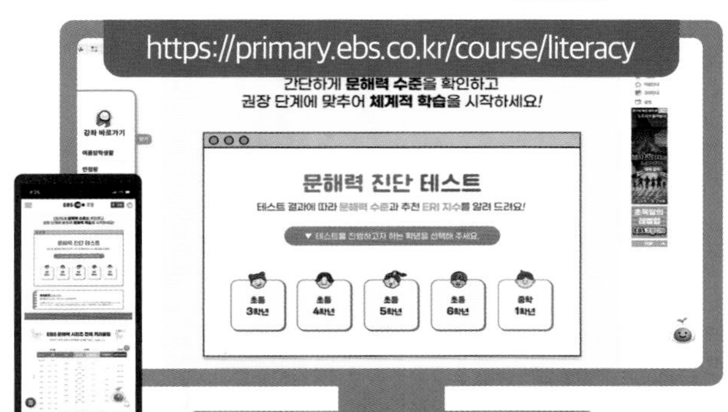

등급으로 확인하는
문해력 수준

문해력 등급 평가

초1 - 중1

BOOK 3
해설책
만점왕
과학
6-1

Book 1 개념책

1 단원 과학자처럼 탐구해 볼까요?

(1) 궁금증을 실험으로 해결해요

탐구 문제 11쪽

1 (물의) 온도 2 ㉠ 차가운, ㉡ 따뜻한

1 효모액을 넣은 시험관을 차가운 물과 따뜻한 물에 담그는 까닭은 시험관을 담글 물의 온도를 다르게 하기 위함입니다. 실험에서는 효모의 발효 정도에 온도가 미치는 영향을 알아보고자 합니다.

2 실험 결과 따뜻한 물에 담근 시험관에서만 효모의 부피가 늘어났습니다. 이것으로 효모가 발효하는 데 온도가 영향을 미친다는 것을 알 수 있습니다.

2 단원 지구와 달의 운동

(1) 지구의 자전

탐구 문제 17쪽

1 ⑤ 2 ㉤

1 투명 반구가 움직이면 관찰 결과를 정확하게 기록할 수 없기 때문에 단단히 고정해야 합니다.

2 하루 동안 태양은 동쪽에서 떠서 서쪽으로 지기 때문에 가장 먼저 찍은 점은 가장 동쪽에 있는 점입니다.

핵심 개념 문제 18~20쪽

01 ㉠, ㉢ 02 ⑤ 03 ④ 04 ③ 05 (1) – ㉡ (2) – ㉠
06 ㉠ 동쪽, ㉡ 서쪽 07 지구의 자전(또는 자전) 08 ③
09 ⑤ 10 밤 11 낮 12 ㉠ 자전, ㉡ 낮, ㉢ 밤

01 관찰 활동은 부모님이나 어른과 함께해야 안전합니다. 달을 관찰할 때는 해가 진 직후에 관찰하는 것이 좋으며, 늦은 밤까지 관찰하지 않도록 합니다.

02 ① 같은 장소에서 관찰해야 합니다.
② 높은 건물이나 나무가 있으면 하늘을 보기 어렵습니다.
③ 일정한 시간 간격으로 기록합니다.
④ 너무 늦은 밤에 관찰하는 것은 위험합니다.
⑤ 기록지에 주변 건물을 그리면 정확한 태양이나 달의 위치를 알 수 있어 좋습니다.

03 달은 동쪽 하늘에서 떠서 남쪽 하늘의 중앙을 거칠 때까지 점점 높아지고, 이후에는 낮아집니다.

04 태양과 달은 동쪽 하늘에서 떠서 남쪽 하늘을 거칠 때까지 점점 높아집니다. 남쪽 하늘의 중앙을 지나면 점점 낮아져서 서쪽 하늘로 집니다.

05 하루 동안 지구의 움직임을 알아보는 실험에서 전등은 실제 태양을, 지구의는 실제 지구를 나타냅니다.

06 전등은 제자리에 있지만 관찰자 모형에게는 지구의가 회전하는 방향의 반대 방향으로 움직이는 것처럼 보이기 때문에 전등이 동쪽에서 서쪽으로 움직이는 것처럼 보입니다.

07 지구의 자전은 지구가 하루에 한 바퀴씩 서쪽에서 동쪽으로 회전하는 운동입니다.

08 지구가 서쪽에서 동쪽으로 자전하기 때문에 하루 동안 천체가 지구의 자전 방향과 반대 방향으로 움직이는 것처럼 보입니다.

09 낮은 태양이 있어 밝고, 사람들이 주로 일을 합니다. 태양이 있어 밤에 비해 보통 기온이 더 높습니다.

10 밤은 태양이 서쪽으로 진 때부터 다시 동쪽에서 떠오르기 전까지의 시간을 말합니다.

11 사진에서 관찰자 모형은 빛이 비치는 곳에 있습니다. 이와 같은 상황은 낮입니다.

12 지구가 자전하면 태양 빛을 받는 쪽과 받지 못하는 쪽이 생깁니다. 태양 빛을 받는 쪽은 낮이 되고, 태양 빛을 받지 못하는 쪽은 밤이 됩니다.

중단원 실전 문제

21~23쪽

01 ④ 02 ③ 03 (가) 04 ② 05 ② 06 예 지구가 서쪽에서 동쪽으로 자전하기 때문에 하루 동안 달은 그 반대 방향인 동쪽에서 서쪽으로 움직이는 것처럼 보인다. 07 (3) ○ 08 (1) ㉡, (2) ㉠ 09 예 관찰자 모형에게 전등은 지구의가 움직이는 반대 방향인 동쪽에서 서쪽으로 움직이는 것처럼 보인다. 10 ㉠ 11 ㉢ 12 ㉠ 서쪽, ㉡ 동쪽, ㉢ 동쪽, ㉣ 서쪽 13 ㉢ 14 (1) – ㉡, (2) – ㉠ 15 ③ 16 ㉠ 낮, ㉡ 밤 17 ㉠ 18 소희

01 달을 관찰할 때는 달이 보이기 시작하는 시각(저녁 7시 무렵)부터 한 시간 간격으로 3~4회 정도 관찰하도록 합니다. 밤늦은 시간에 관찰하는 것은 위험합니다.

02 달을 관찰할 때에는 방위를 알 수 있는 나침반과 기록을 하기 위한 필기도구와 관찰 보고서가 필요합니다. 어둡기 때문에 손전등을 준비하면 편리합니다. ㉣ 태양 관찰 안경은 태양을 관찰할 때 필요한 준비물입니다.

03 우리나라에서 낮 12시 30분경 태양은 남쪽 하늘에 높이 떠 있습니다.

04 하루 동안 태양의 위치는 동쪽 하늘에서 떠서 남쪽 하늘을 지나 서쪽 하늘로 집니다.

05 하루 동안 태양과 달은 모두 동쪽에서 떠서 서쪽으로 집니다.

06 하루 동안의 천체의 움직임은 지구의 자전과 관련이 있습니다. 천체가 움직이는 것이 아니라 지구가 서쪽에서 동쪽으로 자전하기 때문에 태양이나 달이 동쪽에서 서쪽으로 움직이는 것처럼 보입니다.

채점 기준

지구의 자전과 자전 방향을 정확히 쓴 경우 정답으로 합니다.

07 실제 움직이는 것은 승객과 기차이지만 승객은 기차에 타고 있어 바깥 풍경이 움직이는 것처럼 보입니다. 마치 건물이나 나무가 기차가 달리는 방향의 반대 방향으로 움직이는 것처럼 보입니다.

08 실험에서 전등은 태양을 나타내고, 지구의는 지구를 나타냅니다.

09 지구의 위에 있는 관찰자 모형에게 전등은 지구의가 회전하는 방향의 반대 방향인 동쪽에서 서쪽으로 움직이는 것처럼 보입니다.

채점 기준

전등이 동쪽에서 서쪽으로 움직인다는 내용을 포함한 경우 정답으로 합니다.

10 자전축은 남극과 북극을 이은 가상의 선으로 지구는 자전축을 중심으로 자전을 합니다.

11 지구가 하루에 한 바퀴씩 자전축을 중심으로 서쪽에서 동쪽으로 회전하는 것을 지구의 자전이라고 합니다.

12 지구가 서쪽에서 동쪽으로 자전하기 때문에 지구에서 살아가는 우리가 보기에 태양이 동쪽에서 서쪽으로 움직이는 것처럼 보입니다.

13 밤은 하늘에 태양이 없어 어둡습니다. 밤에 사람들은 불을 켜고 지내며, 주로 집에서 생활합니다. 밤은 하늘에 태양이 없기 때문에 보통 낮보다 기온이 낮습니다.

14 태양이 동쪽에서 떠서 서쪽으로 질 때까지는 낮이고, 이후 동쪽에서 다시 태양이 떠오를 때까지는 밤입니다.

15 지구의는 지구의 자전 방향과 같게 서쪽에서 동쪽으로 돌립니다.

16 지구의의 우리나라 위치에 있는 관찰자 모형 쪽으로 전등 빛이 비치면 우리나라는 낮이고, 전등 빛이 비치지 않으면 우리나라는 밤입니다.

17 태양 빛이 비치는 곳이 낮이고, 태양 빛이 비치지 않는 곳이 밤입니다.

18 지구에 낮과 밤이 생기는 까닭은 지구가 자전하기 때문입니다.

서술형·논술형 평가 돋보기 24~25쪽

연습 문제

1 (1) 동쪽, 서쪽 (2) 자전, 동쪽, 서쪽 **2** (1) 비치는 곳, 비치지 않는 곳 (2) 자전, 낮, 밤

실전 문제

1 예 달리는 기차에서 움직이지 않는 건물이나 나무를 보면 기차가 달리는 방향의 반대 방향으로 움직이는 것처럼 보인다. 이처럼 하루 동안 태양과 달의 움직임은 지구의 자전 방향과 반대인 동쪽에서 서쪽으로 움직이는 것처럼 보인다. **2** (1) 지구의 자전 (2) 예 동쪽에서 떠서 서쪽으로 진다. 높이가 점점 높아지다가 남쪽 하늘을 지나면서 점점 낮아진다. **3** (1) 낮 (2) 예 하늘에 태양이 있다. 밝아서 불이 필요 없다. 사람들이 주로 일을 한다. **4** 예 태양은 동쪽에서 떠서 서쪽으로 지기 때문에 우리나라에서 가장 동쪽에 위치한 독도에서 태양이 가장 먼저 뜬다.

연습 문제

1 (1) 하루 동안 태양은 동쪽에서 떠서 서쪽으로 집니다.
(2) 하루 동안 천체의 움직임은 지구의 자전과 관련이 있습니다. 지구에 있는 관찰자에게 천체는 지구가 서쪽에서 동쪽으로 회전하는 반대 방향으로 움직이는 것처럼 보입니다.

2 (1) 빛이 비치는 곳은 낮이고, 빛이 비치지 않는 곳은 밤입니다.
(2) 지구가 자전하면 하루에 태양 빛이 비치는 곳(낮)과 비치지 않는 곳(밤)이 번갈아 가며 생깁니다.

실전 문제

1 달리는 기차에서 바깥 풍경을 보면 실제 움직이는 것은 기차와 기차 안에 타고 있는 사람이지만, 마치 바깥에 있는 건물이나 나무가 움직이는 것처럼 보입니다. 마찬가지로 실제 지구의 자전으로 하루 동안 지구가 한 바퀴 회전하지만 우리에게는 주변의 태양과 달이 움직이는 것처럼 보입니다.

채점 기준

달리는 기차 안에서 보는 바깥 풍경이 기차가 달리는 방향의 반대 방향으로 움직이는 것처럼 보인다는 내용과 지구의 자전 방향과 반대 방향으로 태양과 달이 움직이는 것처럼 보인다는 내용을 썼으면 정답으로 합니다.

2 (1) 그림은 하루 동안 달의 움직임을 보여 줍니다. 하루 동안 천체의 움직임은 지구의 자전과 관련이 있습니다.
(2) 하루 동안 태양의 위치 변화도 지구가 자전하기 때문에 생깁니다. 태양과 달 모두 동쪽 하늘에서 떠서 남쪽 하늘을 거칠 때까지 점점 높아지고 다시 점점 낮아져서 서쪽 하늘로 집니다.

채점 기준

지구의 자전을 쓰고, 태양과 달의 움직이는 방향이 같다는 것을 제시하면 정답으로 합니다.

3 (1) 사진에서 관찰자 모형은 전등 빛이 비치는 곳(낮)에 있습니다.
(2) 낮은 태양이 있어 밝고, 사람들이 주로 일을 합니다.

채점 기준

상	낮을 정확히 구분하고, 낮의 특징을 두 가지 이상 쓴 경우
중	낮을 정확히 구분하였으나, 낮의 특징을 한 가지 쓴 경우
하	답을 틀리게 쓴 경우

4 지구의 자전 방향이 서쪽에서 동쪽이기 때문에 가장 동쪽에 있는 곳에서 낮이 가장 빨리 시작됩니다. 우리나라에서 가장 동쪽에 있는 곳은 독도이기 때문에 독도에서 가장 빨리 태양이 뜹니다.

채점 기준

독도가 가장 동쪽에 있음을 까닭으로 제시한 경우 정답으로 합니다.

(2) 지구의 공전

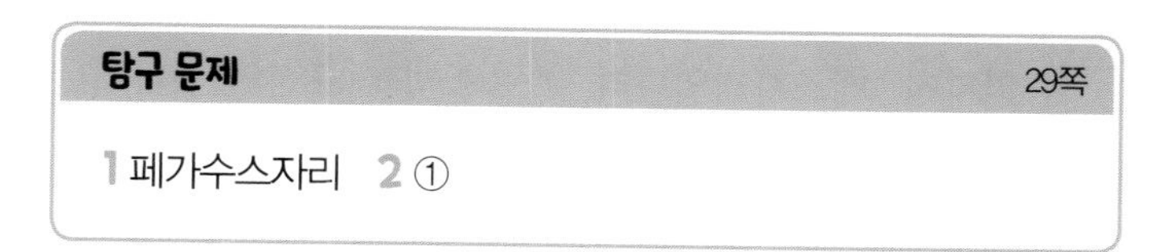
탐구 문제 29쪽

1 페가수스자리 2 ①

1 지구의 공전 방향은 위에서 볼 때 시계 반대 방향이므로 (가)에서 관찰할 수 있는 별자리가 사자자리인 경우 봄철에 해당합니다. 따라서 (나) 위치는 여름철, (다) 위치는 가을철, (라) 위치는 겨울철입니다. 가을의 대표적인 별자리는 페가수스자리입니다.

2 해당 실험에서 지구의의 위치를 바꾸어 가며 전등 주변을 회전시키는데, 이것은 태양 주변을 도는 지구의 모습을 나타낸 것입니다. 이러한 지구의 운동을 지구의 공전이라고 하며, 이 과정에서 지구의 위치가 달라지고 한밤에 보이는 별자리가 달라집니다.

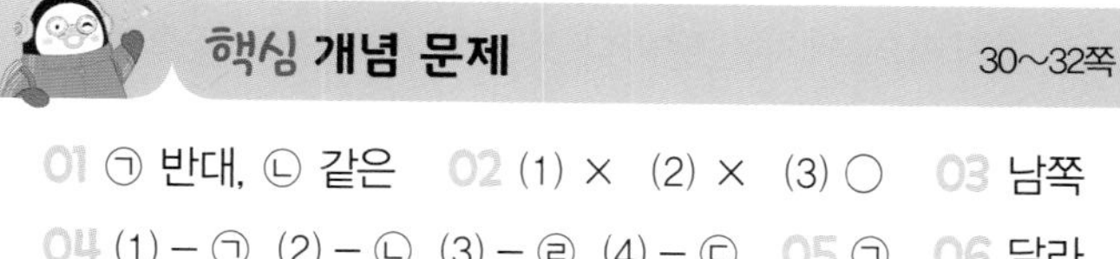
핵심 개념 문제 30~32쪽

01 ㉠ 반대, ㉡ 같은 02 (1) × (2) × (3) ○ 03 남쪽 04 (1) – ㉠ (2) – ㉡ (3) – ㉣ (4) – ㉢ 05 ㉠ 06 달라지기 07 ⑤ 08 서 09 ㉡, ㉣ 10 ㉠ 태양, ㉡ 지구 11 지구의 공전 12 ⑤

01 태양과 같은 방향에 있는 별자리는 태양 빛 때문에 볼 수 없습니다.

02 별자리 중에는 여러 계절에 걸쳐 보이는 별자리도 있습니다. 겨울에 볼 수 있는 쌍둥이자리는 봄에도 볼 수 있습니다. 봄에 볼 수 있는 목동자리, 처녀자리는 여름에도 볼 수 있습니다.

03 저녁 9시 무렵에 남동쪽이나 남쪽 하늘에서 보이는 별자리가 그 계절의 대표적인 별자리가 됩니다.

04 봄철의 대표적인 별자리는 목동자리, 사자자리, 처녀자리이고, 여름철의 대표적인 별자리는 거문고자리, 독수리자리, 백조자리입니다. 가을철의 대표적인 별자리는 안드로메다자리, 물고기자리, 페가수스자리이고, 겨울철의 대표적인 별자리는 쌍둥이자리, 오리온자리, 큰개자리입니다.

05 제시된 실험은 지구가 태양 주위를 회전하며 지구의 위치가 바뀌는 모습을 보여 줍니다. 이러한 지구의 운동을 지구의 공전이라고 합니다. 실험에서 전등은 태양을 나타내고, 지구의는 지구를 나타냅니다. 지구의가 놓인 위치가 달라지면 관찰자 모형에게 보이는 교실의 모습도 달라집니다.

06 지구의가 놓인 위치에 따라 관찰자 모형이 바라보는 방향이 달라집니다.

07 그림에서 사자자리는 3개월 후에 서쪽으로 움직인 것을 알 수 있습니다. 이를 통해 지구에서 보는 별자리가 동쪽에서 서쪽으로 이동한다는 사실을 알 수 있습니다.

08 별자리의 위치는 날마다 조금씩 서쪽으로 움직입니다.

09 우리나라가 한밤일 때 (가) 위치에서는 사자자리, (나) 위치에서는 거문고자리, (다) 위치에서는 페가수스자리, (라) 위치에서는 오리온자리가 잘 보입니다.

10 지구가 일 년에 한 바퀴씩 태양 주위를 회전하기 때문에 계절에 따라 지구의 위치가 달라지고 그 위치에 따라 밤에 보이는 별자리가 달라집니다.

11 지구의 공전은 지구가 태양을 중심으로 일 년에 한 바퀴씩 서쪽에서 동쪽으로 회전하는 것을 말합니다.

12 지구의 공전으로 지구의 위치가 달라지면 한밤에 바라보는 남쪽 하늘의 방향도 달라져서 보이는 별자리가 달라집니다.

중단원 실전 문제

33~35쪽

01 ② 02 가을 03 ③ 04 ③ 05 ① 06 예 한낮에는 태양이 떠 있어 너무 밝은 태양 빛으로 인해 다른 별들의 빛이 보이지 않기 때문이다. 07 ㉠, ㉡, ㉣, ㉤, ㉢ 08 ㉠ 09 ⑤ 10 (가), (나), (다), (라) 11 오리온자리 12 ④ 13 (나) 14 ① 15 예 지구가 공전하면 계절에 따라 지구의 위치가 달라지는데 이때 지구에서 바라보는 밤하늘의 방향도 달라져 밤하늘에서 볼 수 있는 별자리가 달라지기 때문이야. 16 ② 17 ② 18 ①

01 거문고자리와 독수리자리는 여름과 가을에 걸쳐서 보입니다. 쌍둥이자리는 겨울뿐 아니라 봄에도 볼 수 있습니다. 봄에 볼 수 있는 목동자리, 사자자리, 처녀자리는 여름에도 볼 수 있습니다. 큰개자리와 오리온자리는 봄에도 볼 수 있습니다.

02 제시된 별자리는 가을 저녁 9시 무렵에 모두 볼 수 있습니다.

03 백조자리는 여름에는 동쪽 하늘에서, 가을에는 서쪽 하늘에서 볼 수 있습니다.

04 봄에 볼 수 있는 쌍둥이자리, 오리온자리, 큰개자리의 경우 겨울에도 볼 수 있습니다.

05 봄의 대표적인 별자리에는 사자자리, 처녀자리, 목동자리가 있습니다.

06 별자리는 지구와 태양의 주변을 둘러싼 듯이 있지만, 태양이 뜬 낮에는 태양의 빛이 다른 별에 비해 너무 강해 다른 별의 빛이 보이지 않아 별자리를 관찰하기 어렵습니다.

채점 기준

태양 빛이 밝아 보이지 않는다는 내용을 포함하고 있으면 정답으로 합니다.

07 전등을 가운데 두고 관찰자 모형을 붙인 지구의를 각 위치에 놓습니다. 지구의를 각 위치에 놓은 뒤 자전축을 돌려 우리나라를 한밤으로 위치하게 한 뒤에 관찰자 모형에게 보이는 교실의 모습을 생각합니다.

08 ㈎ 위치에서 우리나라가 한밤일 때 관찰자 모형은 과학실의 수납장을 바라보게 됩니다.

09 ① 전등은 태양의 역할을 합니다.
② 지구의에 관찰자 모형을 붙일 때는 남쪽을 바라보게 합니다.
③ 전등을 가운데 둡니다.
④ 위에서 볼 때 시계 반대 방향으로 지구의를 옮깁니다.
⑤ 각 위치에서 우리나라가 한밤이 되도록 지구의를 자전시킵니다.

10 봄의 대표적인 별자리인 사자자리를 찾고, 사자자리가 잘 보이는 위치인 ㈎가 봄에 해당합니다. 이후 시계 반대 방향으로 차례대로 여름, 가을, 겨울에 해당하는 지구의 위치입니다.

11 ㈑ 위치에서는 오리온자리가 잘 보입니다.

12 계절에 따라 바뀌는 것은 지구의 위치입니다.

13 ㈏ 위치에서 우리나라가 한밤일 때 거문고자리를 가장 잘 볼 수 있습니다. ㈎ 위치에서는 사자자리, ㈐ 위치에서는 페가수스자리, ㈑ 위치에서는 오리온자리를 잘 볼 수 있습니다.

14 계절은 봄, 여름, 가을, 겨울 순으로 흐르고 지구가 서쪽에서 동쪽으로 공전하기 때문에 지구의 위치가 ㈎, ㈏, ㈐, ㈑ 순으로 움직입니다.

15 계절에 따라 별자리가 달라지는 까닭은 지구의 공전과 관련이 있습니다. 지구의 공전으로 지구의 위치가 달라지면 한밤에 바라보는 남쪽 하늘의 방향도 달라져서 밤하늘에서 볼 수 있는 별자리가 달라집니다.

채점 기준

지구가 태양 주위를 공전한다는 내용을 포함하고 있으면 정답으로 합니다.

16 지구의 공전 방향과 별자리가 움직이는 방향은 반대입니다. 별자리를 관찰하면 날마다 조금씩 동쪽에서 서쪽으로 움직이는 것을 볼 수 있습니다. 지구의 공전 방향은 서쪽에서 동쪽입니다.

17 지구의 공전은 일 년에 지구가 태양 주위를 한 바퀴씩 회전하는 것으로 계절에 따라 별자리가 바뀌는 것과 관련이 있습니다.

18 지구의 자전은 하루 동안 태양과 달의 움직임이나 낮과 밤의 변화와 관련이 있습니다. 지구의 공전은 지구가 일 년 동안 태양 주위를 한 바퀴씩 회전하는 지구의 운동을 말합니다.

서술형·논술형 평가 돋보기

36~37쪽

연습 문제

1 (1) 목동자리, 사자자리, 처녀자리 (2) 계절, 별자리, 서쪽
2 (1) ㈐ (2) 위치, 별자리, 계절

실전 문제

1 (1) 예 독수리자리, 백조자리, 거문고자리 (2) 예 여름철에 오랜 시간 동안 밤하늘에서 관찰할 수 있는 별자리이기 때문이다. 2 (1) ㈎ (2) 예 관찰자 모형이 전등의 반대쪽에 있으므로 전등 쪽에 있는 창문을 볼 수 없다. 3 예 별자리는 날마다 동쪽에서 서쪽으로 움직인다. 4 (1) ㈐ (2) 예 사자자리는 봄의 대표적인 별자리이기 때문에 ㈎ 위치는 우리나라가 봄일 때 지구의 위치이다. 따라서 페가수스자리가 잘 보이는 가을의 위치는 ㈐가 된다.

연습 문제

1 (1) 저녁 9시경 목동자리, 사자자리, 처녀자리는 봄에는 남동쪽 하늘에 있고, 여름에는 남서쪽 하늘에 있습니다.
(2) 계절마다 밤하늘에 보이는 대표적인 별자리가 달라집니다. 계절이 지남에 따라 별자리는 점점 동쪽에서 서쪽으로 이동합니다.

2 (1) ㈐ 위치에서는 한밤에 페가수스자리를 잘 볼 수 있습니다.
(2) 지구의 위치가 바뀌면 지구에서 바라보는 밤하늘의 방향도 바뀌게 되어서 한밤에 보이는 별자리도 달라집니다.

실전 문제

1 (1) 여름의 대표적인 별자리는 7월 15일 저녁 9시 무렵에 남동쪽 하늘에서 찾을 수 있습니다.
(2) 대표적인 별자리는 그 계절에 오랜 시간 동안 밤하늘에서 볼 수 있는 별자리입니다. 계절의 중간에서 저녁 9시 무렵에 남동쪽 하늘이나 남쪽 하늘에 떠 있는 별자리는 그 계절의 밤하늘에서 오랜 시간 볼 수 있습니다.

채점 기준

상	별자리를 두 개 이상 쓰고, 대표적인 별자리의 의미를 잘 알고 있는 경우
중	별자리를 한 개 쓰고, 대표적인 별자리의 의미를 알고 있는 경우
하	답을 틀리게 쓴 경우

2 (1) 수납장은 지구의가 ㈎ 위치에 있을 때 관찰자 모형에게 잘 보입니다.
(2) 관찰자 모형의 위치와 관련지어 보면, 관찰자 모형은 한밤인 전등의 반대쪽에 있으므로 전등 쪽에 있는 창문을 볼 수 없습니다.

채점 기준

상	수납장이 잘 보이는 지구의의 위치 기호를 쓰고, 관찰자 모형이 창문을 볼 수 없는 까닭을 정확히 쓴 경우
중	지구의의 위치만 정확히 쓴 경우
하	답을 틀리게 쓴 경우

3 사자자리는 3개월 후에 서쪽으로 이동했습니다. 이를 통해 별자리가 동쪽에서 서쪽으로 움직인다는 사실을 알 수 있습니다.

채점 기준

별자리가 동쪽에서 서쪽으로 이동한다는 사실을 포함하면 정답으로 합니다.

4 사자자리는 봄의 대표적인 별자리이고, 지구는 서쪽에서 동쪽으로 공전하기 때문에 가을에는 지구의 위치가 ㈐가 됩니다.

채점 기준

상	지구의 위치와 그렇게 생각하는 까닭을 정확히 쓴 경우
중	지구의 위치는 썼으나, 그렇게 생각하는 까닭을 지구의 공전과 관련지어 설명하지 못한 경우
하	답을 틀리게 쓴 경우

(3) 달의 운동

탐구 문제 41쪽

1 지구의 공전 2 ①

1 사진의 지구와 달의 운동 모형에서 긴 막대 모양의 우드록을 돌리면 지구가 태양 주위를 돌게 됩니다. 이는 지구의 공전을 나타낸 것입니다.

2 사진 속 모형에서 원판을 움직이지 않게 고정할 경우 지구의 자전이나 달의 움직임을 나타낼 수 없습니다.

핵심 개념 문제 42~44쪽

01 ① 02 보름달 03 ② 04 ② 05 ⑤ 06 하현달 07 ㉣, ㉠, ㉢, ㉡ 08 ⑤ 09 천체 관측 프로그램 10 ⑤ 11 초승달 12 ③

01 초승달과 그믐달은 가느다란 모양으로 마치 사람의 눈썹처럼 생겼습니다.

02 쟁반같이 둥근 모양을 한 달은 보름달입니다.

03 그림과 같이 오른쪽 반원이 밝은 모양은 상현달입니다. 하현달은 왼쪽 반원이 밝은 모양입니다.

04 ① 가장 밝고 큰달의 모양은 보름달입니다.
② 달의 모양은 약 30일 주기로 반복됩니다.
③ 보름달은 점점 작아져서 하현달이 됩니다.
④ 초승달에서 상현달을 거쳐 보름달이 됩니다.
⑤ 달은 15일 동안 점점 커져서 보름달이 되고, 이후 15일 동안 점점 작아집니다.

05 저녁에 바나나 모양의 달을 봤다면 음력 2~3일 무렵에 볼 수 있는 초승달입니다. 그믐달은 새벽에 뜨므로 저녁에 볼 수 없습니다.

06 음력 22~23일 무렵에는 하현달이 뜹니다.

07 달을 관찰할 경우, 먼저 관찰 시간을 정하고, 관찰 장소에 가서 방위를 확인하고 남쪽이 어디인지 알아야 합니다. 이후 주변 건물이나 나무 등의 위치를 표시하고 달을 관찰하여 기록합니다.

08 여러 날 동안 관찰과 기록을 해야 하며, 일몰 시각 이후 저녁 시간을 활용하는 것이 좋습니다. 나침반을 이용하면 방위를 정확히 알 수 있습니다.

09 천체 관측 프로그램을 이용하면 여러 날 동안 달의 모양과 위치 변화를 간접적으로 확인할 수 있습니다.

10 천체 관측 프로그램을 이용하여 여러 날 동안 달의 위치 변화를 조사할 때는 시각을 고정하고, 날짜만 하루씩 늘리면서 달의 위치를 확인합니다.

11 음력 2~3일 저녁 7시 무렵에는 서쪽 하늘에 초승달이 뜹니다.

12 여러 날 동안 달의 위치는 서쪽에서 동쪽으로 이동합니다.

중단원 실전 문제 45~47쪽

01 ③ 02 ㉣, ㉠, ㉢, ㉡ 03 보름달 04 예 5월 4일에 보름달을 봤으니 6월 3일쯤에 다시 보름달을 볼 수 있을 거야. 05 ③ 06 ㉡, ㉣, ㉢, ㉠ 07 그믐달 08 ④ 09 ① 10 ㉣, ㉢, ㉡ 11 예 천체 관측 프로그램을 사용하면 시간과 날짜를 바꿀 수 있어 달의 위치와 모양의 변화를 쉽게 알 수 있다. 12 일몰 13 ② 14 ㉠ 서쪽, ㉡ 동쪽 15 저녁 7시 16 ⑤ 17 ② 18 예 작은 원 모양의 우드록 조각을 돌리면 여러 날 동안 달의 움직임을 나타낼 수 있다.

01 추석에 뜨는 달은 보름달입니다.

02 관찰 기간을 정한 뒤에 날짜를 기록장에 적습니다. 달의 모양을 관찰하고 기록장에 달 모양의 붙임딱지를 붙입니다. 그리고 여러 날 동안 달의 모양 변화를 확인합니다.

03 여러 날 동안 달은 점점 커지다가 보름달이 된 이후 점

점 작아집니다.

04 달의 모양이 변하는 주기는 약 30일입니다. 5월 4일에 보름달을 봤다면, 30일 후인 6월 3일쯤 다시 보름달을 볼 수 있습니다.

채점 기준

달의 모양이 변하는 주기가 약 30일임을 알고 틀린 부분을 정확히 고쳐 쓴 경우 정답으로 합니다.

05 달은 15일 동안 점점 커지다가 보름달이 되면 이후 15일 동안 점점 작아집니다.

06 달은 초승달, 상현달(㉡), 보름달(㉣), 하현달(㉢), 그믐달(㉠) 순으로 모양이 변합니다.

07 음력 27~28일 무렵에는 그믐달이 뜹니다.

08 음력 7~8일 무렵에는 상현달이 뜹니다.

09 음력 7일에는 상현달이 뜹니다.

10 여러 날 동안 달의 위치를 관찰할 때는 관찰 시간을 정하고 관찰 장소에 가서 남쪽 하늘을 확인합니다. 주변 건물이나 나무를 그린 후에 달의 위치와 모양을 기록합니다. 이 과정을 여러 날 동안 반복합니다.

11 천체 관측 프로그램은 실물을 관찰하지 못하지만, 시간 흐름을 조절하거나 원하는 날짜의 달을 바로 관찰할 수 있다는 점이 편리합니다.

채점 기준

달을 직접 관찰하지 않고도 달의 위치와 모양 변화를 편리하게 관찰할 수 있다는 내용으로 쓴 경우 정답으로 합니다.

12 달을 관찰할 때에는 일몰 시각 후인 저녁 시간에 하는 것이 좋습니다.

13 천체 관측 프로그램에서 달의 모양을 자세히 보고 싶다면 달을 선택한 후에 확대하면 됩니다.

14 여러 날 동안 달은 날마다 서쪽에서 동쪽으로 이동합니다.

15 여러 날 동안 달을 관찰할 때에는 같은 시각에 관찰하여야 합니다. 따라서 ㈎도 다른 날과 마찬가지로 저녁 7시이어야 합니다.

16 태양이 진 후에 초승달은 서쪽 하늘에서 뜨고, 상현달은 남쪽 하늘에서 뜹니다. 태양이 진 후에 달이 보이는 위치는 날마다 서쪽에서 동쪽으로 조금씩 이동합니다.

17 모형에서 막대 모양의 우드록 조각을 돌리면 지구 모형이 태양 모형을 돕니다. 이는 지구의 공전을 나타내며, 지구의 공전은 계절에 따른 별자리의 변화와 관련이 있습니다.

18 달 모형이 있는 작은 원판은 지구 주변을 도는 달의 운동을 표현한 것입니다.

채점 기준

작은 원판을 돌린다는 내용으로 쓴 경우 정답으로 합니다.

서술형·논술형 평가 돋보기

48~49쪽

연습 문제

1 (1) 15 (2) 30, 15, 15 **2** (1) ㉠ (2) 서쪽, 동쪽

실전 문제

1 (1) (음력) 15일 (2) ㊄ 달의 모양은 약 30일을 주기로 바뀌는데, 음력 15일쯤에 달이 완전히 차 보름달이 되기 때문이다. **2** ㊄ 남쪽을 중심으로 주변 건물이나 나무 등의 위치를 표시한다. **3** ㊄ 달을 선택하여 확대하면 달의 모양을 자세히 볼 수 있다. **4** (1) 상현달 (2) ㊄ 남쪽 하늘에 떠 있을 것이다. 왜냐하면 달은 여러 날 동안 서쪽에서 동쪽으로 이동하는데 상현달은 서쪽에서 보이는 초승달과 동쪽에서 보이는 보름달이 뜨는 날의 중간 날쯤에 뜨는 달이기 때문이다.

연습 문제

1 (1) 보름달이 되는 기간을 보름이라고 하며 약 15일에 해당하는 기간입니다.

(2) 달의 모양 변화 주기는 약 30일이고, 보름달이 될 때까지 15일의 시간이 필요합니다. 이후 15일 동안은 점점 작아집니다.

2 (1) 현재 달은 남쪽 하늘에 있습니다. 이후 달은 더 동쪽으로 이동하기 때문에 일주일 후인 15일 무렵에는

㉠에 위치하게 됩니다.

(2) 여러 날 동안 달은 서쪽에서 동쪽으로 조금씩 이동합니다.

실전 문제

1 (1) 정월 대보름은 음력 1월 15일입니다.

(2) 쟁반 같은 모양을 한 달은 보름달이고, 보름달은 음력 15일 무렵에 뜨기 때문입니다.

채점 기준

상	음력 15일을 쓰고, 음력 15일에 동그란 보름달이 뜬다는 내용으로 쓴 경우
중	음력 15일은 썼지만, 음력 15일에 동그란 보름달이 뜬다는 내용을 정확히 쓰지 못한 경우
하	답을 틀리게 쓴 경우

2 관찰하기 전에 남쪽을 중심으로 주변 건물이나 나무를 그리는 까닭은 달의 위치를 정확히 기록하기 위함입니다.

채점 기준

주변 건물이나 나무 등을 표시하는 내용이 포함되면 정답으로 합니다.

3 천체 관측 프로그램에서 달의 모양을 자세히 보기 위해서는 달을 선택하고 확대하면 선택된 달을 중심으로 점점 화면이 확대되어 달을 자세하게 볼 수 있습니다.

채점 기준

달을 선택하고 확대한다는 내용이 들어가면 정답으로 합니다.

4 (1) 음력 7~8일 무렵에는 상현달이 뜹니다.

(2) 달은 초승달, 상현달, 보름달의 순으로 뜨고, 달은 서쪽에서 동쪽으로 이동하기 때문에 상현달이 뜨는 위치는 초승달과 보름달의 중간 부근입니다.

채점 기준

상	상현달을 쓰고, 음력 7~8일 무렵에 뜨는 달의 위치와 그렇게 생각한 까닭을 정확히 쓴 경우
중	상현달을 쓰고, 음력 7~8일 무렵에 뜨는 달의 위치를 알고 있으나 그렇게 생각한 까닭을 정확히 쓰지 못한 경우
하	답을 틀리게 쓴 경우

대단원 마무리

51~54쪽

01 ⑤ **02** 예 나침반으로 방위를 확인하고 남쪽을 향해 선다. **03** ① **04** (2) ○ **05** ⑤ **06** 자전 **07** 하루 **08** 낮 **09** ㉡, ㉢ **10** ④ **11** 지구의 자전 **12** ③ **13** ⑤ **14** ㉢, ㉣ **15** ③ **16** 여름 **17** ⑤ **18** ㈑ **19** 달라진다 **20** ㈎ **21** 예 ㈏ 위치에서 오리온자리는 전등(태양)과 같은 방향에 있으므로 전등(태양) 빛 때문에 볼 수 없다. **22** 공전 **23** ③ **24** ③ **25** 예 여러 날 동안 달은 서쪽에서 동쪽으로 움직인다.

01 태양과 달은 동쪽 하늘에서 떠서 남쪽 하늘을 거칠 때까지 점점 높아집니다. 남쪽 하늘의 중앙을 지나면 점점 낮아져서 서쪽 하늘로 집니다.

02 관찰 장소를 정했으면 나침반을 이용하여 남쪽이 어디인지를 파악해야 합니다.

채점 기준

방위를 확인하는 방법을 정확히 알고 쓴 경우 정답으로 합니다.

03 하루 동안 달은 동쪽에서 서쪽으로 이동합니다.

04 관찰자 모형에게 전등은 동쪽에서 서쪽으로 움직이는 것처럼 보입니다.

05 지구는 자전축을 중심으로 하루에 한 바퀴씩 서쪽에서 동쪽으로 회전합니다.

06 지구가 자전하기 때문에 하루 동안 태양은 지구 자전 방향의 반대 방향으로 움직이는 것처럼 보입니다.

07 지구의 자전으로 태양과 달은 하루 동안 동쪽에서 서쪽으로 이동하는 것처럼 보입니다.

08 동쪽에서 태양이 떠오르면 낮이 시작되고 태양이 서쪽으로 완전히 지면 밤이 시작됩니다.

09 지구가 ㈎와 같은 위치에 있을 때 우리나라는 낮입니다. 낮에는 하늘에 태양이 있고, 밝아서 불이 필요 없습니다. 또 일을 하는 사람들이 많습니다.

10 지구가 (나)와 같은 위치에 있을 때 우리나라는 태양 빛이 비치지 않는 밤입니다.

11 하루 동안 낮과 밤이 한 번씩 번갈아 가며 반복되는 것은 지구의 자전과 관련이 있습니다.

12 하루 동안의 달과 태양의 움직임이나 낮과 밤이 생기는 현상은 지구의 자전과 관련이 있습니다.

13 계절의 대표적인 별자리는 각 계절에 오랜 시간 밤하늘에서 관찰할 수 있는 별자리를 의미합니다.

14 가을의 대표적인 별자리는 안드로메다자리, 페가수스자리, 물고기자리입니다.

15 봄과 가을의 별자리를 비교하면 별자리가 달라졌음을 알 수 있습니다. 이것으로 계절에 따라 볼 수 있는 별자리가 달라진다는 것을 알 수 있습니다.

16 문제 속 밤하늘 모습에서는 봄의 밤하늘에서 보이던 목동자리, 사자자리, 처녀자리가 서쪽으로 이동했고, 동쪽에 있던 별자리(백조자리, 거문고자리, 독수리자리)가 가을 밤하늘에서는 서쪽으로 이동했습니다. 이를 통해 봄과 가을 사이의 계절인 여름이라는 것을 알 수 있습니다.

17 ① 지구의는 지구를 나타냅니다.
② 관찰자 모형에게 전등의 반대 방향의 모습이 잘 보입니다.
③ 우리나라가 한밤이 되도록 지구의를 돌립니다.
④ 관찰자 모형이 전등의 반대 방향을 향하도록 돌려야 합니다.
⑤ 각 위치에 따라 관찰자 모형에게 보이는 교실의 모습이 다릅니다.

18 전등의 반대 방향이 창가를 향하고 있는 (라)에서 그림과 같은 모습이 보입니다.

19 이 실험은 지구의와 전등을 이용하여 일 년 동안 지구의 움직임과 우리나라가 한밤일 때 관찰자 모형에게 잘 보이는 교실 모습의 변화를 알아보는 실험입니다.

20 한밤일 때 사자자리를 볼 수 있는 위치는 (가)입니다.

21 지구의 상황에서 (나) 위치에 있는 경우, 태양과 같은 방향에 있는 오리온자리는 태양의 빛이 너무 밝아 볼 수 없습니다.

채점 기준
오리온자리가 태양과 같은 방향에 있어 태양 빛이 밝아서 볼 수 없다는 내용을 포함한 경우 정답으로 합니다.

22 지구의 공전으로 지구의 위치가 바뀌면서 지구에서 볼 수 있는 계절별 별자리가 달라집니다.

23 (가)에는 상현달이 들어가고, (나)에는 하현달이 들어가야 합니다. 상현달은 오른쪽 부분이 밝은 반원 형태의 달이고, 하현달은 왼쪽 부분이 밝은 반원 형태의 달입니다.

24 음력 15일 무렵에는 보름달이 뜹니다.

25 여러 날 동안 달의 위치는 서쪽에서 동쪽으로 점점 이동하는 것을 알 수 있습니다.

채점 기준
달이 서쪽에서 동쪽으로 움직인다고 정확히 쓴 경우 정답으로 합니다.

수행 평가 미리 보기 55쪽

1 (1) 태양과 달은 모두 동쪽 하늘에서 떠서 남쪽 하늘의 중앙에 거칠 때까지 점점 높아지다가 점점 낮아져 서쪽 하늘로 진다. (2) ⓔ 지구의가 서쪽에서 동쪽으로 회전하면 지구의 위에 있는 관찰자 모형에게 전등이 동쪽에서 서쪽으로 움직이는 것처럼 보인다. **2** (1) 해설 참조 (2) ⓔ 지구가 자전하면서 태양의 빛이 비치는 곳과 비치지 않는 곳이 생긴다. 태양의 빛을 받는 곳은 낮이 되고, 빛을 받지 못하는 곳은 밤이 된다.

1 (1) 하루 동안 태양과 달의 위치 변화는 모두 지구의 자전과 관련이 있습니다. 지구가 자전하는 방향의 반대 방향인 동쪽에서 서쪽으로 움직이는 것처럼 보입니다. 높이는 남쪽 하늘의 중앙을 거칠 때까지는 점점 높아지고, 이후에는 점점 낮아집니다.

(2) 실험에서 전등은 움직이지 않고 지구의와 지구의 위에 있는 관찰자 모형이 움직입니다. 지구의가 움직이는 방향의 반대 방향으로 전등이 움직이는 것처럼 보입니다.

2 (1) 전등 빛이 비치는 곳이 낮이고, 전등 빛이 비치지 않는 곳이 밤입니다.

	기호	특징(한 가지 이상)
낮	(가)	• 밝아서 불이 필요 없다. • 사람들이 주로 일을 한다. • 태양이 하늘에 있다.
밤	(나)	• 어두워서 불이 필요하다. • 사람들이 주로 집에서 쉰다. • 태양이 하늘에 없다.

(2) 지구가 자전을 하면 태양의 빛이 비치는 곳과 빛이 비치지 않는 곳이 생기게 되는데, 빛이 비치는 곳이 낮이고, 빛이 비치지 않는 곳이 밤이 됩니다.

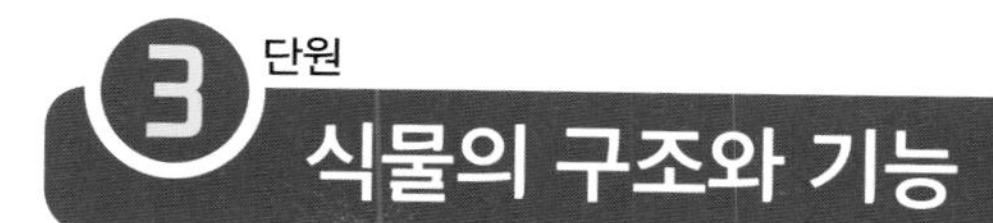

3 단원 식물의 구조와 기능

(1) 뿌리, 줄기, 잎

탐구 문제 63쪽

1 ④ 2 잎

1 잎에 도달한 물의 이동을 알아보는 실험에서는 모종에 있는 잎의 유무만 다르게 한 뒤 비닐봉지 안에 물이 생기는 양을 비교합니다.

2 뿌리에서 흡수한 물은 줄기를 거쳐 잎에 도달합니다. 잎에 도달한 물은 기공을 통해 식물의 밖으로 나옵니다.

핵심 개념 문제 64~67쪽

01 ㉠ 조동, ㉡ 미동 02 ㉢, ㉡, ㉠ 03 ① 04 세포벽
05 (1) × (2) ○ (3) × 06 ③ 07 흡수 기능 08 ⑤
09 ② 10 ㉡, ㉣ 11 물 12 ⑤ 13 ③ 14 광합성
15 ② 16 ②

01 광학 현미경을 사용하여 세포를 관찰할 때는 조동 나사로 재물대를 천천히 내리면서 접안렌즈로 관찰할 세포를 찾고, 미동 나사로 세포가 뚜렷하게 보이게 조절합니다.

02 양파 표피를 벗겨 받침 유리에 놓고 물을 한 방울 떨어뜨린 뒤에 덮개 유리를 덮어 공기가 들어가지 않도록 합니다. 그리고 염색액을 한쪽 끝에서 흘려 보내고 반대쪽에서 거름종이로 물과 염색액을 흡수하면 표본이 완성됩니다.

03 ① 모든 생물은 세포로 이루어져 있습니다.
② 대부분의 세포는 크기가 매우 작아 맨눈으로 보기 어렵습니다.
③ 핵은 각종 유전 정보를 포함하고 있습니다.
④ 동물 세포는 세포벽이 없습니다.

⑤ 세포막은 세포 내부와 외부를 드나드는 물질의 출입을 조절합니다.

04 세포벽은 식물 세포에서 관찰할 수 있으나, 동물 세포에는 세포벽이 없습니다.

05 뿌리는 생김새에 따라 굵고 곧은 뿌리 주변으로 가는 뿌리들이 나 있는 것과 굵기가 비슷한 여러 가닥의 뿌리가 수염처럼 나 있는 것으로 구분합니다.

06 고추는 굵고 곧은 뿌리 주변으로 가는 뿌리들이 나 있습니다. 나머지 식물들은 모두 굵기가 비슷한 여러 가닥의 뿌리가 수염처럼 나 있습니다.

07 식물이 필요한 물이나 양분을 흙 속에서 흡수하는 일을 하는 것을 뿌리의 흡수 기능이라고 합니다.

08 식물의 양분을 뿌리에 보관하는 것은 뿌리의 저장 기능과 관련이 있습니다.

09 ① 주로 물을 흡수하는 일을 하는 것은 뿌리입니다.
② 나무줄기는 보통 곧게 자라며 두꺼운 껍질을 가집니다.
③ 나무줄기는 보통 햇빛을 많이 받을 수 있도록 위로 곧게 자랍니다.
④ 땅속으로 뻗어서 자라는 것은 뿌리입니다.
⑤ 나무의 종류에 따라 껍질의 모양과 무늬가 다릅니다.

10 메꽃과 박주가리는 다른 식물의 줄기를 감고 올라가는 감는줄기를 가집니다. 잔디의 줄기는 기는줄기이고, 소나무의 줄기는 곧은줄기입니다.

11 붉게 물이 든 부분은 뿌리가 흡수한 물이 이동하는 통로입니다.

12 ① 고구마는 뿌리에 양분을 저장하는 식물입니다.
② 흙 속에 있는 물을 흡수하는 것은 뿌리입니다.
③ 땅속 깊이 박혀 식물을 지지하는 것은 뿌리입니다.
④ 줄기는 식물이 쓰러지지 않게 하는 지지 기능을 합니다.
⑤ 뿌리가 흡수한 물은 줄기를 통해 식물 곳곳으로 이동할 수 있습니다.

13 아이오딘 – 아이오딘화 칼륨 용액은 녹말과 만나면 청람색으로 변하는 특성이 있습니다.

14 식물이 빛을 이용하여 물과 이산화 탄소로 필요한 양분을 만드는 것을 광합성이라고 합니다.

15 증산 작용과 관련한 실험으로 잎의 유무에 따라 비닐봉지 안쪽에 생기는 물의 양을 확인합니다.

16 잎의 광합성에 사용되고 남은 물은 기공을 통해 식물 몸의 밖으로 빠져나갑니다.

중단원 **실전 문제** 68~71쪽

01 ③ 02 ③ 03 예 세포의 크기가 눈에 보이지 않을 정도로 매우 작으므로 작은 것을 확대하여 보여 주는 광학 현미경을 사용한다. 04 ㉠, ㉡ 05 ① 06 ⑤ 07 ㉡ 08 ② 09 (가), 예 뿌리를 자르지 않은 양파는 물을 흡수하지만, 뿌리를 자른 양파는 물을 거의 흡수하지 못하기 때문이다. 10 저장 기능 11 ① 12 ③ 13 ④ 14 ① 15 ① 16 예 붉게 물이 든 부분은 물이 이동한 통로이다. 17 (나) 18 ② 19 ㉡, ㉢, ㉤ 20 ③ 21 ① 22 ② 23 예 뿌리에서 흡수한 물이 잎을 통해 식물 밖으로 빠져나갔기 때문이다. 24 ①

01 모든 생물은 세포로 이루어져 있습니다. 세포의 크기와 모양은 다양하고, 이에 따라 하는 일도 다릅니다.

02 양파 안쪽에서 벗겨 낸 표피를 받침 유리에 올리고 물을 떨어뜨립니다. 이후에 덮개 유리를 덮고, 염색액을 한쪽 끝에서 흘려 보냅니다. 거름종이를 다른 한쪽 끝에 대어 물과 염색액을 흡수하면 표본이 완성됩니다.

03 대부분의 세포는 크기가 매우 작습니다. 따라서 눈이나 돋보기로 관찰이 어렵습니다. 현미경은 아주 작은 것도 크게 확대하여 볼 수 있도록 도와주는 기구입니다.

채점 기준

작은 것을 확대하여 보여 준다는 의미를 포함하고 있으면 정답으로 합니다.

04 동물 세포에서는 세포벽을 관찰할 수 없습니다.

05 ㉠은 핵으로 각종 유전 정보를 포함하고 있으며, 생명 활동을 조절합니다.

06 그림과 같이 굵기가 비슷한 여러 가닥의 뿌리가 수염처럼 난 형태를 가진 식물은 강아지풀입니다. 나머지 식물들은 모두 굵고 곧은 뿌리 주변으로 가는 뿌리들이 나 있는 형태의 뿌리를 가지고 있습니다.

07 파는 굵기가 비슷한 여러 가닥의 뿌리가 수염처럼 난 형태를 가진 식물입니다. 이와 같은 형태의 뿌리는 ㉡입니다.

08 뿌리의 유무에 따라 각 컵에서 줄어든 물의 양을 비교하는 실험입니다. 실험 결과를 통해 뿌리의 흡수 기능을 확인할 수 있습니다.

09 뿌리는 물을 흡수하는 기능을 합니다. 뿌리를 자른 양파는 뿌리가 없어 물을 거의 흡수하지 못합니다.

채점 기준

상	기호와 까닭을 모두 옳게 쓴 경우
중	기호와 까닭 중 한 가지만 옳게 쓴 경우
하	답을 틀리게 쓴 경우

10 뿌리에 양분을 저장하는 것을 뿌리의 저장 기능이라고 합니다.

11 해바라기의 줄기는 위로 곧게 자랍니다. 이런 형태의 줄기를 곧은줄기라고 합니다.

12 딸기의 줄기는 땅 위를 기면서 뻗어 나가며 줄기 마디에서 뿌리가 자랍니다. 감자와 마늘의 줄기는 저장 줄기, 나팔꽃의 줄기는 감는줄기, 소나무의 줄기는 곧은줄기입니다.

13 메꽃의 줄기는 다른 식물의 줄기를 감고 높은 곳으로 올라갑니다. 메꽃과 같은 형태의 줄기를 가진 식물에는 나팔꽃, 박주가리 등이 있습니다. 봉선화, 느티나무, 해바라기의 줄기는 곧은줄기이고, 토끼풀의 줄기는 기는줄기입니다.

14 부착뿌리를 가지는 식물의 줄기는 담쟁이덩굴의 줄기와 같이 벽 등에 붙는 형태입니다.

15 줄기의 지지 기능은 줄기가 꼿꼿하게 서 있게 합니다.

16 붉은 색소 물에 넣어 둔 백합 줄기를 잘라 보면 붉은 색소 물이 든 부분이 보입니다. 이는 뿌리가 흡수한 물이 줄기를 통해 이동하는 모습을 보여 줍니다. 줄기가 물의 이동 통로의 역할을 하는 것을 알 수 있습니다.

채점 기준

물의 이동 통로라는 의미를 포함하고 있으면 정답으로 합니다.

17 빛을 받은 잎에서는 광합성이 일어나 양분(녹말)이 만들어져 아이오딘-아이오딘화 칼륨 용액을 떨어뜨리면 청람색으로 변합니다.

18 빛을 받은 잎에서는 광합성을 하여 양분(녹말)을 만듭니다. 아이오딘-아이오딘화 칼륨 용액을 잎에 떨어뜨려 양분(녹말)이 만들어졌는지를 확인할 수 있습니다.

19 식물은 햇빛을 이용하여 물과 이산화 탄소로 양분을 만드는데, 이를 광합성이라고 합니다.

20 녹말과 아이오딘-아이오딘화 칼륨 용액이 만나면 청람색으로 변합니다.

21 식물은 광합성을 하여 살아가는 데 필요한 양분을 만듭니다.

22 실험에서는 잎이 있는 모종과 잎이 없는 모종을 사용합니다. 잎의 유무에 따라 실험 결과의 차이점을 확인하려는 실험입니다. 잎의 유무 외에 나머지 조건은 모두 같게 해야 합니다.

23 뿌리에서 흡수한 물은 잎에서 광합성에 사용되고, 나머지는 기공을 통해 식물 밖으로 빠져나갑니다. 따라서 잎이 있는 식물에서 물이 더 많이 빠져나가므로 잎이 있는 식물을 싼 비닐봉지 안에 물이 많이 생깁니다.

채점 기준

상	잎이 하는 일을 증산 작용과 관련지어 정확히 쓴 경우
중	잎이 하는 일을 증산 작용과 관련지어 정확히 쓰지 못한 경우
하	답을 틀리게 쓴 경우

24 증산 작용은 잎에서 주로 일어나며, 식물의 온도를 조절하고 물을 식물의 꼭대기까지 끌어올릴 수 있도록 돕습니다.

서술형·논술형 평가 돋보기

72~73쪽

연습 문제

1 (1) ㉠ 핵, ㉡ 세포벽, ㉢ 세포막 (2) (나) (3) 세포벽 **2** (1) 줄기 (2) 줄기, 저장 기능

실전 문제

1 (1) 예 (가)의 뿌리는 굵고 곧은 뿌리 주변으로 가는 뿌리들이 나 있고, (나)의 뿌리는 굵기가 비슷한 여러 가닥의 뿌리가 수염처럼 나 있다. (2) (가) 예 우엉, 당근 등 (나) 예 잔디, 양파 등 **2** 예 뿌리가 땅과 만나는 표면적을 넓혀 주어 물을 더 잘 흡수하도록 돕는다. **3** (1) 감는줄기 (2) 예 줄기가 높이 자라거나 다른 물건을 감고 오르면 식물은 햇빛을 더 많이 받을 수 있다. **4** (1) 잎 (2) 예 기공, 잎에 도달한 물을 식물 밖으로 내보낸다.

연습 문제

1 (1) (가)는 식물 세포이고, (나)는 동물 세포입니다. 세포벽은 식물 세포에서만 볼 수 있으며, 세포막은 세포 내부와 외부를 드나드는 물질의 출입을 조절합니다. 세포 안쪽에 있는 핵은 각종 유전 정보를 포함하고 있고 생명 활동을 조절합니다.

(2) 고양이는 동물이기 때문에 (나)와 같은 형태의 세포로 몸이 구성되어 있습니다.

(3) 세포벽은 동물 세포에서는 볼 수 없고, 식물 세포에서 관찰할 수 있습니다.

2 (1) 마늘과 감자는 줄기에 양분을 저장하고 있어 줄기가 크고 굵습니다.

(2) 마늘과 감자는 줄기에 양분을 저장합니다. 줄기의 여러 가지 기능 중에 이처럼 양분을 저장하는 기능을 줄기의 저장 기능이라고 합니다.

실전 문제

1 (1) (가)의 뿌리는 굵고 곧은 뿌리 주변으로 가는 뿌리들이 나 있습니다. (나)의 뿌리는 비슷한 굵기의 여러 가닥의 뿌리가 수염처럼 나 있습니다.

(2) 고추, 무, 우엉, 당근 등은 굵고 곧은 뿌리 주변으로 가는 뿌리들이 나 있는 모양이고, 파, 강아지풀, 잔디 등은 비슷한 굵기의 여러 가닥의 뿌리가 수염처럼 나 있는 모양입니다.

채점 기준

(가)와 (나)의 뿌리 생김새를 모두 설명하고, 식물의 예를 한 가지씩 더 제시해야 정답으로 합니다.

2 뿌리털은 식물의 뿌리에서 볼 수 있고, 뿌리가 땅과 만나는 표면적을 넓혀 주는 역할을 하여 물을 더 잘 흡수하도록 돕습니다.

채점 기준

표면적을 넓혀 준다는 의미를 포함하고 있으면 정답으로 인정합니다.

3 (1) 줄기가 다른 식물의 줄기를 감고 올라가는 형태는 감는줄기입니다.

(2) 줄기가 다른 식물을 감고 높이 오르면 햇빛을 잘 볼 수 있어 광합성을 하기 좋으므로 식물이 더 잘 자랄 수 있습니다.

채점 기준

상	감는줄기를 정확히 쓰고, 감고 올라가면 좋은 점을 제시한 경우
중	감는줄기를 정확히 썼으나, 감고 올라가면 좋은 점을 적절히 제시하지 못한 경우
하	답을 틀리게 쓴 경우

4 (1) 기공은 잎의 표면에서 주로 볼 수 있습니다.

(2) ㉠은 기공입니다. 기공을 통해 잎에 도달한 물이 식물 밖으로 빠져나갑니다.

채점 기준

상	기공이 주로 잎의 표면에서 관찰됨을 알고, 기공의 역할을 정확히 제시한 경우
중	기공이 주로 잎의 표면에서 관찰됨을 알고 있으나, 기공의 역할을 잘 알지 못한 경우
하	답을 틀리게 쓴 경우

(2) 꽃과 열매

탐구 문제 77쪽

1 잎 2 (2) ○

1 잎은 빛을 이용하여 물과 이산화 탄소로 식물에 필요한 양분을 만드는 광합성을 합니다. 잎은 광합성에 물을 사용하고 남은 물은 기공을 통해 식물 밖으로 내보냅니다.

2 비가 오는 날에는 뿌리에서 흡수하는 물의 양을 줄이고, 잎에서는 광합성을 적게 하며, 잎 밖으로 내보내는 물의 양을 줄입니다.

핵심 개념 문제 78~81쪽

01 ① 02 나팔꽃 03 ① 04 ② 05 ㉠ 06 ③ 07 우주 08 ㉢ 09 ① 10 ㉠, ㉣, ㉢, ㉡ 11 ① 12 씨방 13 생김새 14 ③ 15 ㉠, ㉢, ㉡ 16 ⑤

01 ① 꽃의 크기와 모양은 다양합니다.
② 모든 꽃이 주머니 모양을 하고 있지 않습니다. 시계나 새 모양 등 꽃은 식물의 종류에 따라 다양한 모양을 합니다.
③ 꽃의 종류에 따라 꽃잎의 수는 다양합니다.
④ 꽃은 새 모양, 시계 모양 등 다양합니다.
⑤ 모든 꽃의 꽃잎이 갈라져 있는 것은 아닙니다.

02 나팔꽃은 꽃잎 전체가 하나로 붙어 있습니다. 벚꽃의 꽃잎은 장미꽃처럼 밑동 부분이 갈라져 하나씩 떼어 낼 수 있습니다.

03 대부분의 꽃은 수술, 암술, 꽃잎, 꽃받침으로 구성됩니다. 잎맥은 잎에서 볼 수 있습니다.

04 ① 사과꽃에는 암술과 수술이 모두 있습니다.
② 꽃 중에는 암술, 수술, 꽃잎, 꽃받침 중 일부가 없는 꽃도 있습니다.
③ 수세미오이꽃의 암꽃에는 수술이 없고, 암술이 있습니다.
④ 사과꽃은 모든 구조를 갖춘 꽃이지만, 수세미오이꽃은 암술이나 수술 중 하나가 없습니다.
⑤ 암술과 수술이 모두 있는 꽃도 있고, 그렇지 않은 꽃도 있습니다.

05 암술에는 밑씨가 들어 있고, 암술의 머리 부분에서는 수술의 꽃가루를 받아들입니다.

06 꽃잎은 곤충을 유인하고 암술과 수술을 보호하는 역할을 합니다. 꽃가루를 만드는 것은 수술입니다.

07 풍매화, 수매화, 충매화, 조매화는 모두 꽃가루받이가 어떻게 이루어지는지에 따라 꽃을 구분한 것입니다.

08 조매화는 새에 의해 꽃가루가 옮겨지고, 수매화는 물에 의해 꽃가루가 옮겨지며, 풍매화는 바람에 의해 꽃가루가 옮겨지고, 충매화는 곤충에 의해 꽃가루가 옮겨집니다. 소나무는 바람에 의해 꽃가루가 옮겨지는 풍매화입니다.

09 꽃가루받이가 이루어지면 꽃의 암술에 씨가 생깁니다. 씨가 자라면서 주변의 암술이나 꽃받침 등이 함께 자라 열매가 됩니다.

10 꽃가루받이가 이루어지면 씨가 생겨서 자랍니다. 그리고 암술이나 꽃받침 등이 함께 자라면서 열매가 됩니다. 열매는 점점 커집니다.

11 암술과 수술은 꽃에 있는 구조입니다. 열매는 씨와 씨를 둘러싼 껍질로 되어 있으며, 식물의 종류에 따라 생김새가 다양합니다. 열매는 어린 씨를 보호하며, 다 익은 씨를 멀리 퍼뜨리는 역할을 합니다.

12 씨를 둘러싼 부분 중 ㉠은 씨방입니다.

13 열매의 생김새에 따라 씨를 퍼뜨리는 방법이 다양합니다.

14 봉선화와 제비꽃은 열매껍질이 터지면서 씨가 사방으로 퍼집니다. 벚나무는 동물에게 먹혀서 씨가 퍼지고, 도꼬마리는 동물의 털 등에 붙어서 씨가 멀리 퍼집니다. 단풍나무의 씨는 날개가 있어 바람을 이용하여 퍼집니다. 상수리나무의 열매인 도토리는 청설모 등의 동물이 땅에 저장한 뒤 찾지 못한 것에서 싹이 틉니다.

15 식물의 역할놀이를 할 때는 먼저 식물의 각 부분이 하는 일을 확인한 뒤에 상황에 따라 각 부분이 하는 일이 어떻게 달라지는지 생각합니다. 그리고 대본과 소품을 준비합니다.

16 ⑤ 비가 오는 날 잎에서는 햇빛이 충분하지 않아 평소보다 양분을 적게 만듭니다.

중단원 실전 문제

82~85쪽

01 ④ 02 (1) – ㉡ (2) – ㉠ (3) – ㉢ 03 ② 04 ④ 05 ③ 06 예 메꽃의 꽃잎은 전체가 붙어 있지만, 벚꽃의 꽃잎은 밑동 부분이 갈라져 있다. 07 ④ 08 ③ 09 충매화 10 ⑤ 11 ④ 12 예 꿀벌통에 있는 꿀벌들이 딸기의 꽃가루받이를 돕기 때문이다. 13 ② 14 ㉠, ㉡, ㉢ 15 ㉠ 씨방, ㉡ 씨 16 ④ 17 ④ 18 예 열매껍질이 터지면서 씨가 멀리 튀어 나간다. 19 갈고리 20 ② 21 ㉠, ㉢ 22 ② 23 (1) – ㉢ (2) – ㉡ (3) – ㉣ (4) – ㉠ 24 열매

01 ① 나팔꽃, 메꽃처럼 꽃잎이 갈라져 있지 않은 꽃도 있습니다.
② 꽃의 종류에 따라 암술이나 수술 일부만 있는 경우가 있습니다. 수세미오이꽃의 경우 암꽃과 수꽃으로 구분되며 암꽃에는 암술만 있고, 수꽃에는 수술만 있습니다.
③ 꽃의 크기는 다양하며, 동남아시아에 서식하는 라플레시아꽃의 크기는 1 m가 넘기도 합니다.
④ 꽃의 모양은 주머니 모양, 새 모양 등 다양합니다.
⑤ 꽃의 주요 역할은 씨를 만드는 일입니다. 물이나 양분을 흡수하는 역할을 하는 것은 뿌리입니다.

02 ㈎는 암술, ㈏는 수술, ㈐는 꽃받침입니다.

03 ㈐는 꽃받침으로 꽃잎을 받치고 보호하는 역할을 합니다. ㈎는 암술로 씨가 될 밑씨가 있고, 꽃가루받이가 이루어지는 곳입니다. ㈏는 수술로 꽃가루를 만드는 역할을 합니다. 암술과 수술을 보호하는 역할은 꽃잎이 합니다.

04 수세미오이의 수꽃에서는 암술을 볼 수 없습니다. 암술은 수세미오이의 암꽃에서 볼 수 있습니다.

05 암술이 수술에서 만든 꽃가루를 받는 것을 꽃가루받이 또는 수분이라고 합니다.

06 메꽃은 꽃잎 전체가 하나로 붙어 있지만, 벚꽃의 꽃잎은 밑동 부분이 갈라져 있어 꽃잎을 하나씩 떼어 낼 수 있습니다.

채점 기준

꽃잎의 전체적인 생김새나 꽃잎의 개수 등 생김새와 관련지어 바르게 비교한 경우 정답으로 합니다.

07 꽃가루가 암술의 머리 부분에 옮겨지는 것을 나타낸 그림입니다. ㉠은 암술이고, ㉡은 수술에서 만든 꽃가루입니다. 이 과정을 꽃가루받이 또는 수분이라고 합니다. 꽃가루받이 이후에는 암술에서 씨가 생겨 자랍니다.

08 꽃가루받이는 암술이 꽃가루를 받는 과정을 말하며, ㉠은 암술이고, ㉡은 꽃가루입니다.

09 꽃가루받이 방법에 따라 조매화, 충매화, 수매화, 풍매화로 구분합니다. 그중에서 곤충에 의해 꽃가루받이가 이루어지는 꽃을 충매화라고 합니다.

10 옥수수와 벼는 바람에 의해 꽃가루가 옮겨지고, 검정말은 물에 의해 꽃가루받이가 이루어집니다. 국화는 곤충에 의해 꽃가루받이가 이루어지며, 동백나무는 동박새에 의해 꽃가루받이가 이루어집니다.

11 벼는 꽃가루가 바람에 날려 암술로 옮겨지는 풍매화입니다. 풍매화는 곤충을 유인할 필요가 없으므로 꽃잎을 만들지 않는 대신 많은 양의 꽃가루를 만듭니다.

12 온실에서 꽃을 키우고 열매를 얻기 위해서는 꽃가루받이가 필요합니다. 딸기는 충매화로 꽃가루를 옮겨 줄 곤충이 필요합니다. 이 때문에 딸기를 키우는 농가에서는 온실에 꿀벌통을 두어 꿀벌이 딸기꽃의 꽃가루받이를 돕도록 합니다.

채점 기준

꿀벌이 딸기꽃의 꽃가루받이를 돕는다는 내용을 포함하고 있으면 정답으로 합니다.

13 ① 식물의 종류에 따라 열매에 들어 있는 씨의 개수는 다양합니다.
② 열매는 어린 씨를 보호하는 역할을 합니다.
③ 열매는 익은 씨를 멀리 퍼뜨리는 역할을 합니다.
④ 열매는 씨와 씨를 둘러싼 껍질로 되어 있습니다.
⑤ 식물의 종류에 따라 열매의 생김새는 다릅니다.

14 꽃가루받이가 이루어지면 암술 속에서 씨가 생겨 자랍니다. 씨 주변의 암술, 꽃받침 등이 함께 자라면서 열매가 됩니다.

15 ㉡은 씨이고, ㉠은 씨를 둘러싸는 씨방입니다.

16 열매는 익은 씨를 멀리 퍼뜨리는 역할을 합니다. 씨를 퍼뜨리는 방법은 열매의 생김새에 따라 다양합니다.

17 단풍나무는 씨에 날개가 있어 바람을 이용하여 씨를 퍼뜨립니다.

18 사진 속 식물은 봉선화로 봉선화는 열매껍질이 터지면서 씨를 멀리 날려 보냅니다. 익은 열매에 손을 살짝 대면 껍질이 말리면서 스프링처럼 씨를 멀리 튕겨 냅니다.

채점 기준

열매껍질이 터진다는 내용을 포함하고 있으면 정답으로 합니다.

19 도꼬마리와 우엉은 씨에 갈고리가 있습니다. 이 갈고리는 동물의 털이나 사람의 옷에 잘 붙을 수 있게 하여 씨를 멀리 퍼뜨립니다.

20 ㈎는 박주가리의 씨이고, ㈏는 소나무의 씨입니다. 박주가리 씨에는 가벼운 솜털이 있어 바람에 날려서 퍼집니다. 소나무의 씨에는 날개가 있어 바람을 이용하여 멀리 퍼집니다. 두 식물의 씨는 모두 바람을 이용하여 멀리 퍼집니다. 과일 냄새를 풍기는 것은 동물을 이용하여 씨를 멀리 퍼뜨리는 식물에 대한 설명으로 박주가리와 소나무가 씨를 퍼뜨리는 방법과는 관련이 없습니다.

21 물에 떠서 씨를 퍼뜨리는 식물에는 연꽃, 코코야자 등이 있습니다. 겨우살이는 동물에게 먹혀 씨를 퍼뜨리고, 가죽나무는 바람에 날려 씨를 퍼뜨립니다.

22 소나무는 바람을 이용하여 씨를 퍼뜨리고, 잣나무는 다람쥐와 같은 동물이 땅속에 저장한 뒤에 찾지 못한 것이 싹이 트는 방법으로 씨를 퍼뜨립니다.

23 맑은 날에 꽃은 꿀과 꽃가루를 만들고, 잎은 물을 사용하여 광합성을 하여 필요한 양분을 얻습니다. 줄기는 뿌리에서 흡수한 물을 식물 곳곳에 전달합니다.

24 열매는 두꺼운 껍질이 있어 어린 씨를 보호하는 일을 합니다.

서술형·논술형 평가 돋보기 86~87쪽

연습 문제

1 (1) 암술 (2) 씨 2 (1) 씨, 껍질 (2) 보호, 멀리

실전 문제

1 (1) 꽃 (2) 예 꽃의 모양이 다양하다. 2 (1) 예 꽃가루가 새에 의해 옮겨진다. (2) 조매화 3 (1) 예 동물에게 먹힌 뒤에 씨가 똥과 함께 나와 퍼진다. (2) 예 사과, 딸기, 수박, 벚나무, 겨우살이, 참외 등 4 (1) 가벼운 솜털이 있다. (2) 예 가벼운 솜털을 이용하여 바람에 날려서 퍼진다.

연습 문제

1 (1) ㈎는 수세미오이의 수꽃이고, ㈏는 사과꽃입니다. 수세미오이꽃의 수꽃에는 암술이 없습니다.
(2) 꽃의 모양과 크기는 다양합니다. 하지만 씨를 만드는 일을 한다는 점은 비슷합니다.

2 (1) 열매는 씨와 씨를 둘러싼 껍질 부분으로 되어 있습니다.
(2) 씨를 둘러싼 씨방과 껍질은 씨를 보호합니다. 씨와 씨를 둘러싼 부분으로 된 사과는 동물에게 먹힌 뒤에 씨가 똥과 함께 나와 멀리 퍼집니다.

실전 문제

1 (1) 제시된 사진은 모두 식물의 꽃 부분을 잘 보여 줍니다.

(2) 꽃의 모양은 주머니 모양, 새 모양, 시계 모양 등 다양합니다.

채점 기준	
상	사진에서 보여 주는 공통된 식물의 구조를 정확히 쓰고, 그 특징을 함께 쓴 경우
중	사진에서 보여 주는 공통된 식물의 구조를 정확히 썼으나, 특징을 적절히 제시하지 못한 경우
하	답을 틀리게 쓴 경우

2 (1) 동백꽃의 꽃가루받이는 동박새에 의해 이루어집니다.
(2) 동박새와 같이 새를 이용하여 꽃가루받이가 일어나는 식물을 조매화라고 합니다.

채점 기준	
상	동백꽃의 꽃가루받이의 방법과 조매화를 정확히 쓴 경우
중	동백꽃의 꽃가루받이의 방법과 조매화 중 하나만 정확히 쓴 경우
하	답을 틀리게 쓴 경우

3 (1) 사진은 배입니다. 배의 열매는 동물에게 먹힌 뒤에 씨가 똥과 함께 나와 퍼집니다.
(2) 동물에 의해 씨를 퍼뜨리는 식물의 열매에는 당분과 수분이 많이 있습니다. 사과, 딸기, 수박과 같이 열매에 당분과 수분이 많은 식물은 주로 (1)번과 같은 방법으로 씨를 퍼뜨립니다.

채점 기준

열매가 동물에게 먹히고 이 과정을 통해 씨를 멀리까지 퍼뜨릴 수 있다는 내용이 들어 있고 식물의 예를 제시했다면 정답으로 합니다.

4 (1) 박주가리와 버드나무의 씨에는 모두 가벼운 솜털이 있습니다.
(2) 두 식물은 가벼운 솜털을 이용하여 바람에 날려서 퍼집니다.

채점 기준	
상	두 식물의 씨의 생김새의 공통점을 제시하고, 씨를 퍼뜨리는 방법을 정확히 제시한 경우
중	두 식물의 씨의 생김새의 공통점 또는 씨를 퍼뜨리는 방법 중 한 가지만 정확히 제시한 경우
하	답을 틀리게 쓴 경우

대단원 마무리

89~92쪽

01 세포 **02** (1) 동물 (2) 그림에 있는 세포의 형태를 보면 세포벽이 없다. 이를 통해 동물의 세포임을 알 수 있다. **03** ⑤ **04** (나) **05** ⑤ **06** ③ **07** 지지 기능 **08** ③ **09** (1) (가) (2) 예 뿌리를 자르지 않은 양파는 물을 흡수했지만, 뿌리를 자른 양파는 물을 거의 흡수하지 못했기 때문이다. **10** ③ **11** ② **12** 기는줄기 **13** ⑤ **14** ① **15** ④ **16** 예 줄기는 물의 이동 통로의 역할을 한다. **17** ③ **18** ② **19** ③ **20** ④ **21** ③ **22** ⑤ **23** ② **24** ③ **25** ③

01 생물은 세포로 구성됩니다. 세포는 대부분 너무 작아 맨눈으로 볼 수 없어 현미경을 사용해야 관찰할 수 있습니다. 세포는 몸에서 어떤 역할을 하는지에 따라 형태가 다르며 식물 세포의 경우에는 핵, 세포막, 세포벽 등으로 이루어져 있습니다.

02 그림에서 보여 주는 세포에는 세포벽이 없습니다. 따라서 동물 세포입니다. 이와 반대로 식물 세포에는 세포벽이 있습니다.

채점 기준

동물과 동물 세포의 특징을 모두 정확히 쓴 경우 정답으로 합니다.

03 세포의 바깥에 위치하며, 식물 세포와 동물 세포에 모두 있는 것은 세포막입니다. 세포막은 내부와 외부를 드나드는 물질의 출입을 조절합니다.

04 사진 속 식물은 강아지풀입니다. 강아지풀의 뿌리는 (나)와 같이 굵기가 비슷한 뿌리가 여러 가닥으로 수염처럼 나 있습니다.

05 우엉의 뿌리는 (가)처럼 굵고 곧은 뿌리 주변으로 가는 뿌리들이 나 있습니다. 나머지 식물들의 뿌리는 (나)처럼 굵기가 비슷한 뿌리가 여러 가닥으로 수염처럼 나 있습니다.

06 마늘은 줄기에 양분을 저장합니다. 따라서 ㉡ 부분은 마늘의 줄기에 해당하고, ㉢ 부분만 뿌리에 해당합니다.

07 식물의 뿌리는 다양한 기능을 합니다. 뿌리는 식물을 땅에 단단히 고정하게 하여 식물이 쓰러지지 않게 하는 지지 기능을 합니다. 또한 뿌리는 식물에게 필요한 물과 양분을 땅속에서 흡수하는 흡수 기능을 합니다. 무, 고구마와 같은 식물은 뿌리에 양분을 저장하기도 하는데, 이를 저장 기능이라고 합니다.

08 뿌리의 흡수 기능을 알아보는 실험에서는 양파 뿌리가 있는 것과 없는 것을 준비하여 두 양파가 물을 흡수하는 정도를 비교합니다. 따라서 양파 뿌리의 유무만 다르게 하고 나머지 조건은 모두 같게 해야 합니다.

09 뿌리는 물을 흡수하는 기능이 있습니다. 따라서 뿌리가 있는 양파가 놓인 ㈎ 컵의 물이 많이 줄어듭니다.

채점 기준

물이 더 많이 줄어든 컵의 기호와 그렇게 생각한 까닭을 뿌리의 흡수 기능과 관련지어 정확히 쓴 경우 정답으로 합니다.

10 뿌리털은 식물의 뿌리에서 볼 수 있는 솜털처럼 가는 것으로 뿌리가 땅과 만나는 표면적을 넓혀 주어 물을 더 잘 흡수하도록 돕습니다.

11 나팔꽃의 줄기는 다른 생물을 감고 높은 곳으로 올라갑니다. 이와 같은 줄기의 형태를 감는줄기라고 합니다.

12 딸기의 줄기는 땅을 기어 넓게 퍼집니다. 이처럼 땅을 기는 줄기를 기는줄기라고 합니다. 기는줄기의 마디에서는 뿌리가 나서 땅에 줄기를 고정할 수 있습니다.

13 감자는 잎에서 만든 양분이 줄기에 저장되어 다른 곳보다 줄기가 크고 두껍습니다.

14 붉은 색소 물에 넣어 둔 백합 줄기를 가로로 잘라 단면을 관찰하면 붉은 점들이 줄기에 퍼져 있는 것을 볼 수 있습니다. 이는 물이 지나가는 통로가 줄기에 있음을 보여 줍니다.

15 붉은 색소 물에 넣어 둔 백합 줄기를 세로로 잘라 단면을 관찰하면 여러 개의 붉은 선을 볼 수 있습니다. 이 선들은 물이 이동한 통로입니다.

16 붉은 색소 물에 넣어 둔 백합 줄기를 가로와 세로로 잘라 단면을 관찰하면 붉은 점들이나 붉은 선을 관찰할 수 있습니다. 이는 뿌리에서 흡수한 물이 줄기를 통해 이동하는 것을 보여 줍니다. 이를 통해 줄기가 물의 이동 통로로서 역할을 한다는 사실을 알 수 있습니다.

채점 기준

줄기가 물의 이동 통로로서의 역할을 한다는 내용을 포함하고 있으면 정답으로 합니다.

17 실험은 아이오딘 – 아이오딘화 칼륨 용액과 녹말의 반응을 확인하는 실험입니다. 이 실험 결과를 통해 빛을 받은 잎에서 양분(녹말)이 만들어졌음을 확인할 수 있습니다.

18 식물은 햇빛을 이용하여 필요한 양분을 만듭니다. 이를 광합성이라고 합니다. 광합성에는 물과 이산화 탄소가 이용됩니다.

19 잎의 기공에서는 물이 식물의 밖으로 빠져나갑니다. 이러한 작용을 증산 작용이라고 합니다. 식물은 뿌리에서 흡수한 물을 광합성에 이용하고 남은 물은 기공을 통해 식물의 밖으로 내보냅니다. 이를 통해 식물의 온도가 조절되고, 뿌리의 물이 식물의 꼭대기까지 올라올 수 있게 됩니다.

20 식물의 꽃의 모양과 크기는 다양하지만, 씨를 만드는 역할을 한다는 점은 비슷합니다. 암술에는 밑씨가 있으며, 꽃잎이 갈라진 꽃도 있고, 갈라지지 않은 꽃도 있습니다. 대부분의 꽃은 암술, 수술, 꽃잎, 꽃받침으로 구성되지만, 수세미오이꽃과 같이 이들 중 일부가 없는 꽃도 있습니다.

21 꽃에서 꽃가루를 만드는 일은 수술이 합니다. 꽃잎을 받치는 역할은 꽃받침이 합니다. 암술은 꽃가루받이가 이루어지는 곳이고, 꽃잎은 곤충을 유인하고, 암술과 수술을 보호하는 역할을 합니다.

22 새에 의해 꽃가루받이가 이루어지는 꽃을 조매화라고 합니다. 바나나와 동백나무는 조매화입니다. 딸기와 배나무, 사과나무는 곤충에 의해 꽃가루받이가 이루어지

고, 소나무는 바람에 의해 꽃가루받이가 이루어집니다.

23 ① 풍매화는 꽃가루가 바람에 의해 옮겨집니다.
② 수매화는 꽃가루가 물에 의해 옮겨집니다.
③ 충매화는 꽃가루가 곤충에 의해 옮겨집니다.
④ 조매화는 꽃가루가 새에 의해 옮겨집니다.
⑤ 홍매화는 매화의 종류 중 하나로 곤충에 의해 꽃가루받이가 이루어지는 꽃입니다. 홍매화는 보통 흰색 꽃잎을 가지는 매화와 달리 꽃잎이 붉은색을 띱니다. 따라서 홍매화는 꽃가루받이의 방법을 나타내는 용어가 아닙니다.

24 열매는 씨와 씨를 둘러싼 껍질로 구성되어 있으며, 씨를 보호합니다. 씨가 다 자라면 열매의 종류에 따라 다양한 방법으로 씨를 멀리 퍼뜨립니다.

25 우엉의 씨에는 갈고리가 있습니다. 이 갈고리는 사람의 옷이나 동물의 털에 씨가 잘 붙을 수 있게 합니다. 우엉의 씨는 사람의 옷이나 동물의 털에 붙어서 멀리 퍼질 수 있습니다.

수행 평가 **미리 보기**

93쪽

1 (1) 해설 참조 (2) 예 줄어든 물의 양이 다른 까닭은 뿌리를 자르지 않은 양파는 물을 흡수했지만, 뿌리를 자른 양파는 물을 거의 흡수하지 못했기 때문이다.
2 (1) 예 비닐봉지 안에 물이 생기는지 확인한다. 두 삼각 플라스크에서 줄어든 물의 양을 비교한다. (2) 예 뿌리에서 흡수한 물이 잎을 통해 식물 밖으로 빠져나갔고, 비닐봉지 안에 물이 생겼다.

1 (1) 뿌리의 흡수 기능을 알아보는 실험에서 다음과 같이 변인을 통제해야 합니다.

다르게 해야 할 조건	같게 해야 할 조건
뿌리의 유무	• 물의 높이 • 양파의 크기 • 컵의 크기 등

(2) 뿌리는 물을 흡수하는 일을 합니다. 따라서 뿌리를 자르지 않은 양파는 물을 흡수할 수 있지만, 뿌리를 잘라 내어 뿌리가 없는 양파는 물을 거의 흡수할 수 없게 됩니다.

2 (1) 잎의 증산 작용을 확인하는 실험입니다. 잎에서는 기공을 통해 식물의 밖으로 물을 내보냅니다. 잎이 있는 경우 잎의 기공에서 수증기가 빠져나가지만 잎이 없는 경우 그렇게 하지 못합니다. 따라서 실험에서는 잎의 유무에 따라 식물에서 빠져나간 물의 양이 달라지는지를 확인해야 합니다. 이는 비닐봉지 안에 생긴 물의 양을 확인하여 알 수 있습니다. 또한 증산 작용으로 물이 빠져나가면서 물이 뿌리를 통해 흡수되기 때문에 삼각 플라스크에서 줄어든 물의 양으로도 확인할 수 있습니다.
(2) 잎이 있는 모종의 비닐봉지 안쪽에는 물방울이 생겼지만, 잎이 없는 모종의 비닐봉지 안쪽에는 물방울이 생기지 않았습니다. 이는 잎에서 나온 수증기가 비닐봉지 안쪽에 물방울로 맺힌 것으로 이 사실을 통해 우리는 뿌리가 흡수한 물이 줄기를 통해 잎으로 이동하고 잎에서 식물 밖으로 빠져나간다는 사실을 알 수 있습니다.

4 단원

여러 가지 기체

(1) 산소와 이산화 탄소

탐구 문제 100쪽

1 ②, ④ 2 (1) ○ (3) ○

1 이산화 탄소를 발생시키기 위한 기체 발생 장치에서 깔때기에는 진한 식초를, 가지 달린 삼각 플라스크에는 물과 함께 탄산수소 나트륨을 넣습니다.

2 이산화 탄소는 색깔이 없고 냄새가 나지 않습니다. 이산화 탄소가 들어 있는 집기병에 향불을 넣으면 불꽃이 꺼집니다.

핵심 개념 문제 101~104쪽

01 핀치 집게 02 ㉣ 03 ② 04 냄새 05 ㉠ 이산화 망가니즈(혹은 아이오딘화 칼륨), ㉡ 묽은 과산화 수소수 06 아라 07 ① 08 산소 09 탄산수소 나트륨(혹은 탄산 칼슘) 10 석회수가 뿌옇게 된다. 11 ⑤ 12 ㉠ 13 ㉠ 거품, ㉡ 이산화 탄소 14 ㉠, ㉢, ㉣ 15 ④ 16 잘 타지 않을

01 ㉠은 핀치 집게이며 약품의 양을 조절하거나 역류를 막는 역할을 합니다. 핀치 집게는 콕 깔때기로 대체할 수도 있습니다.

02 ㉣ 집기병에 물을 채운 후 거꾸로 수조 안에 넣습니다.

03 정확한 색을 알아보기 위해 기체가 든 집기병 뒤에 흰 종이를 대어 색깔을 확인합니다. 기체에 색깔이 없는 경우 뒤에 댄 흰 종이가 투명한 집기병을 통해 그대로 보입니다.

04 냄새를 맡을 때는 기체가 든 집기병의 아크릴판을 열고 손으로 바람을 일으켜 냄새를 맡습니다.

05 산소를 발생시키기 위해 기체 발생 장치를 꾸밀 때는 가지 달린 삼각 플라스크에는 물과 함께 이산화 망가니즈(혹은 아이오딘화 칼륨)를 넣고, 깔때기에는 묽은 과산화 수소수를 넣습니다. 이산화 망가니즈나 아이오딘화 칼륨은 반응을 도와주는 역할을 합니다.

06 산소가 든 집기병에 향불을 넣으면 향불의 불꽃이 커집니다. 산소는 스스로 타지 않지만 다른 물질이 타는 것을 돕습니다.

07 산소는 색깔이 없습니다.

08 생명 유지에 산소가 필요합니다. 응급 환자의 산소 호흡 장치는 응급 환자에게 고농도의 산소를 공급하여 생명을 유지할 수 있도록 해 줍니다. 소방관, 잠수부들이 사용하는 압축 공기통은 숨을 쉬기 어려운 환경에서 호흡할 수 있게 해 줍니다.

09 이산화 탄소를 발생시키기 위한 기체 발생 장치를 꾸밀 때는 탄산수소 나트륨과 진한 식초, 약간의 물이 필요합니다.

10 이산화 탄소는 석회수를 뿌옇게 만드는 성질이 있습니다.

11 이산화 탄소 자체가 불을 끄는 성질이 있는 것이 아니라 산소와의 접촉을 막아 물질이 타는 것을 막아 줍니다.

12 이산화 탄소는 물질이 타는 것을 막는 성질이 있기 때문에 향불을 넣었을 때 불씨가 꺼집니다.

13 탄산음료에는 이산화 탄소가 녹아 있습니다.

14 이산화 탄소는 생활 속에서 다양하게 이용됩니다. 불을 끄는 성질이 있기 때문에 소화기에 이용되며, 저온에서 높은 압력으로 압축하여 드라이아이스를 만들기도 합니다. 자동 팽창식 구명조끼에 쓰이기도 하며, 요리용 스프레이 압축 가스나 빵을 부풀리는 팽창제 등과 같이 식품 제조에 이용되기도 합니다.

15 산소는 스스로 타지 않더라도 다른 물질이 타는 것을 돕기 때문에 공기 중에 산소의 양이 지금보다 더 많아지면 화재가 자주 발생할 수 있습니다.

16 이산화 탄소는 산소와의 접촉을 막아 다른 물질이 타는 것을 막습니다.

중단원 실전 문제

105~108쪽

01 ④ **02** ③ **03** (1) ○ (2) × **04** ⑤ **05** 진우 **06** (3) × **07** ② **08** 예 처음에 나오는 기체는 반응 용기 안에 있던 공기이기 때문이다. **09** ⑤ **10** ③ **11** ㉡ **12** (1) ○ (2) ○ (3) × **13** 예 철이나 구리와 같은 금속을 녹슬게 한다. **14** ㉠ **15** ②, ⑤ **16** ㉠ **17** 이산화 탄소 **18** ④ **19** 예 레몬즙 **20** ④ **21** ㉠ 없다, ㉡ 나지 않는다, ㉢ 막는다 **22** 이산화 탄소 **23** 현이 **24** 석회수

01 기체 발생 장치에는 알코올램프가 필요하지 않습니다.

02 ① (가)에서 고무관에 끼우는 것은 핀치 집게입니다.
② (나)에서는 고무마개를 꽉 끼워 넣어야 합니다.
④ (마)에서는 물을 채워서 집기병을 거꾸로 세워 넣습니다.
⑤ (바)에서 ㄱ자 유리관을 집기병 입구에 놓아두는데, 기체가 물을 통과하지 않으면 부산물이 제거되지 않아 냄새가 날 수 있기 때문입니다.

03 가지 달린 삼각 플라스크에서 반응이 일어날 때 핀치 집게를 열면 안 됩니다. 또한 핀치 집게는 반응에 필요한 물질의 양을 조절하는 역할을 하면서 물질이 역류하는 것을 막는 도구이기 때문에 필요할 때만 열어야 합니다.

04 산소를 발생시킬 때 깔때기에는 묽은 과산화 수소수, 가지 달린 삼각 플라스크에는 물과 이산화 망가니즈(혹은 아이오딘화 칼륨)를 넣어야 합니다.

05 가지 달린 삼각 플라스크에서 기체가 발생할 때는 핀치 집게를 열면 안 됩니다.

06 ㉣은 집기병입니다. 집기병 안에 산소가 차면 집기병 안에 있는 물의 높이가 낮아집니다.

07 기체가 발생하면 가지 달린 삼각 플라스크 안과 수조의 ㄱ자 유리관 끝 부분에서는 거품이 발생합니다.

08 처음에 나오는 기체는 반응 용기 혹은 가지 달린 삼각 플라스크 안에 있던 공기이므로 버립니다.

채점 기준

처음에 나오는 기체가 반응 용기 혹은 가지 달린 삼각 플라스크 안에 있던 공기라는 설명이 들어갔다면 정답으로 합니다.

09 묽은 과산화 수소수를 다룰 때에는 반드시 보안경과 실험용 장갑을 착용합니다. 묽은 과산화 수소수가 피부에 묻으면 흐르는 물로 오랫동안 씻어 내도록 하고, 눈에 들어가지 않도록 조심합니다. 실험 후 실험 기구에 남은 묽은 과산화 수소수나 이산화 망가니즈(혹은 아이오딘화 칼륨)는 재사용하지 않고 폐시약통에 버립니다.

10 집기병에 모은 기체의 색깔을 관찰할 때에는 집기병 뒤에 흰 종이를 대고 관찰합니다.

11 집기병에 모은 기체의 냄새를 맡을 때는 집기병에 직접 코를 가져다 대지 않도록 하며 아크릴판을 열고 손으로 바람을 일으켜 냄새를 맡습니다.

12 (3) 산소는 스스로 타지 않지만 다른 물질이 타는 것을 돕습니다.

13 산소는 철이나 구리와 같은 금속을 녹슬게 합니다.

채점 기준

산소가 금속을 녹슬게 한다는 내용이 있으면 정답으로 합니다.

14 산소는 다른 물질이 타는 것을 돕기 때문에 향불을 넣었을 때 불꽃이 커집니다.

15 제시된 그림은 산소가 호흡 및 생명 유지에 사용되는 예시를 나타내고 있습니다. 응급 환자에게 고농도의 산소를 공급하여 생명을 유지할 수 있도록 하는데, ②, ⑤번은 생명 유지와 관련된 내용입니다.

16 ㉡ 산소가 생명 유지에 필요하기는 하지만 산소의 양이 많아진다고 해서 동물이 병들지 않는 것은 아닙니다.

㉢ 화재 발생 횟수가 많아질 수 있습니다.

㉣ 현재와 같은 신체 조건이라고 했을 때, 한 번 숨 쉴 때 들이마시는 산소의 양이 많아지면 숨 쉬는 횟수가 줄어들 수도 있습니다.

17 탄산수나 탄산음료에는 이산화 탄소가 녹아 있습니다.

18 탄산수소 나트륨과 진한 식초를 반응시켰을 때 이산화 탄소가 발생합니다. 탄산수소 나트륨 대신 대리석, 탄산 칼슘, 조개껍데기, 달걀 껍데기 등을 넣어도 같은 결과가 나타납니다.

19 진한 식초 대신 레몬즙을 사용할 수 있습니다.

20 ㉡은 집기병으로, 이산화 탄소가 집기병에 가득 찼는지 잘 보이지 않을 수 있으나, 기포가 집기병 밖으로 새어 나오는 것을 통해서 이산화 탄소가 가득 찼다는 것을 알 수 있습니다.

21 이산화 탄소는 색깔이 없고, 냄새가 나지 않습니다. 이산화 탄소 자체에 다른 물질이 타는 것을 막는 성질이 있는 것은 아니지만 산소를 차단하여 다른 물질이 타는 것을 막습니다.

22 탄산음료, 액상 소화제에는 모두 이산화 탄소가 이용됩니다.

23 자동 팽창식 구명조끼에는 이산화 탄소가 이용됩니다. 산소는 다른 물질이 타는 것을 돕는데, 화재와 같은 위급한 상황에서 자동 팽창식 구명조끼가 터졌을 때 조끼 안에 산소가 들어 있다면 피해가 더 커질 수 있습니다.

24 이산화 탄소는 석회수를 뿌옇게 만드는 성질이 있습니다.

서술형·논술형 평가 돋보기

109~110쪽

연습 문제

1 (1) ㉡ (2) 묽은 과산화 수소수를 깔때기에 $\frac{1}{2}$ 정도 붓는다.

2 (1) 꺼진다 (2) 뿌옇게 된다

실전 문제

1 예 산소는 색깔이 없고, 냄새가 나지 않으며, 다른 물질이 타는 것을 돕는 성질이 있다. 2 예 잠수부나 소방관이 사용하는 압축 공기통에 넣어 이용된다. 3 (1) 진한 식초 (2) 거품(기포)이 발생한다. 거품(기포)이 나온다. 4 예 이산화 탄소는 다른 물질이 타는 것을 막는 성질이 있다. 이산화 탄소는 불을 끄는 성질이 있다.

연습 문제

1 산소를 발생시키기 위해서는 묽은 과산화 수소수와 이산화 망가니즈가 필요합니다. 산소를 발생시킬 때 묽은 염산은 필요 없습니다.

2 이산화 탄소는 다른 물질이 타는 것을 막는 성질이 있으며 석회수를 뿌옇게 만드는 성질이 있습니다.

실전 문제

1 산소는 색깔이 없고, 냄새가 나지 않으며, 다른 물질이 타는 것을 돕는 성질이 있습니다.

채점 기준

색깔, 냄새, 다른 물질이 타는 것을 돕는 성질의 여부를 모두 다 설명하였으면 정답으로 합니다.

2 산소는 잠수부나 소방관이 사용하는 압축 공기통에 넣어 이용됩니다.

채점 기준

호흡할 때 산소가 필요한 경우, 생명 유지와 관련된 일에 산소가 필요한 경우를 바르게 설명하였다면 정답으로 합니다.

3 (1) 이산화 탄소를 모으려고 할 때 기체 발생 장치의 깔때기에는 진한 식초를, 가지 달린 삼각 플라스크에는 물과 탄산수소 나트륨을 넣습니다.

(2) 이산화 탄소가 발생할 때는 가지 달린 삼각 플라스

크의 내부와 수조의 ㄱ자 유리관 끝부분에서 모두 거품(기포)이 발생합니다.

채점 기준

상	'진한 식초'를 쓰고, 기체가 발생되고 있는 현상을 거품 또는 기포 등의 말을 포함하여 쓴 경우
중	'진한 식초'를 썼으나, 기체가 발생되고 있는 현상을 정확히 쓰지 못한 경우, 혹은 기체가 발생되고 있는 현상은 설명했으나 '진한 식초'를 쓰지 못한 경우
하	(1)번과 (2)번 모두 답을 틀리게 쓴 경우

4 이산화 탄소 자체에 물질이 타지 않도록 하는 성질이 있는 것은 아니지만, 이산화 탄소는 물질과 산소와의 접촉을 막아서 물질이 타는 것을 막는 성질이 있습니다.

채점 기준

이산화 탄소에 물질이 타는 것을 막는 성질이 있다고 적은 경우 정답으로 합니다.

(2) 압력과 온도에 따른 기체의 부피 변화

탐구 문제 115쪽

1 뜨거운 물 **2** ㉡

1 고무풍선을 씌운 삼각 플라스크를 뜨거운 물에 넣으면 고무풍선이 부풀어 오릅니다.

2 물방울이 든 스포이트를 뒤집어서 얼음물에 넣으면 물방울이 처음보다 아래로 내려갑니다.

핵심 개념 문제 116~119쪽

01 ③ **02** ㉣ **03** 세게 누를 때 **04** ㈎ **05** ㉢ **06** ⑤ **07** 줄어든다 **08** ㈏ **09** 부풀어 오른다. **10** 해설 참조 **11** 예 비닐 랩이 오목하게 들어간다. **12** (1) ○ (2) × (3) × **13** ⑤ **14** 수연 **15** ② **16** 네온

01 손가락으로 누르는 것이 압력을 가하는 것이기 때문에 본 실험은 압력에 따른 공기의 부피 변화를 알아보는 실험입니다.

02 플라스틱 스포이트의 머리 부분을 손가락으로 누르면 물이 밀려 올라가면서 공기가 차지하고 있던 부피가 줄어듭니다.

03 ㈎는 공기 40 mL를, ㈏는 물 40 mL를 채운 상태로 압력을 가하는 상황입니다. ㈎의 경우 피스톤을 약하게 누르면 피스톤이 조금 들어가고 세게 누르면 피스톤이 많이 들어갑니다. ㈏의 경우는 피스톤을 약하게 누르거나 세게 눌러도 피스톤이 잘 들어가지 않습니다.

04 기체의 부피는 기체에 압력이 많이 가해지는 만큼 부피에 영향을 받습니다. 반면 액체의 부피는 압력을 가해도 부피가 거의 변하지 않습니다.

05 기체는 압력을 가한 정도에 따라 부피가 달라집니다.

06 물은 압력을 약하게 가하거나 세게 가해도 부피가 거의 변하지 않습니다.

07 생활 속에서 압력 변화에 따라 기체의 부피가 달라지는 현상을 발견할 수 있습니다. 풍선 놀이 틀 위에 사람이 올라서면 압력이 가해져 풍선 놀이 틀의 부피가 줄어듭니다.

08 비행기의 고도가 높아짐에 따라 기압은 낮아집니다. 땅에서 과자 봉지에 가해지는 압력보다 하늘에 떠 있는 비행기에서 과자 봉지에 가해지는 압력이 낮기 때문에 과자 봉지는 하늘에 떠 있는 비행기 안에서 더 팽팽해집니다.

09 기체는 온도가 높아지면 부피가 늘어나고, 온도가 낮아지면 부피가 줄어듭니다. 뜨거운 물에 삼각 플라스크를 넣었을 때 삼각 플라스크와 풍선 내부 공기의 부피가 늘어나기 때문에 풍선은 부풀어 오릅니다.

10 플라스틱 스포이트의 머리 부분이 뜨거운 물이 닿으면 플라스틱 스포이트 안 공기의 부피가 늘어나기 때문에 물방울이 위로 올라갑니다.

〈정답〉

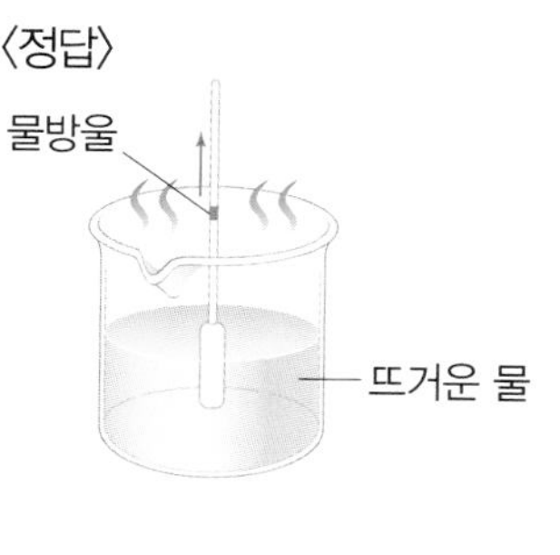

11 뜨거운 음식에 의해 데워진 비닐 랩 내부의 공기는 냉장고에 들어갔을 때 차갑게 변화하기 때문에 부피가 줄어듭니다.

12 (2) 추운 겨울에 농구공을 밖에 오랫동안 놓아두면 공이 처음보다 덜 팽팽해집니다.

(3) 찌그러진 탁구공을 뜨거운 물에 담가두면 찌그러진 부분이 펴집니다.

13 공기는 대부분 질소와 산소로 이루어져 있습니다.

14 숨을 쉴 때 공기를 들이마시며, 인간의 생명 유지에 산소가 꼭 필요하기 때문에 공기와 산소를 같은 것으로 이해하는 경우가 있습니다. 하지만 공기는 산소, 이산화 탄소, 수소, 질소, 헬륨, 네온, 아르곤 등의 여러 가지 기체가 섞여 있는 혼합물입니다.

15 수소는 탈 때 물이 생성되고 오염 물질이 나오지 않는 청정 연료로서, 수소 발전소에서는 수소 기체를 이용해 전기를 만들고, 수소 자동차, 수소 자전거 등에도 이용됩니다.

16 네온은 특유의 빛을 내는 조명 기구 및 가게를 홍보하는 네온 광고에 이용됩니다.

중단원 **실전 문제**

120~123쪽

01 부피 02 공기 03 (나) 04 ① 05 (1) ○ 06 ㉢ 07 ①, ⑤ 08 예 비행기 안의 압력은 땅보다 하늘에서 더 낮기 때문이다. 09 (4) × 10 ㉡ 11 늘어나기 12 (가) 13 온도 14 ㉡ 15 (나) 16 ① 17 예 온도가 높아지면 탁구공 안의 기체의 부피가 늘어나기 때문이다. 18 ① 19 예 온도가 낮아지면 컵 속 기체의 부피가 줄어들기 때문이다. 20 ② 21 ㉢, ㉣ 22 ③ 23 예 과자 봉지 안 내용물의 맛이 변할 것이다. 24 ③

01 플라스틱 스포이트의 머리 부분을 손가락으로 누르면 물이 밀려 올라가며, 물이 밀려 올라간 만큼 공기의 부피가 줄어드는 것을 확인할 수 있습니다.

02 주사기의 피스톤을 빼는 순간, ㉠ 부분에 들어가는 것은 공기입니다.

03 공기는 압력을 가하는 만큼 부피가 변합니다. (가)보다 (나)에서 공기의 부피가 더 많이 줄어들었기 때문에 피스톤을 세게 누른 것은 (나)입니다.

04 본 실험은 물을 넣은 주사기에 피스톤을 '약하게' 혹은 '세게' 누르는 실험입니다. 다르게 한 조건은 압력이기 때문에 압력 변화에 따른 물의 부피 변화를 알아보는 실험이라고 할 수 있습니다.

05 액체의 부피는 압력을 세게 혹은 약하게 가해도 큰 변화가 없습니다. 그렇기 때문에 약하게 누르거나 세게 눌렀을 때 모두 주사기 피스톤이 잘 들어가지 않습니다.

06 액체는 압력을 가해도 부피가 거의 변하지 않지만, 기체는 압력을 가한 정도에 따라 부피가 달라집니다.

07 고도가 높을수록 대기압, 즉 공기의 압력이 낮아집니다. 높은 산 위에서의 페트병은 페트병에 가해지는 압력이 낮으므로 팽팽하며, 산 아래의 페트병은 산 위에서보다 페트병에 가해지는 압력이 높으므로 찌그러집니다.

08 고도가 높을수록 공기의 압력이 낮아지므로 비행기가 하늘 높이 떴을 때 비행기 안의 압력이 낮아집니다. 그렇기 때문에 땅에 있을 때보다 하늘에 있는 비행기 안에서의 과자 봉지에 가해지는 압력이 더 낮으므로, 과자 봉지는 더 팽팽해집니다.

채점 기준

비행기 안에 있는 과자 봉지가 받는 공기 압력과 땅에 있는 과자 봉지가 받는 공기의 압력이 차이가 나며, 비행기 안에 있는 과자 봉지가 받는 압력이 더 낮아서 일어나는 현상이라는 설명이 들어가면 정답으로 합니다.

09 (4) 마개를 닫은 빈 페트병을 가지고 바닷속 깊이 들어가면 주변의 압력이 높아져 페트병이 찌그러집니다.

10 ㉡ 바다에서는 수면에 가까워질수록 압력이 낮아집니다. 그렇기 때문에 공기 방울은 수면에 가까워질수록 점점 커집니다. ㉠과 ㉢은 압력이 높아져 기체의 부피가 줄어드는 예입니다.

11 높은 곳에 올라가면 공기의 압력인 기압이 낮아지므로, 하늘로 올라간 풍선 안쪽 공기의 부피는 늘어납니다.

12 고무풍선을 씌운 삼각 플라스크를 뜨거운 물에 넣으면 고무풍선이 부풀어 오르고, 얼음물에 넣으면 고무풍선이 오므라듭니다.

13 플라스틱 스포이트 안의 공기의 부피에 대한 실험이며, 온도 차이에 따른 부피의 변화를 알아보고자 하는 실험입니다.

14 스포이트 머리 부분을 많이 누르면 스포이트 안으로 지나치게 많은 양의 물방울이 들어가게 됩니다.

15 얼음물에 세워 둔 스포이트 안의 공기는 부피가 줄어들기 때문에 물방울이 아래로 내려갑니다.

16 기체의 부피는 온도의 영향을 받습니다. 온도가 높아지면 기체의 부피가 늘어나고, 온도가 낮아지면 기체의 부피가 줄어듭니다.

17 온도가 높을수록 기체의 부피가 늘어나기 때문에 뜨거운 물에 올려놓은 탁구공 안의 기체의 부피가 늘어나서 탁구공이 펴집니다.

채점 기준

온도가 높을수록 기체의 부피가 늘어난다는 내용이 들어갔을 경우 정답으로 합니다.

18 '찌그러진 페트병을 냉장고 밖에 꺼내놓았다'는 설명에서, 페트병이 냉장고 안에 있었으며, 차가운 냉장고 안의 온도의 영향을 받았다는 것을 알 수 있습니다. 냉장고 밖은 냉장고 안보다 온도가 높으며, 온도가 높아지면 기체의 부피는 늘어나므로 페트병이 펴집니다.

19 젤리가 담긴 컵이 냉장고 안에서 차가워졌기 때문에 젤리가 담긴 컵의 비닐 랩이 오목해졌습니다.

채점 기준

컵 속 기체의 온도가 낮아졌다는 내용을 포함한 경우 정답으로 합니다.

20 ㉡ 뜨거운 음식을 포장한 비닐 랩은 부풀어 오릅니다.

㉣ 여름철과 같이 기온이 높을 때는 타이어 안 공기의 부피가 늘어나므로 겨울철보다 공기를 조금 덜 넣어 주어야 합니다.

21 공기는 여러 가지 기체가 섞여 있는 혼합물이며, 공기의 대부분을 이루고 있는 기체는 질소와 산소입니다.

22 ③ 금속을 절단하거나 용접하는 데 사용되는 기체는 산소입니다.

23 질소는 과자가 부서지거나 맛이 변하는 것을 막습니다. 과자 봉지를 산소로 채우면 과자의 맛이 변하거나 변질될 수 있습니다.

채점 기준

신선하게 유지할 수 없다, 맛이 변한다 등의 설명이 있는 경우 정답으로 합니다.

24 이산화 탄소로 드라이아이스를 만들 수 있기 때문에 냉

각제라는 단서로 이산화 탄소라고 판단할 수 있지만, 헬륨 역시 냉각제로 사용되기도 합니다.

서술형·논술형 평가 돋보기 124~125쪽

연습 문제

1 (1) 조금, 많이 (2) 달라진다 **2** (1) 뜨거운 물 (2) 높아지면, 낮아지면

실전 문제

1 예 플라스틱 스포이트의 머리 부분을 누르면 공기의 부피가 줄어든다. **2** 예 액체는 압력을 가해도 부피가 거의 변하지 않지만, 기체는 압력을 가한 정도에 따라 부피가 달라진다. **3** 예 산 위에서 페트병에 가해지는 압력보다 산 아래에서 페트병에 가해지는 압력이 크기 때문에 페트병이 찌그러진다. **4** (가), 예 뜨거운 물에 찌그러진 탁구공을 넣으면 탁구공 안 공기의 부피가 늘어나기 때문이다.

연습 문제

1 (1) 압력이 가해지는 만큼 공기의 부피는 변합니다. 압력이 약하게 가해지면 공기의 부피는 약간 줄어듭니다. 압력이 세게 가해지면 공기의 부피는 많이 줄어듭니다.
(2) 기체는 압력을 가한 정도에 따라 부피가 달라집니다.

2 (1) 처음에 삼각 플라스크에 고무풍선을 끼우면 풍선이 부풀어 있지 않습니다. 고무풍선을 씌운 삼각 플라스크를 뜨거운 물이 담긴 수조에 넣으면 고무풍선이 부풀어 오릅니다.
(2) 온도 변화에 따른 기체의 부피 변화를 확인하기 위해 다시 차가운 물에 고무풍선을 넣으면 고무풍선은 오므라듭니다. 이를 통해 기체의 부피는 온도가 높아지면 늘어나고, 온도가 낮아지면 줄어든다는 것을 알 수 있습니다.

실전 문제

1 플라스틱 스포이트의 머리 부분을 누르면 물이 밀려 올라가며 그만큼 공기의 부피가 줄어듭니다.

채점 기준

플라스틱 스포이트 안의 공기의 부피가 줄어든다는 표현이 들어갔다면 정답으로 합니다.

2 액체는 압력을 가해도 부피가 거의 변하지 않지만 기체는 압력을 가한 정도에 따라 부피가 달라집니다.

채점 기준

액체와 기체의 압력에 따른 부피 변화를 바르게 나타냈다면 정답으로 합니다.

3 산 위쪽으로 올라갈수록 공기의 압력인 대기압이 낮아집니다. 산 위에서 페트병에 가해지는 압력보다 산 아래에서 페트병에 가해지는 압력이 크기 때문에 페트병이 찌그러집니다.

채점 기준

산 위와 산 아래의 압력의 차이가 어떻게 나는지 설명되었다면 정답으로 합니다.

4 찌그러진 탁구공을 뜨거운 물에 넣으면 온도가 높아져 탁구공 속 기체의 부피가 늘어나므로 찌그러진 부분이 펴집니다.

채점 기준

(가)를 쓰고, 온도에 따른 부피 변화를 바르게 설명한 경우 정답으로 합니다.

대단원 마무리 127~130쪽

01 (다), (나), (마) **02** (1) ○ (2) × (3) ○ **03** ㉠ **04** ⑤ **05** ①, ③, ④ **06** ⑤ **07** ⑤ **08** ⑤ **09** ③ **10** ㉠, ㉡, ㉣ **11** ②, ④ **12** ④ **13** 윤지 **14** ㉢ **15** 예 이산화 탄소는 다른 물질이 타는 것을 막는 성질이 있기 때문에 소화기의 재료로 이용한다. **16** 여빈 **17** 예 물을 넣은 주사기의 부피는 거의 줄어들지 않아. 액체는 압력을 가해도 부피가 거의 변하지 않아. **18** (3) ○ **19** 예 온도가 높아지면 기체의 부피는 늘어나고, 온도가 낮아지면 기체의 부피는 줄어든다. **20** ㉠ 올라간다, ㉡ 늘어난다 **21** ③ **22** ②, ③ **23** 질소 **24** ② **25** 이산화 탄소

01 유리관을 끼운 고무마개로 가지 달린 삼각 플라스크의 입구를 막은 후, 깔때기에 연결한 고무관을 고무마개에 끼운 유리관과 연결합니다. 가지 달린 삼각 플라스크의 가지 부분에 긴 고무관을 끼우고, 고무관 끝에 ㄱ자 유리관을 연결한 다음 ㄱ자 유리관을 집기병 입구에 넣어 기체 발생 장치를 준비합니다.

02 핀치 집게는 물질의 양을 조절하고, 기체 발생 시 역류를 방지합니다.

03 ㄱ자 유리관을 집기병 속에 깊숙하게 넣으면 기체가 물을 통과하지 않아서 부산물이 제거되지 않을 수 있습니다.

04 산소를 발생시키기 위해 필요한 물질은 묽은 과산화 수소수와 이산화 망가니즈입니다. 이산화 망가니즈는 반응 속도를 빠르게 하는 역할을 하는 것으로 가지 달린 삼각 플라스크 안에 물과 함께 넣어 물에 젖을 정도로 준비합니다.

05 기체 발생 장치에서 기체가 발생할 때는 가지 달린 삼각 플라스크 내부와 ㄱ자 유리관의 끝에서 거품이 발생하며 발생된 기체가 집기병에 모이면서 집기병 안의 물의 높이가 점점 낮아집니다.

06 발생한 기체를 집기병 안에 모으는 역할을 하는 것은 ㉤의 ㄱ자 유리관입니다.

07 처음 나오는 기체는 가지 달린 삼각 플라스크 내부, 긴 고무관 내부 등에 있던 공기일 수 있습니다. 최대한 순수한 산소를 모으기 위해 처음 나오는 기체는 버리고 다시 모읍니다.

08 산소는 색깔이 없고, 냄새가 나지 않습니다. 스스로 타지는 않지만 다른 물질이 타는 것을 돕습니다.

09 ①은 질소, ②와 ④는 이산화 탄소, ③은 헬륨, ⑤는 산소를 이용하는 예입니다.

10 산소는 다른 물질이 타는 것을 돕고, 금속을 녹슬게 하는 성질이 있습니다. 공기 중 산소의 양이 많아지면 현재와 신체 조건이 비슷한 경우 숨을 쉬는 횟수도 줄어들 수 있습니다.

11 진한 식초와 탄산수소 나트륨을 이용하여 이산화 탄소를 발생시킬 수 있습니다.

12 탄산수소 나트륨 대신 대리석, 조개껍데기, 달걀 껍데기, 탄산 칼슘 등을 사용할 수 있습니다.

13 탄산음료 안에는 이산화 탄소가 녹아 있습니다.

14 ㉠, ㉡, ㉣ 외에 발포 비타민을 물에 녹이는 등의 방법으로 이산화 탄소를 모을 수 있습니다.

15 이산화 탄소는 다른 물질이 타는 것을 막는 성질이 있기 때문에 소화기의 재료로 사용됩니다.

채점 기준

이산화 탄소가 다른 물질이 타는 것을 막는다는 것과, 소화기 등이 예시가 될 수 있다는 것을 모두 쓴 경우 정답으로 합니다.

16 압력을 가하는 정도에 따라 부피 변화가 크게 차이나는 것은 기체입니다.

17 피스톤을 세게 누르면 물의 부피는 거의 변하지 않습니다.

채점 기준

액체는 압력을 가해도 부피가 거의 변하지 않는다는 내용이 들어간 경우 정답으로 합니다.

18 (3) 수면에서부터 아래쪽으로 내려갈수록 물의 압력은 높아집니다. 수면 가까이 올라갈수록 물의 압력은 낮아지므로 공기 방울은 더 크게 부풀어 오릅니다.

19 온도가 높아지면 기체의 부피는 늘어나고, 온도가 낮아지면 기체의 부피는 줄어듭니다.

채점 기준

주어진 보기의 단어를 활용하여 온도가 높아지면 기체의 부피가 늘어나고, 온도가 낮아지면 기체의 부피가 줄어든다는 사실을 적었다면 정답으로 합니다.

20 온도가 높아지면 기체의 부피가 늘어나고, 온도가 낮아지면 기체의 부피가 줄어듭니다.

21 냉장고 안은 냉장고 바깥보다 온도가 낮습니다. 온도가

높을수록 기체의 부피는 늘어나기 때문에 페트병 속 기체의 부피가 늘어나 페트병이 펴집니다.

22 공기는 색깔이 없고 냄새도 없습니다.

23 질소는 과자가 부서지는 것을 막고 맛의 변질을 막기 위해 과자 봉지 포장을 하는 데 이용됩니다.

24 헬륨은 풍선이나 비행선을 공중에 띄우는 데 이용됩니다.

25 공기 중에 있는 이산화 탄소보다 많은 양의 이산화 탄소를 딸기와 같은 작물에 공급하면 작물의 종류에 따라 생산량이 1.5배~2배까지 늘어나기도 합니다.

수행 평가 미리 보기 131쪽

1 (1) 산소 (2) 예 향불의 불꽃이 커진다. 2 (1) ㉠ 이산화 탄소, ㉡ 헬륨, ㉢ 네온 (2) 해설 참조

1 (1) 묽은 과산화 수소수와 이산화 망가니즈가 만나면 산소가 발생됩니다.
(2) 산소는 다른 물질이 타는 것을 돕기 때문에 산소가 들어 있는 집기병에 향불을 넣으면 불꽃이 더 커집니다.

2 (1) ㉠ – 이산화 탄소를 통해 식물의 생산량을 늘립니다.
㉡ – 헬륨은 공중에 풍선을 띄울 수 있습니다.
㉢ – 네온은 조명 기구나 광고에 이용됩니다.
(2) 예 과자를 포장할 때 질소를 이용한다. 수소 자동차에는 수소가 이용된다. 등

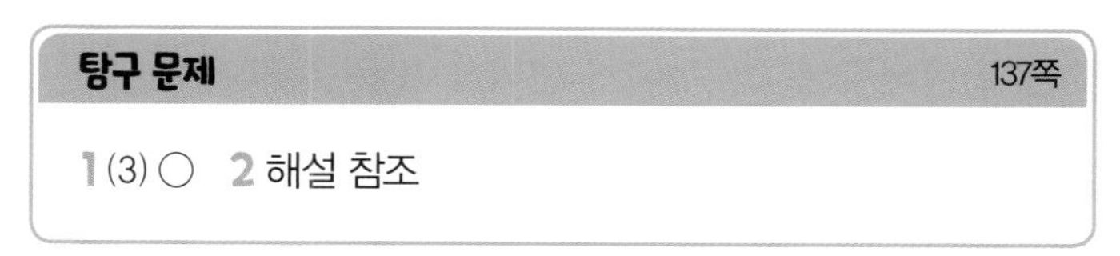

(1) 빛의 굴절

탐구 문제 137쪽

1 (3) ○ 2 해설 참조

1 물에서 공기로 비스듬히 나아가던 빛은 서로 다른 물질인 물과 공기의 경계에서 꺾여 나아갑니다.

2 빛을 수면에 수직으로 비출 때는 서로 다른 물질의 경계라도 꺾이지 않고 그대로 나아갑니다.

〈정답〉

핵심 개념 문제 138~140쪽

01 프리즘 02 아름 03 ② 04 (3) ○ 05 ㉢ 06 꺾이지 않고 07 해설 참조 08 ㉢ 09 ②, ④ 10 아래쪽 11 빛의 굴절 12 ③

01 유리나 플라스틱 등으로 만든 투명한 삼각기둥 모양의 기구로 햇빛을 통과시켰을 때 여러 가지 빛깔이 나타나는 것은 프리즘입니다.

02 일상적으로 무지개는 빨강, 주황, 노랑, 초록, 파랑, 남색, 보라의 색깔로 표현되지만 프리즘을 통과한 햇빛은 연속적인 여러 가지의 색깔로 되어 있으며 7가지 색으로만 이루어진 것이 아닙니다.

03 물속에서 빛이 나아가는 모습을 잘 관찰하기 위해 물에 우유를 떨어뜨립니다.

04 향 연기를 피우는 것은 공기 중에서 빛이 나아가는 모습을 잘 관찰하기 위함입니다.

05 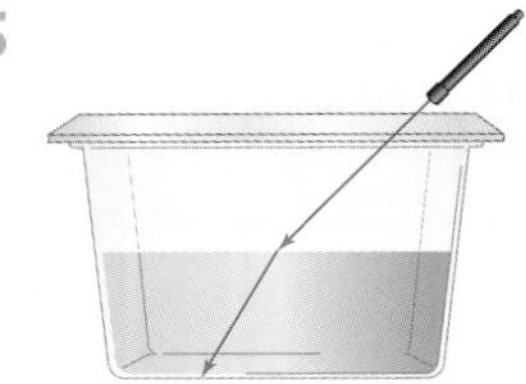
레이저 지시기를 공기와 물의 경계에서 비스듬히 비추었을 때, 빛은 공기와 물의 경계에서 꺾여 나아갑니다.

06 공기에서 물로, 물에서 공기로 빛을 수직으로 비추면 빛이 공기와 물의 경계에서 꺾이지 않고 그대로 나아갑니다.

07 〈정답〉 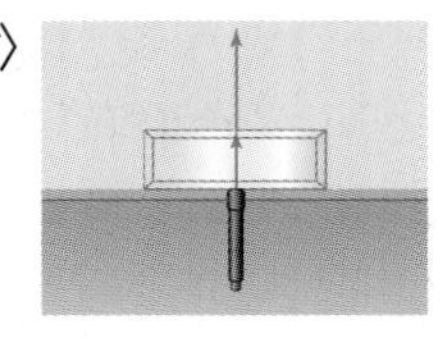
빛을 유리와 공기의 경계에 수직으로 비추면 꺾이지 않고 그대로 나아갑니다.

08 왼쪽은 빛이 유리에서 공기로 나아가는 모습을 관찰하는 실험이며, 오른쪽은 빛이 공기에서 유리로 나아가는 모습을 관찰하는 실험입니다.

09 컵에 물을 부으면 보이지 않았던 동전이 보입니다. 동전에서 반사된 빛이 물과 공기의 경계에서 꺾여 나아가기 때문입니다.

10 물고기에 닿아 반사된 빛은 물속에서 공기 중으로 나올 때 물과 공기의 경계에서 꺾여 나아갑니다. 그런데 사람은 눈으로 들어온 빛의 연장선에 물고기가 있다고 생각하므로 실제 물고기의 위치와 사람이 생각하는 물고기의 위치는 다르며, 실제 물고기는 사람이 생각하는 것보다 아래에 있습니다.

11 서로 다른 물질의 경계에서 빛이 꺾여 나아가는 것을 빛의 굴절이라고 합니다.

12 빛은 물과 공기, 공기와 유리, 공기와 기름, 물과 식용유 등과 같이 서로 다른 물질이 만나는 경계에서 굴절합니다.

중단원 실전 문제 141~144쪽

01 정규, 아진 **02** (2) ○ **03** ㉢ **04** ㉠ 여러 가지, ㉡ 연속해서 **05** ④ **06** 길병 **07** 우유, 예 물속에서 빛이 나아가는 모습을 잘 관찰하기 위해서이다. **08** ⑤ **09** 해설 참조 **10** (1) – ㉠ (2) – ㉡ **11** ⑤ **12** (3) × **13** ①, ② **14** 예 빛을 비스듬하게 비추면 서로 다른 물질의 경계에서 빛이 꺾여 나아가며, 빛을 수직으로 비추면 빛이 그대로 나아간다. **15** 빛의 굴절 **16** ④ **17** ① **18** ① **19** ㉠, ㉢ **20** (2) ○ **21** ③ **22** ㉡ **23** 현수 **24** 예 다슬기가 보이는 위치보다 더 깊이 손을 뻗어야 한다.

01 하얀색 도화지에 프리즘을 통과한 햇빛이 닿도록 하는 것이 좋습니다.

02 프리즘 면의 모양처럼 (2)과 같이 도화지에 긴 구멍을 뚫는 것이 결과를 더 쉽게 확인할 수 있습니다.

03 햇빛이 잘 드는 곳이라면 프리즘은 실내에서 사용하여 실험을 할 수도 있습니다. 프리즘의 크기는 실험에서 중요한 요소가 아닙니다.

04 햇빛을 구성하는 빛은 프리즘을 통과하며 굴절되는데 빛의 색에 따라 굴절되는 정도가 다르기 때문에 우리는 여러 가지 색을 볼 수 있습니다. 특히 여러 가지 색깔이 연속적으로 나타납니다.

05 햇빛이 통과해야 하므로 투명한 물체에 빛을 비추어야 햇빛을 프리즘에 통과시켰을 때와 비슷한 결과를 얻을 가능성이 높아집니다.

06 햇빛을 이루는 색깔은 여러 가지 연속된 색깔입니다.

07 우유를 물속에 떨어뜨리면 물속에서 빛이 나아가는 모습을 잘 관찰할 수 있습니다.

채점 기준

빛이 나아가는 모습을 잘 관찰하기 위한 목적이 드러나도록 썼으면 정답으로 합니다.

08 투명한 사각 수조 안에 향 연기를 채우면 공기 중에서 빛이 나아가는 모습을 더 잘 관찰할 수 있습니다.

09 〈정답〉

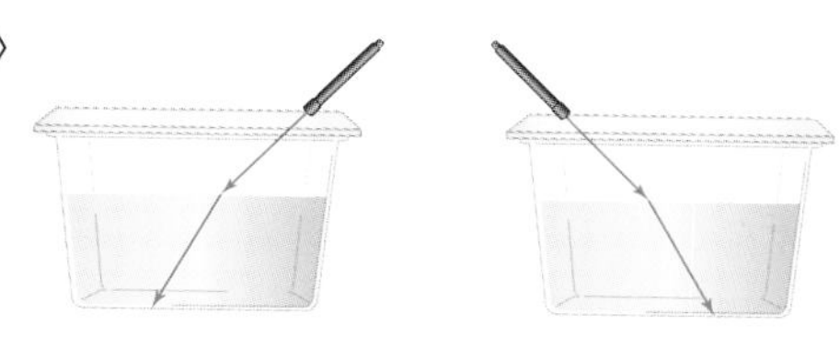

빛을 비스듬하게 비추었을 때 공기와 물의 경계에서 빛이 꺾여 나아갑니다.

10 (1) 빛을 비스듬하게 비추면 빛이 공기와 물의 경계에서 꺾여 나아갑니다.

(2) 빛을 수직으로 비추면 빛이 공기와 물의 경계에서 꺾이지 않고 그대로 나아갑니다.

11 빛이 공기와 유리의 경계에서 어떻게 나아가는지 알아보는 실험입니다.

12 공기 중에서 나아가는 레이저 지시기의 빛을 우드록에 반사된 모습으로 보는 것이므로 레이저 지시기의 빛이 우드록의 표면에 닿아야 합니다.

13 서로 다른 물질의 경계에 빛을 수직으로 비추면 빛은 꺾이지 않고 그대로 나아갑니다. 빛을 비스듬하게 비추면 두 물질의 경계에서 빛은 꺾여 나아갑니다.

14 빛을 비스듬하게 비추면 서로 다른 물질의 경계에서 빛이 꺾여 나아가며, 빛을 수직으로 비추면 빛이 그대로 나아갑니다.

채점 기준

보기의 단어를 활용하여 빛을 수직으로 비추었을 때와 비스듬하게 비추었을 때의 차이를 설명하였다면 정답으로 합니다.

15 서로 다른 물질의 경계에서 빛이 꺾여 나아가는 현상을 빛의 굴절이라고 합니다.

16 ④ 빛의 굴절은 공기와 어떤 물질 사이에서만 일어나는 현상이 아니라, 물과 기름과 같이 서로 다른 물질의 경계에서 일어나는 현상입니다.

17 컵에 물을 채우면 보이지 않던 동전이 보이게 됩니다.

18 컵에 물을 채우면 동전에서 반사된 빛이 물과 공기의 경계에서 굴절되기 때문에 컵 속의 동전이 보입니다.

19 물속에 있는 물체에서 반사된 빛은 물속에서 공기 중으로 나올 때 물과 공기의 경계에서 굴절해 사람의 눈으로 들어옵니다. 그런데 사람은 눈으로 들어온 빛의 연장선상에 물체가 있다고 생각합니다. 따라서 물체는 실제 위치보다 떠 보이게 됩니다. 사람이 눈으로 냇물을 보았을 때 실제 깊이보다 냇물이 얕아 보입니다. 공기와 프리즘의 경계에서 빛의 색에 따라 굴절하는 정도가 달라서 햇빛이 프리즘을 통과할 때 여러 가지 색의 빛으로 나뉩니다.

20 빛이 공기와 물의 경계에서 굴절하기 때문에 물을 부었을 때 나무젓가락이 꺾여 보입니다.

21 물속에 있는 물체에서 반사된 빛은 물과 공기의 경계에서 굴절하지만 사람은 눈으로 들어온 빛의 연장선상에 물체가 있다고 생각하기 때문에 실제 물체가 위치한 곳보다 더 위에 있는 것으로 생각합니다. 따라서 물속에 있는 동생의 발이 실제 위치보다 떠 보이게 되고, 다리가 더 짧아 보이게 됩니다.

22 실제 물고기는 사람이 생각하는 물고기의 위치보다 아래에 있습니다.

23 물고기에 닿아 반사된 빛은 물과 공기의 경계에서 사라지지 않습니다.

24 물속에 있는 다슬기의 위치는 사람이 생각하는 것보다 더 아래에 있기 때문에 다슬기를 잡기 위해서는 손을 더 뻗어야 합니다.

서술형·논술형 평가 돋보기

145~146쪽

연습 문제

1 (1) 유리, 공기 (2) 공기, 유리 (3) 꺾여 나아간다(굴절한다)
2 (1) 빛의 굴절 (2) 아래에

실전 문제

1 예 햇빛은 여러 가지 연속된 빛깔로 이루어져 있다. 2 무지개, 예 비가 온 뒤에 공기 중의 물방울이 프리즘 구실을 해서 나타나는 현상이다. 3 예 물에서 공기로 빛을 수직으로 비추면 빛이 공기와 물의 경계에서 그대로 나아가며, 빛을 비스듬하게 비추면 빛이 물과 공기의 경계에서 꺾여 나아간다.
4 (1) 젓가락이 꺾여 보인다. (2) 예 물과 공기의 경계에서 빛이 굴절하기 때문이다.

연습 문제

1 (1) (가)에서 빛은 유리를 거쳐 공기로 나아갑니다.
(2) (나)에서 빛은 공기를 거쳐 유리로 나아갑니다.
(3) 서로 다른 물질의 경계에서 빛은 굴절합니다.

2 (1) 물을 부은 컵에서 동전이 보이는 까닭은 동전에서 반사된 빛이 물과 공기의 경계에서 꺾이는 빛의 굴절이 일어나기 때문입니다.
(2) 물을 붓지 않았을 때 컵 속의 동전은 보이지 않지만 물을 부으면 실제 위치보다 아래에 있는 동전이 사람의 눈에 보이게 됩니다.

실전 문제

1 공기와 프리즘의 경계에서 빛의 색에 따라 굴절하는 정도가 달라서 햇빛이 프리즘을 통과할 때 여러 가지 빛으로 나뉩니다. 이렇게 관찰된 햇빛은 그림과 같이 여러 가지 연속된 빛으로 나타난다는 사실을 알 수 있습니다.

채점 기준

햇빛이 '여러 가지', '연속된' 빛깔(혹은 색깔)로 이루어져 있다고 설명했다면 정답으로 합니다.

2 제시한 사진은 비가 온 뒤에 하늘에서 볼 수 있는 무지개입니다. 무지개는 공기 중의 물방울이 프리즘 구실을 해서 나타납니다.

채점 기준

보기에 주어진 말을 이용해 물방울이 프리즘 구실을 한다는 것을 설명했다면 정답으로 합니다.

3 물에서 공기로 빛이 나아갈 때, 빛을 수직으로 비추면 물과 공기의 경계에서 빛이 그대로 나아가며, 빛을 비스듬하게 비추면 빛이 꺾여 나아갑니다.

채점 기준

주어진 말을 이용하여 (가)와 (나)의 차이점을 바르게 드러냈다면 정답으로 합니다.

4 (1) 컵에 물을 부으면 젓가락이 꺾여 보입니다.

채점 기준

젓가락이 꺾여 보인다는 표현이 들어갔다면 정답으로 합니다.

(2) 젓가락에서 반사된 빛이 물과 공기의 경계에서 굴절하기 때문입니다.

채점 기준

빛이 굴절된다는 표현이 들어갔다면 정답으로 합니다.

(2) 볼록 렌즈

탐구 문제 151쪽

1 볼록 렌즈 2 ㉠ 밝고, ㉡ 높다

1 볼록 렌즈는 렌즈의 가운데 부분이 가장자리보다 두껍습니다. 빛이 볼록 렌즈의 가운데 부분을 통과하면 곧게 나아가지만, 가장자리 부분을 통과하면 두꺼운 가운데 부분으로 꺾여 나아갑니다. 이러한 볼록 렌즈의 특징으로 인해 볼록 렌즈를 통과한 햇빛은 한곳으로 모아질 수 있습니다.

2 볼록 렌즈로 햇빛을 모은 곳은 밝기가 밝고 온도가 높습니다.

핵심 개념 문제 152~155쪽

01 ④, ⑤ 02 (1) ○ (4) ○ 03 해설 참조 04 ③
05 (1) ○ 06 ㉡ 07 볼록 렌즈 08 온도 09 ㉠, ㉢, ㉣
10 ⑤ 11 ② 12 ㄴ 13 ④ 14 해설 참조 15 ①, ④
16 물

01 볼록 렌즈로 물체를 보면 실제 모습과 다르게 보입니다. 크게 보이기도 하고 물체의 상하좌우가 바뀌어 보이기도 합니다.

02 볼록 렌즈로 물체를 보면 실제 모습보다 크게 보이기도 하고, 물체의 상하좌우가 바뀌어 보이기도 합니다. 실제 모습보다 크게 보이는 경우에는 물체의 상하좌우가 바뀌어 보이지 않습니다.

03 〈정답〉

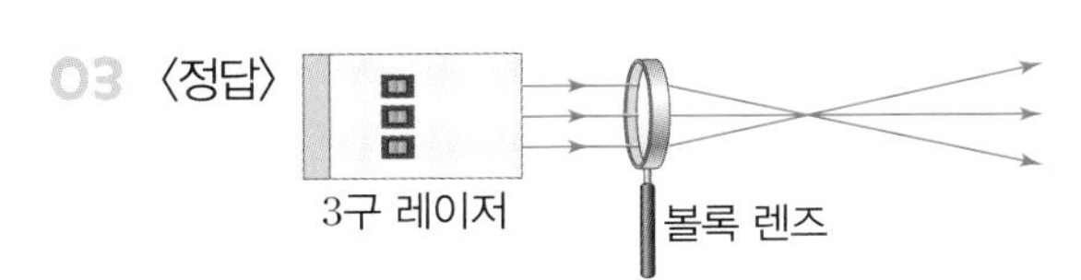

볼록 렌즈의 가장자리를 지난 빛은 꺾여 나아가고, 볼록 렌즈의 두꺼운 가운데 부분을 지난 빛은 그대로 나아갑니다. 볼록 렌즈는 빛을 한곳으로 모읍니다.

04 볼록 렌즈의 가장자리 부분보다 가운데 부분이 두껍기 때문에 볼록 렌즈의 가장자리에 레이저 빛을 비추면 빛이 가운데 부분으로 꺾여 나아갑니다.

05 볼록 렌즈를 통과한 햇빛은 한곳으로 모을 수 있습니다.

06 평면 유리는 햇빛을 한 곳으로 모을 수 없습니다.

07 볼록 렌즈는 햇빛을 모을 수 있습니다. 볼록 렌즈로 햇빛을 모은 곳은 주변보다 밝기가 밝고 온도가 높습니다.

08 볼록 렌즈를 이용해 햇빛을 모은 곳은 다른 곳보다 온도가 높기 때문에 열 변색 종이 위에 그림을 그릴 수 있습니다.

09 간이 사진기를 만들기 위해서는 간이 사진기 전개도, 기름종이, 볼록 렌즈, 셀로판테이프 등이 필요합니다.

10 간이 사진기의 겉 상자에는 볼록 렌즈를, 속 상자에는 기름종이를 붙이면 물체에서 반사된 빛이 볼록 렌즈를 통과하여 기름종이에 맺힙니다.

11 간이 사진기에는 볼록 렌즈가 이용됩니다.

12 간이 사진기로 물체를 보면 물체의 상하좌우가 바뀌어 보입니다.

13 ① 확대경: 작은 곤충을 관찰할 때 사용합니다.
② 대형 마트의 확대경: 구입하려고 하는 물품의 정보가 적힌 안내문을 크게 보려고 할 때 사용합니다.
③ 돋보기 안경: 작은 글자 등을 크게 보기 위해 사용합니다.
⑤ 확대경: 섬세한 작업을 할 때 도움이 됩니다.

14 접안렌즈
대물렌즈

15 볼록 렌즈의 구실을 하는 물체는 가운데 부분이 가장자리보다 두꺼워야 하며, 빛이 통과해야 하기 때문에 투

명한 물질로 되어 있어야 하고 두께가 충분해야 합니다. 유리구슬과 물이 담긴 비닐봉지는 이러한 조건을 충족합니다.

16 둥근 유리컵이나 일회용 비닐장갑 등이 볼록 렌즈의 구실을 할 수 있으려면 물을 넣어야 합니다.

중단원 실전 문제 156~159쪽

01 (2) ○ (3) ○ 02 예 볼록 렌즈는 가운데 부분이 가장자리보다 두껍기 때문이다. 03 ㉡ 04 ㉡ 05 (2) ○ 06 ㉡ 07 (1) ○ (2) × (3) ○ 08 (1) - ㉠ (2) - ㉡ 09 ① 10 ㉡, ㉢ 11 예 볼록 렌즈를 통과한 햇빛이 굴절되어 한곳으로 모이면 밝기가 밝아지고 온도가 높아진다. 하지만 평면 유리는 햇빛을 한곳으로 모을 수 없기 때문에 열 변색 종이 위에 그림을 그릴 수 없다. 12 ㉢, ㉣, ㉤, ㉥ 13 볼록 렌즈 14 ① 15 ▼ 16 상하좌우 17 ④ 18 ③ 19 ③ 20 예 볼록 렌즈를 이용해서 물체의 모습을 확대해서 볼 수 있기 때문에 섬세한 작업을 할 때 도움이 된다. 21 ㉠, ㉡, ㉢ 22 ②, ⑤ 23 기연 24 미소

01 돋보기에 사용되는 양면 볼록 렌즈가 우리에게 익숙하지만, 볼록 렌즈에는 평면 볼록 렌즈, 오목 볼록 렌즈도 있습니다. (1)은 오목 렌즈, (2)는 평면 볼록 렌즈, (3)은 양면 볼록 렌즈입니다.

02 볼록 렌즈는 가운데 부분이 가장자리보다 두꺼운 렌즈를 말합니다.

03 볼록 렌즈로 관찰한 물체의 모습이 상하좌우가 바뀌어 보이는 경우에는 물체의 크기가 작게 보입니다.

04 물이 담긴 비닐봉지는 볼록 렌즈 구실을 할 수 있습니다. 물이 담긴 비닐봉지로 가까이 있는 물체를 보면 상하좌우가 바뀌지 않고 물체가 원래보다 크게 보입니다. 물이 담긴 비닐봉지로 본 물체는 항상 작거나 상하좌우가 바뀌어 보이는 것은 아닙니다.

05 볼록 렌즈의 가운데를 지나는 빛은 그대로 나아가며, 볼록 렌즈의 가장자리를 지나는 빛은 굴절합니다.

06 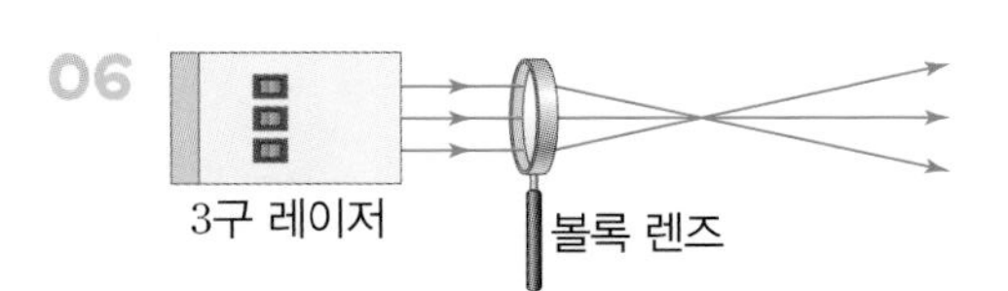

볼록 렌즈는 빛을 한곳으로 모을 수 있습니다.

07 볼록 렌즈를 통과한 햇빛이 만든 원의 크기는 변하며, 원의 크기가 작을수록(햇빛이 한 곳으로 모일수록) 밝기가 밝아지며 원 안의 온도가 높아집니다.

08 볼록 렌즈를 통과한 햇빛을 하얀색 도화지에 비추고 거리를 조절하면 원의 크기가 작아지는 부분이 생깁니다. 평면 유리는 빛을 굴절시키지 않기 때문에 평면 유리를 하얀색 도화지로부터 점점 멀리하거나 가까이 해도 원의 크기가 변하지 않습니다.

09 볼록 렌즈를 통과한 햇빛이 만든 원 안의 온도는 한곳으로 모여지지 않았을 때의 원 안의 온도보다 높아집니다. (다) 과정을 시작할 때 온도가 25 ℃였다면 그보다 더 높게 온도가 올라가므로, 25 ℃보다 낮은 20 ℃는 정답이 될 수 없습니다.

10 평면 유리는 빛을 한곳으로 모을 수 없습니다.

11 볼록 렌즈를 통과한 햇빛이 굴절되어 한 곳으로 모이면 밝기가 밝아지고 온도가 높아집니다. 하지만 평면 유리는 햇빛을 한곳으로 모을 수 없습니다.

채점 기준

평면 유리는 빛을 한곳으로 모을 수 없다는 설명이 있는 경우 정답으로 합니다.

12 간이 사진기를 만들기 위해서는 간이 사진기 전개도, 기름종이, 볼록 렌즈, 셀로판테이프 등이 필요합니다.

13 간이 사진기의 겉상자에는 볼록 렌즈를 붙입니다.

14 간이 사진기로 물체를 보면 속 상자에 붙인 기름종이에서 물체의 모습을 볼 수 있습니다. 간이 사진기에 있는 볼록 렌즈가 빛을 굴절시켜 기름종이에 물체의 상이 맺히게 하기 때문입니다.

15 간이 사진기로 물체를 보면 물체의 상하좌우가 바뀌어 보입니다.

16 간이 사진기에 있는 볼록 렌즈가 빛을 굴절시켜 기름종이에 상하좌우가 다른 물체의 모습을 맺히게 합니다.

17 간이 사진기로 물체를 보면 물체의 상하좌우가 바뀌어 보입니다. ④는 상하좌우가 바뀌어도 같은 모습으로 보입니다. 다른 그림을 간이 사진기로 비추어 보면 다음과 같이 관찰됩니다.

①  ②  ③  ⑤ 

18 ① 사진기: 빛을 모아 사진을 촬영합니다.
② 카메라가 달린 휴대폰: 휴대폰의 카메라는 빛을 모아 사진이나 영상을 촬영합니다.
④ 망원경: 멀리 있는 물체를 확대해서 관찰할 때 사용합니다.
⑤ 현미경: 물체를 확대해 자세히 관찰하기 위해 볼록 렌즈를 사용합니다.

19 돋보기는 가까이에 있는 작은 물체나 글씨를 크게 보이게 합니다.

20 볼록 렌즈를 이용하면 물체의 모습을 확대해서 볼 수 있기 때문에 섬세한 작업을 할 때 도움이 됩니다.

채점 기준

볼록 렌즈를 이용해서 물체의 모습을 확대해 볼 수 있다는 내용이 있으면 정답으로 합니다.

21 볼록 렌즈의 구실을 하는 물체는 물체의 가운데 부분이 가장자리보다 두꺼워야 하며, 빛이 통과해야 하기 때문에 투명한 물질로 되어 있어야 합니다. 또 두께가 충분해야 하고 물체에 따라서 물이 필요할 수 있습니다.

22 볼록 렌즈의 구실을 할 수 있는 물체에는 유리구슬, 물이 담긴 어항, 유리막대, 물방울이 맺힌 유리판, 물이 담긴 일회용 비닐장갑 등이 있습니다.

23 유리판은 가운데 부분이 가장자리보다 두껍지 않습니다.

24 이슬이 볼록 렌즈의 구실을 하여 물방울에 꽃의 모습이 실제보다 작게 보이는 사진입니다.

서술형·논술형 평가 돋보기 160~161쪽

연습 문제

1 (1) ㉡ (2) 빛 2 (1) ㄴ (2) 볼록 렌즈, 상하좌우

실전 문제

1 예 볼록 렌즈는 햇빛을 굴절시켜 한곳으로 모을 수 있고, 볼록 렌즈를 이용하여 햇빛을 모은 곳은 주변보다 온도가 높기 때문이다. 2 예 가운데 부분이 가장자리보다 두껍고, 투명한 물질로 되어 있으며 두께가 충분하다는 공통점이 있고, 볼록 렌즈의 구실을 할 수 있다. 3 (1) 예 돋보기 안경을 이용해서 작은 글씨나 그림을 크게 확대해서 볼 수 있다. (2) 예 볼록 렌즈를 이용해 빛을 모아 사진이나 영상을 촬영할 수 있다. 4 예 사람들이 돋보기 안경을 사용하지 못하면 작은 글씨를 크게 확대해서 보기 어려울 것이다.

연습 문제

1 (1) 볼록 렌즈가 만든 원의 크기가 가장 작을 때 원 안의 온도가 가장 높아집니다.
(2) 볼록 렌즈를 통과한 빛은 굴절되어 한곳으로 모이며, 모인 곳의 밝기는 다른 곳보다 밝고, 온도는 다른 곳보다 높습니다. 이러한 특징을 활용하여 열 변색 종이에 그림을 그리거나 검은색 도화지를 태울 수 있습니다.

2 (1) 간이 사진기로 물체를 보면 상하좌우가 바뀌어 보입니다.
(2) 볼록 렌즈가 빛을 굴절시켜 기름종이에 상을 맺히게 하기 때문에 상하좌우가 다른 물체의 모습을 만들어 냅니다.

실전 문제

1 볼록 렌즈는 햇빛을 굴절시켜 한곳으로 모을 수 있고, 볼록 렌즈를 이용하여 햇빛을 모은 곳은 주변보다 온도가 높기 때문에 일어나는 현상입니다.

채점 기준

볼록 렌즈를 이용해 빛을 한곳으로 모은 곳은 다른 곳보다 온도가 높다는 내용이 들어갔다면 정답으로 합니다.

2 물방울, 유리 막대, 물이 담긴 둥근 어항은 가운데 부분이 가장자리보다 두껍고, 투명한 물질로 되어 있으며 두께가 충분하기 때문에 볼록 렌즈의 구실을 할 수 있습니다.

채점 기준

상	'가운데가 가장자리보다 두껍다', '투명하다', '두께가 충분하다'의 세 가지 내용이 모두 포함된 경우
중	세 가지 조건 중 한두 가지의 조건만 포함된 경우
하	세 가지 조건을 모두 쓰지 못한 경우

3 (1) 돋보기 안경을 이용해서 작은 글씨나 그림을 크게 확대해서 볼 수 있습니다.

채점 기준

돋보기 안경이 작은 물체를 확대해서 보여 준다는 내용이 들어간 경우 정답으로 합니다.

(2) 볼록 렌즈를 이용해 빛을 모아 사진이나 영상을 촬영할 수 있습니다.

채점 기준

볼록 렌즈가 빛을 모으는 성질을 이용해 사진을 촬영한다는 내용이 들어간 경우 정답으로 합니다.

4 사람들이 돋보기 안경을 사용하지 못하면 작은 글씨를 크게 확대해서 보기 어려울 것입니다. 작은 물체를 만드는 등의 섬세한 작업을 하기 어려울 것입니다.

채점 기준

볼록 렌즈를 사용할 수 없어서 불편한 상황이 드러난 경우 정답으로 합니다.

대단원 마무리

163~166쪽

01 ㉢, ㉣ **02** ⑤ **03** ④, ⑤ **04** ㉠, ㉡ **05** 예 물속에서 빛이 나아가는 모습을 더 잘 관찰하기 위해서이다. **06** 해설 참조 **07** (1) ○ **08** 경계 **09** ③ **10** ㉡, 예 빛은 서로 다른 물질의 경계에서 꺾여 나아가기 때문이다. **11** (1) × (2) × (3) ○ **12** ② **13** ㉠ **14** ④ **15** ㉠, ㉢ **16** ④ **17** 볼록 렌즈 **18** 유성 **19** ③ **20** (3) × **21** ④ **22** ① **23** ② **24** 예 볼록 렌즈를 이용하여 작은 물체를 확대할 수 있기 때문에 작은 생물을 관찰할 수 있다. **25** ③

01 햇빛을 프리즘에 통과시키면 빨간색 계열의 색이 가장 아래에서부터, 혹은 빨간색 계열의 색이 가장 위쪽에서부터 나타나며 여러 가지 연속된 색깔이 나타납니다.

02 프리즘은 유리나 플라스틱으로 만든 투명한 삼각기둥 모양의 기구이며, 프리즘을 통과한 빛은 반사되기도 하지만 굴절되기도 합니다. 햇빛이 있는 공간에서 무지개를 만들 수 있습니다.

03 무지개는 비가 온 다음 맑게 개었을 때 주로 나타나고, 연속적인 여러 가지 색깔로 이루어져 있습니다.

04 건물의 벽면에 프리즘을 통과한 햇빛이 여러 가지 빛깔로 나타난 모습입니다. 태양의 위치가 변하면 이러한 여러 가지 빛깔의 위치도 변합니다.

05 물속에 우유를 떨어뜨리면 물속에서 빛이 나아가는 모습을 보다 잘 관찰할 수 있습니다.

06 빛을 비스듬하게 비추면 빛은 공기와 물의 경계에서 꺾여 나아갑니다.

〈정답〉

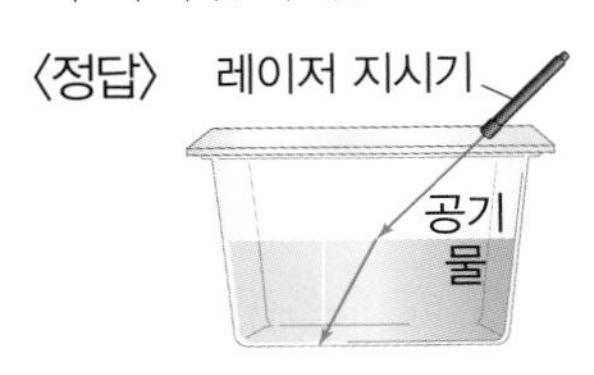

07 빛을 비스듬하게 비추면 빛은 물과 공기의 경계에서 꺾여 나아갑니다.

08 빛을 비스듬하게 비추면 서로 다른 물질의 경계에서 빛이 꺾여 나아갑니다.

09 빛이 서로 다른 물질의 경계에서 꺾여 나아가는 현상을 빛의 굴절이라고 합니다.

10 빛은 서로 다른 물질의 경계에서 꺾여 나아갑니다. 공기와 유리의 경계에서 빛은 꺾여 나아갑니다.

채점 기준

서로 다른 물질의 경계에서 빛이 꺾여 나아간다는(빛이 굴절된다는) 내용이 있으면 정답으로 합니다.

11 동전에서 반사된 빛이 물과 공기의 경계에서 꺾여 나아가기 때문에 컵 속에서 보이지 않던 동전이 컵에 물을

부으면 보이게 됩니다.

12 ② 물속에 잠긴 다리는 공기와 물의 경계에서 빛이 굴절하기 때문에 짧아 보입니다.

13 물속에 있는 물체에서 반사된 빛은 물과 공기의 경계에서 굴절하지만 사람은 눈으로 들어온 빛의 연장선상에 물체가 있다고 생각하기 때문에 실제 물체가 위치한 곳보다 더 위에 있는 것으로 생각합니다. 물고기는 사람이 생각하는 것보다 아래에 있습니다.

14 볼록 렌즈는 나무와 같은 불투명한 물체로 만들 수 없습니다.

15 볼록 렌즈로 물체를 관찰하면 크게 보이기도 하고, 작고 상하좌우가 바뀌어 보이기도 합니다.

16 볼록 렌즈의 가장자리를 통과하는 빛은 굴절됩니다.

17 볼록 렌즈에서 하얀색 도화지를 멀리할수록 볼록 렌즈가 만든 원의 크기는 작아집니다. 원의 크기가 작아지는 시점에서 볼록 렌즈를 점점 더 멀리하게 되면 원의 크기는 다시 커집니다.

18 햇빛이 만든 원의 크기가 작을수록 밝기는 더 밝아지고 온도는 더 높아집니다.

19 볼록 렌즈를 통과한 빛이 한곳으로 모이기 때문에 밝기가 더 밝아지고 온도가 더 높아집니다. 볼록 렌즈가 빛을 한곳으로 모아서 사진을 촬영할 수 있습니다.

20 햇빛과 볼록 렌즈가 하얀색 도화지에 만든 원을 지나치게 오랫동안 관찰하지 않도록 합니다.

21 간이 사진기의 볼록 렌즈가 빛을 모아 줍니다.

22 간이 사진기로 물체나 글자를 관찰하면 상하좌우가 바뀌어 보입니다. 상하좌우가 바뀌어도 원래대로 보이는 글자는 ① '응' 자입니다.

23 ② 쌍안경은 멀리 있는 물체를 확대하여 보는 데 사용합니다.

24 볼록 렌즈를 이용하여 작은 물체를 확대할 수 있기 때문에 작은 생물을 관찰할 수 있습니다.

채점 기준

볼록 렌즈를 사용했을 때 좋은 점이 바르게 나타나 있다면 정답으로 합니다.

25 투명하고 가운데가 가장자리보다 두꺼운 물체가 볼록 렌즈의 구실을 할 수 있습니다. ③ 플라스틱 컵의 경우 투명한지의 여부나 물이 들어 있는지의 여부를 알 수 없기 때문에 정답으로 적절하지 않습니다.

수행 평가 미리 보기

167쪽

1 (1) 볼록 렌즈 (2) 예 볼록 렌즈는 빛을 굴절시켜 한곳으로 모으며, 빛을 모은 곳은 다른 곳보다 밝기가 밝고 온도가 높기 때문이다. 2 (1) ㉠ 두꺼워야, ㉡ 투명한, ㉢ 물 (2) 예 물이 든 투명 비닐 봉지를 얼굴에 대면 얼굴의 특정한 부분이 확대되어 보인다. 이것을 이용해 재미있는 사진을 찍을 수 있다.

1 (1) 볼록 렌즈는 빛을 굴절시켜 한곳으로 모을 수 있습니다.

(2) 볼록 렌즈로 햇빛을 모은 곳은 다른 곳보다 밝기가 밝고 온도가 높습니다. 열 변색 종이는 온도에 반응하기 때문에 볼록 렌즈를 통과한 햇빛을 이용해서 열 변색 종이에 그림을 그릴 수 있습니다.

채점 기준

볼록 렌즈가 햇빛을 모으며, 햇빛을 모은 곳은 다른 곳보다 온도가 높다는 것이 설명되어 있다면 정답으로 합니다.

2 (1) 볼록 렌즈의 구실을 하는 물체는 가운데 부분이 가장자리보다 두껍고, 빛이 통과해야 하기 때문에 투명해야 하며, 물체에 따라서 물이 필요할 수도 있습니다.

(2) 볼록 렌즈의 구실을 하는 물체를 이용해서 특정한 부분을 확대하거나, 규칙적인 패턴 앞에 갖다 대어 한 부분을 강조하는 등의 재미있는 사진을 찍을 수 있습니다.

채점 기준

볼록 렌즈의 구실을 하는 물체와, 사진을 찍는 방법이 바르게 설명된 경우 정답으로 합니다.

Book 2 실전책

2단원 (1) 중단원 쪽지 시험 5쪽

01 같은 02 예 태양 관찰 안경이나 태양 관찰용 필름을 사용해 관찰한다. 03 남쪽 (하늘) 04 동쪽, 서쪽 05 천체 관측 프로그램 06 자전축 07 지구의 자전 08 낮, 밤 09 자전 10 낮 11 낮 12 자전

6~7쪽

중단원 확인 평가 2 (1) 지구의 자전

01 ② 02 ③ 03 ⑤ 04 ③ 05 (3) ○ 06 ② 07 ② 08 ②, ⑤ 09 낮 10 밤 11 밤 12 ③

01 ① 낮에도 부모님께 말씀드리고 관찰 장소로 이동해야 하며, 혼자 관찰 활동을 하지 않도록 합니다.
② 안전을 위해 너무 늦은 밤까지 관찰하지 않습니다.
③ 차가 많이 다니고 복잡한 곳은 위험하고 관찰하기 좋지 않은 장소입니다.
④ 나무나 건물로 둘러싸여 있으면 하늘이 잘 보이지 않아 관찰하기가 어렵습니다.
⑤ 태양은 절대 맨눈으로 관찰하지 않습니다. 반드시 태양 관찰 안경이나 태양 관찰용 필름 등 눈을 보호할 수 있는 장비를 갖춘 뒤에 관찰합니다.

02 태양과 달은 동쪽 하늘에서 떠서 남쪽 하늘을 거칠 때까지 점점 높아집니다. 남쪽 하늘의 중앙을 지나면 점점 낮아져서 서쪽 하늘로 집니다.

03 태양과 달의 하루 동안 움직임은 모두 지구의 자전과 관련이 있습니다. 따라서 두 천체의 움직임도 동쪽에서 떠서 서쪽으로 지는 것이 같습니다. 태양과 달은 남쪽 하늘의 중앙을 거칠 때까지 높이가 높아지다가 이후에는 점점 낮아집니다.

04 지구의를 서쪽에서 동쪽으로 돌리면 지구의 위에 있는 관찰자 모형에게 전등은 반대 방향인 동쪽에서 서쪽으로 움직이는 것처럼 보입니다.

05 태양은 하루 동안 동쪽에서 서쪽으로 이동합니다. 태양이 낮 12시 30분경에 남쪽 하늘의 중앙에 있으므로 5시간이 지난 후에는 더 서쪽으로 이동한 위치에 있을 것입니다.

06 지구는 자전축을 중심으로 하루에 한 바퀴씩 회전합니다.

07 ① 지구는 하루에 한 바퀴씩 회전합니다.
② 지구는 자전축을 중심으로 회전합니다.
③ 지구는 시계 반대 방향인 서쪽에서 동쪽으로 회전합니다.
④ 관찰자 모형은 전등의 빛이 비치는 곳에 있다가 빛이 비치지 않는 곳에 있다가를 번갈아 가며 반복합니다.
⑤ 관찰자 모형에게 전등은 동쪽에서 서쪽으로 움직이는 것처럼 보입니다.

08 낮에는 하늘에 태양이 떠 있어 밝으므로 별이 보이지 않습니다.

09 낮은 태양이 동쪽에서 떠오를 때부터 서쪽으로 완전히 질 때까지의 시간을 말합니다.

10 전등 빛이 비치지 않는 곳에 관찰자 모형이 있습니다. 따라서 관찰자 모형이 있는 곳은 밤입니다.

11 밤에는 태양이 없어 어둡고, 사람들은 주로 집에 머물거나 잡니다.

12 지구의 자전으로 인해 태양의 빛이 비치는 곳(낮)과 빛이 비치지 않는 곳(밤)이 생깁니다.

2단원 (2) 중단원 쪽지 시험 9쪽

01 예 낮에는 태양의 빛이 너무 강하기 때문이다. 02 오랜 03 남동쪽 하늘이나 남쪽 하늘 04 봄(봄철) 05 여름(여름철) 06 물고기자리 07 위치, 모습 08 서쪽 09 지구의 공전 10 공전, 계절 11 지구의 공전 12 예 태양과 같은 방향에 있어 태양 빛이 너무 밝기 때문이다.

10~11쪽

중단원 확인 평가 2 (2) 지구의 공전

01 ② 02 쌍둥이자리, 오리온자리, 큰개자리 03 ② 04 ④ 05 전등 06 ③ 07 ①, ③ 08 (다) 09 ① 10 페가수스자리 11 태양 12 ④

01 독수리자리, 거문고자리, 백조자리는 여름을 대표하는 별자리입니다.

02 별자리에는 여러 계절에 걸쳐서 보이는 별자리도 있습니다. 겨울철 별자리는 1월 15일 무렵에 관찰하는 것이 좋으며, 겨울철 대표적인 별자리는 쌍둥이자리, 오리온자리, 큰개자리입니다.

03 오리온자리는 겨울철의 대표적인 별자리이고 페가수스자리는 가을철의 대표적인 별자리입니다. 저녁 9시 무렵 남동쪽 하늘이나 남쪽 하늘에서 보이는 별자리가 가장 오랜 시간 볼 수 있는 별자리이며, 그 계절을 대표하는 별자리가 됩니다.

04 ① 전등은 태양의 역할을 합니다.
② 관찰자 모형이 있는 지역은 밤입니다.
③ (나) 위치에서는 관찰자 모형에게 창문이 보이지 않습니다.
④ 지구의가 놓인 위치는 시계 반대 방향으로 순서대로 옮겨집니다.
⑤ 지구의가 놓인 위치에 따라 관찰자 모형에게 보이는 모습이 달라집니다.

05 지구의는 전등을 중심으로 위치가 바뀝니다.

06 ① 가을에는 사자자리를 볼 수 없습니다.
② 위치가 조금 서쪽으로 이동하지만 다음 날에도 어제 본 별자리를 볼 수 있습니다.
③ 별자리는 동쪽에서 서쪽으로 점점 이동합니다.
④ 계절마다 볼 수 있는 별자리는 달라집니다.
⑤ 시간이 지나도 별자리의 크기는 그대로이고 위치만 서쪽으로 이동합니다.

07 4월 15일 저녁 9시 무렵 남동쪽 하늘에 떠 있는 별자리는 봄의 대표적인 별자리입니다. 봄의 대표적인 별자리에는 목동자리, 사자자리, 처녀자리가 있습니다.

08 (다) 위치에서 우리나라가 한밤일 때 관찰자 모형은 페가수스자리 그림이 있는 방향을 바라봅니다.

09 사자자리가 봄의 대표적인 별자리이기 때문에 사자자리가 잘 보이는 (가) 위치일 때가 봄이고 순서대로 (나) 위치일 때가 여름입니다. (다) 위치일 때는 가을이고, (라) 위치일 때는 겨울입니다.

10 별자리가 달라지는 까닭은 지구의 공전과 관련이 있습니다. 지구의 공전으로 지구의 위치가 달라지면 한밤에 보이는 별자리가 달라집니다. 우리나라가 봄철일 때 태양과 같은 방향에 있는 가을철 별자리는 태양 빛이 너무 밝아 볼 수 없습니다.

11 지구는 태양을 중심으로 일 년에 한 바퀴씩 서쪽에서 동쪽으로 회전합니다. 이를 지구의 공전이라고 합니다.

12 별 사이의 거리와 별자리의 모양은 변하지 않고 그대로 동쪽에서 서쪽으로 움직입니다.

2단원 (3) 중단원 쪽지 시험 13쪽

01 달 02 초승달 03 보름달 04 약 30일 05 음력 06 상현달 07 관찰 08 남쪽 09 선택, 확대 10 보름달 11 서쪽 (하늘) 12 서쪽, 동쪽

14~15쪽

중단원 확인 평가 2 (3) 달의 운동

01 ① 02 ④ 03 ⑤ 04 ④ 05 ② 06 ① 07 ① 08 ⑤ 09 보름달 10 ㉡ 11 ③ 12 ①

01 바나나처럼 길쭉하고 얇은 모양을 한 달의 모양은 초승달과 그믐달입니다. ①번은 초승달입니다.

02 가장 밝은 달은 보름달입니다. 추석이나 정월 대보름의 경우 음력 15일이라 많은 사람이 보름달을 보며 소원을 빕니다.

03 왼쪽으로 얇은 모양을 한 달은 그믐달입니다.

04 보름달에서 하현달이 되었다가 그믐달이 됩니다.

05 오른쪽 반원이 밝은 상현달의 모습입니다. 상현달은 음력 7~8일 무렵에 뜹니다.

06 ① 나침반을 이용하여 남쪽을 확인합니다.
② 관찰 장소에는 부모님이나 어른들과 함께 갑니다.
③ 주변 건물을 미리 그려 놓으면 정확히 위치를 기록할 수 있습니다.
④ 해가 지는 일몰 시각을 알아보고 관찰 시간을 정합니다.
⑤ 일정한 시간 간격으로 관찰하여 기록합니다.

07 음력 2~3일 무렵에는 초승달을 볼 수 있습니다.

08 음력 22~23일 무렵에는 하현달을 관찰할 수 있습니다.

09 달은 초승달, 상현달, 보름달, 하현달, 그믐달 순서로 모양이 변합니다. 따라서 상현달과 하현달 사이에 있는 ㈎는 보름달입니다.

10 음력 7~8일에는 상현달을 볼 수 있습니다. 상현달은 해가 지면 남쪽 하늘에서 볼 수 있습니다.

11 ① 여러 날 동안 같은 장소, 같은 시각에 달을 관찰하면 달은 서쪽에서 동쪽으로 조금씩 이동합니다.
② 초승달은 음력 2~3일 무렵에 볼 수 있고, 그믐달은 음력 27~28일 무렵에 볼 수 있습니다.
③ 태양이 진 후 상현달은 남쪽 하늘에서 볼 수 있습니다.
④ 보름달이 되는 15일 동안은 달의 크기가 점점 커집니다.
⑤ 가장 밝고 커다란 달은 보름달입니다.

12 여러 날 동안 같은 시각에 관찰한 달의 위치는 서쪽에서 동쪽으로 조금씩 이동합니다.

16~18쪽

대단원 종합 평가 2. 지구와 달의 운동

01 ② 02 ④ 03 (1) 지구의, 관찰자 모형 (2) 전등 04 ③ 05 ④ 06 하루 07 ㉡, ㉣, ㉥ 08 (1) ○ 09 ④ 10 ㉠ 9, ㉡ 남쪽 11 ㉠, ㉣ 12 ③ 13 거문고자리, 오리온자리 14 지구의 공전 15 ① 16 ⑤ 17 ① 18 달 19 (1)-㉡ (2)-㉠ 20 ④

01 하루 동안 달의 위치 변화를 관찰하는 경우 여러 날 동안 반복하여 관찰하지 않습니다.

02 태양은 동쪽 하늘에서 떠서 남쪽 하늘의 중앙까지 점점 높아지고, 이후에는 점점 낮아지다가 서쪽 하늘로 집니다.

03 실험 상황에서 움직이는 것은 지구의와 지구의 위에 붙인 관찰자 모형입니다. 전등은 실제로는 움직이지 않습니다.

04 ① 전등은 태양의 역할을 합니다.
② 지구의는 자전축을 중심으로 회전합니다.
③ 지구의는 자전축을 중심으로 시계 반대 방향으로 돌립니다.
④ 지구의가 한 바퀴 도는 과정은 실제 지구에서는 하루 동안 일어납니다.
⑤ 관찰자 모형에게 전등이 동쪽에서 서쪽으로 움직이는 것처럼 보입니다.

05 자전축은 지구의 남극과 북극을 이은 가상의 선입니다. 지구는 자전축을 중심으로 하루에 한 바퀴씩 회전합

니다.

06 지구의 자전은 하루 동안 지구가 한 바퀴씩 회전하는 것으로 지구의 자전 때문에 태양과 달이 동쪽에서 서쪽으로 움직이는 것처럼 보입니다.

07 사진은 밤의 모습입니다. 밤에는 하늘에 태양이 없어 어둡고, 사람들은 주로 집에서 쉬거나 잡니다.

08 낮은 태양이 동쪽에서 떠오를 때부터 서쪽으로 완전히 질 때까지의 시간을 말합니다.

09 빛이 비치는 곳에 관찰자 모형이 있으므로 관찰자 모형이 있는 곳은 낮입니다. 낮에는 하늘에 태양이 있어 밝고, 사람들은 주로 일을 합니다.

10 밤하늘에 오래 떠 있기 위해서는 한밤에 남쪽 하늘에 걸쳐 있어야 합니다. 이러한 별자리는 저녁 9시 무렵에 남동쪽 하늘이나 남쪽 하늘에 떠 있습니다.

11 여름철에는 백조자리와 독수리자리를 볼 수 있습니다.

12 태양이 있는 쪽의 별자리는 태양이 너무 밝아 볼 수가 없습니다.

13 우리나라가 한밤일 때 ㈎ 위치에서는 사자자리, ㈏ 위치에서는 거문고자리, ㈐ 위치에서는 페가수스자리, ㈑ 위치에서는 오리온자리가 잘 보입니다.

14 계절에 따라 별자리가 달라지는 까닭과 일 년 동안 지구의 움직임을 알아보는 실험입니다. 모두 지구의 공전과 관련된 것으로 지구는 일 년 동안 태양을 중심으로 서쪽에서 동쪽으로 한 바퀴씩 회전합니다.

15 ① 지구는 자전축을 중심으로 하루에 한 바퀴씩 회전합니다.
② 지구의 자전으로 낮과 밤이 생깁니다.
③ 지구는 태양을 중심으로 서쪽에서 동쪽으로 회전합니다.
④ 지구의 자전은 하루 동안 태양의 위치 변화와 관련이 깊습니다.
⑤ 지구가 공전하기 때문에 계절에 따라 별자리가 다르게 보입니다.

16 태양 관찰용 필름은 태양을 관찰할 때 준비해야 하는 것입니다.

17 ① 가장 밝은 달은 보름달입니다.
② 쟁반처럼 둥근 모양의 달은 보름달입니다.
③ 보름달은 약 30일마다 볼 수 있습니다.
④ 음력 2~3일은 초승달이 뜨는 날입니다.
⑤ 달의 모양은 약 30일을 주기로 반복됩니다.

18 음력은 달의 모양을 기준으로 만든 것으로 음력의 한 달은 약 30일입니다.

19 (1)번은 그믐달로 음력 27~28일 무렵 뜹니다. (2)번은 상현달로 음력 7~8일 무렵에 뜹니다.

20 두 개의 원판에 태양, 지구, 달 모형을 표현한 모형입니다. 노란색 원판은 지구의 공전을 나타내고, 파란색 원판은 달의 운동을 나타냅니다.

2단원 서술형·논술형 평가 19쪽

01 (1) 예 지구의를 한 바퀴 돌릴 때마다 빛을 받는 위치에 있다가 빛을 받지 못하는 위치에 있다가를 반복한다. (2) 지구의 자전 02 (1) 해설 참조 (2) 예 하루 동안 달은 동쪽에서 서쪽으로 움직인다. 03 (1) 쌍둥이자리, 오리온자리, 큰개자리 (2) 예 겨울에 오랜 시간 동안 밤하늘에서 볼 수 있기 때문이다. 04 (1) ㉠, 예 여러 날 동안 달의 위치는 서쪽에서 동쪽으로 이동하기 때문이다. (2) 해설 참조

01 (1) 지구의를 한 바퀴 돌리면 관찰자 모형은 전등 빛을 받는 곳에 있다가 빛을 받지 못하는 곳에 있다가를 반복합니다.
(2) 낮과 밤이 생기는 것은 지구가 자전하기 때문입니다.

채점 기준	
상	낮과 밤이 생기는 까닭을 지구의 자전에서 찾고 실험 상황을 정확히 이해하고 쓴 경우
중	낮과 밤이 생기는 까닭에 대해 알고 있으나, 실험 상황을 정확하게 이해하지 못하고 쓴 경우
하	답을 틀리게 쓴 경우

02 (1) 하루 동안 달의 모양은 바뀌지 않습니다. 따라서 (가) 위치에서도 보름달을 볼 수 있습니다.

〈정답〉

(2) 달이 동쪽에서 서쪽으로 점점 이동한다는 것을 알 수 있습니다.

채점 기준

상	달의 모양을 올바르게 예측하고 달의 위치 변화에 대해 정확히 쓴 경우
중	달의 위치 변화에 대해 올바르게 썼으나, 달의 모양을 정확히 이해하지 못한 경우
하	답을 틀리게 쓴 경우

03 (1) 남동쪽 하늘에서 볼 수 있는 별자리 세 개가 겨울의 대표적인 별자리입니다.

(2) 저녁 9시 무렵 남동쪽 하늘이나 남쪽 하늘에 있는 별자리는 다른 별자리보다 오랜 시간 관찰할 수 있습니다.

채점 기준

상	겨울철 대표적인 별자리를 3개 쓰고, 대표적인 별자리의 의미를 쓴 경우
중	겨울철 대표적인 별자리를 1~2개 쓰고, 대표적인 별자리의 의미를 쓴 경우
하	답을 틀리게 쓴 경우

04 (1) 달은 여러 날 동안 서쪽에서 동쪽으로 이동합니다. 음력 15일 무렵에는 음력 7~8일 무렵 달의 위치보다 동쪽으로 이동한 곳에서 달을 볼 수 있습니다.

(2) 〈정답〉

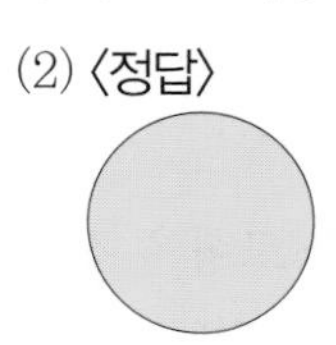

여러 날 동안 달은 초승달에서 점점 커져 상현달이 되고, 상현달에서 점점 커져 보름달이 됩니다. 보름달은 음력 15일 무렵에 뜹니다.

채점 기준

상	음력 15일 저녁 7시 무렵 동쪽 하늘에 보름달이 뜬다는 것을 정확히 이해하고 답을 쓴 경우
중	음력 15일 저녁 7시 무렵에 뜨는 달의 위치는 알고 있으나, 모양을 정확히 이해하지 못한 경우
하	답을 틀리게 쓴 경우

3단원 (1) 중단원 쪽지 시험

21쪽

01 표본 02 세포, 세포벽 03 고추 04 지지 기능 05 곧은줄기 06 양분 07 예 줄기가 물의 이동 통로이기 때문이다. 08 광합성 09 녹말 10 기공 11 기공, 증산 12 증산, 온도

22~23쪽

중단원 확인 평가 3 (1) 뿌리, 줄기, 잎

01 ⑤ 02 ③ 03 ③ 04 ④ 05 ④ 06 ③ 07 곧은줄기 08 ② 09 ⑤ 10 ㉠, ㉡, ㉢ 11 ② 12 ③

01 ① 핵은 생명 활동을 조절합니다.
② 세포벽은 세포를 보호하는 역할을 합니다.
③ 생물은 모두 세포로 이루어져 있습니다.
④ 동물 세포에는 세포벽이 없습니다.
⑤ 대부분의 세포는 크기가 매우 작아 맨눈으로 보기 어려워 현미경을 사용해야 관찰할 수 있습니다.

02 생물은 모두 세포로 이루어져 있습니다. 세포는 핵, 세포막, 세포벽 등으로 구성되어 있는데, 세포벽은 식물 세포에서만 관찰할 수 있습니다.

03 그림의 세포는 세포벽이 없습니다. 이는 동물 세포로 고양이와 같은 동물의 몸을 구성합니다.

04 그림과 같이 굵고 곧은 형태의 뿌리를 가진 식물은 우엉입니다. 파, 양파, 잔디, 강아지풀의 뿌리는 비슷한 굵기로 된 여러 가닥의 뿌리가 수염처럼 나 있습니다.

05 고구마는 뿌리에 양분을 저장하는 식물입니다. 다른 식물에 비해 뿌리가 굵고 큽니다. 감자와 양파는 줄기에 양분을 저장하는 식물이고 고추와 사과나무는 주로 열매에 양분을 저장합니다.

06 뿌리를 자르지 않은 양파는 물을 흡수하지만, 뿌리를 잘라 뿌리가 없는 양파는 물을 거의 흡수하지 못합니다. 이것으로 뿌리가 물을 흡수하는 역할을 한다는 것을 알 수 있습니다.

07 해바라기의 줄기처럼 위로 곧게 뻗어 자라는 줄기의 형태를 곧은줄기라고 합니다.

08 감자는 잎에서 만든 양분을 줄기에 저장하여 감자의 줄기는 알 모양처럼 생겼습니다. 양분을 저장하는 줄기의 기능을 저장 기능이라고 합니다.

09 붉은 색소 물에 넣어 둔 백합 줄기의 단면을 관찰하면 붉은 점이나 선을 볼 수 있습니다. 이는 뿌리에서 흡수한 물이 지나가는 모습으로 줄기가 물의 이동 통로의 역할을 하고 있다는 점을 알 수 있습니다.

10 아이오딘-아이오딘화 칼륨 용액은 녹말과 반응하여 청람색으로 변합니다. 밥에는 벼가 광합성을 하여 만든 양분(녹말)이 저장되어 있습니다. 감자와 햇빛을 받은 잎에도 녹말이 들어 있어 아이오딘-아이오딘화 칼륨 용액을 떨어뜨리면 청람색으로 변합니다. 햇빛을 받지 못한 잎에서는 양분(녹말)이 만들어지지 않아서 아이오딘-아이오딘화 칼륨 용액을 떨어뜨려도 색깔이 변하지 않습니다.

11 식물의 증산 작용은 주로 잎에서 일어납니다. 잎의 기공을 통해 식물의 몸 밖으로 물이 빠져나갑니다.

12 증산 작용은 식물의 온도를 조절하고, 물을 식물 꼭대기까지 끌어 올릴 수 있도록 돕는 일을 합니다. 식물을 땅에 단단히 고정하는 것은 뿌리가 하는 일입니다. 살아가는 데 필요한 양분을 만드는 것은 잎의 광합성과 관련이 있습니다.

3단원 (2) 중단원 쪽지 시험 25쪽

01 수술 02 꽃가루받이(또는 수분) 03 꽃받침 04 씨 05 꽃가루받이(또는 수분) 06 충매화 07 열매 08 열매 09 씨, 껍질 10 씨, 씨 11 예 씨에 가벼운 솜털이 있기 때문이다. 12 예 동물에게 먹힌 뒤에 씨가 똥과 함께 나와 퍼진다.

26~27쪽

중단원 확인 평가 3 (2) 꽃과 열매

01 ③ 02 ㉡ 03 (1)-㉡ (2)-㉠ 04 ⑤ 05 꽃가루받이(또는 수분) 06 ③ 07 ④ 08 열매 09 ⑤ 10 ⑤ 11 ① 12 열매껍질

01 꽃의 모양과 크기는 다양합니다. 하지만 꽃이 주로 씨를 만드는 역할을 한다는 점은 비슷합니다. 나팔꽃처럼 꽃잎이 하나로 붙어 있는 꽃도 있고, 벚꽃처럼 꽃잎의 밑동 부분이 갈라져 있는 꽃도 있습니다.

02 ㉠은 암술로 꽃가루받이가 이루어지는 곳입니다. ㉡은 수술로 꽃가루가 만들어집니다. ㉢은 꽃잎으로 곤충을 유인하고 암술과 수술을 보호합니다. ㉣은 꽃받침으로 꽃잎을 받치는 역할을 합니다.

03 메꽃은 꽃잎이 하나로 붙어 있지만, 벚꽃은 꽃잎의 밑동 부분이 갈라져 여러 장의 꽃잎으로 이루어져 있습니다.

04 암술은 씨가 될 밑씨가 들어 있고 꽃가루받이가 이루어지는 곳입니다. 수술은 꽃가루를 만들고 만들어진 꽃가루는 여러 가지 방법으로 암술의 머리 부분에 옮겨집니다. 꽃잎은 암술과 수술을 보호하며 곤충을 유인하는 역할을 합니다. 꽃받침은 이러한 꽃잎을 받치고 보호합니다.

05 그림은 꽃가루받이의 모습을 보여 줍니다. 꽃가루받이는 암술의 머리 부분에 꽃가루가 옮겨지는 것입니다.

06 코스모스는 가을에 주로 피는 국화과 식물로 벌과 같은 곤충에 의해 꽃가루가 옮겨지는 충매화입니다.

07 암술은 꽃가루받이가 이루어지는 곳으로 씨가 되는 밑씨가 있습니다. 수술은 꽃가루를 만드는 역할을 합니다.

08 열매는 씨와 씨를 둘러싼 껍질 부분으로 이루어져 있습니다. 열매는 씨가 어릴 때는 씨를 보호하는 역할을 하고 씨가 익으면 씨를 멀리 퍼뜨리는 역할을 합니다.

09 ㉠은 씨방으로 씨를 둘러싼 부분입니다. ㉡은 꽃받기

부분으로 씨가 자라면서 함께 자라 열매의 달고 물이 가득한 부분으로 자랍니다. ㉢은 껍질이고, ㉣은 씨입니다.

10 단풍나무의 씨는 날개가 있어 바람을 이용하여 멀리 퍼질 수 있습니다.

11 코코야자는 물을 이용하여 씨를 퍼뜨리는 식물이며, 이와 같은 방법으로 씨를 퍼뜨리는 식물에는 연꽃이 있습니다.
② 우엉의 열매에는 갈고리가 있어 동물의 털이나 사람의 옷에 붙어서 씨를 퍼뜨립니다.
③ 민들레의 씨에는 털이 달려 있어 바람에 날려 씨가 멀리 퍼질 수 있습니다.
④ 잣나무의 씨는 청설모와 같은 동물이 땅에 저장한 뒤 찾지 못한 것에서 싹이 틉니다.
⑤ 겨우살이는 동물에게 먹힌 뒤에 씨가 똥과 함께 나와 퍼집니다.

12 봉선화와 제비꽃은 열매껍질이 터지면서 안에 있는 씨를 멀리 퍼뜨립니다.

28~30쪽

대단원 종합 평가 3. 식물의 구조와 기능

01 ② 02 ㉠ 03 ④ 04 ③ 05 ④ 06 ③ 07 ④ 08 뿌리털 09 ② 10 ⑤ 11 ③ 12 ③ 13 ④ 14 저장 기능 15 ㉠ 녹말, ㉡ 청람색 16 ① 17 (1) ○ (2) ○ (3) ○ (4) × 18 ㉣ 19 씨 20 ⑤

01 양파의 표피를 벗겨 받침 유리에 올리고 물을 한 방울 떨어뜨립니다. 공기가 들어가지 않도록 덮개 유리를 한쪽 끝부터 덮고, 염색액을 흘려 보냅니다. 반대쪽에서 거름종이를 대어 물과 염색액을 흡수하여 표본을 완성합니다.

02 ㉠은 핵, ㉡은 세포벽, ㉢은 세포막입니다. 핵은 각종 유전 정보를 포함하고 있으며, 생명 활동을 조절합니다.

03 그림의 세포는 세포벽을 가지고 있으므로 식물 세포입니다. 고구마는 식물로 세포벽을 가진 세포로 구성되어 있으나, 나머지 생물들은 동물로 세포에 세포벽이 없습니다.

04 세포는 핵, 세포막, 세포벽 등으로 구성됩니다. 핵은 각종 유전 정보를 포함하고 있으며 생명 활동을 조절해 줍니다. 세포막은 세포 내부와 외부를 드나드는 물질의 출입을 조절해 줍니다. 세포벽은 세포의 모양을 일정하게 유지하고 세포를 보호합니다.

05 뿌리의 형태는 굵고 곧은 형태와 굵기가 비슷한 여러 가닥 형태로 구분할 수 있습니다. 무, 고추, 우엉의 뿌리는 굵고 곧은 형태이며, 잔디, 양파, 강아지풀의 뿌리는 비슷한 여러 가닥 형태입니다.

06 ㈎의 형태는 굵고 곧은 모양을 한 뿌리로 무, 고추, 당근, 우엉 등의 식물이 가진 뿌리 모양입니다. ㈏의 형태는 비슷한 여러 가닥 형태를 한 뿌리로 잔디, 파, 강아지풀 등의 식물이 가진 뿌리 모양입니다.

07 ① 흙 속의 양분을 흡수하는 것은 뿌리의 흡수 기능입니다.
② 식물에 있는 물을 밖으로 내보내는 것은 잎의 증산 작용입니다.
③ 잎에서 만든 양분을 뿌리에 저장하는 것은 뿌리의 저장 기능입니다.
④ 식물이 쓰러지지 않게 땅에 고정하는 것은 뿌리의 지지 기능입니다.
⑤ 햇빛을 이용하여 필요한 양분을 만드는 것은 광합성으로 주로 잎에서 일어납니다.

08 뿌리에서 볼 수 있는 뿌리털은 땅과 만나는 표면적을 넓혀 주어 물의 흡수가 잘 일어나도록 돕는 역할을 합니다.

09 뿌리의 흡수 기능을 알아보는 실험으로 뿌리가 있는 양파에서 물의 흡수가 잘 이루어진다는 사실을 확인할 수 있습니다.

10 파, 양파, 감자, 마늘은 모두 줄기에 양분을 저장하는 식물입니다. 고구마는 뿌리에 양분을 저장합니다.

11 사진 속 식물은 딸기입니다. 딸기의 줄기는 땅 위를 기어서 퍼지며 마디에서 뿌리를 내려 땅에 고정합니다. 이러한 형태의 줄기를 기는줄기라고 합니다.

12 식물 줄기의 형태는 곧은줄기, 기는줄기, 감는줄기, 저장 줄기 등 다양합니다. 줄기가 꼿꼿하게 위로 자라는 곧은줄기를 가진 식물에는 고추, 가지, 토마토, 해바라기 등이 있습니다.

13 줄기 모양이 가늘고 길어 땅 위를 기어가는 줄기는 기는줄기입니다. 기는줄기는 마디마다 뿌리가 나서 식물의 몸을 땅에 고정할 수 있습니다.

14 사진은 마늘과 양파입니다. 마늘과 양파의 줄기는 굵고 두껍습니다. 이는 양분을 저장했기 때문이며 이러한 줄기의 기능을 저장 기능이라고 합니다.

15 아이오딘-아이오딘화 칼륨 용액은 녹말과 반응하여 청람색으로 변합니다. 아이오딘-아이오딘화 칼륨 용액을 이용하면 잎에서 광합성 결과 만들어진 양분이 녹말임을 확인할 수 있습니다.

16 광합성은 주로 식물의 잎에서 이루어지지만, 식물의 초록색 부분에서 모두 일어납니다. 무의 뿌리 일부가 흙 밖으로 드러난 부분이 초록색인 경우가 있는데, 이는 뿌리에서 광합성이 일어나는 예입니다.

17 사진은 기공의 모습입니다. 기공은 증산 작용이 일어나는 곳으로 기공을 통해 물이 식물의 밖으로 나갑니다. 주로 잎의 뒷면에서 많이 관찰되며, 두 개의 공변세포로 이루어져 있습니다.

18 ㉠은 암술로 꽃가루받이가 이루어지는 곳입니다. ㉡은 수술로 꽃가루가 만들어지는 곳입니다. ㉢은 꽃잎으로 곤충을 유인하고 암술과 수술을 보호합니다. ㉣은 꽃받침으로 꽃잎을 받치고 보호합니다.

19 열매에서 ㉠은 씨입니다. 열매는 씨와 씨를 둘러싼 껍질로 구성됩니다.

20 봉선화는 열매껍질이 터지면서 안에 있는 씨가 멀리 날아가는 방법으로 씨를 퍼뜨립니다.

3단원 서술형·논술형 평가 31쪽

01 (1) 예 색소 물이 든 부분은 물이 이동한 통로이다. (2) 예 뿌리에서 흡수된 물은 줄기를 통해 잎으로 이동한다. **02** (1) 광합성 (2) 예 햇빛을 받은 잎에서 광합성 결과 양분(녹말)이 만들어졌기 때문이다. **03** (1) 증산 작용 (2) 예 뿌리에서 흡수한 물이 잎을 통해 식물 밖으로 빠져나갔기 때문이다. **04** (1) 바람 (2) 예 소나무의 씨에서 날개를 관찰할 수 있다. 이와 같이 날개를 가진 생김새의 씨는 보통 바람을 통해 멀리 퍼진다.

01 (1) 줄기의 단면에서 붉게 물든 부분은 뿌리를 통해 흡수한 물이 줄기를 통해 이동한 것을 나타냅니다.

채점 기준

물의 이동 통로라는 의미가 담겨 있으면 정답으로 합니다.

(2) 줄기의 단면에서도 붉은 점과 선을 관찰할 수 있는데 이는 뿌리에서 흡수한 물이 줄기를 통해 식물의 곳곳으로 이동했기 때문입니다.

채점 기준

상	붉은 색소로 물이 든 부분이 무엇을 의미하는지 정확히 알고, 뿌리에서 잎까지의 물 이동 과정에서 줄기의 역할을 쓴 경우
중	붉은 색소로 물이 든 부분이 무엇을 의미하는지 알고 있지만, 뿌리와 잎과 관련지어 설명하지 못한 경우
하	답을 틀리게 쓴 경우

02 이 실험은 햇빛을 받은 잎과 햇빛을 받지 못한 잎의 차이를 확인하는 실험입니다. 햇빛을 받은 잎에는 광합성 결과 만들어진 양분(녹말)이 있습니다. 이 때문에 아이오딘-아이오딘화 칼륨 용액을 잎에 떨어뜨리면 녹말과 반응하여 청람색으로 색깔이 변합니다.

채점 기준

상	광합성을 쓰고, 잎의 색깔이 변한 까닭을 적절히 설명한 경우
중	광합성을 썼으나, 잎의 색깔이 변한 까닭을 설명하지 못한 경우
하	답을 틀리게 쓴 경우

03 (1) 이 실험은 잎의 증산 작용을 확인하는 실험입니다. 증산 작용은 잎에서 주로 이루어지기 때문에 한 모종에는 잎을 그대로 두고, 다른 모종에는 잎을 모두 없앱니다.
(2) 잎의 증산 작용으로 식물 안에 있던 물이 식물 밖으로 나옵니다. 나온 물이 비닐봉지에 응결되어 물방울로 맺힙니다.

채점 기준

상	증산 작용을 쓰고, 비닐봉지 안쪽에 물방울이 생긴 까닭을 적절히 설명한 경우
중	증산 작용을 썼으나, 비닐봉지 안쪽에 물방울이 생긴 까닭을 설명하지 못한 경우
하	답을 틀리게 쓴 경우

04 소나무의 씨에는 날개가 붙어 있습니다. 날개나 털이 있는 생김새를 가진 씨는 보통 바람을 이용하여 멀리 날아갑니다.

채점 기준

상	소나무 씨가 멀리 퍼지기 위해 이용하는 것을 찾고, 그 까닭을 날개와 관련지어 설명한 경우
중	소나무 씨가 멀리 퍼지기 위해 이용하는 것을 찾았지만, 그 까닭을 씨의 날개와 관련짓지 못한 경우
하	답을 틀리게 쓴 경우

4단원 (1) 중단원 쪽지 시험

33쪽

01 핀치 집게 02 색깔 03 물, 이산화 망가니즈 04 묽은 과산화 수소수 05 산소 06 산소, 산소 07 ㉡ 08 이산화 탄소 09 진한 식초(또는 레몬즙) 10 ㉠ 조개껍데기, 대리석, 달걀 껍데기 등 11 이산화 탄소 12 ㉠ 탄산음료를 흔들어 이산화 탄소를 모은다.

34~35쪽

중단원 확인 평가 4 (1) 산소와 이산화 탄소

01 ⑤ 02 ㉡, 핀치 집게 03 ⑤ 04 승기 05 (2) ○ 06 ㉠ 07 ③ 08 진한 식초(또는 레몬즙) 09 ⑤ 10 ㉢ 11 ㉢ 12 이산화 탄소

01 산소를 발생시키기 위해서는 묽은 과산화 수소수와 이산화 망가니즈가 필요합니다. 이때 이산화 망가니즈는 물에 적당히 젖어 있는 것이 좋습니다.

02 ㉠은 깔때기, ㉡은 핀치 집게, ㉢은 가지 달린 삼각 플라스크, ㉣은 ㄱ자 유리관입니다. 깔때기에 넣은 물질이 흘러내리는 양을 조절할 때 사용하는 것은 핀치 집게입니다.

03 집기병의 깊숙한 곳으로 ㄱ자 유리관을 넣으면 기체가 물을 거치지 않고 모아질 수 있습니다. 이러한 경우 부산물 때문에 냄새가 날 수 있으므로 ㄱ자 유리관은 집기병 입구에 가까이 넣는 것이 좋습니다.

04 기체가 발생하면 ㄱ자 유리관의 끝에서 거품이 나옵니다.

05 산소는 다른 물질이 타는 것을 돕습니다.

06 산소는 금속을 녹슬게 하는 성질이 있습니다.

07 산소는 호흡하는 데 꼭 필요하며, 압축 공기통이나 산소 캔은 호흡을 돕는 데 이용됩니다. ③은 산소가 다른 물질이 타는 것을 돕는 성질에 해당합니다.

08 이산화 탄소를 발생시키기 위해서 깔때기에 넣어야 하는 물질은 진한 식초입니다. 레몬즙으로 실험을 해도 같은 결과를 얻을 수 있습니다.

09 이산화 탄소를 발생시키기 위한 기체 발생 장치를 꾸밀 때 가지 달린 삼각 플라스크 안에는 탄산수소 나트륨, 석회석, 대리석, 탄산 칼슘, 달걀 껍데기, 조개껍데기 등을 넣을 수 있습니다.

10 이산화 탄소는 석회수를 뿌옇게 만드는 성질이 있습니다.

11 탄산음료에는 이산화 탄소가 녹아 있습니다.

12 이산화 탄소는 다른 물질이 타는 것을 막는 성질이 있습니다.

4단원 (2) 중단원 쪽지 시험

37쪽

01 찌그러진다, 압력 02 줄어든다. 03 예 거의 변하지 않는다. 04 (2) ○ 05 (1) ○ (2) × 06 늘어나고, 줄어든다 07 (2) ○ 08 예 탁구공이 펴진다. 09 혼합물 10 질소, 산소 11 네온 12 헬륨

38~39쪽

중단원 확인 평가 4 (2) 압력과 온도에 따른 기체의 부피 변화

01 ㉡ 02 ② 03 ②, ④ 04 ㉡, ㉣ 05 ㉡ 06 ㉡ 07 ㉠ 낮아, ㉡ 줄어들기 08 ㉠, ㉢ 09 ① 10 ③ 11 ① 12 이산화 탄소

01 (다) 과정에서 주사기의 피스톤을 세게 누르면 피스톤이 많이 들어갑니다.

02 주사기 피스톤을 약하게 눌렀을 때보다 세게 눌렀을 때 공기의 부피가 더 많이 줄어들었습니다. 공기의 부피 변화에 영향을 준 것은 압력입니다.

03 ①, ③, ⑤는 온도에 따른 기체의 부피 변화와 관련된 예시입니다.

04 액체는 압력을 가해도 부피가 거의 변하지 않습니다.

05 물속에서 잠수부의 날숨에 의해 내뿜어진 공기 방울은 수면으로 갈수록 더 커집니다. 수면으로 갈수록 공기 방울에 가해지는 압력이 더 낮아지기 때문입니다.

06 플라스틱 스포이트 안의 공기의 부피는 뜨거운 물에 있을 때 더 늘어납니다. 따라서 물방울이 든 스포이트를 뜨거운 물에 넣으면 물방울이 위로 올라가고, 얼음물에 넣으면 물방울이 아래로 내려갑니다.

07 냉장고 바깥보다 냉장고 안의 온도가 더 낮습니다. 기체의 부피는 온도가 낮아지면 줄어들므로, 페트병 안에 있는 공기의 부피는 냉장고 안에서 줄어듭니다.

08 고무풍선을 뜨거운 물이 든 수조에 넣으면 부풀어 오르고, 얼음물이 담긴 수조에 넣으면 다시 오므라듭니다.

09 축구공을 강하게 차면 순간적으로 공이 찌그러집니다. 그러므로 이것은 기체의 부피가 줄어드는 예이며, 나머지는 기체의 부피가 늘어나는 예입니다.

10 공기는 질소, 산소, 헬륨, 아르곤 등 여러 가지 기체가 섞여 있는 혼합물입니다. 특히 질소, 산소가 대부분을 차지합니다.

11 질소는 식품의 내용물을 보존하거나 신선하게 보관하는 데 이용합니다. 비행기 타이어나 자동차 에어백을 채우는 데도 이용합니다.

12 이산화 탄소는 자동 팽창식 구명조끼, 소화기 등에 이용되며, 식물의 재배에도 이용됩니다.

40~42쪽

대단원 종합 평가 4. 여러 가지 기체

01 ③ 02 ⑤ 03 거품(기포) 04 산소 05 ③ 06 ⑤ 07 ④ 08 ㉠ 09 유민 10 이산화 탄소 11 ③ 12 (1) ○ (3) ○ (4) ○ 13 ② 14 많이 줄어든다. 15 거의 없다. 16 ㉢ 17 팽팽해진다 18 경주 19 상수 20 ③

01 고무마개는 기체가 새어 나가지 않도록 가지 달린 삼각 플라스크의 입구에 꽉 끼웁니다.

02 산소를 발생시키기 위해서는 묽은 과산화 수소수가 필요합니다.

03 기체 발생 장치에서 묽은 과산화 수소수를 조금씩 흘려보내면 묽은 과산화 수소수와 이산화 망가니즈가 만나 가지 달린 삼각 플라스크 내부에서 거품(기포)이 발생하고, 수조의 ㄱ자 유리관 끝에서 거품(기포)이 나옵니다.

04 산소는 색깔이 없고 냄새가 나지 않으며 다른 물질이 타는 것을 돕습니다.

05 산소에는 금속을 녹슬게 하는 성질이 있습니다.

06 진한 식초와 달걀 껍데기가 반응하면 이산화 탄소가 발생합니다.

07 ㄱ자 유리관을 통해 처음 나온 기체는 가지 달린 삼각 플라스크 안에 있던 공기일 수 있으므로 처음에 모은 집기병의 기체는 버려야 합니다.

08 이산화 탄소는 다른 물질이 타는 것을 막는 성질이 있습니다.

09 집기병이 투명하고 이산화 탄소에는 색깔이 없으므로 집기병 뒤에 댄 흰 종이가 보입니다.

10 이산화 탄소에는 석회수를 뿌옇게 만드는 성질이 있습니다.

11 ③은 산소가 이용되는 예입니다.

12 드라이아이스는 이산화 탄소를 이용해 만듭니다.

13 산 아래로 내려오면 페트병에 가해지는 압력이 높아져서 페트병이 찌그러집니다.

14 피스톤을 약하게 누르면 주사기 안 공기의 부피가 조금 줄어들고, 피스톤을 세게 누르면 주사기 안 공기의 부피가 많이 줄어듭니다.

15 액체는 압력을 가해도 부피가 거의 변하지 않지만 기체는 압력을 세게 가할수록 부피가 많이 줄어듭니다.

16 공기 주입 마개를 많이 누를수록 압력은 커집니다. 페트병 안 풍선은 압력을 받아 작아집니다.

17 여름철 차 안은 온도가 높습니다. 기체의 부피는 온도가 높은 곳에서 늘어나므로 페트병이 팽팽해집니다.

18 찌그러진 탁구공을 뜨거운 물에 넣으면 온도의 영향을 받아 탁구공 안의 기체의 부피가 늘어납니다.

19 기체의 부피는 온도에 영향을 받습니다. 뜨거운 음식이 들어 있는 그릇 안의 기체는 온도가 높기 때문에 부피가 늘어나고, 이로 인해 비닐 랩이 부풀어 오릅니다. 음식이 식으면 온도가 낮아져서 기체의 부피가 줄어들어 비닐 랩이 오목하게 들어갑니다.

20 풍선을 공중에 띄우는 데 이용하는 기체는 헬륨입니다.

4단원 서술형·논술형 평가 43쪽

01 (1) 커지고, 밝아진다 (2) 예 산소는 다른 물질이 타는 것을 돕는다. 02 예 소화기에는 이산화 탄소가 사용된다. 이산화 탄소에는 물질이 타는 것을 막는 성질이 있다. 03 예 하늘을 나는 비행기에서는 땅에 있는 비행기에서보다 과자 봉지에 가해지는 압력이 낮기 때문에 과자 봉지가 팽팽해진다. 04 예 과자 봉지 안에 이용되는 기체는 질소이고, 하늘로 떠오르는 풍선 안에 이용된 기체는 헬륨이다. 헬륨을 과자 봉지 안에 넣으면 과자 봉지가 공중으로 떠오를 것이다. 풍선 안에 질소를 넣으면 풍선이 하늘로 떠오르지 않을 것이다.

01 (1) 산소가 있는 집기병에 촛불을 가까이 대면 촛불의 불꽃이 커지고 밝아집니다.
(2) 산소는 다른 물질이 타는 것을 돕습니다.

채점 기준

산소가 다른 물질이 타는 것을 돕는다는 내용이 있으면 정답으로 합니다.

02 소화기에는 이산화 탄소가 사용됩니다. 이산화 탄소에는 물질이 타는 것을 막는 성질이 있습니다.

채점 기준

소화기에 이산화 탄소가 사용되며, 이산화 탄소에는 물질이 타는 것을 막는 성질이 있다는 것이 바르게 설명되었으면 정답으로 합니다.

03 고도가 높아질수록 공기 압력은 낮아집니다. 하늘에 있는 비행기에서는 땅에 있는 비행기에서보다 과자 봉지에 가해지는 압력이 낮기 때문에 과자 봉지가 팽팽해집니다.

채점 기준

하늘에 있는 비행기에서 압력이 낮아서 과자 봉지가 팽팽해졌다는 내용이 있으면 정답으로 합니다.

04 과자 봉지 안에 이용되는 기체는 질소이고, 하늘로 떠오르는 풍선 안에 이용된 기체는 헬륨입니다. 헬륨을 과자 봉지 안에 넣으면 과자 봉지가 공중으로 떠오를 것입니다. 풍선 안에 질소를 넣으면 풍선이 하늘로 떠오르지 않을 것입니다.

채점 기준

과자 봉지 안과 풍선 안에 있는 기체가 무엇인지를 밝히고 그 둘을 서로 바꾸었을 때 일어나는 일을 바르게 설명했다면 정답으로 합니다.

5단원 (1) 중단원 쪽지 시험

45쪽

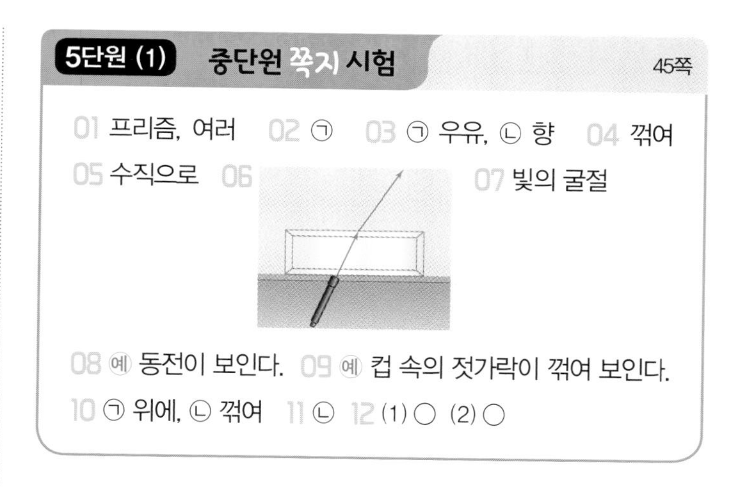

01 프리즘, 여러 02 ㉠ 03 ㉠ 우유, ㉡ 향 04 꺾여
05 수직으로 06 07 빛의 굴절
08 예 동전이 보인다. 09 예 컵 속의 젓가락이 꺾여 보인다.
10 ㉠ 위에, ㉡ 꺾여 11 ㉡ 12 (1) ○ (2) ○

46~47쪽

중단원 확인 평가 5 (1) 빛의 굴절

01 ㉠, ㉡ 02 ㉠, ㉡, ㉢ 03 ② 04 ㉠ 향, ㉡ 우유 05 (가) 06 해설 참조 07 ㉡ 08 은솔 09 해설 참조 10 ㉠ 11 ③ 12 빛의 굴절

01 ㉢ 프리즘을 통과한 햇빛은 그림과 같이 나타나기도 하지만 위아래가 대칭된 모습으로 나타나기도 합니다.

02 ㉣ 무지개는 일곱 가지 색으로만 이루어져 있지 않고 더 다양한 빛깔로 이루어져 있습니다.

03 우리가 무지개를 말할 때 빨, 주, 노, 초, 파, 남, 보라는 색깔로 이야기하기는 하지만 무지개는 연속적인 여러 가지의 색으로 나타납니다.

04 우유와 향을 사용하여 레이저 지시기의 빛이 나아가는 모습을 잘 관찰할 수 있습니다.

05 (가) 실험은 레이저 지시기의 빛이 먼저 공기를 지나고, (나) 실험은 레이저 지시기의 빛이 먼저 물을 지납니다.

06 비스듬하게 나아가던 빛은 서로 다른 물질의 경계에서 꺾여 나아갑니다.

〈정답〉

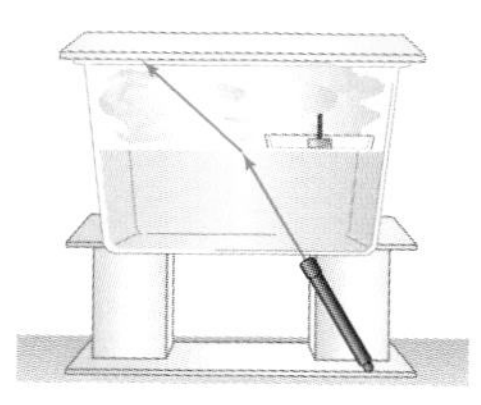

07 비스듬하게 진행되던 빛은 공기와 유리의 경계에서 꺾여 나아갑니다.

08 서로 다른 물질의 경계에서 빛이 꺾이는 현상은 빛의 굴절입니다.

09 공기와 물의 경계에서 빨대는 꺾여 보입니다.

〈정답〉

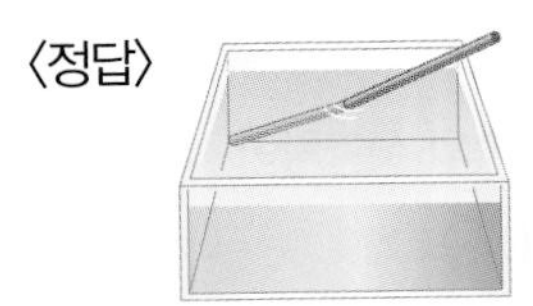

10 물속에 있는 장구 자석을 위에서 내려다보았을 때, 장구 자석에서 반사된 빛이 물과 공기의 경계에서 굴절되어 나아가므로 실제 장구 자석이 있는 것보다 장구 자석의 위치가 위에 있는 것처럼 보입니다.

11 우리 눈에 보이는 다슬기의 위치는 실제 다슬기의 위치보다 위에 있는 것처럼 보입니다.

12 동전에서 반사된 빛이 물과 공기의 경계로 나올 때 굴절되므로 보이지 않던 동전이 보이게 됩니다.

5단원 (2) 중단원 쪽지 시험 49쪽

01 두꺼운 02 그대로 나아간다. 03 (1) × (2) ○ (3) ○
04 ㉡ 05 볼록 렌즈 06 (1) ○ (2) × 07 높습니다
08 예 검은색 도화지가 탄다. 09 간이 사진기
10

11 예 돋보기 안경을 이용하여 작은 글씨를 크게 본다.
12 예 유리구슬, 물이 담긴 지퍼 백, 물이 담긴 둥근 유리컵 등

50~51쪽

중단원 확인 평가 5 (2) 볼록 렌즈

01 ㉡, ㉢ 02 ㉠ 03 ③ 04 ㉠ 크게, ㉡ 볼록 렌즈 05 꺾여 나아간다(모아진다). 06 해설 참조 07 ③ 08 ㉡, ㉢ 09 볼록 렌즈 10 ⑤ 11 ① 12 ⑤

01 볼록 렌즈에도 평면 볼록 렌즈, 오목 볼록 렌즈와 같이 돋보기 형태가 아닌 볼록 렌즈가 있습니다.

02 볼록 렌즈로 물체가 크게 보이는 경우는 물체의 상하좌우가 바뀌지 않습니다.

03 볼록 렌즈로 물체를 보면 실제보다 크게 보이기도 하고, 물체의 상하좌우가 바뀌어 보이기도 합니다. 물체의 상하좌우가 바뀌어 보일 때 물체의 모습은 작게 보입니다.

04 물이 담긴 둥근 어항은 볼록 렌즈의 구실을 합니다.

05 볼록 렌즈의 가장자리를 통과한 빛은 꺾여 나아갑니다.

06 볼록 렌즈의 가운데 부분을 통과한 빛은 그대로 나아갑니다.

〈정답〉

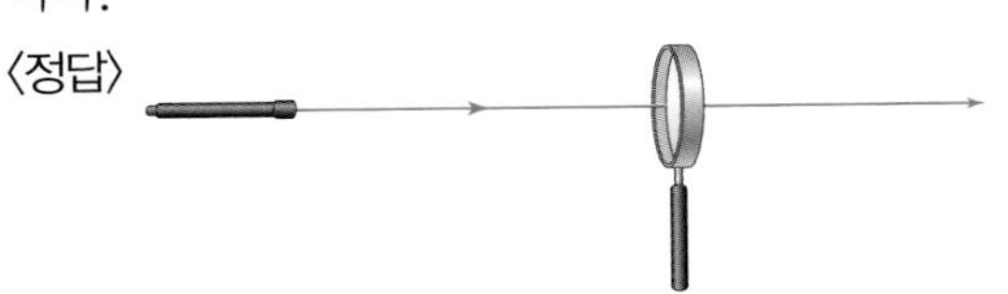

07 볼록 렌즈를 통과한 빛이 만든 원의 크기가 가장 작을 때 원 안의 온도가 가장 높습니다.

08 볼록 렌즈의 가장자리를 통과한 빛은 굴절되기 때문에 볼록 렌즈는 빛을 한곳으로 모을 수 있습니다.

09 간이 사진기의 겉 상자에 볼록 렌즈를 붙입니다.

10 간이 사진기를 통해 물체를 보면 물체의 상하좌우가 바뀌어 보입니다.

11 망원경, 사진기, 현미경, 돋보기 안경 등에 볼록 렌즈가 사용됩니다.

12 이슬이나 유리구슬은 가운데 부분이 가장자리보다 두껍고 투명합니다. 물체에 따라서 물이 필요한 경우도

있는데, 예를 들어 유리컵의 경우에는 물이 담겨 있어야 볼록 렌즈의 구실을 하는 물체가 됩니다.

52~54쪽

대단원 종합 평가 5. 빛과 렌즈

01 프리즘 02 ⑤ 03 ㉢ 04 재운 05 해설 참조 06 꺾여 07 ② 08 ㉠ 09 ② 10 (3) ○ 11 ㉠, ㉣ 12 해설 참조 13 ㉠ 볼록 렌즈, ㉡ 높기 14 (2) × 15 ①, ④ 16 ㉠ 17 굴절 18 ③ 19 ④ 20 ㉠

01 햇빛을 프리즘에 통과시켜 햇빛이 어떤 빛깔로 이루어져 있는지 알아보는 실험입니다.

02 프리즘을 통과한 햇빛은 여러 가지 연속된 색깔로 나타납니다.

03 ㉢은 여러 가지 색깔이 나타나는 조명을 사용한 그림자입니다. 손을 나타내는 부분이 어두운 것으로 보아 투명한 물체를 통과한 것이 아니라는 것을 알 수 있습니다.

04 공기 중에 수분이 많고, 햇빛이 충분할 때 무지개를 볼 수 있습니다.

05 빛을 수직으로 비추면 공기와 물의 경계에서 빛은 그대로 나아갑니다.

〈정답〉

06 빛이 공기 중에서 물로 비스듬히 들어갈 때 빛은 공기와 물의 경계에서 꺾여 나아갑니다.

07 빛이 서로 다른 물질의 경계에서 꺾여 나아가는 현상을 빛의 굴절이라고 합니다.

08 레이저 지시기의 빛이 눈에 직접 닿지 않도록 안전에 유의합니다.

09 빛을 비스듬하게 비추면 빛은 유리와 공기의 경계에서 꺾여 나아갑니다.

10 빛을 수직으로 비추면 빛은 공기와 유리의 경계에서 꺾이지 않고 그대로 나아갑니다.

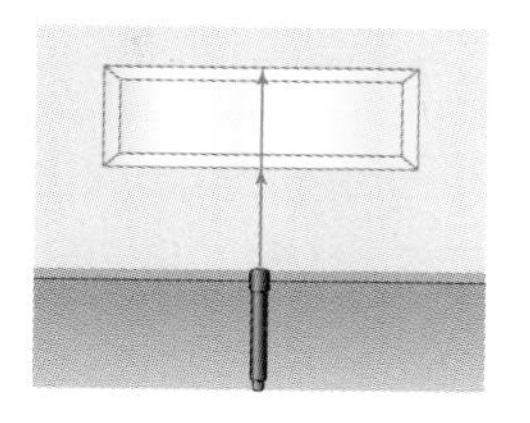

11 볼록 렌즈는 가운데가 가장자리보다 두꺼운 모양입니다.

12 볼록 렌즈의 가장자리를 통과한 빛은 꺾여 나아갑니다.

〈정답〉

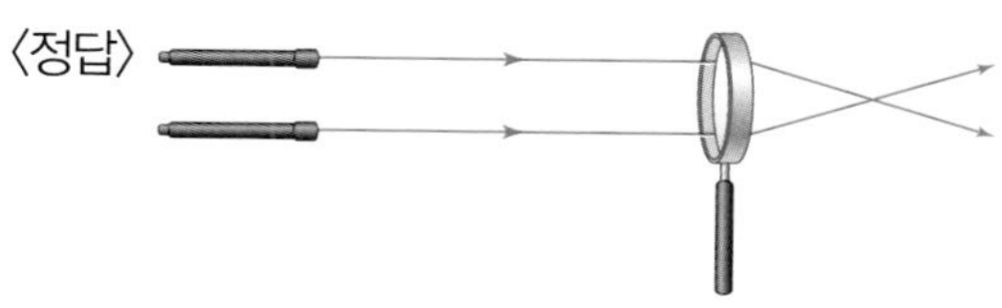

13 볼록 렌즈는 빛을 한곳으로 모을 수 있습니다. 햇빛이 한곳에 모이면 그 부분은 밝기가 밝고 온도가 더 높습니다.

14 물에 잠긴 다리는 실제보다 짧아 보입니다. 다리에서 반사된 빛이 물과 공기의 경계에서 꺾여 나아가기 때문입니다.

15 실험 결과를 잘 관찰하기 위해서는 불투명하고 비교적 낮은 컵을 이용하는 것이 좋습니다.

16 물을 부으면 보이지 않던 동전이 보이기 시작합니다. 동전에서 반사된 빛이 물과 공기의 경계에서 굴절되어 나아가기 때문입니다.

17 연필에서 반사된 빛이 물과 공기의 경계에서 굴절되어 나아가기 때문에 연필이 꺾여 보입니다.

18 간이 사진기로 물체를 보면 물체의 상하좌우가 바뀌어 보입니다.

19 유리컵에는 볼록 렌즈가 사용되지 않습니다.

20 볼록 렌즈가 빛을 모으기 때문에 사진기를 이용해서 촬영을 할 수 있습니다.

5단원 서술형·논술형 평가 55쪽

01 (1) 여러 가지 (2) 예 분수 주변 혹은 하늘에 있는 물방울이 프리즘 구실을 하기 때문이다. 02 (1) 빛의 굴절 (2) 예 물속에 넣은 빨대가 꺾여 보인다. 03 예 가운데가 가장자리보다 두꺼우며 빛이 통과할 수 있는 투명한 물체여야 한다. 때에 따라 물이 필요할 수 있다. 04 예 볼록 렌즈는 빛을 한곳으로 모으는 성질이 있으며 볼록 렌즈로 빛을 모은 곳은 다른 곳보다 밝고 온도가 높다.

01 (1) 햇빛은 여러 가지 연속된 색으로 이루어져 있습니다.
(2) 분수 주변이나 하늘에 있는 물방울이 프리즘 구실을 하기 때문에 햇빛이 물방울을 통과해 여러 가지 색으로 나타납니다.

채점 기준
물방울이 프리즘 구실을 한다는 내용이 있으면 정답으로 합니다.

02 (1) 서로 다른 물질의 경계에서 빛이 꺾여 나아가는 현상을 빛의 굴절이라고 합니다.
(2) 물속에 있는 물체에서 반사된 빛은 물과 공기의 경계에서 굴절되어 사람의 눈으로 들어옵니다. 이 때문에 물속에 잠긴 다리가 짧아 보이거나, 물속에 넣은 빨대가 꺾여 보이는 현상이 나타납니다.

채점 기준
생활에서 발견할 수 있는 빛의 굴절에 대한 예시가 나타난 경우 정답으로 합니다.

03 볼록 렌즈의 구실을 하기 위해서 가운데 부분이 가장자리보다 두꺼워야 하며, 빛이 통과해야 하기 때문에 투명해야 합니다. 어느 정도 두께가 있는 물체여야 하고 물체에 따라 물이 필요할 수도 있습니다.

채점 기준
가운데가 두껍고, 투명하며, 물체에 따라 물이 필요할 수도 있다는 내용이 들어간 경우 정답으로 합니다.

04 볼록 렌즈 모양의 얼음은 빛을 한곳으로 모을 수 있습니다. 이렇게 빛을 모은 곳은 온도가 높으며 이것을 이용해 불을 피우기도 하였습니다.

채점 기준
볼록 렌즈가 빛을 한곳으로 모을 수 있다는 내용이 들어간 경우 정답으로 합니다.

중학 신입생 예비과정

예비 중1을 위한 중학 교과 입문서
핵심 개념을 쉽고 빠르게 단기간에 완성!

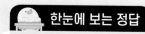

Book 1 개념책

1 단원 과학자처럼 탐구해 볼까요?

(1) 궁금증을 실험으로 해결해요

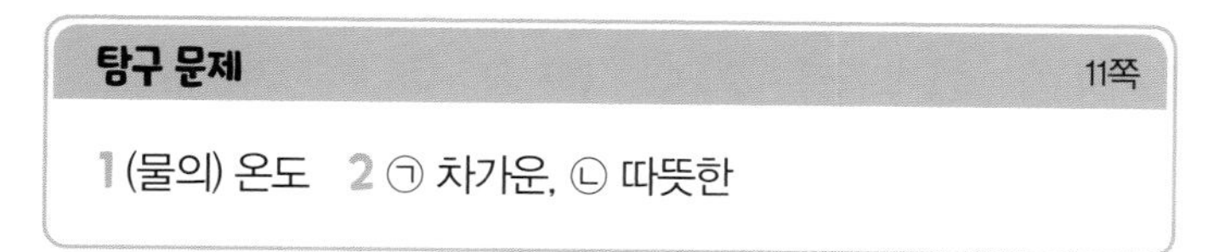

탐구 문제 11쪽

1 (물의) 온도 2 ㉠ 차가운, ㉡ 따뜻한

2 단원 지구와 달의 운동

(1) 지구의 자전

탐구 문제 17쪽

1 ⑤ 2 ㉤

핵심 개념 문제 18~20쪽

01 ㉠, ㉢ 02 ⑤ 03 ④ 04 ③ 05 (1) – ㉡ (2) – ㉠ 06 ㉠ 동쪽, ㉡ 서쪽 07 지구의 자전(또는 자전) 08 ③ 09 ⑤ 10 밤 11 낮 12 ㉠ 자전, ㉡ 낮, ㉢ 밤

중단원 실전 문제 21~23쪽

01 ④ 02 ③ 03 (가) 04 ② 05 ② 06 예 지구가 서쪽에서 동쪽으로 자전하기 때문에 하루 동안 달은 그 반대 방향인 동쪽에서 서쪽으로 움직이는 것처럼 보인다. 07 (3) ○ 08 (1) ㉡, (2) ㉠ 09 예 관찰자 모형에게 전등은 지구의가 움직이는 반대 방향인 동쪽에서 서쪽으로 움직이는 것처럼 보인다. 10 ㉠ 11 ㉢ 12 ㉠ 서쪽, ㉡ 동쪽, ㉢ 동쪽, ㉣ 서쪽 13 ㉢ 14 (1) – ㉡, (2) – ㉠ 15 ③ 16 ㉠ 낮, ㉡ 밤 17 ㉠ 18 소희

서술형·논술형 평가 돋보기 24~25쪽

연습 문제

1 (1) 동쪽, 서쪽 (2) 자전, 동쪽, 서쪽 2 (1) 비치는 곳, 비치지 않는 곳 (2) 자전, 낮, 밤

실전 문제

1 예 달리는 기차에서 움직이지 않는 건물이나 나무를 보면 기차가 달리는 방향의 반대 방향으로 움직이는 것처럼 보인다. 이처럼 하루 동안 태양과 달의 움직임은 지구의 자전 방향과 반대인 동쪽에서 서쪽으로 움직이는 것처럼 보인다. 2 (1) 지구의 자전 (2) 예 동쪽에서 떠서 서쪽으로 진다. 높이가 점점 높아지다가 남쪽 하늘을 지나면서 점점 낮아진다. 3 (1) 낮 (2) 예 하늘에 태양이 있다. 밝아서 불이 필요 없다. 사람들이 주로 일을 한다. 4 예 태양은 동쪽에서 떠서 서쪽으로 지기 때문에 우리나라에서 가장 동쪽에 위치한 독도에서 태양이 가장 먼저 뜬다.

(2) 지구의 공전

탐구 문제 29쪽

1 페가수스자리 2 ①

핵심 개념 문제 30~32쪽

01 ㉠ 반대, ㉡ 같은 02 (1) × (2) × (3) ○ 03 남쪽 04 (1) – ㉠ (2) – ㉡ (3) – ㉣ (4) – ㉢ 05 ㉠ 06 달라지기 07 ⑤ 08 서 09 ㉡, ㉣ 10 ㉠ 태양, ㉡ 지구 11 지구의 공전 12 ⑤

중단원 실전 문제 33~35쪽

01 ② 02 가을 03 ③ 04 ③ 05 ① 06 예 한낮에는 태양이 떠 있어 너무 밝은 태양 빛으로 인해 다른 별들의 빛이 보이지 않기 때문이다. 07 ㉠, ㉡, ㉣, ㉤, ㉢ 08 ㉠ 09 ⑤ 10 (가), (나), (다), (라) 11 오리온자리 12 ④ 13 (나) 14 ① 15 예 지구가 공전하면 계절에 따라 지구의 위치가 달라지는데 이때 지구에서 바라보는 밤하늘의 방향도 달라져 밤하늘에서 볼 수 있는 별자리가 달라지기 때문이야. 16 ② 17 ② 18 ①

서술형·논술형 평가 돋보기 36~37쪽

연습 문제

1 (1) 목동자리, 사자자리, 처녀자리 (2) 계절, 별자리, 서쪽
2 (1) (다) (2) 위치, 별자리, 계절

실전 문제

1 (1) 예 독수리자리, 백조자리, 거문고자리 (2) 예 여름철에 오랜 시간 동안 밤하늘에서 관찰할 수 있는 별자리이기 때문이다. 2 (1) (가) (2) 예 관찰자 모형이 전등의 반대쪽에 있으므로 전등 쪽에 있는 창문을 볼 수 없다. 3 예 별자리는 날마다 동쪽에서 서쪽으로 움직인다. 4 (1) (다) (2) 예 사자자리는 봄의 대표적인 별자리이기 때문에 (가) 위치는 우리나라가 봄일 때 지구의 위치이다. 따라서 페가수스자리가 잘 보이는 가을의 위치는 (다)가 된다.

(3) 달의 운동

탐구 문제 41쪽

1 지구의 공전 2 ①

핵심 개념 문제 42~44쪽

01 ① 02 보름달 03 ② 04 ② 05 ⑤ 06 하현달 07 ㉣, ㉠, ㉢, ㉡ 08 ⑤ 09 천체 관측 프로그램 10 ⑤ 11 초승달 12 ③

중단원 실전 문제 45~47쪽

01 ③ 02 ㉣, ㉠, ㉢, ㉡ 03 보름달 04 예 5월 4일에 보름달을 봤으니 6월 3일쯤에 다시 보름달을 볼 수 있을 거야. 05 ③ 06 ㉡, ㉣, ㉢, ㉠ 07 그믐달 08 ④ 09 ① 10 ㉣, ㉢, ㉡ 11 예 천체 관측 프로그램을 사용하면 시간과 날짜를 바꿀 수 있어 달의 위치와 모양의 변화를 쉽게 알 수 있다. 12 일몰 13 ② 14 ㉠ 서쪽, ㉡ 동쪽 15 저녁 7시 16 ⑤ 17 ② 18 예 작은 원 모양의 우드록 조각을 돌리면 여러 날 동안 달의 움직임을 나타낼 수 있다.

서술형·논술형 평가 돋보기 48~49쪽

연습 문제

1 (1) 15 (2) 30, 15, 15 2 (1) ㉠ (2) 서쪽, 동쪽

실전 문제

1 (1) (음력) 15일 (2) 예 달의 모양은 약 30일을 주기로 바뀌는데, 음력 15일쯤에 달이 완전히 차 보름달이 되기 때문이다. 2 예 남쪽을 중심으로 주변 건물이나 나무 등의 위치를 표시한다. 3 예 달을 선택하여 확대하면 달의 모양을 자세히 볼 수 있다. 4 (1) 상현달 (2) 예 남쪽 하늘에 떠 있을 것이다. 왜냐하면 달은 여러 날 동안 서쪽에서 동쪽으로 이동하는데 상현달은 서쪽에서 보이는 초승달과 동쪽에서 보이는 보름달이 뜨는 날의 중간 날쯤에 뜨는 달이기 때문이다.

대단원 마무리 51~54쪽

01 ⑤ 02 예 나침반으로 방위를 확인하고 남쪽을 향해 선다. 03 ① 04 (2) ○ 05 ⑤ 06 자전 07 하루 08 낮 09 ㉡, ㉢ 10 ④ 11 지구의 자전 12 ③ 13 ⑤ 14 ㉢, ㉣ 15 ③ 16 여름 17 ⑤ 18 (라) 19 달라진다 20 (가) 21 예 (나) 위치에서 오리온자리는 전등(태양)과 같은 방향에 있으므로 전등(태양) 빛 때문에 볼 수 없다. 22 공전 23 ③ 24 ③ 25 예 여러 날 동안 달은 서쪽에서 동쪽으로 움직인다.

수행 평가 미리 보기 55쪽

1 (1) 태양과 달은 모두 동쪽 하늘에서 떠서 남쪽 하늘의 중앙에 거칠 때까지 점점 높아지다가 점점 낮아져 서쪽 하늘로 진다. (2) 예 지구의가 서쪽에서 동쪽으로 회전하면 지구의 위에 있는 관찰자 모형에게 전등이 동쪽에서 서쪽으로 움직이는 것처럼 보인다. 2 (1) 해설 참조 (2) 예 지구가 자전하면서 태양의 빛이 비치는 곳과 비치지 않는 곳이 생긴다. 태양의 빛을 받는 곳은 낮이 되고, 빛을 받지 못하는 곳은 밤이 된다.

3 단원 식물의 구조와 기능

(1) 뿌리, 줄기, 잎

탐구 문제 63쪽

1 ④ 2 잎

핵심 개념 문제 64~67쪽

01 ㉠ 조동, ㉡ 미동 02 ㉢, ㉡, ㉠ 03 ① 04 세포벽 05 (1) × (2) ○ (3) × 06 ③ 07 흡수 기능 08 ⑤ 09 ② 10 ㉡, ㉣ 11 물 12 ⑤ 13 ③ 14 광합성 15 ② 16 ②

중단원 실전 문제 68~71쪽

01 ③ 02 ③ 03 예 세포의 크기가 눈에 보이지 않을 정도로 매우 작으므로 작은 것을 확대하여 보여 주는 광학 현미경을 사용한다. 04 ㉠, ㉡ 05 ① 06 ⑤ 07 ㉡ 08 ② 09 (가), 예 뿌리를 자르지 않은 양파는 물을 흡수하지만, 뿌리를 자른 양파는 물을 거의 흡수하지 못하기 때문이다. 10 저장 기능 11 ① 12 ③ 13 ④ 14 ① 15 ① 16 예 붉게 물이 든 부분은 물이 이동한 통로이다. 17 (나) 18 ② 19 ㉡, ㉢, ㉤ 20 ③ 21 ① 22 ② 23 예 뿌리에서 흡수한 물이 잎을 통해 식물 밖으로 빠져나갔기 때문이다. 24 ①

서술형·논술형 평가 돋보기 72~73쪽

연습 문제

1 (1) ㉠ 핵, ㉡ 세포벽, ㉢ 세포막 (2) (나) (3) 세포벽 2 (1) 줄기 (2) 줄기, 저장 기능

실전 문제

1 (1) 예 (가)의 뿌리는 굵고 곧은 뿌리 주변으로 가는 뿌리들이 나 있고, (나)의 뿌리는 굵기가 비슷한 여러 가닥의 뿌리가 수염처럼 나 있다. (2) (가) 예 우엉, 당근 등 (나) 예 잔디, 양파 등 2 예 뿌리가 땅과 만나는 표면적을 넓혀 주어 물을 더 잘 흡수하도록 돕는다. 3 (1) 감는줄기 (2) 예 줄기가 높이 자라거나 다른 물건을 감고 오르면 식물은 햇빛을 더 많이 받을 수 있다. 4 (1) 잎 (2) 예 기공, 잎에 도달한 물을 식물 밖으로 내보낸다.

(2) 꽃과 열매

탐구 문제 77쪽

1 잎 2 (2) ○

핵심 개념 문제 78~81쪽

01 ① 02 나팔꽃 03 ① 04 ② 05 ㉠ 06 ③ 07 우주 08 ㉢ 09 ① 10 ㉠, ㉣, ㉢, ㉡ 11 ① 12 씨방 13 생김새 14 ③ 15 ㉠, ㉢, ㉡ 16 ⑤

중단원 실전 문제 82~85쪽

01 ④ 02 (1) – ㉡ (2) – ㉠ (3) – ㉢ 03 ② 04 ④ 05 ③ 06 예 메꽃의 꽃잎은 전체가 붙어 있지만, 벚꽃의 꽃잎은 밑동 부분이 갈라져 있다. 07 ④ 08 ③ 09 충매화 10 ⑤ 11 ④ 12 예 꿀벌통에 있는 꿀벌들이 딸기의 꽃가루받이를 돕기 때문이다. 13 ② 14 ㉠, ㉡, ㉢ 15 ㉠ 씨방, ㉡ 씨 16 ④ 17 ④ 18 예 열매껍질이 터지면서 씨가 멀리 튀어 나간다. 19 갈고리 20 ② 21 ㉠, ㉢ 22 ② 23 (1) – ㉢ (2) – ㉡ (3) – ㉣ (4) – ㉠ 24 열매

서술형·논술형 평가 돋보기 86~87쪽

연습 문제

1 (1) 암술 (2) 씨 2 (1) 씨, 껍질 (2) 보호, 멀리

실전 문제

1 (1) 꽃 (2) 예 꽃의 모양이 다양하다. 2 (1) 예 꽃가루가 새에 의해 옮겨진다. (2) 조매화 3 (1) 예 동물에게 먹힌 뒤에 씨가 똥과 함께 나와 퍼진다. (2) 예 사과, 딸기, 수박, 벚나무, 겨우살이, 참외 등 4 (1) 가벼운 솜털이 있다. (2) 예 가벼운 솜털을 이용하여 바람에 날려서 퍼진다.

대단원 마무리 89~92쪽

01 세포 02 (1) 동물 (2) 그림에 있는 세포의 형태를 보면 세포벽이 없다. 이를 통해 동물의 세포임을 알 수 있다. 03 ⑤ 04 (나) 05 ⑤ 06 ③ 07 지지 기능 08 ③ 09 (1) (가) (2) 예 뿌리를 자르지 않은 양파는 물을 흡수했지만, 뿌리를 자른 양파는 물을 거의 흡수하지 못했기 때문이다. 10 ③ 11 ② 12 기는줄기 13 ⑤ 14 ① 15 ④ 16 예 줄기는 물의 이동 통로의 역할을 한다. 17 ③ 18 ② 19 ③ 20 ④ 21 ③ 22 ⑤ 23 ② 24 ③ 25 ③

수행 평가 미리 보기 93쪽

1 (1) 해설 참조 (2) 예 줄어든 물의 양이 다른 까닭은 뿌리를 자르지 않은 양파는 물을 흡수했지만, 뿌리를 자른 양파는 물을 거의 흡수하지 못했기 때문이다.

2 (1) 예 비닐봉지 안에 물이 생기는지 확인한다. 두 삼각 플라스크에서 줄어든 물의 양을 비교한다. (2) 예 뿌리에서 흡수한 물이 잎을 통해 식물 밖으로 빠져나갔고, 비닐봉지 안에 물이 생겼다.

4 단원 여러 가지 기체

(1) 산소와 이산화 탄소

탐구 문제 100쪽

1 ②, ④ 2 (1) ○ (3) ○

핵심 개념 문제 101~104쪽

01 핀치 집게 02 ㉣ 03 ② 04 냄새 05 ㉠ 이산화 망가니즈(혹은 아이오딘화 칼륨), ㉡ 묽은 과산화 수소수 06 아라 07 ① 08 산소 09 탄산수소 나트륨(혹은 탄산 칼슘) 10 석회수가 뿌옇게 된다. 11 ⑤ 12 ㉠ 13 ㉠ 거품, ㉡ 이산화 탄소 14 ㉠, ㉢, ㉣ 15 ④ 16 잘 타지 않음

중단원 실전 문제 105~108쪽

01 ④ 02 ③ 03 (1) ○ (2) × 04 ⑤ 05 진우 06 (3) × 07 ② 08 예 처음에 나오는 기체는 반응 용기 안에 있던 공기이기 때문이다. 09 ⑤ 10 ③ 11 ㉡ 12 (1) ○ (2) ○ (3) × 13 예 철이나 구리와 같은 금속을 녹슬게 한다. 14 ㉠ 15 ②, ⑤ 16 ㉠ 17 이산화 탄소 18 ④ 19 예 레몬즙 20 ④ 21 ㉠ 없다, ㉡ 나지 않는다, ㉢ 막는다 22 이산화 탄소 23 현이 24 석회수

서술형·논술형 평가 돋보기 109~110쪽

연습 문제

1 (1) ㉡ (2) 묽은 과산화 수소수를 깔때기에 $\frac{1}{2}$ 정도 붓는다.
2 (1) 꺼진다 (2) 뿌옇게 된다

실전 문제

1 예 산소는 색깔이 없고, 냄새가 나지 않으며, 다른 물질이 타는 것을 돕는 성질이 있다. 2 예 잠수부나 소방관이 사용하는 압축 공기통에 넣어 이용된다. 3 (1) 진한 식초 (2) 거품(기포)이 발생한다. 거품(기포)이 나온다. 4 예 이산화 탄소는 다른 물질이 타는 것을 막는 성질이 있다. 이산화 탄소는 불을 끄는 성질이 있다.

(2) 압력과 온도에 따른 기체의 부피 변화

탐구 문제 115쪽

1 뜨거운 물 2 ㉡

핵심 개념 문제 116~119쪽

01 ③ 02 ㉣ 03 세게 누를 때 04 (가) 05 ㉢ 06 ⑤ 07 줄어든다 08 (나) 09 부풀어 오른다. 10 해설 참조 11 예 비닐 랩이 오목하게 들어간다. 12 (1) ○ (2) × (3) × 13 ⑤ 14 수연 15 ② 16 네온

중단원 실전 문제 120~123쪽

01 부피 02 공기 03 (나) 04 ① 05 (1) ○ 06 ㉢ 07 ①, ⑤ 08 예 비행기 안의 압력은 땅보다 하늘에서 더 낮기 때문이다. 09 (4) × 10 ㉡ 11 늘어나기 12 (가) 13 온도 14 ㉡ 15 (나) 16 ① 17 예 온도가 높아지면 탁구공 안의 기체의 부피가 늘어나기 때문이다. 18 ① 19 예 온도가 낮아지면 컵 속 기체의 부피가 줄어들기 때문이다. 20 ② 21 ㉢, ㉣ 22 ③ 23 예 과자 봉지 안 내용물의 맛이 변할 것이다. 24 ③

서술형·논술형 평가 돋보기 124~125쪽

연습 문제

1 (1) 조금, 많이 (2) 달라진다 2 (1) 뜨거운 물 (2) 높아지면, 낮아지면

실전 문제

1 예 플라스틱 스포이트의 머리 부분을 누르면 공기의 부피가 줄어든다. 2 예 액체는 압력을 가해도 부피가 거의 변하지 않지만, 기체는 압력을 가한 정도에 따라 부피가 달라진다. 3 예 산 위에서 페트병에 가해지는 압력보다 산 아래에서 페트병에 가해지는 압력이 크기 때문에 페트병이 찌그러진다. 4 (가), 예 뜨거운 물에 찌그러진 탁구공을 넣으면 탁구공 안 공기의 부피가 늘어나기 때문이다.

대단원 마무리 127~130쪽

01 (다), (나), (마) 02 (1) ○ (2) × (3) ○ 03 ㉠ 04 ⑤ 05 ①, ③, ④ 06 ⑤ 07 ⑤ 08 ⑤ 09 ③ 10 ㉠, ㉡, ㉣ 11 ②, ④ 12 ④ 13 윤지 14 ㉢ 15 ㉢ 이산화 탄소는 다른 물질이 타는 것을 막는 성질이 있기 때문에 소화기의 재료로 이용한다. 16 여빈 17 ㉢ 물을 넣은 주사기의 부피는 거의 줄어들지 않아. 액체는 압력을 가해도 부피가 거의 변하지 않아. 18 (3) ○ 19 ㉢ 온도가 높아지면 기체의 부피는 늘어나고, 온도가 낮아지면 기체의 부피는 줄어든다. 20 ㉠ 올라간다, ㉡ 늘어난다 21 ③ 22 ②, ③ 23 질소 24 ② 25 이산화 탄소

수행 평가 미리 보기 131쪽

1 (1) 산소 (2) ㉢ 향불의 불꽃이 커진다. 2 (1) ㉠ 이산화 탄소, ㉡ 헬륨, ㉢ 네온 (2) 해설 참조

5 단원 빛과 렌즈

(1) 빛의 굴절

탐구 문제 137쪽

1 (3) ○ 2 해설 참조

핵심 개념 문제 138~140쪽

01 프리즘 02 아름 03 ② 04 (3) ○ 05 ㉢ 06 꺾이지 않고 07 해설 참조 08 ㉢ 09 ②, ④ 10 아래쪽 11 빛의 굴절 12 ③

중단원 실전 문제 141~144쪽

01 정규, 아진 02 (2) ○ 03 ㉢ 04 ㉠ 여러 가지, ㉡ 연속해서 05 ④ 06 길병 07 우유, ㉢ 물속에서 빛이 나아가는 모습을 잘 관찰하기 위해서이다. 08 ⑤ 09 해설 참조 10 (1) – ㉠ (2) – ㉡ 11 ⑤ 12 (3) × 13 ①, ② 14 ㉢ 빛을 비스듬하게 비추면 서로 다른 물질의 경계에서 빛이 꺾여 나아가며, 빛을 수직으로 비추면 빛이 그대로 나아간다. 15 빛의 굴절 16 ④ 17 ① 18 ① 19 ㉠, ㉢ 20 (2) ○ 21 ③ 22 ㉡ 23 현수 24 ㉢ 다슬기가 보이는 위치보다 더 깊이 손을 뻗어야 한다.

서술형·논술형 평가 돋보기 145~146쪽

연습 문제

1 (1) 유리, 공기 (2) 공기, 유리 (3) 꺾여 나아간다(굴절한다)
2 (1) 빛의 굴절 (2) 아래에

실전 문제

1 ㉢ 햇빛은 여러 가지 연속된 빛깔로 이루어져 있다. 2 무지개, ㉢ 비가 온 뒤에 공기 중의 물방울이 프리즘 구실을 해서 나타나는 현상이다. 3 ㉢ 물에서 공기로 빛을 수직으로 비추면 빛이 공기와 물의 경계에서 그대로 나아가며, 빛을 비스듬하게 비추면 빛이 물과 공기의 경계에서 꺾여 나아간다. 4 (1) 젓가락이 꺾여 보인다. (2) ㉢ 물과 공기의 경계에서 빛이 굴절하기 때문이다.

(2) 볼록 렌즈

탐구 문제 151쪽

1 볼록 렌즈 2 ㉠ 밝고, ㉡ 높다

핵심 개념 문제 152~155쪽

01 ④, ⑤ 02 (1) ○ (4) ○ 03 해설 참조 04 ③ 05 (1) ○ 06 ㉡ 07 볼록 렌즈 08 온도 09 ㉠, ㉢, ㉣ 10 ⑤ 11 ② 12 ▙ 13 ④ 14 해설 참조 15 ①, ④ 16 물

중단원 실전 문제 156~159쪽

01 (2) ○ (3) ○ 02 예 볼록 렌즈는 가운데 부분이 가장자리보다 두껍기 때문이다. 03 ㉡ 04 ㉡ 05 (2) ○ 06 ㉡ 07 (1) ○ (2) × (3) ○ 08 (1) - ㉠ (2) - ㉡ 09 ① 10 ㉡, ㉢ 11 예 볼록 렌즈를 통과한 햇빛이 굴절되어 한곳으로 모이면 밝기가 밝아지고 온도가 높아진다. 하지만 평면 유리는 햇빛을 한곳으로 모을 수 없기 때문에 열 변색 종이 위에 그림을 그릴 수 없다. 12 ㉢, ㉣, ㉤, ㉥ 13 볼록 렌즈 14 ① 15 ▼ 16 상하좌우 17 ④ 18 ③ 19 ③ 20 예 볼록 렌즈를 이용해서 물체의 모습을 확대해서 볼 수 있기 때문에 섬세한 작업을 할 때 도움이 된다. 21 ㉠, ㉡, ㉢ 22 ②, ⑤ 23 기연 24 미소

서술형·논술형 평가 돋보기 160~161쪽

연습 문제

1 (1) ㉡ (2) 빛 2 (1) ▙ (2) 볼록 렌즈, 상하좌우

실전 문제

1 예 볼록 렌즈는 햇빛을 굴절시켜 한곳으로 모을 수 있고, 볼록 렌즈를 이용하여 햇빛을 모은 곳은 주변보다 온도가 높기 때문이다. 2 예 가운데 부분이 가장자리보다 두껍고, 투명한 물질로 되어 있으며 두께가 충분하다는 공통점이 있고, 볼록 렌즈의 구실을 할 수 있다. 3 (1) 예 돋보기 안경을 이용해서 작은 글씨나 그림을 크게 확대해서 볼 수 있다. (2) 예 볼록 렌즈를 이용해 빛을 모아 사진이나 영상을 촬영할 수 있다. 4 예 사람들이 돋보기 안경을 사용하지 못하면 작은 글씨를 크게 확대해서 보기 어려울 것이다.

대단원 마무리 163~166쪽

01 ㉢, ㉣ 02 ⑤ 03 ④, ⑤ 04 ㉠, ㉡ 05 예 물속에서 빛이 나아가는 모습을 더 잘 관찰하기 위해서이다. 06 해설 참조 07 (1) ○ 08 경계 09 ③ 10 ㉡, 예 빛은 서로 다른 물질의 경계에서 꺾여 나아가기 때문이다. 11 (1) × (2) × (3) ○ 12 ② 13 ㉠ 14 ④ 15 ㉠, ㉢ 16 ④ 17 볼록 렌즈 18 유성 19 ③ 20 (3) × 21 ④ 22 ① 23 ② 24 예 볼록 렌즈를 이용하여 작은 물체를 확대할 수 있기 때문에 작은 생물을 관찰할 수 있다. 25 ③

수행 평가 미리 보기 167쪽

1 (1) 볼록 렌즈 (2) 예 볼록 렌즈는 빛을 굴절시켜 한곳으로 모으며, 빛을 모은 곳은 다른 곳보다 밝기가 밝고 온도가 높기 때문이다. 2 (1) ㉠ 두꺼워야, ㉡ 투명한, ㉢ 물 (2) 예 물이 든 투명 비닐 봉지를 얼굴에 대면 얼굴의 특정한 부분이 확대되어 보인다. 이것을 이용해 재미있는 사진을 찍을 수 있다.

한눈에 보는 정답

Book 2 실전책

2단원 (1) 중단원 쪽지 시험

5쪽

01 같은 02 예 태양 관찰 안경이나 태양 관찰용 필름을 사용해 관찰한다. 03 남쪽 (하늘) 04 동쪽, 서쪽 05 천체 관측 프로그램 06 자전축 07 지구의 자전 08 낮, 밤 09 자전 10 낮 11 낮 12 자전

6~7쪽

중단원 확인 평가 2 (1) 지구의 자전

01 ② 02 ③ 03 ⑤ 04 ③ 05 (3) ○ 06 ② 07 ② 08 ②, ⑤ 09 낮 10 밤 11 밤 12 ③

2단원 (2) 중단원 쪽지 시험

9쪽

01 예 낮에는 태양의 빛이 너무 강하기 때문이다. 02 오랜 03 남동쪽 하늘이나 남쪽 하늘 04 봄(봄철) 05 여름(여름철) 06 물고기자리 07 위치, 모습 08 서쪽 09 지구의 공전 10 공전, 계절 11 지구의 공전 12 예 태양과 같은 방향에 있어 태양 빛이 너무 밝기 때문이다.

10~11쪽

중단원 확인 평가 2 (2) 지구의 공전

01 ② 02 쌍둥이자리, 오리온자리, 큰개자리 03 ② 04 ④ 05 전등 06 ③ 07 ①, ③ 08 (다) 09 ① 10 페가수스자리 11 태양 12 ④

2단원 (3) 중단원 쪽지 시험

13쪽

01 달 02 초승달 03 보름달 04 약 30일 05 음력 06 상현달 07 관찰 08 남쪽 09 선택, 확대 10 보름달 11 서쪽 (하늘) 12 서쪽, 동쪽

14~15쪽

중단원 확인 평가 2 (3) 달의 운동

01 ① 02 ④ 03 ⑤ 04 ④ 05 ② 06 ① 07 ① 08 ⑤ 09 보름달 10 ㉡ 11 ③ 12 ①

16~18쪽

대단원 종합 평가 2. 지구와 달의 운동

01 ② 02 ④ 03 (1) 지구의, 관찰자 모형 (2) 전등 04 ③ 05 ④ 06 하루 07 ㉡, ㉣, ㉥ 08 (1) ○ 09 ④ 10 ㉠ 9, ㉡ 남쪽 11 ㉠, ㉣ 12 ③ 13 거문고자리, 오리온자리 14 지구의 공전 15 ① 16 ⑤ 17 ① 18 달 19 (1)-㉡ (2)-㉠ 20 ④

2단원 서술형·논술형 평가

19쪽

01 (1) 예 지구의를 한 바퀴 돌릴 때마다 빛을 받는 위치에 있다가 빛을 받지 못하는 위치에 있다가를 반복한다. (2) 지구의 자전 02 (1) 해설 참조 (2) 예 하루 동안 달은 동쪽에서 서쪽으로 움직인다. 03 (1) 쌍둥이자리, 오리온자리, 큰개자리 (2) 예 겨울에 오랜 시간 동안 밤하늘에서 볼 수 있기 때문이다. 04 (1) ㉠, 예 여러 날 동안 달의 위치는 서쪽에서 동쪽으로 이동하기 때문이다. (2) 해설 참조

3단원 (1) 중단원 쪽지 시험

21쪽

01 표본 02 세포, 세포벽 03 고추 04 지지 기능 05 곧은줄기 06 양분 07 예 줄기가 물의 이동 통로이기 때문이다. 08 광합성 09 녹말 10 기공 11 기공, 증산 12 증산, 온도

22~23쪽

중단원 확인 평가 3 (1) 뿌리, 줄기, 잎

01 ⑤ 02 ③ 03 ③ 04 ④ 05 ④ 06 ③ 07 곧은줄기 08 ② 09 ⑤ 10 ㉠, ㉡, ㉢ 11 ② 12 ③

3단원 (2) 중단원 쪽지 시험

25쪽

01 수술 02 꽃가루받이(또는 수분) 03 꽃받침 04 씨 05 꽃가루받이(또는 수분) 06 충매화 07 열매 08 열매 09 씨, 껍질 10 씨, 씨 11 예 씨에 가벼운 솜털이 있기 때문이다. 12 예 동물에게 먹힌 뒤에 씨가 똥과 함께 나와 퍼진다.

26~27쪽

중단원 확인 평가 3 (2) 꽃과 열매

01 ③ 02 ㉡ 03 (1)-㉡ (2)-㉠ 04 ⑤ 05 꽃가루받이(또는 수분) 06 ③ 07 ④ 08 열매 09 ⑤ 10 ⑤ 11 ① 12 열매껍질

28~30쪽

대단원 종합 평가 3. 식물의 구조와 기능

01 ② 02 ㉠ 03 ④ 04 ③ 05 ④ 06 ③ 07 ④ 08 뿌리털 09 ② 10 ⑤ 11 ③ 12 ③ 13 ④ 14 저장 기능 15 ㉠ 녹말, ㉡ 청람색 16 ① 17 (1) ○ (2) ○ (3) ○ (4) × 18 ㉣ 19 씨 20 ⑤

3단원 서술형·논술형 평가 31쪽

01 (1) 예 색소 물이 든 부분은 물이 이동한 통로이다. (2) 예 뿌리에서 흡수된 물은 줄기를 통해 잎으로 이동한다. 02 (1) 광합성 (2) 예 햇빛을 받은 잎에서 광합성 결과 양분(녹말)이 만들어졌기 때문이다. 03 (1) 증산 작용 (2) 예 뿌리에서 흡수한 물이 잎을 통해 식물 밖으로 빠져나갔기 때문이다. 04 (1) 바람 (2) 예 소나무의 씨에서 날개를 관찰할 수 있다. 이와 같이 날개를 가진 생김새의 씨는 보통 바람을 통해 멀리 퍼진다.

4단원 (1) 중단원 쪽지 시험 33쪽

01 핀치 집게 02 색깔 03 물, 이산화 망가니즈 04 묽은 과산화 수소수 05 산소 06 산소, 산소 07 ㉡ 08 이산화 탄소 09 진한 식초(또는 레몬즙) 10 예 조개껍데기, 대리석, 달걀 껍데기 등 11 이산화 탄소 12 예 탄산음료를 흔들어 이산화 탄소를 모은다.

34~35쪽

중단원 확인 평가 4 (1) 산소와 이산화 탄소

01 ⑤ 02 ㉡, 핀치 집게 03 ⑤ 04 승기 05 (2) ○ 06 ㉠ 07 ③ 08 진한 식초(또는 레몬즙) 09 ⑤ 10 ㉢ 11 ㉢ 12 이산화 탄소

4단원 (2) 중단원 쪽지 시험 37쪽

01 찌그러진다, 압력 02 줄어든다. 03 예 거의 변하지 않는다. 04 (2) ○ 05 (1) ○ (2) × 06 늘어나고, 줄어든다 07 (2) ○ 08 예 탁구공이 펴진다. 09 혼합물 10 질소, 산소 11 네온 12 헬륨

38~39쪽

중단원 확인 평가 4 (2) 압력과 온도에 따른 기체의 부피 변화

01 ㉡ 02 ② 03 ②, ④ 04 ㉡, ㉣ 05 ㉡ 06 ㉡ 07 ㉠ 낮아, ㉡ 줄어들기 08 ㉠, ㉢ 09 ① 10 ③ 11 ① 12 이산화 탄소

40~42쪽

대단원 종합 평가 4. 여러 가지 기체

01 ③ 02 ⑤ 03 거품(기포) 04 산소 05 ③ 06 ⑤ 07 ④ 08 ㉠ 09 유민 10 이산화 탄소 11 ③ 12 (1) ○ (3) ○ (4) ○ 13 ② 14 많이 줄어든다. 15 거의 없다. 16 ㉢ 17 팽팽해진다 18 경주 19 상수 20 ③

4단원 서술형·논술형 평가 43쪽

01 (1) 커지고, 밝아진다 (2) 예 산소는 다른 물질이 타는 것을 돕는다. 02 예 소화기에는 이산화 탄소가 사용된다. 이산화 탄소에는 물질이 타는 것을 막는 성질이 있다. 03 예 하늘을 나는 비행기에서는 땅에 있는 비행기에서보다 과자 봉지에 가해지는 압력이 낮기 때문에 과자 봉지가 팽팽해진다. 04 예 과자 봉지 안에 이용되는 기체는 질소이고, 하늘로 떠오르는 풍선 안에 이용된 기체는 헬륨이다. 헬륨을 과자 봉지 안에 넣으면 과자 봉지가 공중으로 떠오를 것이다. 풍선 안에 질소를 넣으면 풍선이 하늘로 떠오르지 않을 것이다.

5단원 (1) 중단원 쪽지 시험 45쪽

01 프리즘, 여러 02 ㉠ 03 ㉠ 우유, ㉡ 향 04 꺾여 05 수직으로 06

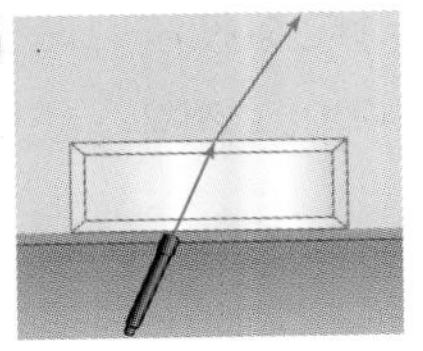

07 빛의 굴절 08 예 동전이 보인다. 09 예 컵 속의 젓가락이 꺾여 보인다. 10 ㉠ 위에, ㉡ 꺾여 11 ㉡ 12 (1) ○ (2) ○

46~47쪽

중단원 확인 평가 5 (1) 빛의 굴절

01 ㉠, ㉡ 02 ㉠, ㉡, ㉢ 03 ② 04 ㉠ 향, ㉡ 우유 05 (가) 06 해설 참조 07 ㉡ 08 은솔 09 해설 참조 10 ㉠ 11 ③ 12 빛의 굴절

5단원 (2) 중단원 쪽지 시험 49쪽

01 두꺼운 02 그대로 나아간다. 03 (1) × (2) ○ (3) ○ 04 ㉡ 05 볼록 렌즈 06 (1) ○ (2) × 07 높습니다 08 예 검은색 도화지가 탄다. 09 간이 사진기

10 ㄴ

11 예 돋보기 안경을 이용하여 작은 글씨를 크게 본다.
12 예 유리구슬, 물이 담긴 지퍼 백, 물이 담긴 둥근 유리컵 등

50~51쪽

중단원 확인 평가 5 (2) 볼록 렌즈

01 ㉡, ㉢ 02 ㉠ 03 ③ 04 ㉠ 크게, ㉡ 볼록 렌즈 05 꺾여 나아간다(모아진다). 06 해설 참조 07 ③ 08 ㉡, ㉢ 09 볼록 렌즈 10 ⑤ 11 ① 12 ⑤

52~54쪽

대단원 종합 평가 5. 빛과 렌즈

01 프리즘 02 ⑤ 03 ㉢ 04 재운 05 해설 참조 06 꺾여 07 ② 08 ㉠ 09 ② 10 (3) ○ 11 ㉠, ㉣ 12 해설 참조 13 ㉠ 볼록 렌즈, ㉡ 높기 14 (2) × 15 ①, ④ 16 ㉠ 17 굴절 18 ③ 19 ④ 20 ㉠

5단원 서술형·논술형 평가 55쪽

01 (1) 여러 가지 (2) 예 분수 주변 혹은 하늘에 있는 물방울이 프리즘 구실을 하기 때문이다. 02 (1) 빛의 굴절 (2) 예 물속에 넣은 빨대가 꺾여 보인다. 03 예 가운데가 가장자리보다 두꺼우며 빛이 통과할 수 있는 투명한 물체여야 한다. 때에 따라 물이 필요할 수 있다. 04 예 볼록 렌즈는 빛을 한 곳으로 모으는 성질이 있으며 볼록 렌즈로 빛을 모은 곳은 다른 곳보다 밝고 온도가 높다.

+ **수학 전문가 100여 명의 노하우**로 만든
수학 특화 시리즈

+ **연산 ε ▸ 개념 α ▸ 유형 β ▸ 고난도 Σ** 의
단계별 영역 구성

+ **난이도별, 유형별 선택**으로
사용자 맞춤형 학습

연산 ε(6책) | **개념** α(6책) | **유형** β(6책) | **고난도** Σ(6책)

EBS No.1 과목 특화 브랜드

365일, 24시 청소년 모바일 상담

다 들어줄 개

청소년 모바일 상담센터 이용 방법

'다 들어줄개' 어플

'다 들어줄개' 채널

'1661-5004' 문자

본 교재 광고의 수익금은 콘텐츠 품질개선과 공익사업에 사용됩니다.

다음 학년 수학이 쉬워지는
초 / 등 / 수 / 해 / 력

대한민국 교육의
NO.1 EBS가
작심하고 만들었다!

초등 수해력

국어를 잘하려면 문해력, 수학을 잘하려면 수해력!
〈초등 수해력〉으로 다음 학년 수학이 쉬워집니다.

필요한 영역별,
단계별로 선택해서
맞춤형 학습 가능

쉬운 부분은 간단히,
어려운 부분은 집중 강화하는
효율적 구성

모르는 부분은
무료 강의로 해결
primary.ebs.co.kr
* P단계 제외

수학 능력자가 되는 가장 쉬운 방법

STEP 1
EBS 초등사이트에서
수해력 진단평가를
실시합니다.

STEP 2
진단평가 결과에 따라
취약 영역과 해당 단계 교재를
〈초등 수해력〉에서 선택합니다.

STEP 3
교재에서 많이 틀린 부분,
어려운 부분은
무료 강의로 보충합니다.

우리 아이의 수학 수준은?
수 해 력
진단평가

EBS와 함께하는

자기주도 학습 초등 · 중학 교재 로드맵

		예비 초등	1학년	2학년	3학년	4학년	5학년	6학년

전과목 기본서/평가

- BEST 만점왕 국어/수학/사회/과학 — 교과서 중심 초등 기본서
- 만점왕 통합본 학기별(8책) HOT — 바쁜 초등학생을 위한 국어·사회·과학 압축본
- 만점왕 단원평가 학기별(8책) — 한 권으로 학교 단원평가 대비
- 기초학력 진단평가 초2~중2 — 초2부터 중2까지 기초학력 진단평가 대비

국어

- 독해: 4주 완성 독해력 1~6단계 — 학년별 교과 연계 단기 독해 학습
- 문학
- 문법
- 어휘: 어휘가 독해다! 초등 국어 어휘 1~2단계 — 1, 2학년 교과서 필수 낱말 + 읽기 학습 / 어휘가 독해다! 초등 국어 어휘 기본 — 3, 4학년 교과서 필수 낱말 + 읽기 학습 / 어휘가 독해다! 초등 국어 어휘 실력 — 5, 6학년 교과서 필수 낱말 + 읽기 학습
- 한자: 참 쉬운 급수 한자 8급/7급 II/7급 — 한자능력검정시험 대비 급수별 학습 / 어휘가 독해다! 초등 한자 어휘 1~4단계 — 하루 1개 한자 학습을 통한 어휘 + 독해 학습
- 쓰기: 참 쉬운 글쓰기 1-따라 쓰는 글쓰기 — 맞춤법·받아쓰기로 시작하는 기초 글쓰기 연습 / 참 쉬운 글쓰기 2-문법에 맞는 글쓰기/3-목적에 맞는 글쓰기 — 초등학생에게 꼭 필요한 기초 글쓰기 연습
- 문해력: 어휘/쓰기/ERI독해/배경지식/디지털독해가 문해력이다 — 평생을 살아가는 힘, 문해력을 키우는 학기별 • 단계별 종합 학습 / 문해력 등급 평가 초1~중1 — 내 문해력 수준을 확인하는 등급 평가

영어

EBS ELT 시리즈 | 권장 학년 : 유아 ~ 중1

- EBS Big Cat — Collins BIG CAT — 다양한 스토리를 통한 영어 리딩 실력 향상
- EBS Big Cat — Shinoy and the Chaos Crew — 흥미롭고 몰입감 있는 스토리를 통한 풍부한 영어 독서
- EBS easy learning — easy learning — 저연령 학습자를 위한 기초 영어 프로그램

- 독해: EBS랑 홈스쿨 초등 영독해 Level 1~3 — 다양한 부가 자료가 있는 단계별 영독해 학습 / EBS 기초 영독해 — 중학 영어 내신 만점을 위한 첫 영독해
- 문법: EBS랑 홈스쿨 초등 영문법 1~2 — 다양한 부가 자료가 있는 단계별 영문법 학습 / EBS 기초 영문법 1~2 — 중학 영어 내신 만점을 위한 첫 영문법
- 어휘: EBS랑 홈스쿨 초등 필수 영단어 Level 1~2 — 다양한 부가 자료가 있는 단계별 영단어 테마 연상 종합 학습
- 쓰기
- 듣기: 초등 영어듣기평가 완벽대비 학기별(8책) — 듣기 + 받아쓰기 + 말하기 All in One 학습서

수학

- 연산: 만점왕 연산 Pre 1~2단계, 1~12단계 — 과학적 연산 방법을 통한 계산력 훈련
- 개념
- 응용: 만점왕 수학 플러스 학기별(12책) — 교과서 중심 기본 + 응용 문제
- 심화: 만점왕 수학 고난도 학기별(6책) — 상위권 학생을 위한 초등 고난도 문제집
- 특화: 초등 수해력 영역별 P단계, 1~6단계(14책) — 다음 학년 수학이 쉬워지는 영역별 초등 수학 특화 학습서

사회

- 사회/역사: 초등학생을 위한 多담은 한국사 연표 — 연표로 흐름을 잡는 한국사 학습 / 매일 쉬운 스토리 한국사 1~2 / 스토리 한국사 1~2 — 하루 한 주제를 이야기로 배우는 한국사/ 고학년 사회 학습 입문서

과학

- 과학

기타

- 창체: 창의체험 탐구생활 1~12권 — 창의력을 키우는 창의체험활동·탐구
- AI: 쉽게 배우는 초등 AI 1(1~2학년) — 초등 교과와 융합한 초등 1~2학년 인공지능 입문서 / 쉽게 배우는 초등 AI 2(3~4학년) — 초등 교과와 융합한 초등 3~4학년 인공지능 입문서 / 쉽게 배우는 초등 AI 3(5~6학년) — 초등 교과와 융합한 초등 5~6학년 인공지능 입문서